문화재를 위한 보존 방법론

개정판

문화재를 위한 보존 방법론

서정호 지음

경인문화사

머리말

인류의 문화유산은 고대로부터 현대와 미래를 연결시키는 매개체이기 때문에 "우리는 문화유산을 과도기적인 관리자의 입장으로서 다음세대에 계승시켜야 한다"는 문화유산의 보존이론은 누구나 공감하는 말이다. 그러나 문화재보존과학에 입문하는 모든 사람들은 어디서부터 어떻게 시작하여 공부해야 이러한 이론에 도달 할 수 있는지 난감해한다. 필자는 대학 강단에서 문화재보존과학개론을 가르치고, 미래의 보존과학자들을 지도하면서 대부분의 학생들이 학문의 방향의 시작점과 방향성을 찾지 못하고 있는 것이 안타까웠다.

그 원인 중의 하나가 지금까지 국내에서 사용하는 문화재보존 관련 서적들이 우리나라에서 출토되는 유물은 우리나라만의 고유한 재질과 형태를 갖고 있다는 사실을 고려하지 않은 채 외국책을 그대로 번역하고, 연구자나 학생들은 이것을 그대로 사용하였기 때문이라고 생각한다. 이러한 책들은 대개 '우리나라의 문화재는…' 하고 시작하지만 결국에는 외국의 문화재에 관한 내용이어서 읽고 나면 어처구니가 없고 이상한 느낌마저 들게 된다.

둘째로는 기존의 서적들은 내용에서 기록된 유적명이 생소한 외국이고, 출토 유물 또한 외국의 문화재가 대부분이어서 이를 토대로 우리나라 문화재를 상상해야한다는 것이다. 이러한 이유로 문화재의 출토지 보존환경과 출토 유물의 물리적, 화학적 특성을 연구해야 하는 보존과학자들은 여간 혼동스러운 일이 아닐 수 없었다.

셋째, 지금까지 책들의 내용에 있어서도 금속문화재, 석조문화재, 목조문화재와 유적이전 등 보존처리 업무가 많은 대표적 사례만을 언급하고 있는 것도 또 하나의 문제점이다. 실제 문화재 보존이나 수복을 실시하는 현장에서는 이상의 유물 이외에도 서화 및 회화문화재, 복식문화재, 칠기문화재, 도자기와 토기문화재, 벽화문화재 및 골각기, 피혁 등 다양한 종류의 문화재를 다루어야한다. 그리고 실제 문화재기술 관련 시험이나 자격고사에도 다양한 소재들에 대한 문제가 출제되고 있다. 따라서 이러한 분야를 연구하거나 보존처리를 위해서는 별도로 지금까지 연구된 연구논문을 읽지 않으면 안 된다. 하지만 이것은 문화재보존과학 입문자나 관심자에게 너무 벅찬 일이 아닐 수 없었다.

이 책은 기존의 관련 서적과 다르게 문화재 보존과학자들이 우리 문화재의 역사성, 예술성을 기초로 한 분석결과와 보존처리 방법을 알기 쉽게 순차적으로 설명해 놓았다. 그리고 우리나라 문화재에 맞는 보존처리 방법과 문화재 분석 등 다양한 문화재에 대한 과학적인 연구 결과를 정리하고, 다양한 유물의 종류별 응급처치 방법과 보존처리 사례를 개론적으로 설명하였다. 특히 본인의 연구와 선학들의 연구 결과에 관련된 많은 사진을 첨부하여 이해를 도왔다는 것도 이 책의 특징 중 하나이다.

끝으로 보존과학자나 관련 연구자들이 이 책을 통하여 우리 문화재에 적합한 보존처리 및 수복기술 교육을 체계화하고, 좀더 나아가서 우리 문화재를 올바르게 재인식할 수 있기를 바란다.

2021. 9.

서 정 호

차 례

제 3 장 목재문화재의 보존과학

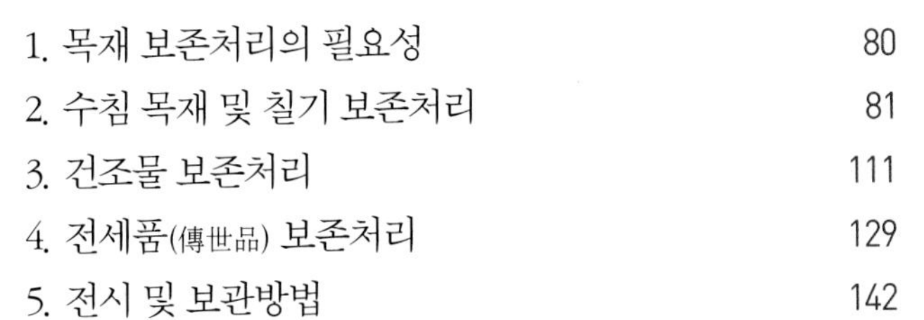

제 4 장 석조문화재의 보존과학

제 5 장 벽화문화재의 보존과학

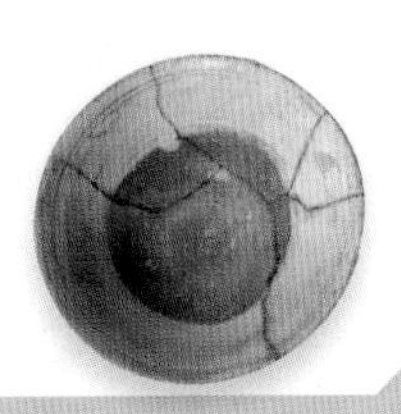

제 6 장 회화류 문화재의 보존과학

제 7 장 의류문화재의 보존과학

8장 전적문화재의 보존과학

제9장 토기 및 도자기의 보존과학

제10장 발굴 유구(遺構)문화재의 보존

제11장 기타 문화재의 보존과학

제 1 장

문화재 발굴과 보존과학

1. 들어가며

문화재보호법에 의한 정의[전부개정 2007.4.11 법률 제8346호]에 의하면 "문화재란 선조들이 남긴 유산으로서 삶의 지혜가 담겨 있고 우리가 살아온 역사를 보여주는 귀중한 유산이다"라고 명시되어 있다. 우리 조상들은 구석기시대부터 현재까지 유구한 역사가 흐르는 한반도에 정착하면서 수많은 문화재를 우리들에게 건네주었다. 이러한 문화재는 우리 역사를 올바로 이해하는데 중요할 뿐 아니라 앞으로의 문화 발전에 바탕이 되기 때문에 원래의 모습대로 잘 보존되어야 하며, 잘 지키고 가꾸어 후손에게 온전하게 보존하여 물려주어야 할 중요한 재산들이다.

한편, 이와 같이 중요한 문화유산 중 땅속에 묻혀 있는 매장문화에 대한 발굴이 급속히 진행되고 있으며, 산업화와 더불어 도로나 주택개발 등과 같은 도시개발을 위하여 지형을 변형시킬 때 하는 긴급발굴[1] 형식으로 급증하고 있다.

그러나 발굴되는 유물들의 양이 급증하는 것에 비하여 보존처리는 미흡하며, 또한 발굴된 문화재를 올바른 방법으로 수습하거나 처리하지 못해 손상되는 경우가 많다. 따라서 발굴 후 급격한 환경적 변화를 겪게 되는 문화재의 손상을 방지하는 응급조치와 함께 보존처리가 필요하다. 각 대학과 연구기관에서도 이와 같이 급격히 증가하는 문화재의 발굴에 발맞추어 문화재를 보호하겠다는 의지를 가지고 문화재에 대한 분석과 보존처리를 실시하고 있다. 그러나 문화재보존을 처음 접하는 사람들은 체계적인 이론을 정립하여 서술되어 있는 교재가 없어 구전으로 기술을 습득하고 있는 실정이다.

따라서, 이 책에서는 우리 문화재를 알기 쉽게 공부할 수 있도록 먼저 종류에 따라 문화재보호법을 기초로 하여 문화재의 정의를 나누어 설명하였다. 그러고 다양한 재질별 유물의 종류, 유물의 상태에 따라 보존처리 방법이 차이가 있으므로 유물에 대한 손상을 최대한 줄이면서 어떻게 해야 적당한 보존처리를 할 수 있는지 등의 기초 지식을 익힐 수 있도록 하였다. 아울러 발굴 장소에서부터 직접 경험할 수 있는 문화재의 수습방법과 문화재의 재질 및 물리적 동정을 파

1 도로나 주택개발 등과 같은 도시개발을 위하여 지형을 변형시킬 때 하는 발굴.

악하는 올바른 방법을 각 재질별로 나누어 설명했기 때문에 실무에서 문화재 보존처리 전문가나 학교에서 기초학문을 배우는 학생들 모두에게도 중요한 자료가 될 것이다.

2. 문화재의 종류 및 정의

앞서 말한 것처럼 문화재란 "선조들이 남긴 유산으로서 삶의 지혜가 담겨 있고 우리가 살아온 역사를 보여주는 귀중한 자료"이다. 그리고 "조상들이 남긴 유산 중 역사적, 문화적 가치가 높아 보호해야 할 것"으로 정의되어 있다.

한편, 문화재에는 우리가 손쉽게 답사를 통하여 조상들의 삶의 발자취의 흔적을 보고 느낄 수 있는 성곽 및 토목시설, 궁궐이나 사찰의 유형문화재, 그리고 선조들의 기록물인 고서(古書)나 고분 그리고 벽화 등이 있다. 그리고 유형의 것과 함께 판소리·탈춤과 같이 형체는 없지만 사람들의 행위를 통해 나타나는 무형문화재들이 있다. 또한 자연유산으로서 일상생활 및 삶과 정서를 풍요롭게 하는데 중요하여 "학술 및 관상적(觀賞的) 가치가 높아 그 보호와 보존을 법률로써 지정한 동물(그 서식지)·식물(그 자생지)·지질·광물과 그 밖의 천연물"들도 문화재로 규정하고 있다.

문화재보호법에서는 문화재에 대해서 위와 같은 내용으로 자세하게 설명하고 있다. 문화재보호법 제2조에 의하면 문화재란 "인위적·자연적으로 형성된 국가적·민족적·세계적 유산으로서 역사적·예술적·학술적·경관적 가치가 큰 유형문화재, 무형문화재, 기념물, 민속자료를 말한다"라고 정의되어 있다.〈표 1〉

〈표 1〉 문화재의 종류 및 정의

종 류		정 의
문화재	유형문화재	건조물, 전적(典籍), 서적(書跡), 고문서, 회화, 조각, 공예품 등 유형의 문화적 소산으로서 역사적·예술적 또는 학술적 가치가 큰 것과 이에 준하는 고고자료(考古資料) (예: 남대문, 수원화성, 훈민정음, 무구정광다라니경 등)
	무형문화재	연극, 음악, 무용, 공예기술 등 무형의 문화적 소산으로서 역사적·예술적 또는 학술적 가치가 큰 것 (예 : 종묘제례악, 판소리, 농악, 양주별산대놀이, 처용무 등)
	기 념 물	- 절터, 옛무덤(=고분), 조개무덤(=패총), 성터, 궁터, 가마터, 유물포함층[2] 토기, 석기 따위의 고대 유물을 포함하고 있는 지층 등의 사적지(史蹟地)와 특별히 기념이 될 만한 시설물로서 역사적·학술적 가치가 큰 것 - 예술적 가치가 크고 경관이 뛰어난 것 - 동물(그 서식지, 번식지, 도래지를 포함한다), 식물(그 자생지를 포함한다), 광물, 동굴, 지질, 생물학적 생성물 및 특별한 자연현상으로서 역사적·경관적 또는 학술적 가치가 큰 것
	민속자료	의식주, 생업, 신앙, 연중행사 등에 관한 풍속이나 관습과 이에 사용되는 의복, 기구, 가옥 등으로서 국민생활의 변화를 이해하는 데 반드시 필요한 것 (예: 중요민속자료 덕온공주당의, 나주불회사석장승, 고창 방상씨탈 등)
지정문화재	국가지정문화재	문화재청장이 제5조부터 제8조까지의 규정에 따라 지정한 문화재
	시·도지정문화재	특별시장·광역시장·도지사 또는 특별자치도지사(이하 '시·도지사'라 한다)가 제71조 제1항에 따라 지정한 문화재
	문화재자료	제1호나 제2호에 따라 지정되지 아니한 문화재 중 시·도지사가 제71조 제2항에 따라 지정한 문화재

3. 문화재 종류의 세부구분

3-1. 국가지정문화재

문화재청장이 문화재보호법에 의하여 문화재위원회의 심의를 거쳐 지정한 중요문화재로서 국보·보물·중요무형문화재·사적·명승·사적 및 명승·천연기념물 및 중요민속자료 등 8개 유형으로 구분되어 있다. 이들 8개의 국가지정문화재의 종류와 세부내용 그리고 사례를 들어 〈표 2〉에 나타내었다.

2 토기, 석기 따위의 고대 유물을 포함하고 있는 지층.

3-2. 시 · 도지정문화재

특별시장 · 광역시장 · 도지사(이하 '시 · 도지사')가 국가지정문화재로 지정되지 아니한 문화재 중 보존가치가 있다고 인정되는 것을 지방자치단체(시 · 도)의 조례에 의하여 지정한 문화재로서 유형문화재 · 무형문화재 · 기념물 및 민속자료 등 4개 유형으로 구분된다. 이들 문화재는 반드시 '○○시 ○○문화재'로 표기하여 지정 지역명을 표기하도록 하고 있다.

3-3. 문화재자료

시 · 도지사가 국가지정문화재 또는 시 · 도지정문화재로 지정되지 아니한 문화재 중 향토문화 보존상 필요하다고 인정되는 것을 시 · 도 조례에 의하여 지정한 문화재를 말한다. 명칭에는 시 · 도 지정문화재와 같이 지역명을 표기하도록 하고 있다.〈표 2〉

〈표 2〉 문화재 종류별 세부내용

구 분	세 부 내 용
국 보	보물에 해당하는 문화재 중 인류문화의 견지에서 그 가치가 크고 유례가 드문 것 (예 : 숭례문, 훈민정음, 원각사지십층석탑, 석굴암석굴, 강릉객사문 등)
보 물	역사, 예술, 학술적으로 가치가 큰 나라의 중요한 유형문화재. 건조물 · 전적 · 서적 · 고문서 · 회화 · 조각 · 공예품 · 고고자료 · 무기류 등의 유형문화재 중 중요한 것 (예 : 제1호 흥인지문을 비롯하여 보신각종, 대동여지도, 강릉 오죽헌 등 2,000개 이상 지정 됨)
사 적	기념물 중 유적 · 제사 · 신앙 · 정치 · 국방 · 산업 · 교통 · 토목 · 교육 · 사회사업 · 분묘 · 비 등으로서 중요한 것 (예 : 제1호 경주 포석정지를 비롯하여 부소산성, 수원화성, 경주 황룡사지, 익산 쌍릉 등 550개 이상 지정 됨)
명 승	이름난 건물이 있는 지역으로 꽃과 나무, 새, 어충류 등의 서식지, 이름난 경관이 있는 곳이나 풍경을 볼 수 있는 곳 등, 기념물 중 경승지로서 중요한 것 (예 : 제1호 명주청학동 소금강, 진도의 바닷길 등) 약 115개가 지정 됨.
천연기념물	학술적, 관상적 가치가 높은 동물이나 식물(또는 서식지) 지질, 광물 등의 천연물. 기념물 중 동물(서식지 · 번식지 · 도래지 포함), 식물(자생지 포함), 지질 · 광물로서 중요한 것 (예 : 제1호 대구도동 측백나무 숲, 노랑부리백로, 광릉 크낙새서식지 등 550여개가 지정)
국가무형문화재	우리 민족의 무형적 소산으로, 전통음악과 무용, 연극 등 유형적으로 보존 할 수 없는 것 (예 : 제1호 종묘제례악, 양주별산대놀이, 단청장, 소목장 등 130여개가 지정)
국가민속자료	국가무형문화재 이외에 유형민속 자료로 의식주 · 생산 · 생업 · 교통 · 운수 · 통신 · 교역 · 사회생활 · 신앙 · 민속 · 예능등에 관한 중요유형민속자료. (예 : 제1호 덕온공주 당의, 강릉 선교장, 안동 하회마을, 심동신금관朝服, 삼덕리마을 제당 등 약 300여개 지정)

3-4. 등록문화재

지정문화재가 아닌 근·현대 시기에 형성된 건조물 또는 기념이 될 만한 시설물 형태의 근대 문화유산[3] 중에서 보존 및 활용을 위한 조치가 특히 필요한 것으로 최근에 개발과 함께 사라져 가는 개화기 이후의 근대 유물들을 보호하기 위해서 만들어졌다. 그 예로는 남대문로 한국전력 사옥, 화동 舊 경기고교, 태평로 舊 국회의사당, 정동 이화여고 심슨기념관, 충북 영동 노근리 쌍굴다리 등을 들 수 있다.

3-5. 비지정문화재

문화재보호법 또는 시·도의 조례에 의하여 지정되지 아니한 문화재 중 보존할 만한 가치가 있는 문화재를 지칭한다.〈표 3〉

〈표 3〉 비지정문화재의 구분

구 분	세부내용
일반동산문화재 (문화재보호법 제76조)	지정되지 아니한 문화재 중 국외 수출 또는 반출 금지 규정이 준용되는 동산에 속하는 문화재를 지칭하며 전적·서적·판목·회화·조각·공예품·고고자료 및 민속자료로서 역사상·예술상 보존가치가 있는 문화재
매장문화재 (문화재보호법 제43조)	매장문화재란 법 제54조에 따라 "토지·해저 또는 건조물 등에 포장된 문화재"

4. 문화재 발굴과 보존처리[4]

일반적인 문화재나 발굴에 의해 발견되는 고고학의 발굴과 고고학적 유물에 대한 연구에 있어 보존처리는 반드시 포함해야 할 필수적인 부분이다. 즉, 보존과학이란 문화재를 후손에게 물

3 개화기를 기점으로 하여 '한국전쟁 전후'까지의 기간에 축조된 건조물 및 시설물 형태의 문화재가 중심이 되며, 그 이후 형성된 것일지라도 멸실 훼손의 위험이 커 긴급한 보호조치가 필요할 경우 포함될 수 있음.

4 서정호·조남철, 『문화재의 현장실습』, 백제문화원형 특성사업 인력양성단, 2007, pp.11~16.

려주기 위한 자연과학적 연구를 의미한다. 따라서 전문적 수준의 발굴과 그 보고서의 출판 계획에는 보존처리에 대한 부분이 포함되어야만 한다. 영국의 고고학 발굴 방법론에서 이들 각각의 단계에서 보존처리는 나름의 역할을 갖고 있으며, 연구 계획 및 예산에 이르는 모든 단계에 포함되어야 한다고 기록되어 있다.

4-1. 발굴 현장 책임자의 보존에 대한 생각

발굴 현장에서부터 안전하게 유물을 수습하는 것이 문화재 보호에 중요하다는 인식을 같이 하고 이를 실행하기 위해서는 먼저 보존과학자들과 고고학자들 간에 의견 교환이 필요하다. 이때에는 먼저, 현장상황, 발굴시 예상되는 유물의 수와 종류, 유물의 재질, 발굴 목적 등을 의논하여 예상되는 유물의 양, 발굴의 목적, 재정적인 상황 등 고고학 발굴을 통한 연구에 보존처리 과정이 어느 정도의 비중을 차지하게 되는지를 결정하게 된다. 발굴 후 출토되는 문화재를 보존처리하느라고 또 다른 예산과 시간이 소요됨으로써 문화재가 출토된 후 많은 부분이 열화되어 형상이 사라지거나, 현장 관계자들이 예측 못한 보존처리가 이루어지는 경우가 생긴다. 따라서 발굴 현장에서는 보존처리자와의 긴밀한 협조가 필요하다.

보존과학자는 발굴 기간 동안 현장에서 발굴자와 함께 발굴을 진행하는 것이 바람직하다. 그러나 항시 대기할 정도로 보존처리 유물 발굴이 안 될 경우는 발굴 책임자의 도움 요청이 있거나 보존처리가 필요할 때 보존과학자가 정기적으로 현장에서 공동 작업을 하는 방법도 있다.

보존처리에 대한 방침의 결정은 발굴의 규모, 보존처리 연구실의 접근성과 유용성, 발굴자료(유물)를 받게 될 박물관이나 기관의 보존처리 시설 수준에 따라 발굴계획의 초기 단계부터 계획을 수립하면 보존처리를 위한 예산을 획득하기가 쉽다. 이와 같은 발굴 및 연구에 참여하는 보존과학자는 보존처리 예산을 책정하는 데에 반드시 참여해야 한다. 이렇게 예산을 책정할 때에는 비상시를 대비하는 비용 역시 염두에 두어야 한다. 이 경우 자금을 제공하게 되는 기관인 현장 개발 주체 측(예, 도로개발이나 택지 개발자 등)이 이해가 될 수 있도록 설명을 해야 한다.

보존처리 예산에는 보존처리에 사용되는 재료, 현장의 보존처리 시설에 대한 부분도 반영해야 한다. 앞서 언급한 것들은 최종적으로 공식문서로 작성해야 하며, 발굴에 있어서 보존처리 과정에 동의한 서류는 계획단계부터 포함시켜야 한다. 만약 구두로만 동의한 채 업무를 진행하게 되면 반드시 혼란과 오해가 발생하게 된다.

발굴된 모든 유물은 현장에서 올바르게 포장하고, 보관할 때는 주의를 기울여야 한다. 이렇게 해야 나중에 보존과학자가 발굴 당시의 모습을 최대한 보존하면서 유물을 처리할 수 있다. 성급하게 현장에서 세척하거나 적절치 못한 방법으로 포장을 하게 되면 유물에 대한 정보를 잃어버릴 수도 있다. 이와 같이 현장에서의 부주의한 행동은 유물에 대한 보존처리나 특히 복원이 필요할 경우 처리를 어렵게 만든다.

4-2. 발굴 현장에서 보존과학자의 보존에 대한 생각

현장에서의 보존처리는 적절한 복원과 포장, 보관의 절차를 수행하여 유물이 화학적, 물리적으로 붕괴되는 것을 막으려는 목적으로 행해진다. 이것은 연구실에서의 적극적인 보존처리와 장기간의 보관에 있어서 필요한 것이기도 하다. 장기간의 보관 과정에서 재정적, 조직적으로 관련된 문제는 초기의 보존처리 계획에서는 고려해야만 하는 부분이다.

일반적으로 발굴되는 모든 유물을 보존처리할 수는 없다. 일단 유물을 발굴하고 나면, 현장책임자, 유물전문가, 보존과학자, 고고학자, 유물을 받게 될 박물관의 큐레이터들이 보존계획에 대해 의논해야 한다. 보존처리자는 유물을 보존처리할 것인지, 보존처리를 하지 않고 보관할 것인지, 아니면 폐기할 것인지에 대해 협의하여 방침을 세워야 한다. 아울러 수동적인 보존처리, 부분적인 보존처리, 완전한 보존처리, 전시를 위한 보존처리의 방법 중 유물에 따라 보존처리 방법을 결정해야한다. 보존처리자의 개략적인 업무는 다음과 같다.

- 유물의 관리에 대한 책임을 지고 보존처리 예산을 관리한다.
- 유물 수습 현장에서 예방적 보존처리를 하고, 유물을 포장하고 관리한다.
- 발굴자들을 대상으로 유물의 감정, 취급법, 운반, 포장에 관련된 교육을 실시한다.
- 발굴현장에서 직접 유구 이전이나 현장 보존처리를 해야 하는 경우와 필요에 따라서는 보존과학자가 현장에서 유물을 운반하는 책임을 갖는다.
- 운송 도중에 유물이 입게 될지도 모를 손상에 대비한다.
- 보존처리와 장기간의 보관에는 부식의 진행을 막거나 줄이기 위해 발굴된 유물의 포장에 주의를 기울인다.
- 보존처리하는 유물의 양은 보고서 출판 계획과 유물로부터 얻어지는 정보의 범위에 맞춰져야 한다.

- 유물별 과학적 분석을 통하여 얻게 되는 정보의 양을 극대화할 수 있는 자료를 만들어냄으로써 작업에 드는 시간, 비용과 균형을 이뤄야 한다.
- 보존처리에 관한 기록을 작성하고 관리한다.

4-3. 문화재보호법에 명시된 보존과학과 관련된 시험 관련 법규

문화재보호법에서는 출토되거나 전래된 문화재를 보호하거나 보존하기 위해서는 이를 수행할 수 있는 자격을 갖추도록 하고 있다. 더욱이 문화재보존 관련학과에서 공부하는 학생들이나 전문기관에서 보존 관련 업무에 종사하는 사람들은 다음과 같은 시험을 통하여 문화재 보존을 위한 전문가로서의 자격을 갖추게 된다. 문화재수리기술자의 종류 및 담당업무(제7조 제1항 관련)에 따르면 문화재수리기술자에는 보수기술자, 단청기술자, 실측·설계 기술자, 조경기술자, 보존과학기술자, 식물보호기술자, 6가지 종류의 기술자로 나뉘어 있다.〈표 4〉

문화재수리기술자의 시험은 필기시험과 면접시험으로 구분한다. 필기시험에 합격한 자나 면제 받은 자는 다음과 같은 면접시험을 통과해야 한다. 면접에 관해서는 "법 제18조의 제3항의 규정에 의한 면접시험에서는 다음 각호의 사항을 평정한다"고 명기하고 있다. 시험 내용의 핵심 키워드는 아래와 같다.

1. 해당 기술 종류에 대한 전문지식 및 응용력
2. 역사 및 문화재에 대한 이해
3. 문화재수리 기술자로서의 사명감 및 역할에 대한 인식
4. 올바른 직업윤리관

문화재수리 기술자의 시험은 어떤 종류가 있으며, 필기시험의 시험방법에 관한 내용은 다음 표와 같다.〈표 5〉

〈표 4〉 문화재수리기술자의 종류별 필기시험 과목 및 과목별 시험방법(제7조의 6 제2항 관련)

종 류	공통과목(2과목)	전공과목(3과목)	
	선택형	선택형	논술형
보수기술자	1) 문화재보호법령 2) 한국사 (한국사능력검정 시험으로 대체)	한국건축사	한국건축보수실무, 한국건축구조
단청기술자		한국건축사	단청보수실무, 단청개론
실측·설계 기술자		한국건축사	한국건축설계제도실무, 한국건축실측
조경기술자		조경사	전통조경설계 및 시공실무 전통조경
보존과학 기술자		화학	문화재보존실무, 보존과학개론
식물보호 기술자		토양학	식물보호실무, 수목생리

〈표 5〉 문화재수리기술자의 종류와 주요 업무 범위

종 류	논술형
보수기술자	1) 건축·토목공사의 시공 및 감리업무 2) 1)과 관련된 고증·유구(遺構)조사 및 수리(修理)보고서의 작성과 그에 따른 업무
단청기술자	1) 단청분야[불화(佛畵)를 포함한다]의 시공 및 감리업무 2) 1)과 관련된 고증·유구조사 및 수리보고서의 작성과 그에 따른 업무
실측·설계 기술자	1) 문화재수리의 실측설계 도서의 작성 및 감리업무 2) 1)과 관련된 고증·유구조사와 그에 따른 업무
조경기술자	1) 조경공사의 조경계획과 시공 및 감리업무 2) 1)과 관련된 고증·유구조사 및 수리보고서의 작성과 그에 따른 업무
보존과학 기술자	1) 보존처리 시공 및 감리업무 2) 1)과 관련된 고증·유구조사 및 수리보고서의 작성과 그에 따른 업무
식물보호 기술자	1) 식물의 보존·보호를 위한 병충해 방제, 수술, 토양개량, 보호시설 설치, 환경개선 및 감리업무 2) 1)과 관련된 진단, 수리보고서의 작성과 그에 따른 업무

한편, 기술자를 보좌하는 자격자로서 문화재수리기능자가 있다. 수리기능자에 관한 자격 취득 방법으로는 '문화재수리기능자의 종류 및 담당업무(제7조의 2항관련)'에 명기하고 있다. 이에 따르면 문화재수리기능자는 한식목공(대목수, 소목수), 한식석공(가공석공, 쌓기석공), 화공, 드잡이공, 번와공, 제작와공, 한식 미장공, 철물공, 조각공(목조각공, 석조각공), 칠공, 도금공, 표구공, 조경공, 세척공, 보존과학공(훈증공, 보존처리공), 식물보호공, 실측설계사보, 박제 및 표본 제작공 등 크게 20가지 종류의 기능자로 나뉘어진다.〈표 6〉

〈표 6〉 문화재수리기능자의 실기시험 방법 및 준비물

기능자의 종류		실기시험 예시	시험 지급물	수험생 준비물
1. 한식 목공	대목수	도면에 따라 치목 조립	작업도면, 목재	작업대, 공구 등
	소목수	도면에 따라 치목 조립	작업도면, 목재	작업대, 공구 등
2. 한식 석공	가공석공	도면에 따라 석재 가공	작업도면, 석재	석재 가공 공구
	쌓기석공	도면에 따라 석재 축조	작업도면, 석재	쌓기작업 도구
3. 화공		단청문양 그리기	작업판, 전지	작업도구, 단청안료
4. 드잡이공		비뚤어진 석재 바로잡기	석재	작업도구
5. 번와와공		작업틀에 기와 번와	작업틀, 기와	작업도구
6. 제작와공		전통기와 제작	점토	작업도구
7. 한식 미장공		작업틀에 한식미장 실시	작업틀, 미장재료	작업공구
8. 철물공		전통 철물 제작	철물	작업공구
9. 조각공	목조각공	도면에 따라 목조각	목재	목조각공구
	석조각공	도면에 따라 석조각	석재	석조각공구
10. 칠공		목기에 옻칠작업	목기, 생칠, 흑칠, 토분	작업공구
11. 도금공		불상 등에 도금작업	불상	작업공구, 금박
12. 표구공		표구 제작	표구제작 재료	작업도구
13. 조경공		나무 식재	삽, 새끼	작업도구
14. 세척공		오염물 세척	오염된 재료	작업재료 및 도구
15. 보존 과학공	훈증공	목재 훈증	목재	작업도구, 훈증재료
	보존 처리공	파손 재료 보존처리	작업재료	작업도구
16. 식물보호공		나무 썩은 부분 보호처리	썩은 나무, 보호약제	작업도구
17. 실측·설계사보		건조물 설계도면 작성	작업판, 전지	작업 필기구
18. 박제 및 표본 제작공		박제, 표본 제작	박제 및 표본 재료	작업 도구
19. 모사공		정해진 그림 모사도 작성	회화 대상 그림	작업 도구(트레싱지 A3 외)
20. 온돌공		온돌 놓기	구들장, 흙 등	작업 도구(흙손, 망치 등)

〈표 7〉 문화재수리기능자의 종류와 주요 업무 범위

종류		주요 업무
1. 한식 목공	대목수	목조 건조물의 해체·조립 및 치목(治木)과 그에 따른 업무
	소목수	목조 건조물의 창호·닫집 등과 이와 유사한 구조물의 제작·설치 및 보수와 그에 따른 업무
2. 한식 석공	가공석공	석재의 가공과 그에 따른 업무
	쌓기석공	석조물의 축조·해체 및 보수와 그에 따른 업무
3. 화공		단청(불화를 포함한다)과 그에 따른 업무
4. 드잡이공		드잡이(기울거나 내려앉은 구조물을 해체하지 않고 도구 등을 이용하여 바로잡는 일을 말한다)와 그에 따른 업무
5. 번와와공		기와의 해체 및 번와와 그에 따른 업무

종 류		주요 업무
6. 제작와공		기와·전(塼) 등의 제작과 그에 따른 업무
7. 한식 미장공		미장과 그에 따른 업무
8. 철물공		철물 등의 제작 및 보수와 그에 따른 업무
9. 조각공	목조각공	목재를 이용한 조각, 목조각물의 보수와 그에 따른 업무
	석조각공	석재를 이용한 조각, 석조각물의 보수와 그에 따른 업무
10. 칠공		옻 등의 전통 재료를 이용한 칠, 칠의 보수와 그에 따른 업무
11. 도금공		도금, 도금과 관련된 보수와 그에 따른 업무
12. 표구공		표구, 표구물의 보수와 그에 따른 업무
13. 조경공		조경의 시공과 그에 따른 업무
14. 세척공		유물의 낙서 등의 오염물 세척과 그에 따른 업무
15. 보존 과학공	훈증공	재료나 자재의 살균·살충·방부 등을 위한 훈증과 그에 따른 업무
	보존 처리공	보존처리와 그에 따른 업무
16. 식물보호공		식물의 보존·보호를 위한 병충해 방제, 수술, 토양개량, 보호시설 설치 및 환경개선과 그에 따른 업무
17. 실측·설계사보		실측 및 설계도서 작성과 그에 따른 업무
18. 박제 및 표본 제작공		박제·표본 제작 및 보수와 그에 따른 업무
19. 모사공		서화류의 모사와 그에 따른 업무
20. 온돌공		온돌의 해체·설치 및 보수와 그에 따른 업무

한편, 문화재에 관련된 발굴기관이 갖추어야 할 기준(제37조 관련)에 따르면 사용 인력의 자격 기준을 "문화재 관련학과나 관련학위 취득 경력자에만 한 한다"고 정하고 있다. 아울러 2007년에 한국문화재연구재단에 등록된 약 100여 개의 발굴기관에서는 문화재 보존처리의 중요성을 인식하고 허가 조항에 문화재 보존처리가 가능한 기관이나 학교와의 산학협력이나 그 밖에 협정조건으로 문화재 보존처리의 전문성을 갖게 했다. 또한 발굴기관에서는 문화재보존을 위한 기본적인 보존처리 시설과 항온항습을 갖추도록 하였다.

5. 우리나라 보존과학의 역사

우리나라 국민들이 '문화유산의 보존'이라는 의미를 인식하기 시작한 것은 20C 초 서양 문물과 함께 개념이 도입되면서부터다. 당시 일본 동경대학 교수이던 세키노 다다시(關野)에 의해서 조선고적조사가 이루어지면서 여러 유물들이 손실되거나 원래의 위치에서 이동되는 등 많은 변화가 있었다. 해방 이후에 문화재 보존과학의 필요성이 대두된 것은 우리나라 문화재 발굴의 시작인 1946년으로 경상북도 경주시 노서동 신라시대의 고분인 호우총 발굴과 함께 문화재들이 출토되면서부터다.

그 후, 1961년 10월 2일 법률 제743호로 구황실재산 사무총국의 조직과 문교부 문화국 문화보존과의 기능을 통합하여 문교부에 문화재관리국(현 문화재청)이 설치되었다. 그리고 1962년 '문화재보호법'이 제정되었다. '문화재보존과학'이라는 용어는 대통령의 특별지시로 문화재관리국(문화재청)의 협조와 과학기술처(과학기술부) 주관으로 관계 전문가가 참여한 가운데 문화재 전반에 관한 과학적 보존 연구가 이루어지면서부터다. 그리고 이 용어가 본격적으로 사용되기 시작한 것은 60년대 후반(1968)부터다. 아울러 문화재보호법 제정 공포는 1962년 1월 10일 법률 제961호로 공포되었다.

한편, 문화재 보존과학이 우리나라에서 처음으로 현장에 도입된 것은 신라시대 석굴사원인 석불사(석굴암)로서 1918년 일제강점기에 일본인에 의해 보존처리된 것을 재차 정밀실측하고 보존하면서부터다. 이는 선조들의 과학적인 기술의 진수를 보여주는 사례로 현대 과학으로 문화유산을 보존하려는 시도가 이루지는 계기가 되었다.

또한 백제문화권에서는 1971년 공주 무령왕릉에서 발굴한 유물의 보존처리를 처음 시작하면서 문화재 보존과학의 중요성을 재차 인식하게 되었다. 그리고 신라문화권에서는 경북 경주 시내에 있는 대형고분을 발굴하기 위해 실험적으로 실시한 발굴에서 천마총이 발견되었는데, 이 고분에서 의류, 금속, 동식물, 토기 및 자기류 등 다양한 소재의 문화재들이 다량 출토되었다. 이 때부터 발굴과 함께 보존과학이 이루어져야 한다는 개념이 확산되게 되기 시작하였다.

보존과학에 대한 정식교육은 국내에서는 보존과학 관련 연구기관이 1960년대 후반에 등장하게 되었고, 대학에서는 80년대 후반에 전문가 육성을 위한 정규 교육 규모의 학과들이 선보이게 되었다. 이러한 보존 관련 연구기관과 대학에 설치되어 있는 보존과학 관련 교육과정 및 국내외 연계 기관의 사례를 정리하여 나타내었다.〈표 8〉

5-1. 보존 관련 연구기관

1969년　문화재관리국 문화재연구실 내 보존과학반 설치

1974년 국립중앙박물관 보존과학실 창설

1975년 문화재관리국 문화재연구실이 문화재연구소로 승격, 보존과학반이 보존과학 연구실로 변경

1979년 계명대학교 보존처리실 설치

1981년 국립문화재연구소 부설 목포보존처리장 설치

1982년 경주고적발굴조사단에 보존처리실 설치

1984년 국립경주박물관 보존처리실 설치

1989년 삼성문화재단 호암미술관 보존과학실 설치

1990년 국립경주문화재연구소 개소(경주고적발굴조사단이 모체)

1990년 국립부여문화재연구소와 국립창원문화재연구소 개원

1990년 목포보존처리장을 목포해양유물보존처리소로 개편

1994년 목포해양유물보존처리소가 국립해양유물전시관으로 확대 개편

1999년 삼성문화재단 호암미술관 보존과학실이 호암미술관 부설 문화재보존연구소로 승격

2005년 국립나주문화재연구소 복원기술연구실 신설

2006년 국립문화재연구소 자연문화재연구실 신설

2007년 국립문화재연구소 책임 운영기관으로 지정

2007년 문화재연구소 연구기획과 신설

2007년 국립중원문화재연구소 신설, 국립창원문화재연구소를 국립가야문화재연구소로 변경. 건조물 연구실을 전통건축연구실로 변경

2009년 문화재보존과학센터 신설

2009년 국립해양유물전시관 국립해양문화재연구소로 명칭 변경

2009년 지방문화재연구소 내 기획운영과 · 학예연구실 신설, 연구지원과를 행정운영과로 명칭변경

2011년 국립 해양문화재 연구소 태안보존센터 설립

2014년 무형문화재연구실을 국립무형유산원(조사연구기록과)으로 부서 이관

2017년 국립강화문화재연구소 신설

2019년 국립완주문화재연구소 신설

5-2. 문화재보존 관련 전문 교육시설

〈표 8〉 국내 문화재 보존관련학교와 학과

구 분	개설년도	문화재 관련 학교와 학과 명칭	비 고
대학교	1988.	경주대학교 문화재보존과학과	
	1992.3	대전보건대학 박물관과	
	1993.3	경북과학대학 문화재과	
	1996.10	용인대학교 예술대학 문화재보존학과	
	1998.3	한서대학교 예술학부 문화재보존학과	
	1998.10	공주대학교 자연과학대학 문화재보존과학과	
	2000.6	한국전통문화학교 보존과학과	
	2000.	예원예술대학교 문화관광학부 문화재전공	
	2004.2	동양대학교 관광경영대학 문화재발굴보존학과	
대학원	1995.10	경주대학교 일반대학원 문화재학과(인문사회 계열)	석·박사과정
	1997.10	한서대학교 예술대학원 문화예술학과 문화재보존학과	석사과정
	1999.11	명지대학교 문화예술대학원 문화재보존관리학과	석사과정
	2000.10	공주대학교 일반대학원 문화재보존과학과(자연과학 계열)	석·박사과정
	2007.9	중앙대학교 대학원 문화재과학과	석·박사과정
	2008	국립충북대학교 대학원 문화재과학과	석·박사과정
	2011	국민대학교 대학원 문화재보존학과	석·박사과정
	2013	한국전통문화대학교 대학원	석·박사과정
	2014	예원예술대학교 문화예술대학원 문화재보존전공	석사과정
	2015	용인대학교 일반대학원 문화재보존학과	석·박사과정

(* 2007년 현재 학과의 이름, 소속 및 상태 등으로 기술함)

5-3. 한국의 보존과학 관련 학회 및 단체

1976년 국제박물관 협의회 한국위원회(ICOM Korea)

1983년 불법 소유 문화재 반환 촉진을 위한 정부간 위원회(ICPRCP)

1988년 세계유산위원회(World Heritage Committee)

1991년 한국문화재보존과학회(The Korea Society of Conservation Science for Cultural Properties)

1999년 ICOMOS-KOREA 국제기념물유적협의회 한국위원회(International Council on Monuments and Sites)

이상과 같이 다양한 형태로 보존과학 분야가 발전되고, 확대되었다. 그 결과, 다양한 소재별

문화재 보존처리가 실시되었고, 그에 따라 보고서가 발간되면서 문헌으로 보존과학의 연구 실적이 축적되게 되었다. 문화재 보존의 필요성에 대한 고고학자나 미술사학자 등 문화재 관련 학자들의 논문을 시작으로, 1968년 「문화재의 과학적 보존에 관한 연구」라는 논문집이 창간되었고 이어서 1972년 「문화재의 과학적 보존에 관한 연구」 보고서가 발간되면서 문화재 보존과학 분야도 학문의 한 분야로 거듭나게 되었다. 문화재 보존과학 분야는 2001년 후반부에 학술진흥재단에 학술분류 항목 중 소분류 항목으로 등록되었다. 또한 문화재보존과학회의 저널인 『문화재보존과학』이 학술진흥재단에 정규 논문지로서 등재되었다.

한편, 우리나라는 현재 문화재를 보호하기 위하여 세계문화유산에 등록시키는 작업이 꾸준히 진행되어 오는 시점이 되었다. 세계문화 유산에 등제를 위해서는 문화유산, 자연유산, 복합유산인 경우에 가능하다. 문화유산은 문화재 중 인간이 만든 유형문화재 전반에 대한 것을 말하고, 자연유산은 산이나 늪, 동굴 등 자연적인 현상에 의하여 생긴 것을 의미한다. 그 중 2020년 12월 말까지 우리나라에서 현재 등제 되거나 등제하기 위해 노력 중인 잠정목록을 살펴보면 〈표 9〉과 같다.

〈표 9〉 우리나라의 세계문화 유산 등제목록과 잠정목록(2021년)

구분	명칭	소재지	등록년도
문화유산	창덕궁	서울특별시 종로구 와룡동	1997년 12월
	수원화성	경기 수원시 장안구 연무동	1997년 12월
	석굴암·불국사	경북 경주시 진현동 891	1995년 12월
	해인사 장경판전	경남 합천군 가야면 치인리(해인사)	1995년 12월
	종묘	울 종로구 훈정동 1-2	1995년 12월
	경주역사유적지구	경북 경주시	2000년 12월
	고창·화순·강화 고인돌 유적	전북 고창군 고창읍 죽림리 인천 강화군 하점면	2000년 12월
	조선왕릉		2009년
	한국의 역사마을: 하회와 양동	경상북도 안동시·경주시	2010년
	남한산성	경기도 광주·성남·하남시 일원	2014년
	백제역사유적지구	충청남도 공주시·부여군 전라북도 익산시	2015년
	산사, 한국의 산지승원	경상남도 양산시, 경상북도 영주시·안동시 충청북도 보은군, 충청남도 공주시 전라남도 순천시·해남군	2018년
자연유산	제주 화산섬과 용암동굴	제주특별자치도	2007년 6월

구분	명칭	소재지	등록년도
복합유산	없음		
잠정목록	문화유산	자연유산	복합유산
	보은삼년산성, 대곡천암각화군, 설악산 자연보호구역, 가야고분군, 전남 강진도요지, 낙안읍성, 외암마을, 솔터, 한국중부고대산성, 서울한양도성	남해안 일대 공룡 화석지, 서남해안 갯벌, 화순 운주사 석불과 탑, 우포습지	없음

6. 외국의 문화재 보존과학의 역사

문화재에 대한 자연과학적 방법에 의한 연구는 18세기 말 영국·프랑스·독일의 화학자들에 의해서 그리스·이탈리아 로마의 고대 화폐분석이 시행되어진 것으로부터, 보존처리는 바이킹 목선이 출토되면서부터 시작되었다. 그 후 급속도로 발전하면서 소규모 단체 단위로 문화재 보존처리를 실시하던 것이 1920년대에 설립된 하버드대학 부속 포그미술관이 자연과학적 연구를 시행하는 연구기관과 실험실을 만들면서 미국에서는 최초의 전문기관이 되었다. 당시 포브스 관장은 기술자를 초빙해 보존부분을 개설했다. 뒤이어 보스톤 미술관, 뉴욕의 메트로폴리탄미술관 등에서도 보존과학실을 운영하게 되었다.

그 밖에 일본에서는 1947년 처음으로 연구조직이 생겼고, 1952년 현재의 동경국립문화재연구소 보존과학부로 발전하였다. 문화재 보존에 관한 국제 수준의 연구조직에는 보존수복의 활동을 추진하는 유네스코 산하의 비정부단체로서, 1946년 발족한 국제박물관협의회(ICOM)와 1965년 발족한 국제기념물유적회의(ICOMOS)가 있다. 또한 국제적인 학회조직으로는 1950년 발족한 국제문화재보존과학학회(IIC)가 있다. 〈표 10〉, 〈표 11〉에 각 국가별 보존과학 연구기관에 관해 나타내었다.[5]

1931년의 아테네(Athen)회의의 권고, 1964년의 베니스(Venice)헌장, 1981년 부에라(Buerra)헌장 등에서는 양식에 의한 통일을 염두에 두지 말고 건축물에 남아 있는 여러 시대의 흔적들을 존중할 것을 권고하고 있으며, 베니스 헌장과 부에라헌장에서는 추측에 의한 보존처리를 배제

5 이오희, 『보존과학 개설』, 2005년 보존과학기초연수교육, 2005, pp.157~158.

하고, 반드시 확실한 증거가 있을 경우에만 원래의 상태로 되돌릴 것을 강조하고 있다. 또한 문화유산의 재질별로 구체적인 원칙들을 수립해 보다 유연성 있게 대처하도록 권고하고 있다.

1990년 스위스 로잔에서는 고고유산 전승 관리를 위한 로잔헌장이 채택되었는데, 여기서 복원은 잔존되어 있는 고고학적 증거가 훼손되지 않도록 주의 깊게 실시되어야 하며 정통성을 확보하기 위해 모든 증거물들을 참고해야 한다고 강조하고 있으며, 가능성과 적절한 이유만으로 고고유물을 복원해서는 안 된다고 지적하고 있다.

1994년에 일본의 나라에서 열린 회의에서는 각국의 문화적 역사적 다양성을 고려하여 물리적 형태보다는 무형의 가치와 기술을 존중하고 반영해야 한다는 문화유산의 진정성에 관하여 발표하였다. 2000년 리가(RIga)헌장에서는 복원은 아주 특수한 예외의 경우에만 허용되어질 수 있다고 하였다. 보존과 복원의 목적은 문화유산의 계승의 의미를 유지 부각시키는 것이고, 진정성이란 문화유산의 속성(양식 및 디자인, 재질과 물질, 활용과 기능, 전통과 기술, 장소와 설치, 정신과 감정 등)이 성실하고 정확하게 그 의미를 뒷받침하고 있는 정도를 측정하는 것이라 하였다. 즉 문화유산의 복원이 일반적으로 과거를 정확히 재현하고 있지 못하고 있다면서 자연재해나 인위적인 대재난에 처했을 경우와 같은 예외적 성황에서 복원이 허용된다고 규정하고 있다.[6]

〈표 10〉 國外 보존과학 연구기관의 설립 연대

설 립	연대위치	연구기관 이름
1853년	영국 런던	Royal Institute
1888년	독일 베를린	State Museum
1922년	영국 런던	British Museum
1930년	미국 메사추세츠	Fogg art Museum
1930년	미국 보스턴	Museum of Fine Art
1931년	미국 뉴욕	Metropolitan Museum of Art
1931년	미국 파리	Louvre Museum
1934년	영국 런던	National Gallery
1935년	벨기에 브뤼셀	Royal Institute
1952년	일본 동경	東京國立文化財研究所
1958년	이탈리아 로마	Rome Center for Restoration Institute (ICCROM)

6 강대일, 「文化遺産 保存의 概念과 保存 理論」, 『보존과학회지』 제19호, 한국문화재보존과학회, p.111.

〈표 11〉 國外 문화재보존과학 관련 기관

명 칭	정식명칭	설립년도와 성격
IIC	The International Institute Conservation of Historic and Artistic Works	1950년 국제문화재보존학회
ICCROM	The International Centre for the Study of the Preservation and Restoration of Cultural Property	1956년 UNESCO에 의해 창설 1959년 로마에서 활동개시 국제정부간의 조직(IGO)
ICOM	The International Council of Museums	1946년 UNESCO 지원으로 설립 Non-Governmental Organization
ICOMOS	International Council on Monuments and Sites	1965년 UNESCO 지원으로 설립 Non-Governmental Organization
UKIC	The United Kingdom Institute for Conservation	영국 보존학회
AIC	The Americal Institute for Conservation of Historic & Artistic works	1960년 미국 보존학회

[별표 1] 〈신설 2003.6.27〉
문화재수리 기술자의 종류 및 담당업무(제7조 제1항 관련)

기술자의 종류	담당업무
1. 보수기술자	가. 건축·토목공사의 시공 나. 가목에 관련된 고증·유구(遺構)조사·수리(修理)보고서의 작성과 그에 따른 업무
2. 단청기술자	가. 단청공사[불화(佛畵) 포함]의 시공 나. 가목에 관련된 고증·유구조사·수리보고서의 작성과 그에 따른 업무
3. 실측 · 설계 기술자	가. 실측·설계도서의 작성. 다만, 제11호의 식물보호기술자의 업무영역에 속하는 식물보호에 관한 실측·설계업무를 제외한다. 나. 가목에 관련된 고증·유구조사와 그에 따른 업무
4. 조경기술자	가. 조경계획과 시공 나. 가목에 관련된 고증·유구조사·수리보고서 작성과 그에 따른 업무
5. 조각기술자	가. 조각, 조각물의 보수·제작 나. 가목에 관련된 고증·수리보고서의 작성과 그에 따른 업무
6. 표구기술자	가. 표구, 표구물의 보수 나. 가목에 관련된 고증·수리보고서의 작성과 그에 따른 업무
7. 칠공기술자	가. 칠, 칠과 관련된 보수 나. 가목에 관련된 고증·수리보고서의 작성과 그에 따른 업무
8. 도금기술자	가. 도금, 도금과 관련된 보수 나. 가목에 관련된 고증·수리보고서의 작성과 그에 따른 업무
9. 모사기술자	가. 모사, 모사와 관련된 보수 나. 가목에 관련된 고증·수리보고서의 작성과 그에 따른 업무
10. 보존과학 기술자	가. 보존처리 나. 가목에 관련된 고증·유구조사·수리보고서의 작성과 그에 따른 업무

기술자의 종류	담당업무
11. 식물보호 기술자	가. 식물의 보존·보호를 위한 병충해 방제, 수술, 토양개량, 보호시설 설치 및 환경개선 나. 가목에 관련된 진단, 실측·설계, 수리보고서의 작성과 그에 따른 업무
12. 박제 및 표본기술자	가. 동물·식물의 박제·표본 제작 및 보수 나. 가목에 관련된 수리보고서의 작성과 그에 따른 업무

7. 문화유산에 대한 보존의 개념과 이론[7]

보존 및 수리에 관한 보다 과학적이고 합리적인 보존이론이 등장하기 시작한 것은 19C 중반 무렵부터였다. 이때부터 20C 초반까지 크게 두 가지의 보존이론이 제시되었다. 프랑스의 건축가이면서 건축사학자인 비오레르듀크(Eugene-Emmanuel Violletle-Duc, 1814~879)는 "고고학과 미술사와 같은 인문학적인 분야에 바탕을 두고, 문화유산 보존 활동에 과학적인 연구방법을 도입하여 인류가 보다 적극적으로 문화유산의 손상에 개입하여야 한다"고 주장하였다. 문화유산의 보존에 적극적으로 개입하여야 한다는 것이다. 또 다른 이론은 영국의 학자인 러스킨(John Ruskin, 1819~1900)과 윌리엄 모리스(William Morris, 1834~1896)로 이들은 "현재 그대로의 모습을 유지하기 위해 문화유산의 상태를 개선하기 위한 노력이나 개입은 하지 않아야 한다"는 이론을 내세웠다.

비오레르듀크는 1854년 그의 대표적인 글 「보존(Restoration)」에서 건축물에 대한 보존을 진행하기 전에 해당 건축물의 재료와 건축기술에 대해 과학적으로 조사하고 분석해야 하며, 보존 담당자는 건축가의 의도와 제작자의 사상까지도 연구해야 한다고 주장하였다. 그의 과학적인 접근방식은 전에 없었던 새로운 형태로서, 문화유산을 보존처리하기 전에 문화유산에 대한 자료를 수집하고 세심하게 조사하는 동시에 문화유산의 재료와 기법을 연구하고, 과학적인 분석과 조사를 기반으로 하는 체계적인 보존활동의 기본틀을 갖추어 나가는 계기를 마련해 주었다. 또한 그는 전시대에 이루어진 보존의 문제점을 지적하면서 새로운 보존이론을 '양식의 통일'에 기초하여 모든 건물과 건물부재들을 하나의 우세한 양식으로 통일하여 보존하여야 한다고 주장하

7 강대일, 「文化遺産 保存의 槪念과 保存 理論」, 『보존과학회지 제19호, 한국문화재보존과학회, pp.104~105.

였다.[8] 그리고 이러한 양식의 통일을 위해 과학적인 연구와 철저한 문헌 조사를 바탕으로 부분보다는 전체에 초점을 두어 전체의 우세한 양식을 추출하는 방식을 사용하고자 하였다.

비오레르듀크는 이러한 '양식의 통일'에 입각한 보존이론을 적용하여 1840년 바질리 성당의 보존공사와 1844년 파리의 노트르담 사원의 보존공사에서 시대가 다른 부재들을 하나의 시대에 맞추어 양식적인 통일이 이루어지도록 하였다. 하지만 보존에 있어서 이러한 양식적인 통일을 위한 변형은 후대에 이루어진 문화유산에 대한 보존의 흔적을 무시하고 원래의 양식으로만 되돌리려는 것이어서 수많은 문화유산들이 변형되는 결과를 낳았다는 이유로 후대 학자들의 비판을 받기도 하였다. 그러나 최근 들어, 그의 이론을 재인식하고자 하는 경향이 늘어나고 있다. 특히 문화유산의 보존과 더불어 활용의 측면을 강조하고 있는 시점에서 그의 보존이론은 문화유산의 보존을 통해 해당 세대가 보다 다양하게 문화유산을 활용하고 과거와 대화하는 수단으로 자리잡을 수 있도록 하는 진보적인 태도를 취했다는 점에서 현대인들에게 새롭게 인식되고 있다.

존 러스킨은 보존(Restoration)을 가장 나쁜 파괴행위로 규정하면서 죽은 자를 회생시킬 수 없듯이 건축물에 있어서도 그것이 간직했던 위대한 모습이나 아름다움을 회생시킬 수는 없다고 했다. 작품을 창조한 작가의 관점과 창조 정신에 개입하여 서로 다른 예술정신이 반영되는 새로운 건축물을 만들게 될 뿐이라는 것이다. 그는 당시의 사람들이 만든 그 모습대로의 보존에 충실하고자 하였다. 이 이론은 적극적인 문화유산 보존방법으로 원래의 모습이 손상되는 것을 우려해 문화유산 보존을 최대한 신중하게 진행하여야 한다는 입장에서 비롯된 것이다.

한편, 영국의 시인이자 비평가였던 윌리엄 모리스도 존 러스킨의 이론을 지지하면서 1877년 고대건축물 보존을 위한 단체(Society for the Protection of Ancient Buildings)를 설립하고, 역사적인 건축물의 보수작업은 건물의 구조나 장식물을 함부로 변경하지 않고 원래 모습 그대로 보존하여야 한다고 주장하였다.[9] 존 러스킨과 윌리엄 모리스는 '원형의 최대한의 보존'을 주장하면서 '양식의 통일'에 의한 인위적인 훼손과 변형을 막고 후손들에게 가능한 한 현재의 모습 그대로 물려주고자 하였다. 이는 비오레르듀크와는 상반된 보존이론이다. 그러나 존 러스킨과 윌리엄

8 Eugene EmmanuelViollet-Le-Duc, "Restoration", *Dictionnaire raisonne de l'architecture francaise au XVIe au* vol, 8(Paris: B.Bance, 1854).

9 William Morris, "*The Principles of the Society(for the Protection of Ancient Buildings) as Set Forth upon Its Foundation*" Builder 25(1877).

모리스의 이론은 이미 많이 손상된 문화유산에 모두 일률적으로 적용할 경우 훼손에 대해 적극적으로 대처하지 못하고 새로운 손상을 일으키도록 방치할 가능성이 있다는 점에서 그 한계가 있었다. 그리고 문화유산의 활용을 최대한 제한할 수 있으나 원형의 보존을 위하여 어느 시점까지를 후대에 변형되거나 첨가된 세월의 흔적으로 볼 것인지에 대한 한계의 구분이 모호하다는 문제점이 있다.

이탈리아의 학자 카밀로 보이토(Camillo Boito, 1836~1914)는 '양식의 통일'과 '원형의 최대한의 보존'이라는 지금까지의 두 이론에 대해 중립적인 보존이론을 제시하였다. 그는 모든 건축물은 인류의 역사를 담고 있는 증거물로서 고유의 가치를 지니고 있으므로 이를 존중해야 하며, 어떠한 변형도 가해서는 안 되고 대신 보강하는 차원에서 보존이 이루어져야 한다고 주장하였다. 이는 존 러스킨의 이론을 바탕으로 하고 있으면서도, 불가피하게 어떤 것을 첨가해야 하는 경우에는 과학적인 조사와 분석 자료를 바탕으로, 첨가된 부재를 식별할 수 있도록 하여야 한다는 점에서 비오레르듀크의 이론을 수용하고 있다. 또한 보존처리 과정에서는 후대에 첨가된 부재들이 구조적으로 변형을 일으키거나 손상을 야기하는 경우를 제외하고는 건물의 일부로서 간주하여 이를 함부로 제거해서는 안 된다는 원칙을 제시하여 존 러스킨의 이론이 지닌 단점을 보완하기도 하였다.

20C 중반에 접어들면서 제국주의에 의해 전 세계가 전쟁의 소용돌이에 휩싸이게 되었다. 제국주의 열강들이 파괴와 약탈을 자행하면서 많은 문화재가 손실되었다. 기존의 보존이론들로는 이러한 문화재들을 구제하는 데 많은 한계가 있었다. 따라서 기존 이론의 장점을 취하고, 문제점들을 보완하여 보다 효율적으로 보존처리를 이끌어 나갈 수 있는 형태의 이론들이 활발하게 전개되었다. 그 결과 1950년대에는 보완된 현대 보존이론을 바탕으로 보존이 미술사나 고고학의 한 분야가 아닌 독립적인 전문분야로서 인정받기 시작하였다. 그리고 보존의 분야도 유물의 재질에 따라, 혹은 재질분석, 각종 환경 및 상태조사, 보존처리 기술 및 재료의 개발 등의 연구 분야에 따라 좀 더 세분화되어 학문적인 체계를 갖추어나갔다. 이를 토대로 전대의 보존이론을 모든 유물에 일률적으로 적용하기보다는 각 유물의 종류와 상태에 적합한 세부원칙들을 세워 유물의 종류별·손상상태별로 차등을 두어 적용하기 시작하였다.

세계 여러 나라에서는 문화유산에 대한 중요성과 그 가치를 인식하여 수많은 보존 관련 국제헌장이 국제회의에서 채택되었고, 이러한 이론들을 결집시켜 문화재헌장에 기록하여 실천에 옮기게 되었다. 여러 이론들을 현실에 맞게 수용하고 문제점을 보완하여 현대이론을 제시한 가장 대표적인 학자로 이탈리아의 미술사학자이며 비평가인 체사르 브란디(Cesare Brandi, 1906~1988)를 들 수 있다. 그는 1939년 국립문화유산보존연구소(Istituto Centrale del Restauro)를 창설하여 1961년까지 소장으로 역임하면서 보존의 역사와 이론을 연구하고, 학생들을 지도하였다. 그 후 1963년 그의 연구가 집대성된 『보존에 대한 이론(Teoria del Restauro)』이 출판되었는데, 이 책에서 그는 기존의 비오레르듀크와 존 러스킨의 이론을 보완한 보다 합리적인 보존이론을 제시하였다.

또한 그는 '가역성'의 개념을 체계화시켜 현대 보존이론에 '가역성'을 필수요소로 등장시켰다. 그는 예술작품을 예로 들면서, 벽화의 경우 이미지와 직접적으로 연결되어 있는 채색층에 변형을 가하여 그 미학적인 면을 바꾸는 것은 안 되지만, 채색층을 받치고 있는 화벽이나 중벽, 초벽의 경우는 이미지와 직접적으로 연결되어있지 않으므로 변형을 허용할 수 있다고 하였다. 이러한 주장은 보존처리가 문화유산의 수명연장을 위한 조치이기 때문에 유물에 보다 적절한 보존처리 재료가 개발되었을 때는 언제든지 전대의 보존처리에 사용한 물질이 제거될 수 있어야 한다는 생각에서 비롯된 것이다.[10]

벨기에 출신의 폴 필립보(Paul Philippot, 1925)는 미술사와 보존이론을 강의하면서 체사르 브란디의 보존이론을 한층 보완하고, 보다 진보적인 보존이론을 제시하였다. 그는 보존과학과 분석 및 조사 작업을 보존의 중요한 과정으로 강조하면서도, 보존처리자들이 직면하게 되는 다양한 철학적 문제들과 중요한 원칙들에 큰 관심을 가지고 이를 보존의 중요한 사안으로 끌어들였다. 그리고 현대 보존이론을 구성하는 두 가지 요소로 과학기술적인 접근과 역사적·인문학적 접근을 들었는데, 과학기술적인 접근은 과학의 발달로 인해 등장하기 시작한 여러가지 과학적 도구와 조사방법을 포함하는 접근방법이며, 역사적·인문학적 접근은 전대의 비오레르듀크, 존 러스킨, 윌리엄 모리스 등이 고민했던 보존의 철학적 문제와 보존의 기본방향에 대한 접근이라며 둘 중 역사적·인문학적 접근이 더 중요하다고 강조하였다. 폴 필립보는 유물 본래의 기능을 상실한 채 박물관의 유리 진열장 안에서 마치 화석과 같이 전시하는 것은 바람직한 보존은 아니라는 관점에서 '활용'을 전재로 한 문화재 보존이론을 제시하였다. 이와 같이 19C부터 20C에 걸쳐 여러 학자들은 문화재를 어떻게 하면 효과적으로 보존할 것인가에 대해 연구하면서 추상적인 개

10 Giavanni Carbonara, "*The Integration of the Image:Problems in the Restoration of Monuments*", Historical and Philosophical Issues in the Conservation of Cultural Heritage(Los Angeles : The Getty Conservation Institute, 1996), pp.236~240.

념보다는 현실에 적용하는 방법으로서의 이론을 정립해나갔다.

우리나라도 작게는 미륵사지 석탑의 해체 복원이나 광화문의 원 위치로의 이전 복원에서부터 크게는 경주 황룡사와 같이 대규모 복원 공사를 앞두고 있는 시점에서 관련 전문가들이 문화재를 보존하고자 하는 기틀을 만들어야 할 것이다. 예를 들어, 신라시대의 건축물이 우리나라에 존재하는 것이 하나도 없는 상황에서 어떻게 연구하여 지금까지의 역사적인 근거를 제시하고 건축물의 문화재를 효과적으로 보존할 것인가에 대한 추상적인 개념보다는 현실성 있는 방법을 제시해야 할 것이다.

제 2 장

금속문화재의 보존과학

1. 금속유물 보존처리의 필요성

금속유물을 주로 사용된 금속 재료로 분류하면 금, 은, 동, 철 및 청동 등이 있는데, 이 중 제일 많이 발굴되는 것은 철과 청동으로 이루어진 유물(청동, 황동, 금동 등)이 대부분이다. 특히, 철제유물은 철 그 자체로 사용되는 경우가 많으며 간혹 상감이 되어 있는 경우도 있다. 청동유물은 동 위에 금이나 은 등의 금속으로 코팅을 한 금동(金銅), 은동(銀銅), 동에 다른 금속을 섞어 만든 청동, 황동과 같은 합금으로 만들어진 유물로 나뉜다. 그리고 그 위에 상감을 한 유물도 있다. 금속유물은 금, 은, 주석, 납 등으로 이루어진 유물이다. 출토 금속유물은 시대에 따라 재련 능력의 한계로 인해 단일 재료이거나 둘 이상의 금속을 섞어 합금으로 만들어진 것들이다.

발굴조사에 의해 출토되는 고대 금속유물의 대부분은 생활공간에서 사용하다가 흙 속, 밀폐공간인 고분이나 성곽 등에 매장된 유물들이다. 이 철기 유물들은 땅 속에서는 수분과 염화이온에 의해 부식이 느리게 진행되다가 출토 후 공기 중에 노출되는 순간부터 산소와 반응을 일으켜 손상 및 부식이 빠르게 진행된다. 그러므로 장기간 방치하였을 경우, 표면뿐만 아니라 금속 전체가 산화작용과 함께 일어나는 여러 종류의 화학적 변화로 부식이 진행되어 그 형태와 금속성을 잃고 유물로서의 가치를 잃어버리게 된다. 따라서 부식의 진행을 억제시켜 유물의 가치 상실을 막기 위한 보존대책이 필요하다. 더욱이 철제유물과 청동유물(비철제유물 모두를 포함한다)은 구성성분과 물리적 성질, 부식생성물이 각각 다르므로 적합한 보존처리 방법을 선택하고, 주의해서 처리해야 한다.

2. 금속유물의 부식 원인과 현상

매장되어 있는 금속유물은 일반적으로 계속 부식이 진행되는 것이 아니라 어느 정도까지 부식이 되면 표면에 부식 생성물인 녹으로 뒤덮여지게 되면서 부식이 계속 진행된다. 그리고 어느 순간부터는 부식이 평형상태에 도달하며 부식 속도가 느려지게 되는 현상이 발생하고 이 때에 나타나는 부식현상은 매장되었던 토양의 성질에 따라 달라진다. 일반적인 토양부식의 유형은 소위 미주전류(Stray-current)에 의한 전기부식, 틈부식(Crevice corrosion), 응력부식(Stress-corrosion) 및 미생물부식(Microbiologically Induced corrosion : MIC)에 의한 부식 등으로서 그 형태가 거의 국부적인 부식으로 나타나는 것이 특징이다.

한편, 금속유물의 부식에 영향을 주는 요인은 크게 두 가지로 나누어 생각할 수 있다. 첫째는 매장환경요인으로 수분, 산소, 염화물, 용존산소, 용존이온, pH, 온도, 유속, 미생물, 산소농담전지작용(酸素濃淡電池作用), 열 유속, 빛, 가스 등이다. 둘째로는 제작과정에서 나타나는 금속인자의 요인으로 순도, 합금조성, 조직, 결정방위, 결정립계, 표면상태, 열처리 등이 있다. 부식속도는 이와 같은 여러 가지 요인들에 의해 영향을 받는다.(이와 같은 여러가지 요인들은 부식속도에 영향을 준다.)

2-1. 철제유물의 자연과학적 특징

매장되어있던 철제유물의 부식에 가장 큰 영향을 주는 두 가지 요인은 산소와 염화물이다.

2-1-1. 부식 매질에 따른 분류

1) 습식부식 - 금속표면에 수용액이 존재하여 용액의 작용에 의해서 생기는 부식을 말하며, 수분이 포함된 자연 대기 중, 해수 중, 토양에서 발생하는 부식에 속한다.

2) 건식부식 - 수분이 존재하지 않는 산소, 공기, CO_2가스 등의 환경에 대한 부식현상을 건식부식 또는 가스부식이라 한다. 건식부식은 일반적으로 고온가스, 건조기체와 접촉하는 경우가 많으므로 고온부식도 해당된다.

2-1-2. 금속 외양에 따른 분류

1) 균일부식(Uniform Corrosion)

금속표면의 전체에 걸쳐서 균일하게 발생하는 부식을 균일부식 또는 일반부식이라 한다. 균일부식이 발생하게 되면 금속은 점점 두께가 감소하게 되고 마침내는 사용이 불가능해지게 된다. 균일부식은 표면 전체에 걸쳐서 균일하게 발생하지만 다른 형태의 모든 국부부식은 금속표면의 어떤 국부적인 영역에 한정되어 발생한다. 또한, 균일부식은 가장 측정하기 쉬운 부식형태이며 규칙적인 조사를 함으로써 예상 밖의 파괴를 미연에 방지할 수 있다.

2) 틈부식(Crevice Corrosion)

틈부식이란 구멍이나 가려진 부분 내에서 국부적으로 심한 부식이 발생하는 것을 말하며 가스켓 표면, 포개어 있는 부분(Lap Joint), 표면 침전물 등의 틈에 소량의 수용액이 정체되어 있을 때 이 틈에서 발생하는 부식의 형태를 말한다. 틈부식 침전부식(Deposit Corrosion) 또는 가스켓 부식(Gasket Corrosion)이라 일컫기도 한다.

3) 공식(Pitting)

공식은 금속에 생긴 구멍 내부에서 발생하는 부식으로 육안으로 파악이 어려운 부식이다. 공식은 그 진행속도가 대단히 빠르기 때문에 비교적 짧은 시간에 금속 내부로 뚫고 들어가며, 동합금물에 가장 많이 나타난다.

4) 입계부식(Intergranular Corrosion)

입계부식은 금속조직 사이에서 발생하는 부식형태로 용융된 금속을 주조할 때 액체 금속의 응고가 아주 불규칙하게 분포된 핵에서부터 시작된다. 이 핵들을 중심으로 규칙적인 원자배열이 진행됨에 따라 핵은 점점 성장하여 결정립(Grain)을 형성한다. 주어진 금속의 모든 결정립 내에서는 원자배열이 모두 같은 방식의 규칙적인 배열을 한다. 그러나 핵성장 방향이 불규칙하기 때문에 이웃하는 결정립 사이의 결정면들은 서로 어긋나며 불연속적으로 변한다. 이와 같이 되어 결정립 사이에 생긴 면적을 입계(Grain Foundary)라 부른다. 즉 입계는 재료 내부에 있는 표면이라 생각할 수 있다. 또한, 입계부식이 발생하면 물질의 변형이 매우 작은데도 불구하고 파괴되는 재료의 취성이 크게 나타난다.

5) 선택부식(Selective Leaching)

선택부식이란 합금 중의 한 성분이 부식으로 인해 선택적으로 제거되어지는 현상을 말한다.

철제유물에 용해된 염은 전해질을 제공하므로 용액을 통한 전하의 흐름을 촉진시켜 부식을 촉진시킨다. 아래의 반응식은 물과 산소가 있을 때의 철의 부식반응을 나타낸 것이다.

$$2Fe + O_2 + 2H_2O \rightarrow 2Fe(OH)_2$$

매장상태의 철제유물은 염화이온(Cl-)과 반응하여 아래와 같이 산화된다.

$$Fe + 3Cl \rightarrow FeCl_3 + 3e-$$

$$FeCl_3 + 4H_2O \rightarrow FeOOH + 2H_2O + 3HCl$$

아래 그림은 철의 표면에서 염화이온에 의해 공식이 발생하는 모식도를 나타낸 것이다.

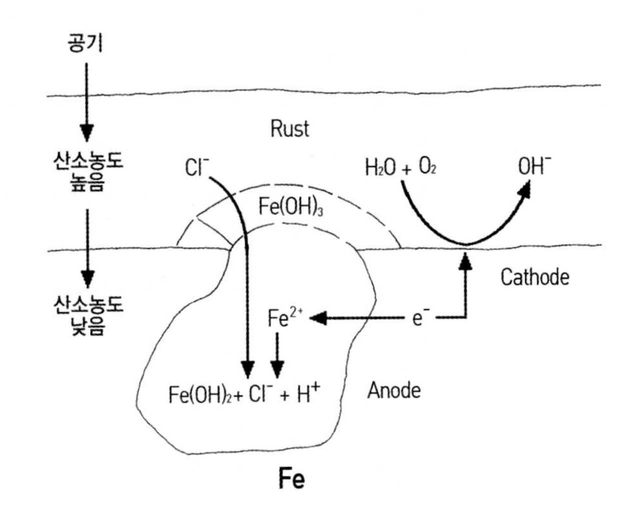

매장되어있던 철제유물의 부식생성물은 아래 표와 같다. 금속심 위의 안정한 검은 녹(Magnetite, Fe_3O_4)과 적갈색 녹(Goethite, α-FeOOH)을 제외한 나머지는 녹을 더 생성하므로 제거해야 한다.

철 부식생성물은 조밀하지 않고 원래의 금속보다 부피가 더 크다. 따라서 철 부식생성물은 보통 유물의 모양을 확인하는 것을 어렵게 만든다. 특히 철은 녹이 생성되기 시작하면 내부 금속심이 남아있지 않을 때까지 부식이 진행되므로 철 유물은 경량화되고, 부서지거나 깨지기 쉽다.

일반적으로 대부분의 철 유물은 단면을 X-ray로 촬영해 보면 부식물 층과 부식 생성물이 분명하게 구분된다. 부식층은 유물의 대략적인 모양을 나타내는데, 유물의 원래 모습은 이런 부식층을 제거해야 알 수 있다. 상감이나 도금은 부식물 내부나 위에 위치하고 있어서, X-ray 촬영 결과를 보면서 이를 원래의 표면으로 생각하고 보존처리 해야 한다.

〈표 1〉 철제유물의 부식생성물과 특징

화합물명	화학식	색 상	특 징	보존 여부
Magnetite	Fe_3O_4	검은색	불용성, 매장 철제유물 표면의 부식 화합물로 안정하므로 이 부식층이 나타날 때까지 녹 제거를 한다.	보존
Goethite	α -FeOOH	적갈색	불용성, 철 화합물 중 가장 안정하다.	제거
Akaganeite	β -FeOOH	엷은 적갈색	불용성, 세척으로 제거 불가능하다.	
Lepidocrocite	γ -FeOOH	적갈색	불용성, Goethite, Akaganeite와 함께 매장유물 요 부식화합물이다.	
염화제1철	$FeCl_2 \cdot 4H_2O$	담록색	수용성, 산성용액에 안정하다. 부식되는 금속표면에 방울로 나타난다.	
염화제2철	$FeCl_3 \cdot 4H_2O$	주황색	수용성, 강산화제 부식되는 표면에 방울로 나타난다.	
수산화제1철	$Fe(OH)_2$	담록색	수용성, 공기 중에서 급속히 산화되어 FeOOH로 된다.	제거
Vivianite	$Fe_3(PO_4)_2 \cdot 8H_2O$	푸른색	불용성, 상온에서 생성	
Ferric phophate	$FePO_4$	하얀색	불용성, 상온에서 생성	
Siderite(능철광)	$FeCO_3$	황갈색	불용성, 유리질 광택이 난다.	

〈표 2〉 부식된 철제유물의 전형적인 단면

화합물명	특 징
갈색녹 금속심	단단한 금속심과 아주 적은 부식물이 있는 경우로 물리적으로 단단하다.
갈색녹 치밀한 검은녹 금속심	표면의 세세한 곳까지 중간 두께의 부식물이 덮고 있으나 단단한 금속심은 아직 남아있다. 물리적으로 단단한 편이다.
갈색녹 치밀한 검은녹	유물은 단단한 부식 생성물로 완전히 덮여있다. 유물은 꽤 무겁게 느껴진다. 깨지기 쉽고 뚝 부러지기 쉽다. 발굴 후에 일어나는 편은 아니다.
갈색녹 검은녹 빈 공간	유물은 부식 생성물로 완전히 덮여있고 속이 비어있다. 매우 가볍고 쉽게 깨진다. 발굴 후에 일어나는 편은 아니다.

발굴된 철제유물은 본질적으로 안정하지 못한다. 발굴되어 지표면에 노출되면 철 부식 생성물에는 산소와 수분이 함께 존재하기 때문에 남아있는 금속성분의 철은 빠르게 부식된다. 따라서 발굴 후의 부식을 방지하기 위해 철제유물은 가능한 완전히 건조하는 것이 매우 중요하다. 오른편의 철산화물의 부피 변화를 보면, 철의 특징을 알 수 있다.

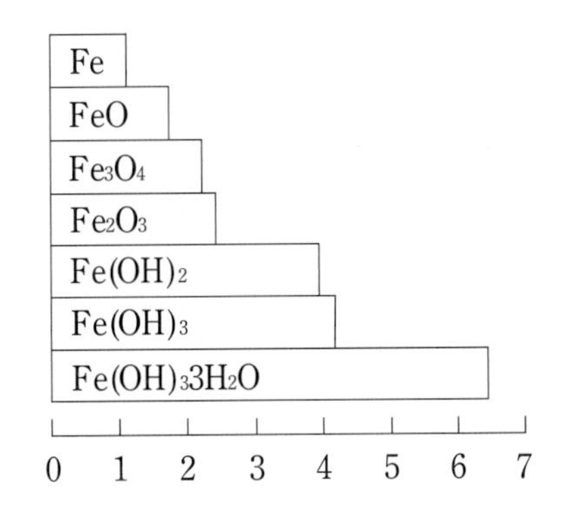

산화물 녹의 부피 변화

발굴 후 부식이 진행되면, 제일 먼저 나타나는 징후는 부식층에 미세하고 수평으로 긴 균열이 생기는 것이다. 균열이 진행되면 박락되어 검은 분말로 덮인 금속심이 드러나는데(①), 그 면에는 약간의 주황색 분말이 존재하기도 하고(②), 작은 박락이 존재하기도 한다(③).

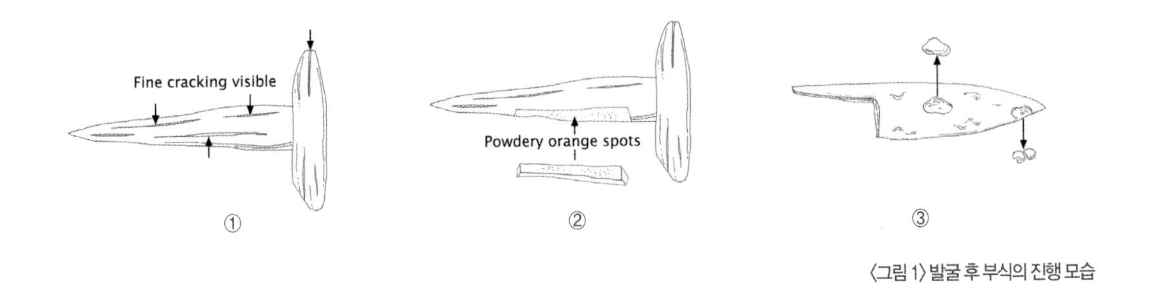

〈그림 1〉 발굴 후 부식의 진행 모습

2-2. 청동유물의 자연과학적 특징

금동유물의 부식 생성물은 도금막을 뚫고 나와 표면을 덮음으로써 유물에 손상을 주게 되는데, 도금 표면에 형성되는 전형적인 청동녹의 구조는 표면이 보통 모래 + 흙 + 청동녹의 혼합물로 이루어져 있고 내부로 들어가면서 Cuprite, Tenorite 층으로 되어 있으며, 이 Tenorite 층 아래에 도금막이 있다.

동 및 청동 물의 경우 산소가 거의 없고 습한 조건에서 염화이온이 존재하면 동이 염화이온과 반응하여 물에 잘 용해되지 않는 염화제1구리(CuCl)를 형성한다.

$$Cu + Cl^- \rightarrow CuCl + e^-$$

염화제1구리는 물과 반응하여 산화1구리(Cu_2O)와 유리된 수소이온과 염화이온을 생성한다.

$$2CuCl + H_2O \rightarrow Cu_2O + 2H^+ + 2Cl^-$$

〈표 3〉 청동유물의 부식생성물과 특징

화합물명	화학식	색 상	특 징	보존 여부
염기성탄산구리 Malachite	$CuCO_3 \cdot Cu(OH)_2$	녹청색	염산에 녹아 발포(發泡)한다.	
염기성탄산구리 Azurite	$2CuCO_3 \cdot Cu(OH)_2$	남청색	산에 녹아 발포(發泡)한다.	보존
산화제1구리 Cuprite	Cu_2O	적갈색	소지금속 표면에 나타나는 얇은 막 상태의 녹는다	
염기성염화구리 Paratacamite	$CuCl_2 \cdot 3Cu(OH)_2$ $CuCl_2 \cdot 3Cu(OH)_2 \cdot 3H_2O$	백록색 또는 담록색	분말상	
염화제1구리 nantokite	$CuCl$	회색	부식을 촉진한다.	
황화구리 Chalcocite	CuS	청흑색	물이나 묽은 산에 거의 녹지 않으나 고온의 질산이나 시안화알칼리 용액에는 녹는다.	
황화구리 Chalcocite	Cu_2S	검은 회색	열에 안정하며 고온에서는 염소 또는 탄산나트륨과 천천히 반응한다. 물에는 잘 녹지 않으나 질산이나 암모니아수에는 녹는다.	제거
황산구리 blue vitriol	$CuSO_4 \cdot 5H_2O$	청색 또는 청백색	야외 전시한 청동상에서 검출한 것.	
염기성황산구리 Brochantite	$CuSO_4 \cdot 3Cu(OH)_2$	청색		
산화구리 Tenorite	CuO	검은색	얇은 피막	
Chalcopyrite	$CuFeS_2$	검은색	황동광	
Bornite	Cu_5FeS_4	검은색	방동광	

산소가 충분한 조건에서 생성된 염산은 구리와 반응하여 염화제1구리가 된다.

$$4Cu + 4HCl + O_2 \rightarrow 4CuCl + 2H_2O$$

앞과 같은 반응이 계속 반복적으로 일어나 동의 부식이 증대된다.

산화제1구리가 생성된 상태에서 충분한 산소와 수분, 이산화탄소가 공급된다면 염기성탄산구리(Malachite, $CuCO_3 \cdot 3Cu(OH)_2$)가 생성된다. 이 녹은 단단하고 치밀해 그 이상의 부식을 억제하므로 유물을 안정한 상태로 유지시킨다.

$$2Cu_2O + O_2 + 5H_2O + CO_2 \rightarrow CuCO_3 \cdot 3Cu(OH)_2 \cdot 2H_2O$$

그러나 염화제1구리가 생성된 상태에서 산소와 물이 공급된다면 염기성염화구리(Atacamite, $CuCl_2 \cdot 3Cu(OH)_2$; 청동병)와 염화제2구리를 생성한다. 염기성염화구리는 분상을 나타내므로 곧 붕락하고 유물의 형태도 손상시킨다. 염화이온이 존재하고 부식이 진행되는 환경에 놓여있다면, 이 현상은 되풀이되어 유물 자체가 소멸될 위험이 있다. 이런 부식 현상을 청동병(Bronze Disease)이라 한다.

$$12CuCl + 3O_2 + 8H_2O \rightarrow 2[CuCl_2 \cdot 3Cu(OH)_2 \cdot H_2O] + 4CuCl_2$$

아래 그림은 동의 표면에서 염화이온에 의해 공식이 발생하는 모식도를 나타낸 것이다.

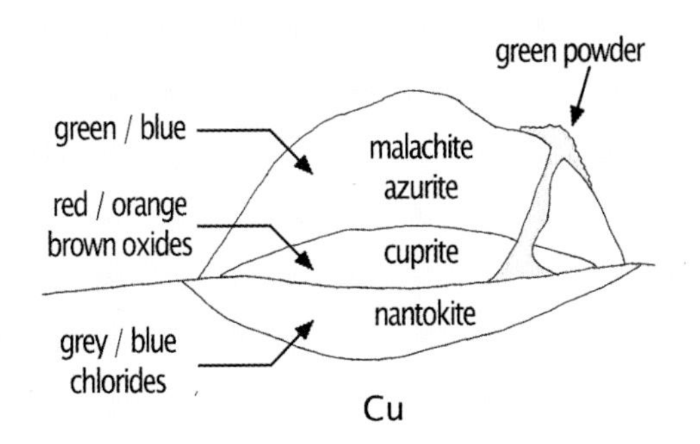

청동유물의 외관의 색상은 일반적으로 매장환경에 따라 상당히 다르게 나타난다. 녹색 부식물은 부식된 동으로 된 유물에서 나타나는 가장 흔한 색상이고, 습지로부터 발굴된 유물들은 금빛 노랑(Golden Yellow)이나 검은 색상을 나타낸다.

청동유물은 대개 부식되지 않은 금속심이 남아 있으며 부식 생성물이 매우 밀착되어 붙어있다. 작은 조각과 얇은 편들은 완전히 광물화되어 있는 경우도 있는데, 이 상태는 매우 깨지기 쉽고 약하므로 보존처리할 경우 주의가 필요하다. 또한, 청동합이나 수저 및 완 등은 표면이 얇아 녹을 제거할 경우 천공이 생기거나 파손되는 경우가 생기므로 철제유물에서의 녹 제거보다 신중을 기해야 한다.

청동유물들은 대체로 발굴시 철제유물보다는 안정적이다. 그러나 눈에 보일 정도로 매우 활발한 부식이 일어나며, 크고 밝은 녹색 분말의 형태로 보이는 경우의 부식은 표면층 아래에서 발생되어 작은 압력이라도 가해지면 균열이 생기거나 파손될 수 있다. 발굴된 유물이 눈에 띄게 부식되었다면 가능한 한 빨리 보존처리를 해야만 한다.〈표 3〉

2-3. 금제 및 은제유물의 자연과학적 특징

금제(金製) 및 은제(銀製)유물이 출토된 상태를 보면, 은이나 금이 그 자체로 이용되는 경우도 많지만, 은(Ag)의 경우 종종 재질을 단단하게 하기 위해 구리와 합금하여 이용하거나, 은색을 갖는 유물을 만들기 위해 적은 양의 은을 사용해 만들어진 것들이 있다.

구리와 함께 합금된 금, 은제유물들은 땅 속에 매장되어 부식될 경우, 구리가 먼저 부식되는 경향이 있다. 그러므로 금, 은제유물들이라 할지라도 육안으로 볼 때는 구리합금 부식 생성물인 푸른색 물질이 감싸고 있어서 동제 합금 유물로 착각할 수도 있다. 이러한 실수를 막기 위해서는 보존처리 전에 과학적 분석과 X-ray 조사는 필수이다.〈표 4〉

〈표 4〉 은제유물의 부식생성물과 특징

화합물명	화학식	색 상	특 징	보존 여부
황화은(Argentite)	Ag_2S	검은색	불용성, 산성용액에 용해	제거
염화은(Cerargyrite)	AgCl	백색, 회색, 자회색	암모니아수에 용해	

순금은 연성과 전성이 좋으며, 부식이 잘 되지 않으나 물리적 변형이 일어나기가 쉽다. 따라서 금제품은 토압이나 외부적인 압력으로 형태를 알 수 없을 정도로 납작해져 출토되는 것이 대부분이다. 그러나 금제유물은 재질을 단단하게 하기 위해 구리, 은과 함께 합금되어 만들어지는 경우가 많다. 이러한 금제유물이 출토되면 표면이 청동녹으로 감싸지게 되어 청동유물로 착각

하는 경우가 생긴다.

금, 은 그리고 이 두 금속의 합금들은 다른 금속 표면 위에 상감을 하거나 섬세하게 장식하기 위해 사용하기도 한다. 도금은 철과 구리 합금의 부식생성물 위에 있으며, 금속 표면 위에는 잘 고정되어있지 않아서 단편적이고, 약하며, 부서지기 쉽고 불연속적이므로 알아보기가 어렵다. 또한, 완전히 부식 생성물들로 바뀌는 경우도 발생하므로 X-선 촬영의 도움 없이는 이것들을 알아보기가 어렵다. 특히 순수 은제 유물의 경우, 황산가스에 의한 부식을 제외하고는 순은의 부식은 매우 천천히 진행된다.

2-4. 기타 금속유물의 자연과학적 특징

〈표 5〉 납·주석유물의 부식생성물과 특징

화합물명	화학식	색 상	특 징	보존 여부
탄산납(Cerussite)	$PbCO_3$	회색		
염기성 탄산납(Hydrocerussite)	$2PbCO_3 \cdot Pb(OH)_2$	흰색		
일산화납(Massicote)	PbO	노란색	분말	
이산화납(Plattnerite)	PbO_2	적갈색	분말	
염화탄산납(Phosgenite)	$PbCO_3 \cdot PbCl_2$	백색	분말	
황화납(Galena)	PbS	검은색	불용성	
산화주석(Cassiterite)	SnO_2	흰색	분말	

순수한 납과 주석으로만 된 출토 금속유물은 많지 않다. 대부분의 경우는 동의 합금재료로 많이 사용되었고, 간혹 은의 대용품으로 주석과 납의 비율을 1 : 4로 한 합금이 발견되는 경우도 있다. 그러나 중국이나 유럽에는 주석과 납만으로 된 유물이 다수 있다. 예를 들면, 중세 로마의 상수도관에 납을 사용함으로써 인체에 치명적인 해를 끼쳤던 기록이 있다. 또한, 청동거울과 같이 주형을 이용하여 문양을 표현하기 쉽도록 할 경우에도 미량이지만 납이 포함되어 있다.〈표 5〉

한편, 고려시대 사람들은 청자의 구연부를 보호하면서 외형적인 장식성을 표현하기 위해 주석을 사용했는데, 고려시대 별궁터인 혜음원지에서 유물이 다량 출토되었던 사례가 있다.〈그림 2〉

〈그림 2〉 혜음원지출토 청자

철제유물 위에 주석코팅을 한 유물들의 경우는 주석이 대개 남아 있지 않다. 주석코팅의 증거가 부식

생성물 내에 보존되어 있다면 X-선 촬영을 통해 알 수 있다. 주석제 유물의 발굴 후 부식생성물의 가수분해가 일어나므로 주석제 유물이나 백납은 건조한 환경에서 보관하는 것이 최선이다. 이외에도 아연제 유물은 종종 깊은 공식부식으로 인해 광범위하게 부식되어 있다. 특히, 백납은 깨지기 쉽고 평평하지 않은 표면을 갖는다.

3. 금속유물 보존과학 및 처리방법

금속유물의 보존처리는 먼저 대상 유물의 특징에 따라 보존처리 방법을 결정하기 위해 기존에 처리된 같은 종류의 유물의 정보를 모으는 예비조사 단계부터 시작한다. 유물을 수습해오는 응급처리 단계, 녹을 제거한 후 녹의 원인인 염을 제거하기 위한 탈염처리, 녹을 방지하기 위한 방청처리, 접합 및 고색처리 등의 단계를 거쳐 금속유물이 보관되기에 안전한 환경에 보관하는 것이 금속유물의 보존처리 과정이라고 볼 수 있다.

일반적으로 발굴되는 금속유물은 흙과 부식물로 혼합되어 출토되며, 부식이 심하여 재질이 약해진 상태가 대부분이다. 출토와 동시에 금속유물의 부식반응을 가속시키는 중요한 원인 중의 하나는 갑작스런 환경변화이기 때문에 유물 주변의 환경변화를 최소화하는데 중점을 두어야 할 것이다.

발굴하기 전에 보존과학자는 발굴 후 일어날 수 있는 문제를 방지하기 위해서 현장에서 출토유물의 응급 보존처리와 발굴 후 보존처리를 계획해야 한다. 유물은 즉시 응급 보존처리를 실시하거나 보존처리 될 때까지 유물의 상태를 확인하여 가능한 손상되지 않는 안전한 환경에서 보관하여야 한다. 가장 좋은 방법은 출토 직후 보존처리실로 유물을 옮겨 바로 보존처리를 실시하는 것이다.

상태가 양호한 소형 유물의 경우, 급격한 환경변화를 방지하기 위해 비닐봉투나 Escal Film에 밀봉해 외부공기와 차단해서 보관한다.

부식이 심한 소형 유물의 경우 직접 수습이 불가능하므로 일차적으로 유물의 테두리 부분을 강화한 후 수습한다. 강화처리제로는 가역성이 있고 유물에 손상을 주지 않는 Cemedine-C를 아세톤에 약 5~10%로 용해한 후 도포 처리한다. 그 후 석고붕대로 지지하여 수습하고 우레탄폼 등으로 완충한 후 밀폐시켜 보존처리실로 운반한다. 만약, 유물 수습시 유물 주변의 파편이 떨어져있다면 함께 수습해 하나의 비닐봉투에 넣어 보관한다.

3-1. 보존처리를 위한 예비조사

보존처리에 들어가기에 앞서서 유물의 재질을 파악하고, 열화 정도, 미술사적인 가치와 유물의 제작 시기에 나타나는 재련 기술 등과 고고학적 의미 등 모든 정보를 파악한 후 보존처리 방법을 결정하는 것이 이상적인 보존처리를 위한 예비조사 단계에서 가장 중요하다.

3-1-1. 유물카드 작성

유물의 정보를 유물카드에 작성할 때에는 항상 전체적인 외형에서부터 세부적인 것의 순서로 기술한다. 유물의 고고미술사적인 형식 분류에서는 유물의 이름을 정한다든지 미술사적으로 어떠한 점이 강조되어야 할지 등을 발굴자에게 정보를 얻어 기록한다. 보존과학적인 시각에서 유물의 구조와 형식은 물론, 육안으로 관찰된 녹의 색, 파손부위, 재질, 파손(크랙)부위, 유기질 부착 여부, 실측, 중량, 크기, 직경, 폭, 두께를 기록해 둔다. 그리고 X-ray 촬영을 통해 알아낸 내부 조직에 대한 특이사항을 기록한다. 철제인 경우는 자력 테스트 결과, 분석에 의한 재질성분의 특이점 등의 세부적인 것을 상세히 기록한다. 한편, 금속유물이 제작된 시기의 금속 기술을 예측하고 제작 기술의 특징을 알기 위해서는 금속 시편을 채취해 미세조직의 특징을 분석한다.

3-1-2. 유물의 촬영 방법 및 의미

유물명이 정해지면, 그 유물의 보존처리 전 유물의 상태를 기록하기 위해 카메라나 실체현미경, X-ray를 이용하여 유물을 촬영한다. 보존처리 전의 모습과 보존처리 단계별 과정을 모두 촬영하여야 한다. 유물카드나 보고서를 작성하기 위하여 보존처리 과정의 촬영을 단계별로 실시함으로써 유물이 보존을 통하여 어떻게 처리되었는지 기록할 수 있도록 한다.〈그림 3〉

촬영 방법은 먼저 전체적인 사진을 찍는데, 정면, 후면, 측면, 평면과 밑면 등을 촬영한다. 그 후 세부적으로 중요한 결손이나 크랙 부위, 특이한 녹과 부식 상태, 제작 당시의 흔적, 표면의 유기질 부착 여부 등을 촬영하여 보존처리하는데 참고한다. 또, 발굴 담당자가 요구하는 고고학적, 미술사학적으로 중요한 구조, 문양 및 제작기법 등을 상세하게 촬영하고, 외형상 나타나지 않는

〈그림 3〉 청동 유물 촬용모습

문양에 대해서는 X-ray 촬영을 이용하여 녹 속에 숨겨진 문양들과 상태 등을 예측한다. 특히 철제 금속유물의 경우, 발굴자가 보존처리자에게 보존처리나 과학적 분석을 의뢰하게 되면 발굴 기관에서 촬영한 사진을 첨부하게 된다. 그런데 발굴기관에서 업무의 편의상 발굴 후 며칠에서 몇 달 후에 부탁하는 경우가 생긴다. 이 경우 부식이 급격히 진행되어 외형이 변하는 경우도 발생하므로 보존처리자는 의뢰 사진과 보존처리를 위해 기록하는 사진과의 차이에 대해서도 면밀히 검토 기록해야 한다.

3-1-3. 유물의 성격 규명을 위한 과학적 분석 방법

출토 유물을 연구하고, 보존 작업을 수행하기 위해서는 매장환경의 과학적 분석 및 조사가 중요하다. 예를 들어 유물이 매장되어 있던 토양, 수질분석, pH나 염화물 이온 등을 측정해야 한다. 특히 염화물 이온의 경우, 유물의 녹 등에 함유된 염화물의 함유량을 측정해두면 부식의 촉진 정도를 예측할 수 있어 반드시 측정해두는 것이 좋다.

유물의 구조와 제작기법, 구성성분 또는 녹의 성분 분석을 하기 위해서는 여러 가지 자연과학적인 분석방법이 이용되는데, 유물에 사용되는 분석법은 크게 파괴법과 비파괴법으로 나뉘어진다. 모든 유물은 손상과 파손이 가지 않도록 분석하여야 하는 것이 원칙이지만, 금속유물의 단조와 주조품의 내부조직 결정구조을 분석하는 경우와 같이 파괴법으로 분석하는 경우도 있다.〈그림 4〉

고고(考古) 자료의 분석을 위해서는 목적과 의도에 따라 비파괴분석법으로 하기도 하고 파괴분석법으로 하기도 한다. 간혹, 다양한 분석기기를 이용할 때 정확한 측정 요건에 맞지 않아 주변에서 쉽게 사용할 수 있는 분석기기에 의존하는 경우가 있는데, 이 때 필요한 데이터 구축이 불가능할 수가 있으므로 주의해야 한다.

고고 자료의 분석법 중에서 금속과 같은 문화재의 형상 및 내부조직의 관찰을 위한 방법으로 적외선(赤外線) 촬영법(Infrared Photography), X-선 투과 측정법(X-ray Radiography), 광전자 촬영법

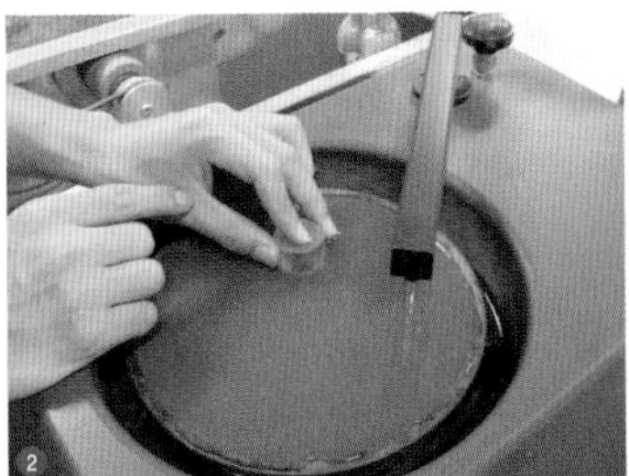

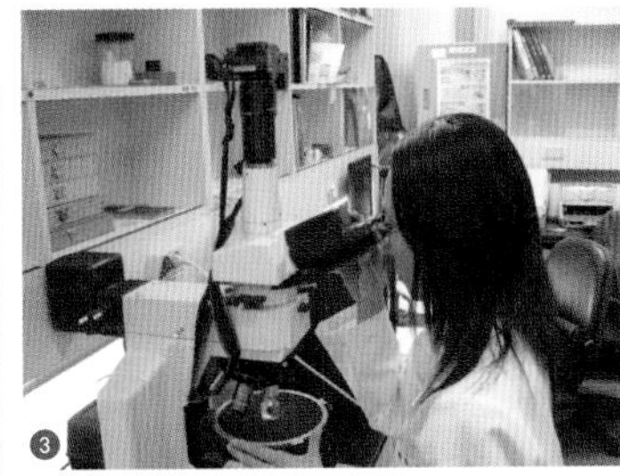

〈그림 4〉 미세조직 관찰 과정 ❶조직관찰용 시료준비, ❷관찰표면 연마, ❸미세조직 관찰

(Emissiography), 잔차(殘差)영상 예측법(Technique for Residual Image Prediction), 중성자투과 예측법(Neutron Radiography), X-선 전산화 단층 촬영법(X-ray Computed Tomographic Scanner) 등 6가지가 있다. 아래에서는 이 중 금속에서 가장 많이 사용되는 분석하는 분석법에 대해 설명하였다.

문화재 구성물질의 소재에 대한 원소의 정성, 정량분석이 필요한 경우는 화학분석법(Chemical Analysis), 발광분광 분석법, X-선 형광 분석법, EPMA(Electron Probe Micro Analysis), 중성자방사화분석법(NAA), 입자여기X-선 분석법(PIXE), X-선 흡수미세구조법(EXAFS), ICP발광분석법(고주파 유도결합 플라즈마 발광분석법, ICP-AES), ICP질량 분석법(고주파 유도결합 플라즈마 질량분석법, ICP-MS), Glow 방사질량 분석법(GD-MS)을 사용하면 된다.

화합물, 원소분포, 동위체의 분석이 필요한 문화재는 X-선 회절분석법, 경도측정법, 주사전자현미경 분석법, 전자스핀공명 분석법, X-선 광전자 분석법(ESCA), 열분석법, 고체질량 분석법, 뫼스바우어분광 분석법, 원소Mapping 분석법, Auger전자분광 분석법, 감마선 분석법, 이차이온질량 분석법(SIMS)이 있는데, 대부분 파괴조사법으로 사용되고 있다. 이러한 측정기기 중에서 하나나 두개 이상의 분석을 교차 검토하는 것이 신뢰도가 정확하며, 원하는 데이터 결과도 얻을 수 있다.

1) 비파괴 조사법

(1) X-선투과 측정법(X-ray Radiography)

흉부 뢴트겐 촬영과 같은 형식으로 자료의 투과상을 얻고, 자료의 내부를 밝히는 것이다. X-선이 있으면 짧은 시간 내에 손쉽게 고감도 측정이 가능하기 때문에 금속상감을 발견할 수 있다. 특히 이 방법은 녹이 심하여 형태를 알 수 없는 철제 유물의 연구에 필수적인 방법이다.〈그림 5, 6, 7〉 투과촬영은 육안으로 확인할 수 없는 내부구조, 문양 및 명문 등을 관찰하고 제작기

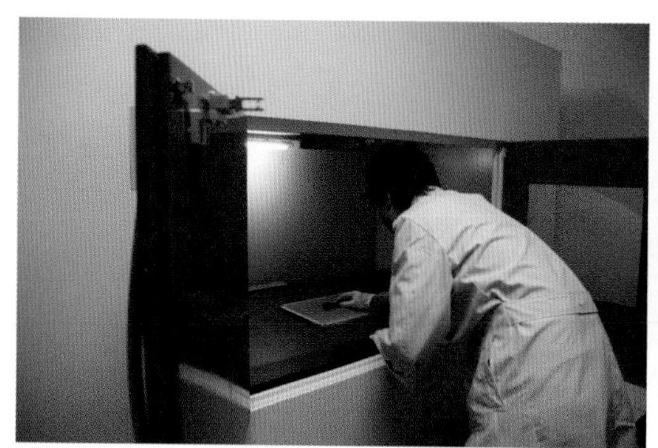

〈그림 5〉 촬영 준비 모습

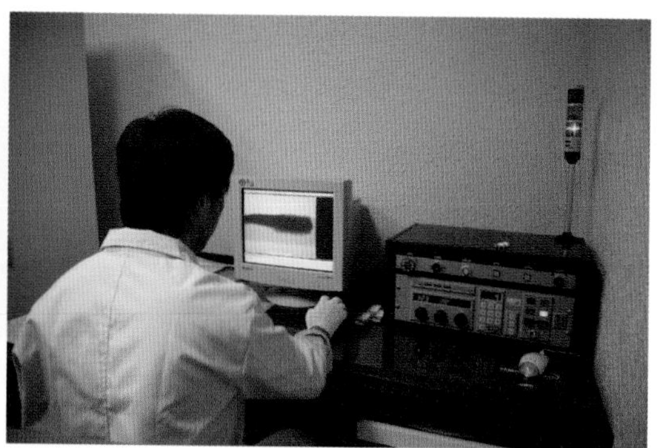

〈그림 6〉 촬영 모습

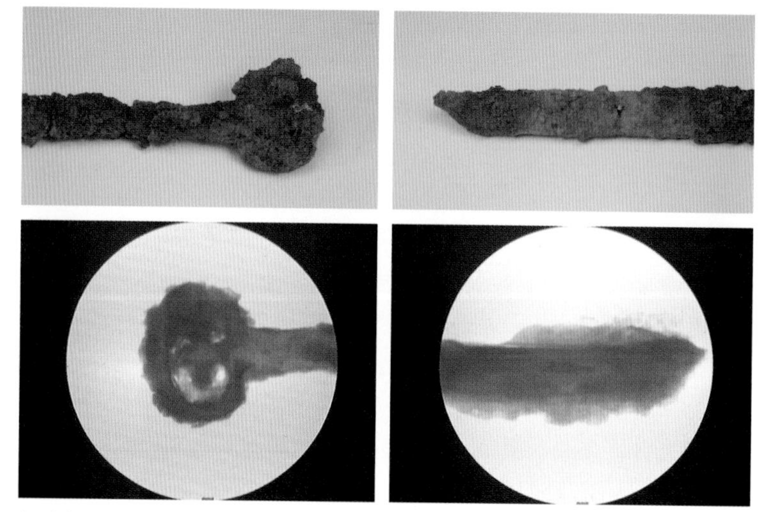

〈그림 7〉 X-ray 촬영 사례 백제시대 환두대도

술을 확인하는데 유용한 방법이다. 또한 출토 유물의 부식 정도에 따른 과학적 보존처리나 이물질의 존재로 인한 복원 과정의 어려움을 극복할 수 있다. X-선 투과촬영은 금속을 비롯하여 도·토기, 석기, 목재, 벽화, 회화 등에 폭넓게 적용할 수 있다. 최근에는 필름을 대신하여 휘진성 발광체(PSL)라는 측수한 형광체를 도포한 이미지플레이트를 사용하여 디지털데이터로 투과상을 얻을 수 있어 손쉽게 활용되고 있다.

(2) X-선 단층촬영법(X-ray Computerized Tomography : CT)

이 촬영법은 비파괴로 목제품나 금속제품 등의 자료 내부 관찰이 가능하다. 특징은 고(高)에너지 선을 이용한다는 것인데, 최근에는 큰 시료인 50cm에서 고분해능 0.3mm까지 최소

0.002mm의 시료를 3분 이내에 관찰 할 수 있게 되었다. 원리는 시료 주변의 사방에서 X-선을 비춰서 얻은 다수의 데이터를 이용하여 금속제품과 같은 무기질 유물이나 목제품 등의 내부구조를 횡 측면과 종 측면으로 잘라보는 것이다. 이 방법은 보존처리시 중요한 자료나 정보를 획득하는데 많은 도움이 된다. 철기를 단면상으로 촬영해 금속의 칠심의 범위를 파악하는데 사용할 뿐만 아니라 토기의 수리부분의 파악이라든지, 청동합과 병과 같이 주조된 유물의 단면상을 측정할 수 있는 기기이다.

(3) X-선 형광 분석법(X-ray Fluorescence Spectroscopy)

X-선 형광 분석은 화학분석에서 발광분광분석과 함께 사용되기 시작하여 문화재 유물분석에 대형기기를 이용하는 또 하나의 방법으로 자리 잡게 되었다. 이 방법은 X-선을 유물에 비춰서 파장분산형 분광기로 분광하는 원리를 이용하여 많은 원소를 정확히 동시에 측정하는 것이다. 비파괴분석으로 원소를 분석하여 정성 및 정량분석을 하는 방법으로, 도자기 태토 분석, 청동유물 분석에 적합하며 표면이 고운 청동, 도자기의 유약성분, 유리, 토기 및 안료분석 등의 분석에 응용되고 있다. 특히, X-선을 에너지 분산형의 분광기로 분광하는 EDS법을 이용하면 시료 중 함유량이 많은 원소는 X-선 Spectrum에서 큰 Peak 면적을 갖게 되는데, 이를 바탕으로 각 원소의 함유량을 알 수 있다〈그림 8〉.

〈그림 8〉 XRF 측정기기

2) 파괴 조사법

(1) 금속현미경 및 주사전자현미경(SEM)

주사전자현미경(SEM)은 10~100,000배의 배율로 전자선을 시료 상에 주사시켜 Sample과의 상호작용에 의해 발생하는 2차 전자 및 반사전자를 이용하여 표면을 관찰한다. 이러한 전자 또는 전자기파를 신호로 하여 브라운관의 밝기의 변화로 상을 나타낸다.

주사전자현미경은 주로 시료 내부의 표면을 확대하여 구성재질의 형태를 관찰하고, 에너지분산형 X-선분석기(EDX)를 부착하여 주요성분 원소와 불순물 등을 분석한다. 특히, 철제의 광물 관찰과 분석을 실시한다든지 금도금 층의 그림을 분석하는데 사용한다.

(2) 고주파유도결합 플라즈마 발광분석법(ICP-AES)

원리는 시료 용액을 고주파유도 플라즈마에 도입하여 고온(6,000~10,000℃)에서 각 원소의 발광강도를 측정한다. 기존시료에 각 원소의 발광강도와 비교해서 정량을 만든다. 공존하는 원소와 시료용액의 액성(液性)에 의한 분석치와의 영향을 줄이기 위해 주성분 원소 ~ppm 레벨의 많은 원소의 농도를 단시간 안에 측정할 수 있다. 사용 사례로는 조선시대 청동 동전(1,423)의 3곳을 5mg씩을 취득해 주성분 원소 농도를 측정하였는데, Cu(95.9%), Pb(0.1%), Sn(3.4%)와 Cu(97.7%), Pb(0.1%), Sn(1.1%)가 나온 경우가 있다. 한편, 철정, 철겸, 철도자 등과 같은 철제품을 30mg 정도 채취해 경과를 분석한 경우도 있다.

(3) X-선 회절 분석법(X-ray Diffraction Spectroscopy : XRD)

〈그림 9〉 XRD 분석기기

X-선 회절 분석은 유물에 X-선을 비춰서 반사되는 각의 굴절유형을 통하여 유물 속에 존재하는 화합물의 상태를 분석하는 방법이다. 이 방법은 고체화합물 즉 무기물의 동정에 가장 많이 사용하는 방법 중의 하나로 시료분말을 1cm×0.5mm 두께의 유리 시료판상에 도포하고, 그 위에 X-선을 맞추어 회절각도와 강도를 조절함으로써 고체화합물 특유의 패턴을 파악할 수가 있다. 이때 얻은 결과치를 다수 화합물의 X-선 회절데이터를 수집한 표[JCPDS(Joint Committee on Power Diffraction) 데이터집, ASTM 카드] 등과 비교하여 화합물의 동정을 얻는다. 측정시간은 약 30분 정도 걸린다. X-선 회절 분석은 점토질 유물(도기, 토기, 자기)을 동정하는데 광범위하게 사용되고 있고, 고대 건조물에 사용되는 단청안료 및 벽화의 안료 색소의 성분, 금속 표면의 부식 생성물의 화합상태 분석에 활용되고 있다. 금속유물에서는 녹의 종류를 분석하여 안정된 녹인지, 불안정한 녹인지를 확인하여 탈염처리시 탈염용액 선정하는데 중요한 역할을 한다.〈그림 9〉

3-2. 부식 생성물 제거(Cleaning)

금속이 제련되면 화학적으로 불안정한 상태를 나타나게 되는데, 이 경우 본래의 안정된 상태로 돌아가려는 과정에서 금속의 녹이 발생한다. 이러한 금속들은 이온화 경향이 클수록 산화되기 쉽다. 금속문화재 중 대부분의 철제품은 표면에 발생하는 산화물인 수산화물, 이산화탄소, 이산화유황, 황화수소 등이 금속과 반응하여 녹이 생성된다. Zn〉Fe〉Sn〉Pb〉H〉Cu〉Hg〉Ag〉Au의 순서로 녹이 생성되는 정도차가 나타난다. 이렇게 발생된 녹들은 금속유물을 약품으로 보존처리하기 전에 물리적인 방법으로 제거해야 한다. 녹을 제거해 더 이상의 부식 진행을 막아 유물의 형태를 유지하도록 하고, 유물의 원래 모습이 나타나도록 한다.

물리적인 방법에 의한 녹 제거는 유물의 외형에 손상을 줄 우려가 크기 때문에 예비조사(X-ray 촬영, 유물의 재질, 실측, 유물에 관련된 문헌, 고고학적 견해 등)의 결과에 따라 숙련된 보존과학자가 실시해야 한다.

녹을 제거하는 것은 유물의 고고자료로서의 가치를 높일 수도 있고 떨어뜨릴 수도 있는 중요한 사안이므로 주의해서 처리한다. 유물의 원래 형태를 유지하면서 녹을 제거하도록 하는 것이 중요하다. 부식이 된 경우 유물은 팽창과 균열에 의해 대부분 본래의 형상을 잃어버리게 되지만 녹의 밑바탕에 원래의 표면이 남아 있는 경우도 있으므로 녹 제거시에는 원래의 면이 파괴되지 않도록 주의해서 처리한다. 중요한 금속유물의 부식물 제거는 X-Ray 촬영 결과를 보면서 작업하는 것이 바람직하다.

유물의 재질에 따라 녹 제거 방법 및 사용 도구가 다르므로 녹 제거에 사용하는 장비들을 익힌 후 실시하도록 한다. 부식생성물 제거(Cleaning)하기 위해서는 다음과 같은 장비들이 필요하다.〈표 6〉

〈표 6〉 재질별 사용 도구의 사례

	철제유물	동합금 유물(청동, 금동)
사용도구	Air-Brasive, 초음파세척기, Vibrotool, 치과용 드릴, 메스, 니퍼 등	메스, 바늘, Vibrotool, 이쑤시개, 대나무칼 등
표면세척	증류수, 아세톤, 알코올	금동인 경우, Formic Acid, Glycerin+NaOH 등으로 표면 녹 제거한다.

① 정밀분사 가공기(Air-Brasive)

〈그림 10〉 Air-Brasive

고압의 질소 가스 또는 공기압으로 미세한 유리 분말을 분사시켜 철기유물에 형성된 녹 및 이물질을 제거하는 것이 정밀분사 가공기이다.〈그림 10〉

정밀분사 가공기는 철기유물 표면의 녹과 이물질 제거에 가장 효과적이다. 철 금속심이 드러나지 않도록 유물과 먼 거리에서부터 유리가루를 분사시키고, 점차적으로 가까운 거리에서 분사시켜 녹 및 이물질을 제거해야 한다. 녹 제거 작업이 끝나면 미세한 유리가루가 유물 표면에 잔류할 수 있으므로 고압의 질소 가스 또는 공기압으로 잘 털어 주고 에틸알코올(Ethyl Alcohol)로 세척한다. 이 방법은 금속유물, 석재, 경질 토기 등 비교적 재질이 강한 유물의 녹 제거에 유용하나, 재질이 연한 금속(금, 은, 청동, 주석 등)에는 사용하지 않는다.

상감된 철기유물이나 금동유물에는 상감이나 도금막이 손상되므로 사용하지 않는 것이 좋다. 그리고 유기질 층이 남아있을 경우에는 유기질이 훼손되지 않도록 가스의 압력과 유리가루의 함량을 조절하여 유물이 훼손되지 않도록 해야 한다.

② Vibrotool 과 Motortool

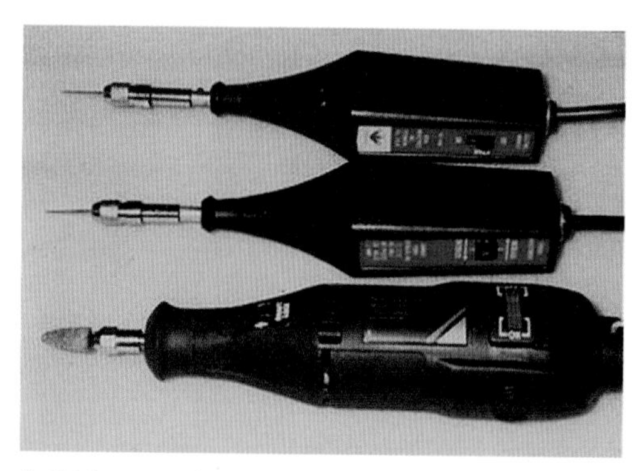

〈그림 11〉 Vibrotool / Motortool

Vibrotool과 Motortool은 전기적인 떨림과 회전하는 힘을 이용하여 철·청동·금동·은제 유물 등에 심하게 고착된 부식생성물 제거 및 철기 유물의 상감을 표출할 때 사용한다.〈그림 11〉

Vibrotool은 유물 표면 위로 녹 및 이물질이 단단하게 고착된 것을 제거할 때 유용한데, 이것을 사용할 때는 현미경으로 관찰하면서 부식화합물이나 이물질의 가장자리부터 조심스럽게 Vibrotool의 바늘에 힘을 가하며 사용한다.

Motortool은 단단하게 고착된 부식 화합물을 갈아내거나 잘라낼 때 유용하고, 이때 갈아내

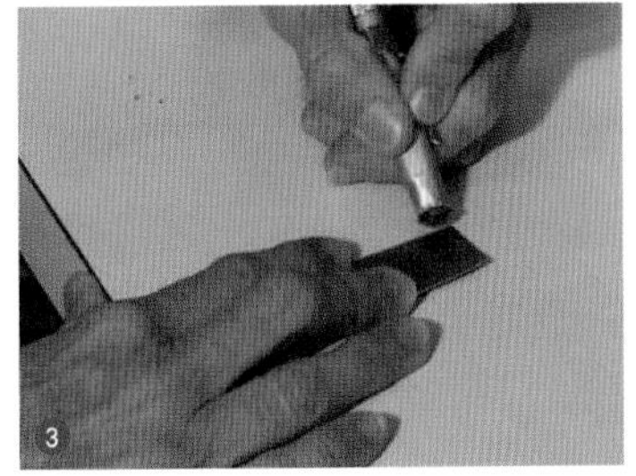

〈그림 12〉 각종 소도구들 ❶Scaipel, ❷Ultrasonic Cleaner, ❸Glass Birstle Brush

거나 잘라낸 부분은 광택이 있으므로 정밀분사 가공기나 치과용 소도구로 광택을 줄여 전체적인 질감과 맞추어 준다. 특히 Vibrotool로 금동유물이나 은제유물의 단단한 부식 화합물을 제거하거나, Motortool로 상감을 표출할 때는 숙련된 보존처리자가 해야 한다. Vibrotool과 Motortool을 사용할 때는 보존처리자의 눈에 부식 생성물질이 들어갈 수 있으므로 보안경을 착용하는 것이 중요하다.

③ 소도구

보존과학에서는 일반적으로 치과용 소도구, 조각용 도구, 각종 붓, 핀셋, 나무로 된 핀, 소형의 니퍼 등을 소도구라 칭한다. 소도구로 녹이나 이물질을 제거할 때는 유물의 형태와 구조가 변형되지 않도록 소도구 종류를 녹의 상태에 따라 적절히 응용해 선택적으로 사용하게 된다. 소도구로 유물에 너무 단단히 고착되어 떨어지지 않는 녹을 무리하게 힘을 가해 제거하려 한다면 녹은 제거되지 않고 유물만 손상되므로 주의하여야 한다.〈그림 12〉

3-2-1. 철기 유물

철 유물은 부식 화합물과 이물질 등이 심하게 고착되어 있기 때문에 전체 구조의 안정성이 떨어져 유물의 형태가 변형되어 있거나 부풀어 있는 경우가 대부분이다. 따라서 실체현미경과 확대경 등을 사용하여 유물 표면을 자세히 관찰한 후 X-선 촬영사진을 참고로 하면서 물리적인 방법으로 녹을 제거한다.〈그림 13〉

유기물질(아주 작은 나뭇조각·천 등)이 부착된 경우에는 Paraloid B-72 2% 용액을 이용하여 붓으로 경화처리한 다음 녹을 제거한다. 경화처리는 저농도에서 고농도로 수지가 유기질 내부로 완전히 침투될 수 있도록 하고, 유기질이 없는 부분은 경화제가 묻지 않도록 조심한다.

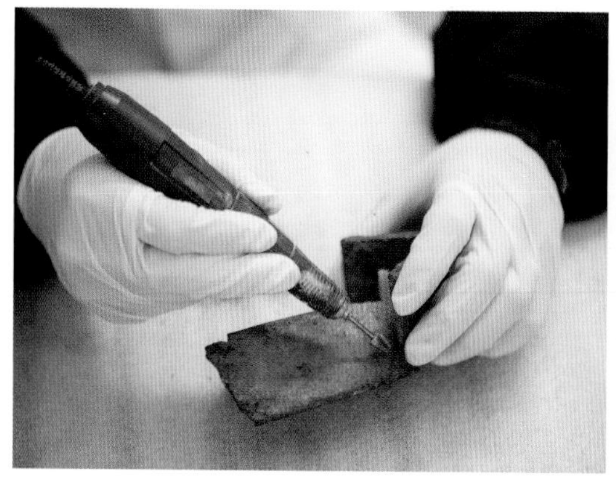

〈그림 13〉 Vibrotool과 니퍼를 이용한 녹 제거

고대 출토 유물 중 백제시대 칠지도, 삼국시대 대도(大刀)의 손잡이 부분 등은 철 부분을 음각으로 파고 그 속에 다른 금속을 입사하는 상감기법을 이용하여 명문(銘文), 문양 등을 상감한 경우도 있다. 이때는 X-ray나 육안으로 명문, 문양 등을 상감한 것이 보이면 보존처리 순서를 일부 바꾸어 녹 제거 전에 약화된 재질을 경화처리한 다음 실체현미경을 보면서 부식 생성물질[녹]을 제거해야 상감 부분을 보호할 수 있다. 상감표출 작업은 X-선 필름을 분석하고, 실체현미경으로 상감 부위와 상감 주변의 철녹을 제거하게 되는데, 이때 상감이 표출되지 않을 정도까지 Power Pen으로 조심스럽게 한층 한층 벗겨 낸다. 그리고 수술용 칼을 수직으로 세워 상감된 부분을 눌러주면 나머지 얇은 철녹층은 금 또는 은과 친밀성을 갖지 못하므로 쉽게 제거된다.

참고적으로 철기유물을 단면으로 관찰하면 외피 층은 Goethite 층, 철산화물과 모래, 흙 등이 혼합된 Soil mineral 층으로 되어 있고, 그 바로 밑층에는 Magnetite 층이라는 표면층이 형성되어 있으며, 그 안에 원래의 유물의 철 부분인 철심으로 되어 있다. 특히 문양이나 명문이 있는 금속유물은 제작당시의 표면층이었던 Magnetite 층에 상감되어 있으므로 녹 제거시에 주의를 기울여야 한다.

3-2-2. 청동유물

청동의 녹은 부식을 막는 좋은 녹과 부식을 진행시키는 나쁜 녹이 있으므로 청동유물의 부식 메커니즘을 충분히 이해한 후 보존처리한다.

청동유물의 부식 생성물 및 이물질을 제거할 때는 반드시 확대경이나 실체현미경으로 관찰하면서 유물 표면에 형성되어 있는 좋은 녹인 Azurite와 Malachite는 제거하지 말아야 한다.〈그

〈그림 14〉 확대경을 이용한 녹 제거

〈그림 15〉 청동 녹 모습

림 14〉 그러나 청동병을 유발하는 염분은 동전의 원재료 구리와 만나 화학작용으로 생성되는 흰색(Nantokite) 또는 밝은 초록색(Paratacamite) 분말 형태의 녹들은 반드시 제거해야 한다. 청동유물의 부식 생성물질 및 이물질 제거는 실체현미경으로 세심하게 표면층을 관찰하면서 치과용 소도구를 이용하여 제거해야 한다. 특히 소도구를 이용한 녹 제거는 숙련을 요구하는 만큼 많은 경험이 필요하다.

청동병이 진행 중인 유물은 흰색 또는 엷은 하늘색 분말인 반점〈그림 15〉들을 소도구를 이용하여 물리적으로 제거하고 에틸 알코올(Ethyl Alcohol) 용액에 산화은(Ag_2O) 분말을 부피비율 1 : 1로 반죽하여 청동병이 발생되었던 부분에 채워 넣거나 덮어씌운 다음 2~3일 뒤 다시 새로운 산화은가루 반죽으로 교체하는 방법을 이용한다. 이 방법을 산화은법이라 한다. 그 다음 산화은 분말을 5회 정도 교체하고 데시케이터에 물을 적신 솜을 바닥에 깐 다음 그 위에 산화은 처리를 한 유물을 올려놓고, 뚜껑을 닫은 채로 2~3일간 기다린다. 그 후에 유물을 꺼내어 산화은으로 처리한 부분에 푸른 물방울(New Paratacamite)이 발생되었는지 여부를 현미경으로 관찰하고, 새로운 청동암을 유발하는 Paratacamite가 발생되지 않을 때까지 산화은법 처리를 반복한다.

$$Ag_2O + 2CuCl \rightarrow 2AgCl + Cu_2O$$

위의 반응식과 같이 산화은은 염화제1구리와 반응하여 염화은을 생성하고, 염화제1구리는 산화제1구리로 반응하여 녹의 진행을 억제하게 된다.

표면에 부착된 흙은 에틸 알코올 95% 정도의 용액으로 붓을 이용하여 제거하면 된다. 특히 청동제품의 경우 1mm 이하의 얇은 판상으로 되어 있는 유물을 많이 다루게 되는데, 이 경우에는 부스러짐을 방지하기 위하여 물리적인 힘의 조절이 중요하다. 녹이 제거되면 열풍 건조기를 이용해 약 80℃ 내외에서 약 6시간 정도 건조한 후 광학현미경을 이용해 Cleaning하면 된다. 녹색을 갖고 있는 구리탄산염 녹으로 구성된 파티나 층은 매우 약하므로 흠집이 생기지 않도록 소도구를 이용하여 결 방향으로 제거하는 것이 바람직하다. 제거되지 않은 부분은 증류수와 에틸알콜 99%를 1 : 1로 희석하여 발라주면서 면봉으로 제거하면 된다. 기타 이물질 제거 및 수분과 에틸 알코올 간의 치환을 위하여 재차 에틸 알콜 95% 정도에 침적하여 붓으로 닦아주면 좋다. 이때도 열풍순환 건조기로 에틸 알코올을 완전히 제거하면 된다.

3-2-3. 금동유물

〈그림 16〉 금동불상

표면이 도금되어 있는 금동유물의 표면에 도금된 금 부분이 대부분 박락되거나 동제품이 심하게 부식되어 본래의 형상이 훼손된 경우가 많다.〈그림 16〉 따라서 녹 제거는 실체현미경으로 관찰하면서 수술용 칼(Scalpel)로 조심스럽게 제거해야 하며, 금동유물의 녹 제거시에는 Air Brasive를 사용하지 않는 것이 좋다.

금동유물의 금박 위에 형성된 청동 녹을 제거하기 위해서는 화학적인 방법을 이용한다. 화학적인 방법은 물리적인 방법보다 오히려 유물에 손상을 줄일 수 있다. 따라서 유물의 상태를 세심하게 관찰하면서 두 가지 방법을 적절하게 사용해야 한다. 유물의 상태를 잘 관찰하여 도금막의 색상변화, 박락 등에 유의해야 하고, 화학적인 처리 후에는 필히 흐르는 물에서 장시간 세척하여 잔류되는 약품이 남지 않도록 한다. 잔류약품이 있을 경우에는 그 약품으로 인하여 유물이 재부식될 수 있으므로 주의해야 한다.

다음은 금동 유물과 같이 도금된 유물의 클리닝 방법을 소개하고자 한다.

1) Formic acid법

3~5% 개미산을 얇고 작게 만든 탈지면 또는 고흡수성 수지에 흡수시켜, 제거하고자 하는 녹 표면에 3~5분 정도 올려놓아 녹을 용출시키고, 흐르는 물로 잘 씻어내는 과정을 반복하여 도금

막이 나타날 때까지 처리하는 방법이다. 도금층 표출에 가장 많이 사용되는 방법으로 너무 장시간 용출시키거나, 탈지면으로 처리할 때 너무 많은 약품이 흡수되면 도금의 색상이 변화하고, 도금막 밑의 녹이 용해되어 도금막이 들떠 일어날 수 있으므로 잘 관찰하면서 처리해야 한다. 만약 이러한 현상이 발견되면 즉시 중단하고 흐르는 물에서 잘 세척하고 건조한 후 물리적인 방법으로 도금층을 표출한다. 또한 고흡수성 수지로 녹을 용출한 후에는 유물을 건조하기 전에 60℃ 이상의 뜨거운 증류수에 1시간 정도 침적하여 잔류약품을 제거하고 pH가 중성이 될 때 까지 반복 처리한다.

2) Alkally Glycerine법

5~10% 수산화나트륨(NaOH)을 제조한 후 Glycerine 40ml를 잘 혼합하여 제거하고자 하는 녹을 용출하는 방법이다. 이 방법은 Glycerine의 점성이 높아 용액상의 약품이 유물 틈에 들어가 흐르는 물에서도 잘 씻겨지지 않는 단점이 있어 근래에는 잘 사용하지 않는 추세이다.

3) 묽은 황산법

1% 이하의 묽은 황산(H_2SO_4)액을 제조하여 면봉에 용액을 묻혀 제거하고자 하는 녹을 현미경으로 관찰하면서 조심스럽게 닦아 준 뒤 개미산법과 같이 흐르는 물에서 잘 세척한 후 건조하는 방법이다.

이 방법은 주로 붉은색 청동녹(Cuprite)을 제거하는데 많이 사용되며, 1% 이상 고농도 H_2SO_4 용액을 사용하거나 묽은 H_2SO_4 용액으로 장시간(3분 이상) 유물에 올려놓으면 유물이 손상될 수 있으므로 주의해야 한다. 특히 강산인 H_2SO_4를 사용하기 때문에 유물이 손상 될 수 있으므로 각별한 주의가 필요하다.

3-2-4. 은제유물

고대 은제품도 약간의 불순물(동, 납, 철 등)을 포함하고 있는 것이 보통이다. 당시에는 주물이 어려웠기 때문에 대부분 단조품이다. 대기 중에서는 대체로 안정하며 이때 얇고 검은색의 녹(산화은, 황화은)이 생성되는 것이 일반적이다. 매장시에는 두꺼운 부식층이 형성되는데, 짙은 회색의 염화물 녹은 위험한 상태의 물질이다. 은제품의 녹 제거는 유물의 상태에 따라 물리적인 방법으로 규조나 규사를 에틸 알코올에 혼합하여 면봉을 이용하여 녹을 제거한다. 화학적으로는 개미산 또는 레몬산, 중탄산나트륨, EDTA·2Na 등 약산이나 약알칼리로 세척이 가능하다. 또한 물리적 방법과 화학적 방법을 같이 혼용하기도 한다. 2차적으로 초음파, 증류수, 에틸 알코올 세척으로 잔류약품과 규조, 규사 등을 완전히 제거한다.

은제품에 얇게 형성된 산화물을 제거하거나 광택을 요구하는 금속제품을 닦아줄 때는 유리섬유로 만든 솔이 유용하게 이용된다. 유리섬유솔 대용으로 볼펜잉크 지우개를 사용하기도 한다. 유리섬유솔이나 볼펜잉크 지우개를 사용할 때는 부드러운 것을 선택하여 사용한다. 강하고 거친 것을 사용하면 광택을 내고자 하는 표면에 긁힌 자국이 생기거나 손상되므로 유물이 아닌 다른 물질에 예비실험을 한 후 주의 깊게 관찰하면서 사용한다.

3-3. 탈염처리(안정화처리)

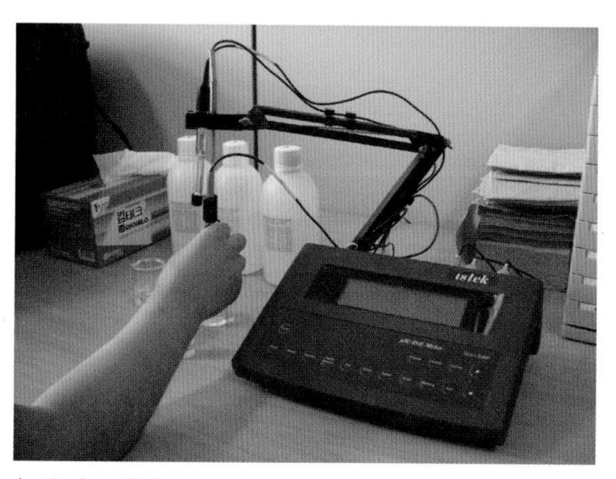

〈그림 17〉 pH 측정

매장상태에서 금속유물 대부분은 여러 가지 부식인자들의 영향으로 서서히 부식된다. 이러한 금속유물은 발굴 후 대기 중에 노출되면 갑작스런 환경변화로 인해 유물 표면과 내부의 부식인자들이 활발하게 반응하여 2~3년 내에 급격한 부식이 진행된다. 이러한 금속유물의 부식을 안정시키기 위해서는 부식인자들을 제거하고, 부식을 억제시키는 탈염처리 과정을 거쳐야 한다. 그러나 일반적으로 동합금계 유물은 철에 비해 부식에 의한 저항성이 커서 비교적 형태가 양호한 상태로 출토되는 경우가 많다. 그러나 동합금계 유물도 부식인자인 염화이온의 농도에 따라 부식이 심각하게 진행될 수 있다는 것을 생각해야 한다.

탈염처리는 철제유물의 부식인자 중 가장 치명적인 수용성 활성염인 염화이온(Cl^-)을 추출해 제거하는 것이 그 목적이다. 탈염처리에는 여러 가지 방법이 있는데 유물의 부식정도와 상태, 매장환경, 제작기법 등을 철저히 조사한 다음 알맞은 방법을 선택해야 한다.〈그림 17〉

탈염처리 방법은 크게 가열법과 비가열법으로 구분할 수 있다. 가열법은 비가열법보다 빨리 부식인자를 제거할 수 있으나, 열팽창으로 인해서 유물의 표면이 박락될 수 있으므로 유물의 손상이 생기고, 접합 복원하는데도 많은 시간이 걸리게 된다. 비가열법은 활성염 Cl-의 용출시간은 길지만 열팽창이 없어 비교적 안전한 방법이다. 이온 농도가 일정하게 되고 그 이상의 추출량이 없어지면 탈염처리는 완료된다. 탈염처리에 필요한 기간은 소형 유물은 약 1개월, 대형 유물은 약 6개월 정도가 소요된다.

3-3-1. 탈염처리 방법

1) Sodium Sesquicarbonate(Na_2CO_3 + $NaHCO_3$)법

이 방법은 철제유물 탈염시 가장 많이 사용되는데, Sodium Sesquicarbonate은 가장 안정적인 알칼리 약품이다(pH 11로 NaOH보다 알칼리도가 낮다). 0.1M의 Sodium Sesquicarbonate를 증류수에 용해하여 유물이 완전히 잠기도록 하고 용액이 증발하지 않도록 밀봉하여 처리하는 탈염방법이다. 최초 1주일 동안의 탈염은 염화물이 많이 용해되기 때문에 수시로 용액을 교환해 준다. 그 뒤 약 10주 동안 1주일에 한번씩 교환해 준다.

염화이온의 검출은 pH를 측정한 후 중성에 도달했을 때 실시한다. 탈염용액을 Mohr's Method, 또는 염소이온 전극을 이용해 Cl-농도를 측정하여 10ppm 이하가 되면 유물을 증류수에 침적시켜 잔존한 알칼리 용액이 제거될 때까지 침적시킨다. 상온건조 후에 강제건조를 한다.〈그림 18〉

가열법을 크랙이 심한 주철유물에 사용할 경우에는 사철과 같은 철가루처럼 될 수 있으므로 주의해야 한다. 주로 단조철기 유물, 바다에서 인양된 청동유물 등에 사용되며 유물상태에 따라 용액농도를 조절하여 사용하는 것이 좋다.

〈그림 18〉 항온수조

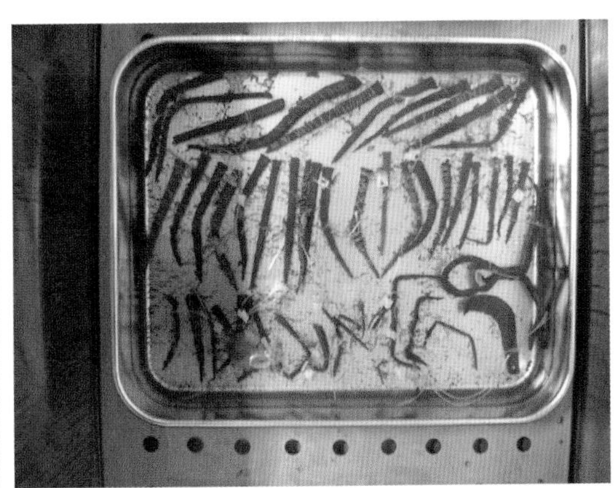

〈그림 19〉 탈염처리 중 철재 못

2) 냉온수 교체법(Intensive Washing)

유물을 수조에 넣고 반복하여 냉·온수에 침적시키는 방법이다. 자연상태에서 100℃의 증류수에 침적한 후 60℃로 떨어지는 시간을 측정한다. 냉수에도 온수에 침적했던 시간동안 침적한 것은 1회로 하여 반복한다. 이 방법은 알칼리 용액으로 탈염처리한 다음 잔존하는 염화물과 알칼리 용액을 동시에 제거하기 위해 주로 사용한다. Cl-이 10ppm 이하가 될 때까지 반복하여 처리하여 준다. 만약 탈염 도중 약간 유물의 형태가 변화되는 경우 곧바로 작업을 중단한다.〈그림 19〉

3) 기타 염이온 제거(LiOH법, NaOH법, 속실렛법 등)

(1) LiOH법(Lithium Hydroxide)

수산화 리튬으로 염소를 제거하는 방법으로 반응과정은 다음과 같다.

$$LiOH + Cl^- \rightarrow LiCl + OH^-$$

우선 무수메틸 알코올과 에틸 알코올을 같은 양으로 혼합한 후 중량비 약 0.2% 수산화리튬을 혼합한다. 여기에 용액의 2배에 해당하는 용량의 이소프로필 알코올을 더한 것을 탈염액으로 사용한다. 용액에 용출한 염화물 이온량을 측정하고 일정량에 달하면 새로운 수산화리튬, 알코올 용액과 교환한다. 더 이상의 추출량이 없으면 탈염처리를 완료하고, 꺼낸 유물은 메틸 알코올에 세척한다. 이후 열풍순환 건조기에 넣어 강제 건조한다.

이 방법은 NaOH법을 사용하는 것보다는 비효율적이지만 처리 후 철제유물 표면의 세척과 건조처리가 쉽다. 주로 유기물질(목제, 섬유류 등)이 함께 붙어 있는 철제 유물에 이 같은 처리방법을 사용한다.

(2) NaOH법(Sodium Hydroxide)

수산화나트륨을 증류수에 0.5~2% 용해시켜 pH 11 이상의 수용액을 만든 후 철 유물을 담가주면 철제유물 표면 및 내부의 염화물이 Sodium Hydroxide 용액과 반응하여 수용액으로 용출된다. 이후 증류수로 수회 세척하여 유물 표면의 수산화나트륨을 깨끗이 씻어낸다. 일반적으로 0.5M NaOH 용액에 유물을 5~7일간 침적한 후, 매회 용출된 Cl- 양을 측정하여 더 이상 변화가 없을 때까지 실시한다. 강알칼리성(pH 13)이므로 단조품에 사용하며, 부식이 심한 주철이나 크랙이 심한 유물은 외형이 손상될 수 있으므로 사용하지 않는다.

(3) 붕사

금속유물이 매우 열악하고, 부식이 심할 경우의 탈염처리 방법이다. pH가 9.5 정도이고, 비교적 유물에 안전한 처리방법이다. 붕사 0.1M 수용액에 침적시켜 5~7일 간격으로 교체하고 매회 용출된 Cl- 양을 측정하여 더 이상 변화가 없을 때까지 실시한다. 붕사 방법은 가열법과 비가열법의 2가지 방법을 사용할 수 있다.

(4) Auto-Clave법

이 방법은 Auto-Clave에 냉온수 교체법과 Sodium Sesquicarbonate법을 병행하여 1.5기압 80℃에서 6~8시간 추출하고 증류수로 씻어주는 가열추출 방법으로 모든 금속유물에 적용이 가능하다.〈그림 20〉

〈그림 20〉 Auto Clave

고압과 열에 의해 철제유물의 부식인자인 혐기성박테리아를 제거할 수 있다는 장점이 있다. 최근 Sodium Sesquicarbonate 용액을 사용하지 않고 산소를 제거한 탈산수소를 사용하여 추출 기간과 처리 기간 중의 부식을 억제하는 방법이 개발되고 있으나 장비가 너무 고가이고, 금속심이 있을 경우 크랙과 박락될 위험이 큰 단점이 있다.

(5) Soxhlet 장치법

Soxhlet 장치는 Auto-Clave법과 냉온수 교체법을 혼합 자동화한 장치다. 유물을 1.5기압 80℃ 증류수에 넣고 산소(O_2)를 차단하기 위해 질소가스(N_2 gas)를 주입한 탱크에 넣고 2시간 단위로 Cl-를 측정하여 변화가 없을 때까지 80℃ 증류수를 연속적으로 흘려보내 추출한다. 플라스크에 유물의 증류수를 넣어 가열시키면 증기는 냉각기를 통해 냉각되어 다시 유물이 담겨 있는 플라스크 속으로 되돌아가게 된다. 일정 시간 동안 가열해 주면 철 유물 내에 함유되어 있던 염화물이 추출된다. 증류수 내에 용해되는 Cl-과 다른 불순물은 초기 단계부터 Siphon을 통하여 받아 제거 정도를 측정한다. 증기를 가속시키기 위해 질소가스 20cmHg 정도의 감압 하에서 처리하는 방법을 채택하고 있다.

(6) 수소 Plasma 환원장치

수소기체 속에 전극을 설치하여 방전하면 수소기체 분자가 이온과 전자의 혼합된 플라즈마 상태로 되는데 이 기체 플라즈마를 이용하여 유물 표면에 충격을 주면서 산화된 금속을 환원하는 장치이다. 부식이 심하지 않은 금속유물과 Soxhlet 장치법의 전 처리에 효과적이나, 용융점이 낮은 유물과 부식층(두께1mm 이상)이 두꺼운 유물에 부적합하다. 또한 이 장치 내에서 유물이 350℃ 이상 열을 받기 때문에 금속조직에 변화를 줄 수 있다는 단점이 있다.

4) 탈염처리 후 탈알칼리 및 잔류약품 제거

유물의 상태에 따라 60~80℃로 항온수조, 가열기, Auto-Clave 등을 사용하여 증류수에 유물을 3~8시간 침적하여 pH가 중성이 될 때까지 반복처리한다. 수중의 용존산소와 반응하여 수화물 부식이 일어날 가능성이 있으므로 붕사 0.1%를 넣어주면 붕사가 물속의 용존산소와 먼저 반응하여 철제 유물에 일어날 수 있는 수화물 부식을 막을 수 있다.

3-4. 부식억제처리(방청처리)

유물에 염소이온(Cl-)이 함유되어 있으면 대기 속의 수분에 의해 부식이 급격히 진행되어 불안정한 상태가 된다. 불안정한 상태를 안정한 상태로 유지시켜주기 위해서는 염소이온의 활동을 억제하거나 제거해야 한다.

금속유물 중 부식이 가장 활발한 부분은 유물의 표면이 아니라 부식층과 금속심이 접해 있는 부분과 크랙이 발생되고 있는 미세한 틈 같은 부분이다. 이러한 부분에 부식억제제를 투입시켜 유물의 재부식을 억제하는 과정을 방청처리라 한다.

부식억제제는 금속재질에 따라 여러 가지의 약품이 사용되며, 유물 하나에 철, 동, 은 등 여러 가지 재질이 복합된 것은 이온화 경향[1]이 가장 활성적인 재질의 부식억제제를 사용하는 것이 바

---

1 Eugene EmmanuelViollet-Le-Duc, "Restoration", *Dictionnaire raisonne de l'architecture francaise au XVIe au* vol, 8(Paris: B.Bance, 1854)

람직하다. 부식억제제는 무기억제제와 유기억제제가 있으며, 금속유물에는 유물 표면의 색상변화가 적고 안전한 유기억제제를 많이 사용하며, 각 재질의 성분에 따라 선별하여 사용된다.

〈표 7〉 부식 억제제와 사용방법

구 분	철 제 유 물	동합금 유물(청동, 금동)
사용 약품	D.A.N 0.3%	B.T.A 3%
용제	에틸 알코올	에틸 알코올
법	진공함침 또는 자연침적 후 자연건조 한다.	

3-4-1. 철제유물

1) Dicyclohexyle Ammonium Nitrite, D.A.N법

에틸 알코올에 0.3% 용액을 만들어 사용하고 사용법은 B.T.A와 동일하다. 철기유물에 주로 쓰이는 부식억제제이다.

2) KR-TTS

액상으로 원액을 크실렌(Xylene)으로 희석시킨 3% 용액에 유물을 2시간 이상 침적시킨 후 자연건조한다. 주로 철제유물의 부식억제제로 사용되며 흡착성이 있어 이 약품으로 처리한 후 아크릴 수지로 강화시키면 유물 표면에 수지를 고르고 강하게 흡착 코팅시켜 주는 역할을 한다.

3-4-2. 청동유물

1) B.T.A법

벤조트리아졸법[B.T.A(Benzotriazole; $C_6H_5N_3$)]은 동과 B.T.A가 반응하여 동에서 염화물이온의 침식활동을 저지하는 Cu-B.T.A(polymer film) 막을 형성시켜 부식을 억제하는 방법이다.

불필요한 흙과 녹을 제거하고 Acetone과 Toluene(1:1)으로 유지분을 제거한다. B.T.A (Benzotriazole, $C_6H_5N_3$)가 3% 용해된 증류수 또는 알코올 용액에 유물을 침적하여 침적된 유물 표면에 기포가 생기지 않을 때까지 진공 상

〈그림 21〉 진공 함침기

〈그림 22〉 BTA를 이용한 방청처리

태로 둔다. 처리가 끝나면 자연건조한다.

열풍건조기를 사용하여 강제건조시키면, B.T.A는 승화성이 있으므로 빠르게 기화되어 부식억제 효과가 떨어질 수 있다. 또한 98℃ 이상에서 건조하면 B.T.A가 융해되고 크랙이나 동의 열화가 심한 부분에 결정화되어 유물에 손상을 주므로 유물의 상태에 따라 80℃ 이하에서 건조해야 한다. 또한 건조시 B.T.A 용액이 많이 남아 있던 부분에서 흰색분말이 석출되는 경우가 많은데, 이는 에틸알코올을 붓으로 칠하거나 분무하여 제거해주어야 한다.

B.T.A는 기화성을 가지고 있으므로 2~3년 내에 유물 표면에서 기화되고, 산성조건에서는 불안정하여 동의 표면을 보호하지 못한다. B.T.A는 발암물질인 벤젠기가 있어 승화시 인체에 해로우므로 주의하여 사용한다.

3-5. 건조

금속유물에 포함되어 있는 잔류수분을 제거하는 과정이다. 건조법에는 상온건조법과 강제건조법으로 나뉜다. 유물의 재질 및 상태에 따라 건조법을 달리한다.

3-5-1. 상온건조

금동유물, 섬유질 및 유기질이 부착된 유물은 낮은 온도에서 건조시키거나 자연건조 시킨다.

3-5-2. 강제건조(열풍순환식 건조기 90℃이상)

아세톤과 같은 유기용제로 표면을 잘 세척하고 메틸 알코올 또는 에틸 알코올에 8시간 이상 침적하여 물과 알코올이 치환되게 한다. 그리고 표면의 알코올을 자연건조시킨 후 105℃ 열풍건조기에서 48시간 이상 건조한다. 이때 유기질이 부착된 유물은 열풍건조기의 온도를 80~85℃로 낮추어 높은 열에 의한 유기질의 탄화나 화재의 위험성을 막는다. 대신 건조 시간은 72시간 이상 유지한다. 진공건조기를 이용하여 시간을 단축하는 방법도 있으나 재질이 약한 유

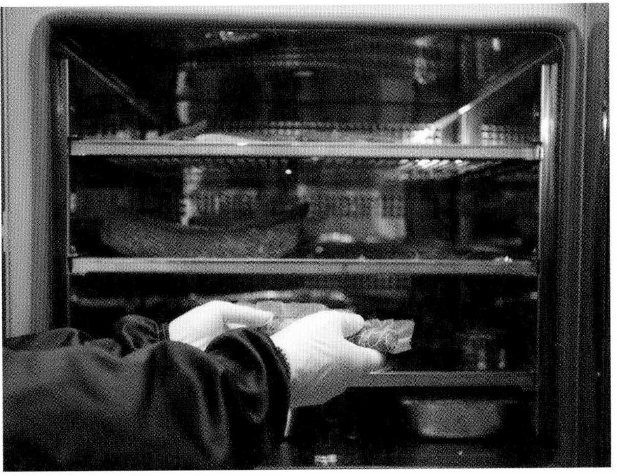

〈그림 23〉 열풍건조기 및 내부

물은 손상될 우려가 있으므로 유물의 종류 및 상태에 따라서 시간과 온도를 적절히 조절하여야 한다.〈그림 23〉

3-6. 강화처리

금속유물에 부식이 진행되면 금속성인 강성, 인성, 연성, 전성 등을 상실하여 재질이 약화된다. 이에 대한 재질 강화처리와 외부로부터 침투하는 부식인자를 차단해 재부식을 억제하기 위해 수지를 유물 내부로 주입하거나 표면코팅 처리를 한다. 또한 공기 중의 습기 및 오염가스의 부식인자도 차단해 준다. 강화·코팅에는 주로 아크릴계 수지가 사용된다. 강화처리는 저농도부터 시작하여 2회 이상 반복 실시한다. 처리에는 반드시 재용해가 가능한 약품을 사용하여야 하며, 처리된 유물은 24시간 이상 통풍이 잘되는 곳에서 자연건조한 후 접합·복원한다.

〈표 8〉 강화처리제와 사용방법

구 분	철제유물	동합금 유물(청동, 금동)
사용약품	Paraloid NAD-10 20% in Naphtha, V-flon in YKD80	incralac (Paraloid B-72 + B.T.A +Tolune + Acetone) 20~30%
방법	유물의 상태에 맞춰 강화처리를 반복한다.	

3-6-1. 재질에 따른 강화제의 종류

출토 금속유물의 강화제로 천연 Bees Wax가 사용되기 시작하였으나 석유화학공업이 발달한 근래에는 적합한 합성 수지(Synthetic resin)를 많이 사용한다. 강화제도 부식억제제와 마찬가지로 금속재질에 따라 여러 종류의 약품이 사용되며, 철·동·은 등 유물 하나에 재질이 복합된 유물은 이온화 경향이 높은 재질 위주로 강화시킨다.

모든 합성수지나 천연수지는 일정 기간이 흐르면 자연적으로 열화되므로 강화처리된 유물이라 해도 수시로 상태를 관찰하고 다시 강화처리를 하는 것이 바람직하다.

일반적으로 아크릴계 수지(Acryl Resin)가 강화제로 많이 사용되는데 이 수지는 투명성, 내후성, 내약품성이 우수하나 표면에 상처가 나기 쉽고 열에 약한 열가소성수지이다. 아크릴 계 수지는 산, 알칼리에 안정하고 Acetone, Toluene 등 유기용제에 용해된다. Paraloid MV1C나 Caparol 등의 수용성 아크릴 수지는 경화되고 나면 용제가 없기 때문에 가역성의 문제를 신중하게 생각하여야 한다.

금속유물의 강화제로 사용되는 아크릴계 수지에는 Paraloid B-44, Paraloid B-72, Paraloid NAD-10, Incralac, V-flon 등이 대표적이다. 아크릴계 수지들은 Acetone, Xylene, Toluene, Naphtha, YKD80 등이며, 유기용제에 3~20%로 용해 또는 희석하여 사용한다.〈표 8〉

용제 또는 희석제로 사용되는 용매들은 수지의 특성을 변화시키고 수지의 열화속도를 좌우하기도 한다. 특히 화학식에서 벤젠고리를 가지고 있는 용제는 독성이 있어 사용자가 흡입하거나 접촉하지 않도록 한다.

1) 철제류

(1) PARALOID NAD-10

Paraloid NAD-10(원액 40%)인 Acryl Emulsion 용액 타입으로 유기용제인 용제 Naphtha에 10~30%로 희석하여 사용한다. 용액의 색은 유백색이나 건조 후에는 무색투명하다. 휘발성이 강한 용제인 Naphtha의 증발로 건조되나, 비교적 휘발성이 느리다. 유물 표면의 인장력을 증가시켜 크랙이 발생될 수 있고, 농도가 높을수록 광택이 나며, 공기 중의 이물질을 끌어당기는 단점이 있다. 철제 유물 강화코팅제이다.〈그림 24〉

(2) Ruscost

아크릴 수지로 철제품 부식억제제인 DAN이 첨가되어 있으며, 용제인 ruscost siner에 10~30%의 용액으로 희석하여 사용한다.

자연함침 또는 진공함침으로 철제 유물 강화 및 코팅 처리와 10% 이하의 저농도로 유기질 경화처리에 사용하여도 무방하다.

(3) V-flon

아크릴 수지 mv1에 불소(F)를 첨가시킨 수지로 수지가 경화되었을 때 표면경도가 다른 아크릴 수지보다 높고 표면 밀착력이 뛰어나며 광택이 심하지 않다.

V-flon은 액상으로 원액수지는 50%이며, 벤젠고리가 없는 YKD80을 희석제로 사용해 10~20%로 희석하여 철제유물에 주로 사용한다. 벤젠고리가 없는 희석제를 쓰기 때문에 유해하지 않다. 휘발성이 물과 비슷하여 강화 코팅시켜 건조시킬 때 표면에 잔류하는 수지를 천천히 닦아낼 수 있으나 건조시간이 길어 빠르게 건조시켜야 할 경우에는 열풍건조기에서 건조를 하여야 한다.

(4) Paraloid MV1C

Paraloid MV1C는 수용성 아크릴 수지인 Paraloid MV1에 곰팡이 방지제가 첨가된 수지이다. 철제 유물 강화코팅제이나, 5% 이하의 저농도 용액은 자연함침법으로 연질토기를 강화하는 데에도 사용할 수 있다. 물을 희석제로 사용하기 때문에 철제 유물의 경우는 부식이 진행된다. 따라서 금속심이 없는 유물에만 사용하는 것이 좋다.

2) 동제(銅製)류

INCRALAC

Incralac은 아세톤과 톨루엔을 1 : 5로 혼합한 용액을 용제로 하여, Paraloid B-72 14.6%, B.T.A 0.4%를 넣어 만들어 사용한다. 20%~30% Incralac 용액에 코팅을 하거나 진공함침한다. toluene의 벤젠고리가 인체에 유해하므로 주의하여 사용하여야 하며, 수지의 용제는 휘발성이 강하기 때문에 수지가 빠르게 응고되므로 신속히 닦아 주어야한다. 동합금 유물 및 금동 유물의 강화 코팅제로 사용된다.

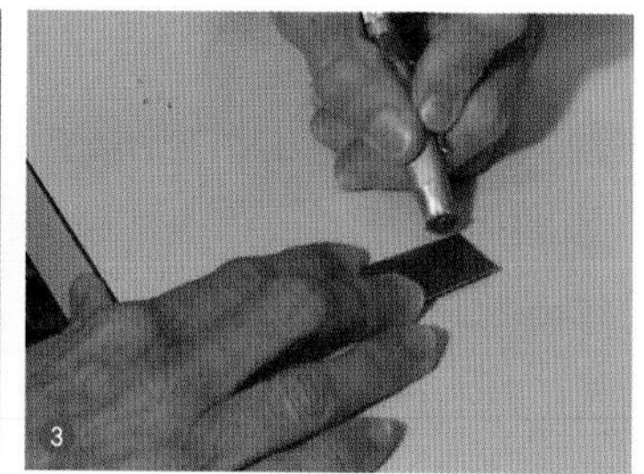

〈그림 24〉 유물 함침 중 ❶진공함침 중, ❷N. A. D-10으로 함침, ❸함침된 유물

3) 비철제류

Paraloid B44, B-72

Paraloid B44는 유기질 경화용으로 많이 사용된다. Paraloid B-72는 유기질 경화용 및 철·은·동·동합금 등 금속유물 강화 코팅제로 문화재 보존관리에 가장 광범위하게 사용되는 아크릴계 수지이다. Acetone, Xylene 등 용제가 다양하며 유백색으로 정연한 필름이 형성되므로 금속재질에 상관없이 사용해도 비교적 좋은 강화 및 부식인자 차단 효과를 얻을 수 있다. 이 용제에 3~20%로 용액을 제조하여 유물의 상태와 용도에 따라 코팅 또는 함침한다.

3-6-2. 함침방법

수지함침법은 약화된 유물의 강화와 부식 방지 효과를 얻는 데에 그 목적이 있다. 금속유물의 보존처리는 근본적으로 녹이 생성되지 않는 금속으로 만드는 것이 아니라 유물의 수명을 더 연장해 주는 처리방법으로 보는 것이 타당할 것이다. 처리 후 상대습도 60% 이상인 습한 환경에서 보관하면 함침강화 처리된 유물이라 할지라도 재부식이 일어날 수도 있다. 또, 수년 후 수지의 노화로 재처리가 필요한 경우도 있다.

함침에 사용하는 수지는 재용해가 좋고, 표면에 부착된 수지가 쉽게 제거될 수 있는 가역성이 높은 수지를 사용한다.

철제유물의 경우, 다른 금속유물에 비해 빨리 부식되어 형태파손이 빠르다. 부식은 유물의 내외부에서 진행되며, 내부 부식은 체적팽창으로 균열과 들뜸 현상이 일어나 물리적으로 약한 유물들이 많다. 따라서 약화된 유물은 합성수지로 진공함침하여 강화처리를 한다.

청동유물은 철제유물과 달리 분말 상태로 된 유물이 의외로 많아 서로 간의 입자를 고착시켜 형태를 유지하는 처리가 필요하다. 함침 전에 충분히 건조시킨 후 아크릴계 수지 Paraloid

B-72 또는 B.T.A를 함유한 Incralac(상품명)으로 진공함침법에 의해 강화처리를 한다.

1) 진공함침법

진공함침법은 수지에 유물을 넣은 상태에서 압력의 변화를 주면, 압력의 차이에 의해 수지가 침투되는 방법이다. 즉, 압력을 높였다가 낮추면 수지가 약화된 유물의 미세한 기공 사이로 들어가 수지가 건조되면서 유물이 강화된다는 것이다.

이 방법을 사용할 때에는 삼투효과가 크고 건조가 빠른 수지를 사용하는 것이 좋다. 그리고 용제에 용해 가능한 것을 사용한다. 현재 주로 사용되고 있는 합성수지는 철제유물일 경우, Acryl Emulsion계 Paraloid NAD-10이다. Paraloid NAD-10은 고형분으로 약 40%로 제조된 제품이 시판되고 있으며, 이 원액을 나프타에 희석하여 20%로 사용한다. 이 외에 일액형 불소, 아크릴계 공중합체 수지인 V-flon(상품명)이 있다. 유럽에서는 Wax계 Micro-crystallin Wax를 사용하기도 한다.

수지함침은 유물 내부까지 충분히 수지가 침투 될 수 있도록 진공상태에서 실행하는 것이 좋다. 함침을 하기 전 유물을 충분히 건조시키기 위해서 건조기 내의 온도를 일정하게 유지시키는 열풍식 순환건조기를 이용한다. 건조 종료 후 진공함침탱크에 유물을 넣어 약 20~30mmHg 감압하여 수 시간 함침한 후 다시 상압으로 전환하여 1~2시간 정도 그대로 방치한 다음 꺼내어 실온상태에서 건조한다. 수지가 완전히 경화되면 동일 방법으로 3회 정도 진공함침을 반복한다.

2) 가열용융법

수지를 가열해 액체상태로 만든 후, 2시간에서 6시간 이상 유물 내부로 수지를 침투시킨 다음 냉각하여 수지를 응고시켜 유물을 강화하는 방법이다. 이 방법은 금속유물과 수침목재 유물 등에 많이 사용되며, 특히 수침목재를 PEG로 함침 할 때 사용된다.

왁스(Wax)를 가열해 용융시키면서 유물을 함침시키면, 유물 내부로 왁스 용액이 침투되고 유물을 냉각시키면 왁스는 고체로 된다. 약화된 유물은 고체 왁스에 의해 강화되면서 표면이 코팅된다. 이 방법은 강화된 유물을 접합할 때 Trichloroethylene으로 접합면의 왁스를 잘 닦아낸 후 접합해야 하는 불편함이 있고, 왁스가 용융되어 냄새가 심하게 나므로 최근 유물에는 잘 사용하지 않는다.

3) 자연함침법

농도가 낮은 수지에 약화된 유물을 상태에 따라 2시간에서 6시간 이상 침적하고, 수지를 자연적으로 침투시킨 후 건조하는 방법이다. 부식이 심하지 않은 금속유물, 두께가 얇은 금동제 유물, 연질토기 등에 사용된다. 저농도의 수지함침에 적합하나 접합된 유물과 너무 연약한 유물은 접합 부위와 유물이 와해될 우려가 있다.

3-7. 접합·복원

〈표 9〉 유물의 접합 및 복원 재료 및 방법

구 분	철제유물	동합금 유물(청동, 금동)
접합 및 복원	Araldite rapid Araldite SV 427 + HV 427 Cemedine-C Cdk520A + Cdk520B	Araldite Cyanoacrylate Cemedine-C
	결손 부위나 단면 절단부의 접합 복원에 사용한다.	
색 맞춤	Paraloid B-72에 무기안료를 혼합하여 유물색과 비슷하게 색맞춤한다.	

현재 국내에서 동합금 유물과 같이 얇은 판상으로 되어 있는 경우의 접합제로는Cyanoacrylate계 접착제인 Alteco EE type을 사용한다. 이 접착제는 파단면에 가접합 후 접합선면을 따라 약품이 흐르면서 접착이 된다. 부식된 유물을 강화처리하고 완전히 건조되면, 유물의 원형을 찾아주기 위해 깨어진 것은 접합하고 결손된 부분은 복원하여 준다. 접합·복원시에는 다음과 같은 기본방침이 있다.

첫째, 가능한 한 발굴 당시의 형태를 유지하면서, 유물의 원형을 복원시켜야 한다.

둘째, 접합·복원 후 유물의 형태 변화가 없도록 한다.

셋째, 결손된 부분의 복원은 타당성과 필요성이 인정될 때 복원한다.

넷째, 재처리가 가능한 방법 및 재료를 선택하여 가역처리 방법을 사용한다.

다섯째, 틈새나 균열 부분은 접착제로 꼼꼼하게 메운다. 유물의 결손된 틈이나 균열 부분을 그대로 두면 상대습도, 작은 온도차에도 의해서 응결이 일어나는데, 이 부분에 먼지 등이 쌓여서 물방울이 맺히기 쉽고 재부식이 진행된다.

보존처리자는 접합·복원할 때, 위와 같은 기본방침을 잘 숙지하고 끈기 있게 가급적 모든 편

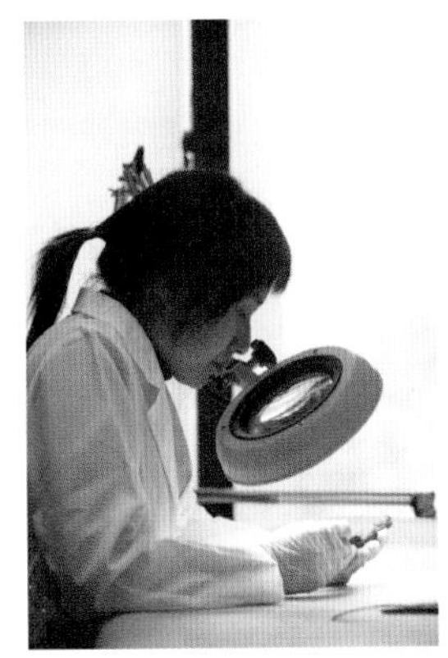

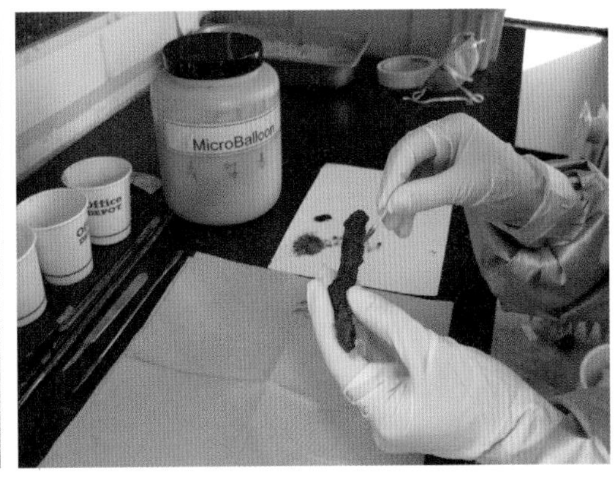

〈그림 25〉 접합처리 과정

들이 접합되도록 노력하여 유물의 원형을 찾아야 한다.

접합·복원할 때 가장 중요한 것은 문화재 보존수리의 목적에 맞는 재료를 선택하는 것이다. 유물의 부식 상태, 접합면의 상태, 접합면적 및 두께 등의 특징과 접착제의 강도와 특성을 고려하여 접합제와 무기안료, 페놀계 충진제인 Microballoon 등을 혼합하여 접합한다.〈표 9〉

접합에 사용되는 수지는 구조에 따라 열가소성 수지, 열경화성 수지로 구분할 수 있다. 열가소성 수지는 1차원 형태의 고분자 구조를 가지고 있으며 일반 용제에 용해는 되나 열경화성보다 접착력이 떨어진다. 여기에는 Acryl계, Cellulose계 수지가 해당된다. 열경화성 수지는 3차원 형태의 고분자 구조로 경화되면 용제에 녹지 않는다. 따라서 재처리를 고려해 유물에 손상을 주지 않는 범위 내에서 사용해야 한다. 열경화성 수지에는 Epoxy계 수지가 대표적이다. 대부분 현장에서는 Araldite(rapid type)와 충진제인 Talc, 색을 맞추기 위하여 TiO_2 및 무기안료를 혼합하여 복원하는 방법을 이용하고 있다.〈그림 25〉

충진제로는 Talc나 Phenol계 Microballoon이 있다. 간혹, 접착제와 혼합하여 사용하기도 하는데, 기존 접착제에 혼합물로 제조된 제품도 나와 있다.

3-8. 색맞춤 및 마무리

3-8-1. 고색처리

보존처리를 마무리할 때, 접합·복원제가 유물 표면을 덮지 않도록 깨끗하게 처리한다. 또한 접합 복원된 부분은 대부분 심한 광택이 나므로 표면성형을 하여 주변과 비슷하게 질감이나 문

〈그림 26〉 고색처리 색맞춤

양 등을 맞추어 주어야 한다.

이렇게 접합·복원 후 접합·복원제를 성형하거나 표면의 녹을 제거하는 경우가 있기 때문에, 유물의 표면 코팅막이 손상되는 경우가 많다. 이 경우 강화처리시 사용한 수지로 재함침하거나 또는 코팅하여 건조한다.

접합·복원시 어느 정도 유물과 비슷한 색상의 단색으로 접합·복원하지만 유물 표면은 단색인 경우가 거의 없기 때문에 성형을 하고 재함침 처리를 하고 나면 색상이 주변과 어울리지 않게 된다. 따라서, 접합·복원된 부분의 채색은 6in(약 15cm) 정도에서는 식별이 가능하여 근접 연구시 확인이 가능하게 하고, 6ft(dir 1.8m) 이상에서는 잘 식별이 되지 않게 하여 관람객의 이해를 돕고 눈에 거슬리지 않게 색맞춤을 한다.

이 6in~6ft법은 IIC(국제보존과학회)의 유물의 접합·복원에 관한 권고사항이므로 주의하여 색맞춤을 실시한다. 고색처리는 강화제로 사용한 수지에 안료를 섞어 접합·복원한 부위의 성형한 곳을 주변의 색과 비슷하게 맞춰 유물 표면과 같은 질감과 색상이 되도록 한다. 이때 안료를 과다하게 사용하거나 실수로 유물 표면을 도색하면 유물 원래의 색상, 문양, 형태 등이 가려질 수 있으므로 주의하여야 한다.

복원된 부분이 전체적인 분위기와 어울리는 색을 이용하여 Paraloid B-72 또는 Ruscoat 용액에 천연안료를 배합하여 유물색과 비슷하게 착색한다.〈그림 26〉

색맞춤에 사용되는 안료의 용제는 강화처리시에 사용된 것과 같은 수지를 이용하고, 안료가 잘 용해되지 않을 경우에는 적절한 선택이 필요하다. 접합·복원시 복원제가 유물 표면을 조금씩 덮게 되므로 그 형태를 관찰하면서 복원제를 제거한다. 이때 제거된 부분이 대부분 심한 광택이 나므로 복원된 부위를 칼이나 핸드드릴 등으로 깎아 내는 커팅 성형을 해 주변과 비슷한 질감이나 문양 등을 만들어 준다.

3-8-2. 사진촬영 및 유물카드 작성

보존처리 기록카드에 처리과정, 사용 약품 및 기기, 처리 후 중량, 크기, 처리과정에서 새로 발견된 문양이나 구조 등을 상세하게 기록하고, 보존처리 후 사진촬영을 한다. 사진촬영은 처리 전과 같이 촬영하되 처리과정에서 새로 발견된 문양이나 구조 등을 세부 촬영하고 필요시에는 현미경으로도 촬영하여 자료로 활용한다.

3-8-3. 밀봉 포장 및 보관

처리가 완료된 금속유물은 불투과성 비닐 봉투에 제습제(Silicagel 등)를 함께 넣어 밀봉·포장한다. 포장한 유물은 제습제를 넣은 밀폐용기에 넣고 밀폐하여 대기와의 접촉을 최대한 억제한다. 이러한 유물 보관용기는 항온항습 설비(20±2℃, 상대습도 50% 이하)가 완비된 곳에서 또는 온·습도 조절이 가능한 환경에서 보관·관리하여야 한다. 최근에는 탈산제와 함께 밀봉 포장하여 무산소 환경 하에 보관하기도 한다.〈그림 27〉

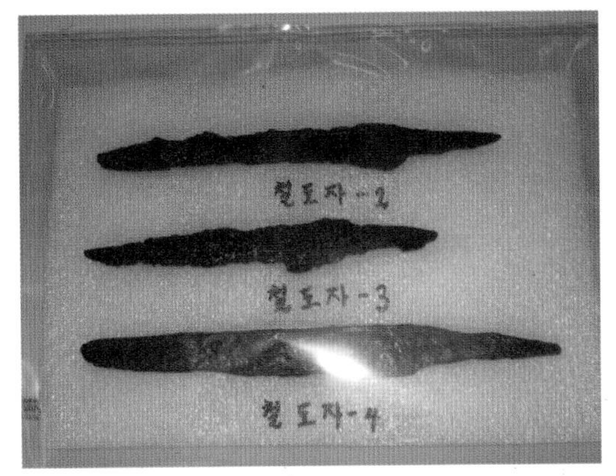

〈그림 27〉 진공 포장된 철기유물

4. 금속유물의 취급과 보존관리

4-1. 금속유물의 취급

금속유물은 일반적으로 견고한 것으로 인식되어 있지만, 부식된 금속유물인 경우는 매우 약하므로 조금만 잘못 다루거나 열악한 환경에 놓이게 되면 쉽게 훼손된다는 점을 항상 염두에 두어야 한다.

금속유물 취급시, 손에서 나오는 땀에 존재하는 Cl-이온이 유물 표면에 닿으면 금속을 부식시키게 되므로 맨손으로 취급하지 않는 것이 바람직하다. 따라서 취급시에는 반드시 면장갑을 끼는 것이 좋다. 섬세한 금속유물을 만질 때는 손에 맞는 비닐 또는 얇은 수술용 장갑을 끼는 것이 좋다. 유물이 지극히 섬세해 부득이 맨손으로 다루어야 할 경우에는 손을 깨끗이 씻고 만지도록 한다.

외견상 별다른 문제점이 없어 보이는 금속유물도 X-선으로 투시하게 되면 유물 내부에 균열이 있는 경우가 많은데, 이러한 유물을 움직일 때는 운반상자나 받침을 이용해서 신중을 기해 유물을 움직이는 것이 안전하다. 보관상자에 금속유물을 넣어 움직일 때는 반드시 상자의 밑을 받쳐 들고, 금속이 무겁다는 생각을 항상 잊지 않아야 한다.

보관장이나 전시대 바닥에 금속유물을 올려놓을 때는 손상 여부를 수시로 살펴야 한다. 바닥재인 금속이나 나무, 가죽, 염직물, 도배지 등에서 전기 화학적으로 부식되지 않게, 금속이 유물

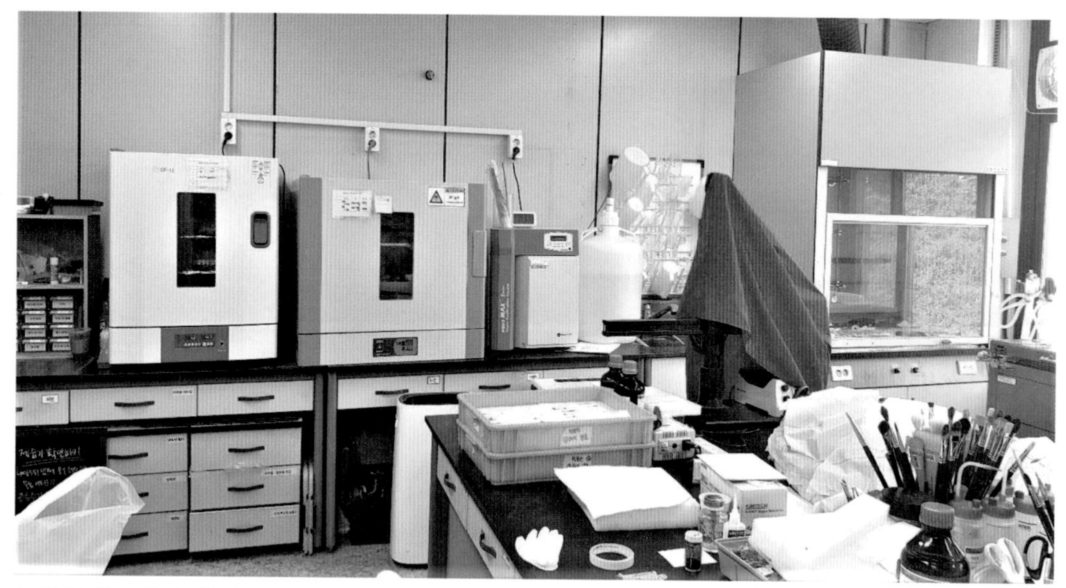

〈그림 28〉 금속 보존처리실 건조시설 등(공주대학교)

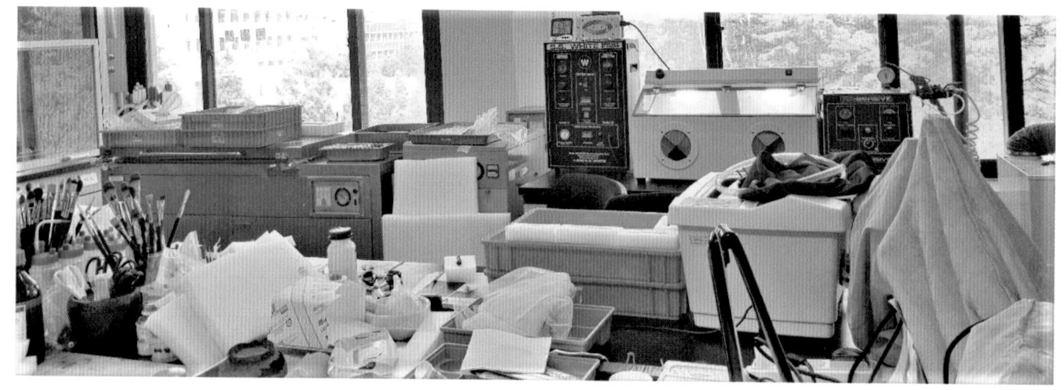

〈그림 29〉 금속 보존처리실 함침조 등(공주대학교)

과 직접적으로 닿지 않게 비닐 폼과 같은 절연체를 깔고 놓아야 한다. 충분히 건조되지 않은 나무는 유기산을 방출할 수 있다. 또 보관장에 칠한 락카나 페인트 등에서 방출되는 가스가 유물을 부식시킬 수 있으므로 전시장 또는 수장고의 벽이나 바닥의 마감재는 Oddy's Test를 거쳐 안전성이 확보된 것을 사용하는 것이 바람직하다.〈그림 28, 29〉

유물을 들어 올리거나 전시를 할 때 손잡이가 있는 유물이라도 어느 한 곳을 잡고 들거나 걸어서는 안 된다. 이러한 부분은 부식으로 인해 다른 부분보다 더 약해졌을 가능성이 많기 때문이다. 들어 올릴 때는 잡기 쉽고 안전한 곳을 잡은 뒤 유물 밑에 손이나 받침을 놓은 뒤 들고, 벽에 걸어 전시할 때는 유물 밑을 벽에 튼튼하게 고정된 아크릴 받침으로 받쳐 두는 것이 안전하다. 금속유물을 전시할 때 나사못이나 핀이 직접 닿으면 약한 유물이 손상되거나 이종 금속 간의 부식(갈바닉 부식)이 발생될 가능성이 많으므로 유물에 해가 되지 않는 플라스틱이나 비닐을 입혀서 사용하도록 하고 가능한 한 비스듬히 눕혀 전시하여 유물에 하중이 가지 않도록 하는 것이 좋다.

가늘고 긴 금속유물을 들어 올릴 때 한손만 사용하면 대단히 위험하다. 긴 칼을 들어 올릴 때에는 한손으로는 손잡이를, 다른 손으로는 몸체를 받쳐 잡도록 한다. 칼을 들어서 다른 사람에게 전해 줄 경우에는 먼저 위와 같이 든 다음 그대로 전해주고, 상대방은 두 손으로 유물을 받쳐 받으며 잡으면 된다.

금이나 은, 동과 같은 귀금속으로 된 유물은 광택을 내서 전시하기 위해 유물 표면을 직접 연마하는 경우가 있는데, 이렇게 하면 유물 표면에 손상을 줄 수 있으므로 이 방법은 삼가야한다. 표면의 먼지 같은 것은 부드러운 솔이나 붓으로 털어 내고 부드러운 면 소재의 마른 융으로 살짝 닦아 주는 것이 좋다. 또한 금속유물을 다룰 때는 시계나 반지 등과 같이 유물을 다루는데 지장을 주는 복장을 삼가고 실험복이나 작업복을 착용하여 유물에 손상을 주지 않도록 한다.

4-2. 금속유물의 보관관리

금속유물은 대기 가운데 노출되더라도 습기가 존재하지 않으면 부식이 느리게 진행되거나 잘 발생하지 않는다. 그러나 땅 속에서 높은 습도로 매장되어 있던 유물이 출토되어 낮은 습도하에 놓이는 경우, 전시장, 수장고 등에서는 유물 내부에 있는 수분에 용해되어 있던 가용성 염이 결정화되며 크랙이 발생한다. 이로 인해 박락이 급격히 진행되어 유물이 손상된다. 또한 금속유물은 습도가 높을 경우 유물 내부에 남아 있는 염분에 의해 부식이 지속적이고 빠르게 진행되며, 녹이 발생한다. 이러한 부식을 방지하기 위해 매장되었거나 해저에서 발굴한 유물은 발굴된 직후 유물이 건조되기 전에 신속하게 유물 자체에 함유되어 있는 염기를 없애기 위해 부식인자를 용출하는 것이 바람직하다.

보존처리가 된 금속유물이라 해도 금속은 물리화학적 특성상 불안정한 상태이므로 안정한 상태인 광물로 돌아가려는 성질 때문에 재부식이 일어나게 된다. 금속의 재부식은 수분과 산소가 없으면 잘 진행되지 않으므로 환경을 건조하게 유지시켜주는 것이 필요하다. 금속유물은 이론적으로 상대습도 45% 이하로 보관하는 것이 바람직하나 현실적으로는 어려움이 많다.

전시 및 보관을 할 때는 재질별로 다르게 취급해야한다. 금속유물을 보관하는 가장 이상적이고 효과적인 방법은 금속유물을 위한 수장고나 전시장을 따로 설계해 전시하는 것이다. 금속유물에 맞는 항온항습실에 전시·보관하는 방법도 있다. 그러나 재질에 맞는 수장고나 전시장을 따로 만들어야 하므로 기기 설치비 및 유지비가 많이 소요되는 단점이 있다. 〈그림 30〉은 박물관에 금속유물만 모아서 항온항습 시설을 갖춘 전시 케이스에 전시해 있는 사례이다.

〈그림 30〉 철재류 전시모습

제 3 장

목재문화재의 보존과학

1. 목재 보존처리의 필요성

고고학적으로 목재는 수침목재와 건조 고목재(古木材) 등 2종류로 나눌 수 있다. 수침목재는 저습지에 매장되었던 목재로 성곽이나 연못 등과 같은 유적의 저습지나 생활 유적인 토탄층에 셀룰로오스(Cellulose), 헤미 셀룰로오스(Hemi Cellulose), 리그닌(Lignin), 수지분(Resin), 회분(Ash) 등과 같은 목재의 주성분이 사라지고 수분이 세포벽에 스며든 채로 발굴된다. 수침목재는 건축 부재, 농기구, 공구, 생활용품, 칠기 등 다양한 형태로 출토된다. 건조 고목재는 고건축 부재나 목공예품 등의 가구, 생활용품 등 전래품 등을 말한다. 수침 출토 목재유물은 저습지 매장환경에서 출토된 경우를 제외하고는 거의 찾아 볼 수 없다. 해부학적으로는 도관과 세포벽에 수분이 과포화 상태로 함유되어있기 때문에 형태는 유지되지만 물리적 강도는 현저히 저하되는 특징을 갖게 된다. 저습지는 공기가 차단된 환경이어서 더 이상 산화되지 않지만 환경조건이나 미생물의 종류에 따라 부후의 정도와 형태가 상당한 차이를 보인다.

목재는 발굴되어 외부 공기에 노출이 되면 목재 내에 함유되어 있던 수분이 증발해 그 형태가 갈라지거나 뒤틀리고, 수축변형이 일어난다. 따라서 발굴된 수침 고목재는 출토와 함께 응급처리가 필요하고 가능한 한 빠른 시간에 보존처리를 실시하는 것이 바람직하다. 만약 수종분석이나 보존처리 여건이 좋지 않을 경우는 임시 보관방법으로 방부재와 증류수를 혼합한 수조 함침조에 저장하는 것이 필요하다.

아래 사진은 수침 출토 목재를 출토 후에 그대로 방치한 후 변화된 모습인데, 수침목재가 자연 환경에서 건조되면서 형태가 3~4배 정도 부피가 축소하면서 수축변형이 일어나는 실례이다.〈그림 1〉

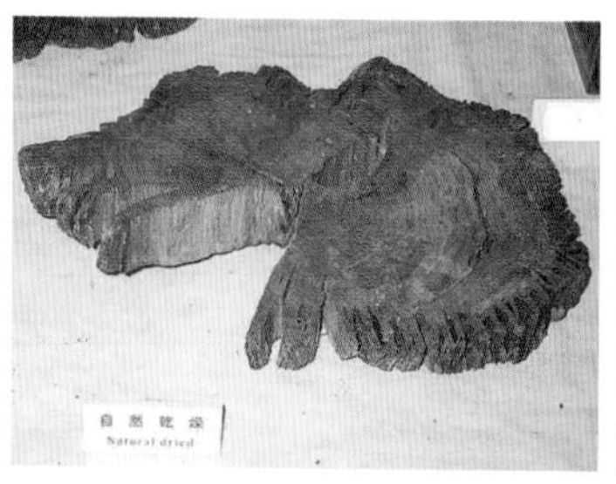

〈그림 1〉 수침 출토 목재의 모습과 자연건조에 의해 수축 변형된 모습

2. 수침 목재 및 칠기 보존처리

2-1. 예비조사

미생물의 종류에 따라 출토 수침목재의 부후의 정도와 형태는 상당한 차이를 보이므로 먼저, 토양의 구성성분에 대하여 파악한다. 토양의 성분 분석은 세척과정 중 특정 성분의 용출 또는 잔류 정도가 보존처리와 함께 목재 내에서 어떻게 축척되는지를 연구하는데 중요한 기초 자료가 된다. 보존처리법은 목재에 표시되어 있는 문양이나 묵서 등과 수종 등을 분석한 정보를 고려해야 한다. 처리방법을 결정할 때에는 같은 유적지에서 출토된 자연목으로 우선 실험을 하거나 그 이전에 했던 같은 유적의 유물 결과를 확인한 후 적용한다.

발굴현장에서 수습된 유물이 보존과학실에 들어오면 전체적인 상태, 유물의 파손 부위, 특이사항 등을 유물카드에 객관적으로 상세히 기술한다. 또 보존처리 전 사진촬영을 실시해 보존처리 후의 사진과 비교하도록 한다. 사진으로는 나타나기 어려운 부분이 있으므로 실측이나 스케치를 통해 기록한다.

목재의 함수율은 열화 정도를 나타내므로 함수율 측정을 통해 보존처리 방법에서 사용되는 수지나 약품의 농도 등이 반영되도록 한다. 수종분석은 목재의 열화정도를 확인하기 위해서도 필요하지만 침엽수와 활엽수 또 목재의 종류에 따라 약재의 확산에 차이가 있어서 약품의 농도를 결정하는데 중요한 포인트가 된다. 또한 발굴자들과 같은 고고학자들에게는 당시의 식생과 함께 이용된 나무의 수종을 알 수 있어서 그 당시의 환경을 이해하는데 중요한 단서를 제공하게 된다. 연륜연대분석법, C14년대 측정법(가속질량분석법[AMS : Accelerator Mass Spectrometry])[1]을 통해 목재의 수종, 연대를 측정할 수 있다. 목재유물 중 목간(木簡)이나 건물의 목재, 관재(棺材)에 글씨 등이 있을 수 있으므로 적외선 촬영을 실시한다. X-ray는 내부의 구조조사 및 균열과 열화정도를 조사하기 위하여 실시한다.

특히 연대측정법에는 C14년대측정법(β-선 계수법), 연륜연대분석법, C14년대측정법(가속질량분석법[AMS]), 열잔유자기분석법, 열루미너센스분석법, Fission-track분석법 등 6가지가 있다. 목재

1 가속질량분석은 가속된 탄소 입자에 자기장을 걸어주어 질량에 따라 그 휘는 정도가 다름을 이용하여 14C 동위원소를 분리하여 측정한다.

〈그림 2〉 서울대학교 질량분석이온빔가속기

유물은 연륜연대분석법, C14년대측정법(가속질량분석법[AMS])으로 연대를 측정한다.

연륜연대분석법은 수목의 연륜(年輪)을 사용한 연대측정법으로 20C 초 미국의 천문학자 A. E. 더글라스에 의해서 창시되었다. 목재의 연륜 형성 시기를 오차 없이 확인하는 것이 가능하다. 이것은 창건시기가 문서로 기록된 전통건축 부재의 연륜연대의 측정보다는 고고학자들이 알고 싶어 하는 선사시대나 삼국시대와 같이 당시의 주변 환경을 예측하기 어려운 고대 유적에서 출토된 수침목재를 중심으로 크게 활용된다. 이 분석을 위해서는 출토 시료와 비교할 장기간에 걸쳐 축적된 기준 패턴의 연륜표가 필요하다. 이 방법은 시편(試片)의 연륜 변동 패턴을 만들어서 기준 패턴과 조합하여 결과를 표출하는 것이다.

현재 국내에서는 전래 목재를 비롯해 많은 출토 목재에 대해 연륜연대측정법을 사용하고 있지만 우리나라 고유 수종에 대한 출토 목재의 기준 시편의 패턴표가 부족하여 정확도가 의심되고 있다. 정확도를 위해서는 우리나라에서 출토되는 다양한 수종에 대한 많은 양의 기준 패턴 시료의 축적이 시급하다.

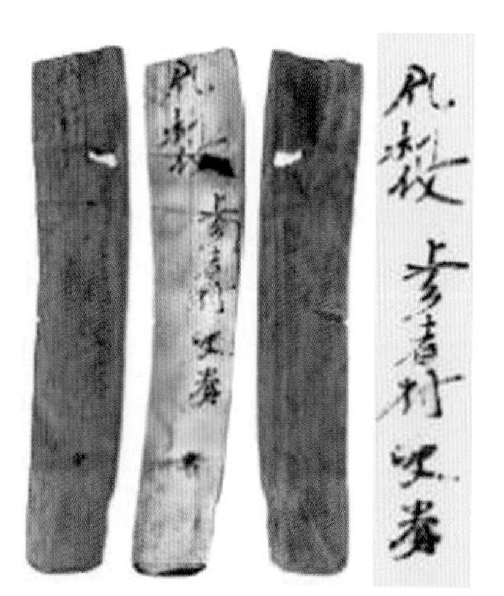

〈그림 3〉 출토 목간의 적외선사진 함안 성산산성 출토

C14년대측정법(가속질량분석법[AMS])은 생물체의 사망연대 등을 결정하는 방법이다. 측정에 필요한 시료는 극미량인 탄소 약 1mg 정도를 사용하는데, 약 6만 년 전까지 연대 측정이 가능하다. 목탄, 목재 편, 패각뿐만 아니라 탄소 함유량이 적은 뼈, 머리카락, 섬유, 종이, 냉동된 암석과 같은 광물도 측정이 가능하다. 철기의 제작연대는 제련할 때 사용되었던 목탄의 일부가 철에

들어 있는 경우에서 알 수가 있다. 또한 연대를 알 수 없는 사람이나 동물의 뼈를 이용하여 ○○±○년 B. P.로 측정할 수 있으며, 0.1~0.5g의 양으로 이빨의 연대도 측정 가능한 방법이다.

특히, 출토 수침목재의 경우는 매장되었던 토양의 분석이 중요하다. 토양의 구성성분은 대부분 SEM-EDS 방법으로 측정하는데, 이때 밝혀진 토양성분의 조성으로 세척과정 중 특정 성분의 용출 및 잔류 정도를 확인할 수 있다.

목재유물의 보존처리에 앞서 출토 유물이나 전래 유물 할 것 없이 가장 많이 사용되는 과학적 접근 방법이 수종분석이다. 수종분석을 통하여 그 당시의 식생의 연구와 생육 당시의 자연환경을 간접적으로 예측할 수 있다. 이 방법은 측정기기에 의존하기 전에 시편을 만드는 법이 중요하며, 다음과 같이 실시하면 된다.

2-1-1. 수종조사 및 정밀사진 촬영[2]

목부재의 보존처리를 원활하게 진행하기 위해 상태를 파악할 필요가 있고, 보존처리시 현재의 상태, 취약점 등을 파악함으로써 보다 안전한 보존처리를 할 수 있도록 조사를 실시한다. 나무의 종류에 따라 약품의 침투 정도가 차이가 나타나기 때문에 기록용 사진촬영과 함께 현미경으로 수종을 조사해야 한다.

1) 나무채취

살아 있는 나무의 종을 판별하는 방법은 잎이나 꽃, 열매의 형태와 색깔을 관찰하는 것이다. 그러나 건축부재나 어떠한 용도로 사용되었던 나무, 즉 목재는 나무의 수종을 특징 지을 수 있는 어떠한 형태도 남아있지 않을 뿐만 아니라, 지하에서 출토되는 매장 문화재로서의 목재 즉, 수침목재의 경우는 매장시 땅속에서 조직이 파괴되고, 이에 따른 변형과 변색이 발생하게 된다. 따라서 목재유물의 수종을 육안으로 판단하는 것은 매우 어려운 작업이다. 이런 경우에 조사하는 방법은 종별로 서로 다른 구성세포의 종류와 배열을 미시적 관찰(微視的 觀察; 현미경 관찰)으로 판별하는 방법을 사용하면 된다. 침엽수, 활엽수 각 수종에 대해 흉고 직경 20cm 이상의 수목을 선정, 지상고 0.2m 부위에서 벌채하여 1.2m 길이로 각 나무 종류별로 두 개씩을 채취한다.

2 국립민속박물관, 『목가구의 수종식별과 연륜연대』, 아바타이천(주), 2004, pp.2~13.

2) 재감 만들기

- 재감은 식별하고자 하는 대상 수종의 외양적 특징인 재면의 색, 질감 등을 비교하는 목재 표본을 말한다. 채취한 재감용 나무는 제재용 띠톱기계를 사용해 원목에서 두께 3cm로 정목판재와 판목판재를 만든다.
- 제재한 정목판재(방사단면) 및 판목판재(접선단면)를 고주파건조기를 이용하여 특수건조한다.
- 건조재는 수압대패를 이용해 기준면 평삭 작업을 한 후, 자동1면 대패를 이용하여 두께 결정 평삭작업을 한다.
- 두께가 결정되면 둥근톱을 이용하여 최종크기(8×16×2cm)로 잘라 재감을 완성한다.
- 재감에는 레이저조각으로 나무이름을 기입한다.

3) 시편의 채취

- 시편은 나무의 옹이 부분이나 응력재와 같이 결점이 없는 정상부분에서 채취한다.
- 각 수종 당 횡단면용과 접선단면용/방사단면용 2종류를 준비하는데, 심재와 변재의 구분이 가능한 시료는 심재부분을 사용한다.
- 시편의 크기는 사방 5mm 내외로 하며 절삭면은 각각 정확히 횡단면·방사단면·접선단면으로 한다.

4) 연화

- 준비된 시편이 연화가 잘 되게 하기 위해 하루 정도 침지시킨다.
- 침지시켰던 시편을 목재의 정도에 따라 연화용액에 넣고 수 시간에서 수 일간 끓이는데 대개 침엽수는 3일간, 활엽수는 7일간 연화시킨다.

〈그림 4〉 프레파라트를 만들기 위한 약품

- 연화용액으로 물과 글리세린(glycerin) 혼합액(글리세린 1 : 물 3)을 사용한다.
- 물의 증발로 침투된 글리세린의 농도가 높으면 시편이 물러서 부서지게 되므로 환류 냉각기를 사용한다.〈그림 4〉

◎ 정상적인 상태의 목재 연화처리

목재시료의 상태에 따라 분리하고 다음과 같이 연화 처리한다.

가. 삶음처리 : 적량의 물을 붓고 3~15시간 삶는다.

나. 글리세린과 물의 혼합액에 의한 삶음처리를 실시하는데, 이때 약품의 비율은 글리세린과 물을 1 : 2 혹은 1 : 3으로 하여 5시간 내지 2~3일간 삶는다.

다. 염산 수용액 1~10%의 염산용액에 목재 시료편을 침지한다.

라. 물로 삶음처리한 시험편을 70% 알콜 또는 알콜, 글리세린과 물(1 : 1 : 1)의 혼합 비율을 만들어 시편을 함침시킨 후 140~150℃로 가열할 수 있는 Autuclave에 의한 가압 삶음처리를 실시한다.

5) 절편 만들기

- 시편은 마이크로톰의 시료 고정대에 움직이지 않도록 고정시킨 다음 칼날과 바이스의 각조를 조정하여 횡단면(Cross Section), 방사단면(Radial), 접선단면(Taugential) 순으로 절삭한다.
- 횡단면 절편을 만들 때에는 1개 이상의 연륜을 포함하게 하여 조재(춘재)에서 만재(추재) 방향으로 시편을 절삭하며, 접선단면 및 방사단면 절편을 만들 때에는 정확히 섬유방향으로 절삭한다.
- 절편의 두께는 20~30㎛로 한다. 절편을 자를 때에는 글리세린을 시편 위에 도포하여 건조되는 것을 방지한 다음 붓을 이용하여 시료가 마르지 않도록 하면서 조심스럽게 절편을 만든다.
- 제작된 절편을 증류수를 살짝 바른 샤레 바닥에 옮긴다. 이때 절편이 마르지 않도록 한다.
- 부후 목재 프레파라트 제작법
  - 부후 목재를 고정액에 침적시킨 후 증류수로 충분히 세척하는 것이 바람직하다.
  - 알콜을 이용하여 탈수 및 투화를 단계별로 실시한다.
  - 각 단계별(50%→70%→90%→95%→100%)로 에틸 알콜을 이용하여 탈수하고, 100% Xylene으로 투화한다.
- 시료 경화제 주입(예 ; 파라핀)

〈그림 5〉 핸드섹션으로 만든 프레파라트

- 채취된 목재 시편은 Xylene : 파라핀 = 1 : 1 액과 파라핀 100% 용해물을 조제,
- 55~60℃ 건조기 내에서 시편 내에 침투시킨 후 실온에서 경화처리 한다.

• 경화된 시료를 Microtome을 이용해 절편을 제작하고 프레파라트에 부착시킨 후 Xylene으로 파라핀을 제거한다.

염색

관찰하고자 하는 세포의 형태를 명확하게 보기 위해 1% 사프라닌(safranine) 수용액을 사용하여 10분간 염색한다.

6) 봉입 및 경화 〈그림 6〉

〈그림 6〉 프레파라트 시편

• 슬라이드 글라스(Slide Glass) 위에 목재절편을 횡단면 · 방사단면 · 선단면 순서대로 올려놓는다.

• 퍼마운트(봉입제)를 2~3방울 떨어뜨린 다음 기포가 생기지 않도록 한쪽 모서리를 먼저 슬라이드 글라스 위에 닿게 하고 커버 글라스(Cover Glass)를 천천히 덮는다.

• 커버 글라스를 핀셋으로 살짝 눌러 퍼마운트가 커버 글라스 안쪽에 밀착되도록 한다.

• 완성된 프레파레트를 현미경으로 확인하여 수종별 특징이 잘 나타나는지 확인한다.

• 완성된 프레파레트 위에 납추를 올려놓고 상온에서 2~3일 자연경화시킨 다음 슬라이드 열판 또는 항온건조기에서 60° C로 5~7일간 경화시킨다.

• 경화 후 커버 글라스 밖으로 나온 퍼마운트를 우선 면도칼로 긁어내고 자일렌으로 닦은 후 에틸 알콜 100%로 깨끗하게 닦아낸다.

2-1-2. 현미경에 의한 수종 판별법

광원(빛)을 가시광선을 이용하는 광학현미경을 이용하여 목재 프레파라트로 만든 시편의 수

종을 관찰하여 판단한다. 광학현미경 중에서 편광현미경을 사용하는 경우도 있는데, 이 현미경은 두 개의 편광프리즘을 이용한 것이다. 또 다른 방법은 전자현미경을 사용하는 것인데, 광학현미경과는 달리 유리렌즈 대신에 마그네틱 렌즈를 이용하고, 광원은 가시광선 대신에 파장이 짧은 전자를 이용한다.

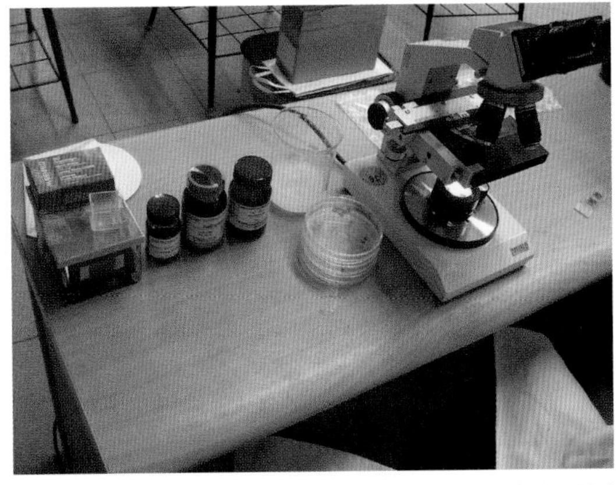

〈그림 7〉 현미경에 의한 수종분석

시료가 놓인 Stage를 조정하면서 조명장치의 다이얼을 돌려 시야가 밝아지도록 조명을 조절한다. 접안렌즈를 선택하고 시료를 관찰하면 된다.〈그림 7〉

목재는 일반적으로 연재(軟材, Softwood)와 침엽수재인 경재(硬材, Hardwood)로 나누어진다. 침엽수재는 소량의 유세포를 제외하고는 대부분 가도관으로 구성되어 있다. 따라서 소나무류, 가문비나무류 및 잣나무류와 같은 침엽수 목재는 조직이 균일하기 때문에 가공하기가 비교적 용이하다. 한편 활엽수 목재는 두꺼운 세포벽을 지니는 목섬유 이외에도 다양한 종류의 세포를 지니고 있기 때문에 침엽수보다는 상대적으로 가공하기 어려운 경우가 많다.

현미경을 통해서 우리는 목재를 구성하는 세포의 해부학적 특징을 관찰하게 되는데, 통도관의 모양을 보면 원형을 일부 나타내는 세포들로 구성되어 있다. 또한 다른 식물체의 기본조직과는 달리 목재를 구성하게 되는 대부분의 세포는 길이 방향으로 길게 신장된 형태를 지니고 있으며, 양호한 통도기능과 축방향으로의 지지기능을 갖는 구조로 되어 있다.

한편, 목재로 만들어진 문화재에 도막으로 마감된 칠기는 단일소재로 만들어진 수침목재와는 달리 바탕목재와 칠도막이 이질적인 재료이고, 칠기의 제작기법에 따라서 매장 기간 중에 발생된 손상의 형태도 다르다. 따라서 칠기의 이러한 재질적 특성을 고려하지 않고 보존처리를 시행할 경우 칠도막의 수축, 박리, 기형의 변형과 같은 미처 예상치 못한 손상을 입게 된다. 특히 칠기제품은 골격에 해당되는 목재와 바탕재인 칠과의 분리를 최대한 줄이는 것이 중요하다.

보존처리 과정에서 발생될 수 있는 칠기의 손상을 최소화하고 보다 바람직한 보존처리 결과를 얻기 위하여서는 SEM 등을 이용해 칠도막의 층상구조 관찰을 하고, 적외선분광 분석법(IR Spectrometry), X-선형광 분석법, X-선회절 분석법 등을 통해 구성성분 분석을 한다. 골해층의 성

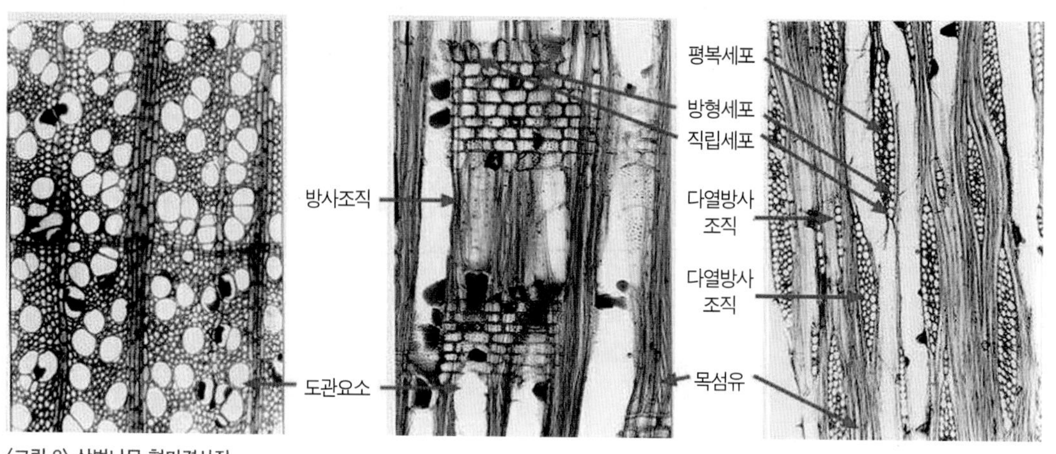

〈그림 8〉 산벚나무 현미경사진

분분석은 에너지분석법(Energy Dispersive Spectroscopy)을 이용하여, 처리대상 칠기의 재질적 특성을 이해하고 칠기의 손상 원인을 정확히 파악하는 것이 중요하며, 그 결과에 따라서 처리대상 칠기에 가장 적합한 보존처리법을 선택하여야 한다.

2-2. 함수율

함수율은 목재 내에 함유하고 있는 수분을 백분율로 나타낸 값이다. 부후 정도가 클수록 함수율은 커지게 된다. 보존처리에 앞서 함수율의 측정은 반드시 이루어져야 하는데, 함수율이란 목질부의 1kg에 대하여 약 1kg의 수분을 함유한 상태를 말한다.〈그림 9〉

Wm : 함수율

Wn : 목제품의 함수중량

Wo : 목제품의 전건중량[3]

$$Wm(\%) = \frac{Wn - Wo}{Wo} \times 100$$

침엽수와 활엽수는 부후 진행 정도가 다르기 때문에 함수율에서도 차이가 난다. 침엽수는 부

3 전건중량은 목재 자체의 중량으로, 100~105℃에서 건조시켜 함량에 도달했을 때의 중량을 말한다.

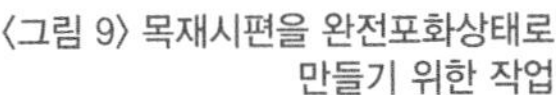

〈그림 9〉 목재시편을 완전포화상태로 만들기 위한 작업

〈그림 10〉 함수율 산출을 위한 중량측정

후 정도가 적어 활엽수보다 함수율이 적게 나타난다. 출토 수침목재는 셀룰로오스 양이 신목재에 비해 극단적으로 낮게 나타난다. 더구나 침엽수에 비하여 활엽수는 출토목재의 셀룰로오스 양이 적고 부패가 심하다. 성분에서도 출토 목재인 침엽수와 활엽수가 다르게 나타나는데, 부패에 대해서는 대체로 침엽수 쪽의 저항력이 크게 나타난다.

이러한 상태별 이학적 성질로부터 유물을 보호하기 위하여 보존처리를 실시하는데, 수침 출토 목재의 함수율은 침엽수의 경우 100~500% 정도이고, 활엽수는 300~800% 정도이다.

함수율 측정법에는 적외선 수분계를 이용한 측정법과 건조 전·후의 중량변화에 의한 측정법, 손으로 만지면서 살피는 감촉에 의한 추측법 등이 이용되고 있다.〈그림 10〉

2-3. 발굴 현장에서의 응급처리

출토 목재를 현장에서부터 바로 실험실로 옮겨 올 수 있으면 응급처리가 필요하지 않고 곧바로 본격적인 보존처리에 들어갈 수 있다. 그렇지 못할 경우에는 다음과 같이 응급처리를 한다. 발굴 담당자는 유물을 수습하기 전에 보존처리 전문가에게 중요한 유물들에 대한 자문을 구하고, 관련 유물에 대한 기존 수습기술에 관한 문헌을 참고하여 체계적인 유물수습을 계획하고, 필요장비를 확인하여 준비하도록 한다. 또한 유물을 수습하면서 일어날 수 있는 상황에 대한 사전 준비도 철저히 하는 것이 좋다.

유물을 수습하기 전에 유물에 대한 사항들을 자세히 기록하고, 사진촬영과 필요에 따라서는 유

물 스케치를 해두는 것도 바람직하다.[4]

2-3-1. 유물 수습

1) 수침목재

외부 공기에 노출되어 발생하는 급격한 목재 갈라짐, 변형 등의 방지를 위해 습윤 상태를 유지하도록 조치를 취한다.

대형 목재유물의 경우 정수된 물이 담겨져 있는 수조 내에 수침상태로 보관한다. 크기가 작은 유물이라면 나일론 필름, 에스칼 필름 등으로 만들어진 밀봉용 봉투에 넣어 밀폐포장하여 둔다. 진공밀폐 포장법은 보관을 위한 공간이 부족하거나 발굴 후 곧 다른 장소로 유물을 이송하여야 할 경우, 또 마땅한 임시 보관용 수조가 마련되어 있지 않은 상황에서 효과적으로 이용할 수 있는 방법이다.

발굴조사 작업이 진행 중이거나 그 밖의 사유로 인하여 부득이 노출된 목재유물을 수습할 수 없는 경우에는 흡습성이 높은 저분자량의 PEG 200~300을 노출된 목재유물 표면에 직접 도포하거나 천에 묻혀 습포하고, 비닐필름으로 밀폐 포장하는 방법을 사용한다. 그러나 목재의 건조를 완벽하게 방지할 수는 없다.

〈그림 11〉 발굴 담당자의 자문과 유물 수습 장면

만약 보존처리를 바로 할 수 없는 경우, 수조에 넣어 장기간 수침상태로 보관하여야 할 때에는 방부처리를 한다. 그 처리 용액으로는 붕산(Boric Acid) : 붕사(Borax)를 7 : 3의 비율로 혼합한 수용액이 가장 많이 쓰인다.〈그림 11〉

2) 칠기

칠기제작 기법에 따라 그 손상도가 다르므로 가장 신속히 처리한다. 바탕재료인 목재는 부후되어 칠 자체만 존재한다. 건조방지를 위해 지속적으로 물을 분무하거나 젖어있는 한지로 덮어

4 위광철, 「출토유구·유물의 현장수습과 응급처치」, 『한국매장문화재조사연구방법론』 1, 국립문화재연구소, 2005 p.258, p.274.

준 후 전문가에게 의뢰하여 처리하는 것이 바람직하다. 방부처리를 할 경우 저농도(15%)의 에탄올 용액에 침적한다. 유물 수습 후에는 유물이 담긴 상자 외부에 위, 아래 등의 방향, 내용물의 상세한 정보, 취급시 주의사항 등의 정보를 기록한다.

2-4. 세척 및 EDTA

세척은 외부의 이물질을 제거하는 과정이다. 출토된 목재에 토사나 점토 등이 부착되어 있는 경우에 부드러운 솔로 털어낸 다음 경우에 따라 메스나 솔, 스프레이 등을 이용하여 흙이나 모래 등을 제거한다. 세척 방법에 따른 세척효과는 일반적으로 도구를 이용한 세척〉초음파 세척〉EDTA〉탈기 순으로 나타난다. 도구를 이용하여 약 70% 정도가 세척되지만 초음파 세척이나 EDTA 방법으로는 무기물의 세척에 크게 영향을 주지 않는다는 연구결과가 발표되었다.

탈색처리는 중금속 이온을 다량 함유하여 색상이 검게 변한 목재유물의 경우에만 적용한다. 먼저, 목재 내부의 금속과 분해 산물을 제거한다. EDTA · 2Na수용액(2%)에 오랜 시간 침적하지 않도록 하고 처리 후 용액의 pH와 증류수의 pH가 같아질 때까지 증류수로 충분히 세척하도록 한다. 중성세제 속에 초음파를 투과하여 목재 내부의 불순물을 제거한다. 이후 2회 이상 물 속에 침적해 세제를 완전히 제거하면 된다.

2-5. 출토 수침목재 보존처리 방법

부후된 목재의 형태를 유지하기 위해서는 내부 구조물질인 셀룰로오스 등이 빠져나간 자리를 메워주었던 수분을 다른 고형 물질로 치환하거나 승화시켜 제거해야 한다. 국제적으로는 수침 고목재에 대한 다양한 보존처리 방법이 개발되었고, 이를 응용해왔다. 그 예를 살펴보면, 1850년대 덴마크에서 발굴된 다량의 목재유물에 과포화명반[$KAl(SO_4)_2$]을 사용해 보존처리를 시작하면서 B. B. Christensen이 에테르를 이용해 보존처리하였고, 1960년대는 알콜-에테르 수지법을 고안하기도 하였다. 1970년대 들어와서는 목재 강화와 방부처리에 공업적으로 이용하던 슈크로오스 함침법을 이탈리아의 Franguelli이 수침목재 보존에 처음 응용하였고, 1979년 덴마크의 B. B. Christensen이 바이킹 선박재 보존처리를 위해 t-butanol(PEG)-진공동결건조법을 개발·실용화했다. 그 후 1980년대 중반 독일에서 동일재내 부후 정도가 균일하지 않은 수침목재를 처리하기 위해 2단계(2-stage) PEG함침법을 개발하였고, 1982년 영국 Mary Rose Trust에서 만니톨-PEG진공동결법이라는 만니톨-진공동결 건조법의 결점을 보완하는 방법이 제안되었으며, 1992년 일본에서는 고급 알콜법을 개발하여 사용하게 되었다. 현재 국내에서도 유물의 재질과 출토 환경에 따라 지금까지 전세계적으로 사용하는 방법을 국내 유물에 적용한 실험 결과가 보고되고 있으며, 실제 유물에도 적용하고 있다.

2-5-1. 수침목재의 현장 보존처리 방법[5]

목조유구에 대한 보호처리작업은 발굴을 위한 경제적인 준비가 부족하거나 재차 발굴계획이 있는 경우, 현장에 보존할 계획이 있는 경우 등에 실시하게 된다. 이 방법은 재매장시 유구의 손상을 최소화하고, 수분증발 등을 최대한 방지하기 위한 목적으로 실시한다.

1) 보존처리 방법

(1) 사전조사 및 사진촬영

〈그림 12〉 보존처리 전 사전조사

발굴보고서 및 발굴 관계자의 협조를 받아 유적의 정확한 실태를 보고받는 것이 제일 먼저 이루어져야 한다. 이는 유구의 보존처리나 보호를 위한 작업의 범위를 정하기 위해서이다. 보존처리자는 목조유구의 보호처리를 원활하게 진행하기 위해 정확한 유구의 상태를 파악할 필요가 있고, 보호처리시 현재의 상태, 유구의 취약점 등을 사전에 파악함으로써 보다 안전하게 보호처리를 할 수 있게 된다. 아울러 사전조사 및 기록용 사진촬영을 하여 나중에 재발굴을 위한 작업을 할 경우를 대비한다.〈그림 12〉

(2) 대상유구의 정리

보존처리는 대개 발굴과 함께 이루어지기 때문에 유구 표면에 노출된 토기 등의 유물을 먼저

5 서정호·김익주, 『설성산성 출토 우물 수침목재 보존처리』, 한백문화재연구소, 2006.

〈그림 13〉 유물수습 및 주변정리

〈그림 14〉 목조유구가 노출된 모습

수습한다. 그리고 목재 보호 유물에 손상을 입힐 수 있는 이물질 등을 제거하는 것이 바람직하다. 또한 목조유구는 수침 상태에서 출토되기 때문에 유물 주변으로 형성된 소형 물웅덩이와 목재에 흡수되어 있는 수분을 제거하여 차후 진행될 작업을 준비한다.〈그림 13, 14〉

(3) 목재 보존약품 도포 작업

1차 보존처리는 출토 당시 열화가 상당히 진행된 목조유구에 일시적 강성을 부여하고 수분증발을 억제할 목적으로 실시하게 된다. 이때 대부분은 수침출토 목재의 보존처리 방법 중 PEG함침법을 사용하는데, 이 방법은 수용액의 침투를 촉진시키기 위하여 양이온 계면활성제를 PEG 수용액에 첨가해서 함침을 촉진시키는 것이다. 그러나 현장에서 보호 보존처리할 때는 다량의 함수율이 포함되는 경우가 많다. 이때는 약품의 침투력을 높이기 위하여 저분자량의 폴리에틸렌글리콜(PEG) 400(평균 분자량 380~420)을 10% 농도로 희석하여 목조유구 표면과 주변 토양에 도포하는 것이 좋다. 필요에 따라서는 10%→20%→30%→40%로 점차 농도를 높일 수 있는데, 이 부분이 보존과학자가 자신의 경험을 토대로 판단해야 하는 중요한 부분이다.〈그림 15〉

〈그림 15〉 목조유구 표면 약제(PEG 400) 1차 도포 작업 모습

1차 도포 작업이 완료되면 일정 시간 약품이 침투되도록 하고, 이어서 2차 약제 도포 작업을 실시하는데, 폴리에틸렌글리콜

〈그림 16〉 목조유구 표면 더씌우기

〈그림 17〉 1차 표면 더씌우기 후 랩으로 포장 된 유구

(PEG) 400(평균분자량 380~420)을 10%로 실시하여 완전한 상태로 목제 유구가 보존되도록 한다.

(4) 노출 목재 유구 표면 보호막 설치

1차 보호약제 도포 후 노출된 목재유구는 수분의 증발을 억제하기 위하여 목조유구 상면에 지포(紙布, kimtewel)와 비닐 랩, 알루미늄 호일 등을 차례로 사용하여 표면을 보호한다. 이때 부식이 심하여 함몰되거나 침식된 부분은 특히 신경을 써서 잘 포장해야 한다. 이 작업의 목적은 발포성 우레탄으로부터 목재유구를 보호를 하고 차후 재발굴시 유구와의 분리를 용이하게 하기 위한 것이다.〈그림 16, 17〉

⑸ 우레탄 발포

노출 목재유구 표면의 보호막 설치가 완료되면, 충진제인 발포성 우레탄을 사용하기에 앞서

〈그림 18〉 알루미늄 호일로 포장된 유구

〈그림 19〉 목조유구 표면 우레탄 보호를 제작이 완료된 모습

횡부재 및 종부재에 각각의 약품 보호틀을 만든다. 보호틀은 발포합판을 이용하여 1 : 1의 비율로 희석한 발포성 우레탄폼(주제, 경화제)을 발포하여 목조유구 전체를 보호할 수 있도록 만든다. 이렇게 틀을 만든 후 발포성 우레탄폼을 주입하면 된다. 이때 우레탄이 넘치지 않을 정도로 적당히 주입해야하는데, 우레탄 보호틀 전체에 약품이 완전히 충진될 수 있도록 세심한 주의를 기울여야 한다.〈그림 18, 19〉

⑹ 주변정리

우레탄 보호틀을 만든 후 주변에 빠져 나온 부정형 우레탄층을 제거하고, 주변을 정리하면 중요한 유구에 대한 보호처리는 1차적으로 작업을 마무리되었다고 볼 수 있다. 그러나 목제유구의 출토 깊이가 지상으로부터 얼마나 깊으냐에 따라 복토되는 흙의 양이 많이 차이가 나기 때문에 토압(土壓)으로 인하여 집중하중이 걸릴 수 있다. 이때 집중하중을 여러 방향으로 분산시켜 문화재를 보호하는 것이 바람직한데, 흙이나 모래를 이용한 주머니를 만들어 돌출된 목제유구의 높이까지 빽빽이 충진하는 것이 안전하다.〈그림 20〉

〈그림 20〉 모래주머니 충진

⑺ 복토

목조유구의 취약한 부분을 보완하기 위해 모래주머니로 내부 속채움을 하고, 그 위에 비닐을 깔아 재차 유구를 발굴할 경우 유구의 위치를 확인할 수 있도록 한다. 이렇게 보호된 유구는 발굴한 흙을 이용하여 복토하고 주변을 정리하면 된다.

2-5-2. 수침목재 실내 보존처리 방법

1) 발굴현장에서 목재 유물 관리 및 이전 방법

발굴현장에서 젖은 천으로 목재를 덮거나 또는 표면이 건조되지 않도록 물을 계속적으로 뿌려 건조되지 않도록 하고 수원의 공급이 어려운 산성이나 고지대 유적에서는 분자량이 낮은 폴리에틸렌글리콜(PEG)을 바르거나 살포해서 건조를 억제해야 한다. 발굴현장에서는 실측이나 사

〈그림 21〉 수침목재 출토 모습

〈그림 22〉 이동을 위한 준비

〈그림 23〉 수침목재유물 포장

〈그림 24〉 수침목재유물 포장

진촬영을 할 때를 제외하고는 건조를 억제하기 위하여 비닐시트로 덮어두는 것이 좋다. 발굴현장에서 직접 보존처리하는 것이 바람직하나 현장에서 유물을 수습하여 실내에서 보존처리를 할 경우는 발굴지에서 안전하게 포장하여 이동해야 한다. 출토 수침목재는 표면이 열화되었기 때문에 로프를 감아 끌어 올리는 과정에서 약한 부분이 로프에 의해 상처를 입게 되므로 주위를 요한다. 따라서 부목을 대고 우레탄폼이나 토이론과 같은 완충제를 이용하여 포장하고 들어올리는 것이 바람직하다. 단 우레탄을 포장하기 전에 방부제를 첨가하고, PEG-1500을 충분히 도포해줌으로써 수년간 보관할 수도 있다.〈그림 21, 22, 23, 24〉

〈표 1〉 수침목재 보존처리 방법의 종류와 장단점

	방 법	장 점	단 점
수분치환	PEG 함침법	• 치수 안정성이 높아 출토 목재 보존처리에 많이 이용함. • 대형 수침목재 유물에 많이 이용됨. • 항온항습조만 있으면 쉽게 처리가능 • 비용이 저렴함.	• 보존처리 후 색변화(흑화현상) • 보존처리 후 중량 증가 • 수침목재의 부식 정도나 수종에 따라 함침처리 과정에서 변형이 발생되는 경우 있음. • 흡습성이 높아 고습도에서 용출현상이 일어남. (상대습도 85% 이상) • 목재 내 확산·침투가 느려서 처리기간이 길고, 완전 수분치환에 어려움이 있음. • 가열가온 상태에서 장기간 함침하면 PEG가 산화분해해 유기산이 생성되어 목재에 부착된 금속장식이나 함침조의 열 순환파이프 등을 부식시킴.
	고급 알콜법	• 양호한 치수안정성 • 목재 고유의 질감이 나타남. • 건조과정에서의 수축변형 방지 • 경량화 • 재처리(재수화)	• 저분자량이므로 강화처리에 문제가 있을 수 있음. • 화기성이 있으므로 기화된 유기용제 Gas를 다시 액화시키는 냉각 응축기와 온도의 과승시 침적조 내에 액화 이산화탄소(CO_2)를 투입하여 온도를 강화시킬 수 있는 안전설비가 필요함.
	Sucrose법	• 유물 대량 처리시 경제적 분자량이 낮아 침투성이 좋음. • 보존처리 후 표면색이 자연적인 색채를 그대로 유지 • 실온에서도 용해도가 높아 실온처리가 가능.	• 장기간 고습도의 환경에 방치해두면 약제가 표면으로 용출 • 벌레나 미생물 등의 피해를 받기 쉬움. • 실온처리시 고농도 용액은 장기간의 처리시간 소요
	당·알콜법	• 저분자량이어서 침투가 좋다. • 부후되지 않는다. • 열에 안정하다. • 높은 용해도를 가진다. • 흡습성이 없어 재용출 없음.	• Lactitol이 Trihydrate의 형으로 결정화되면 열이 발생하므로 락티톨로 함침처리 후 건조온도를 40~50℃로 유지시켜 Lactitol Monohydrate 결정이 생성되도록 유도 • 심하게 열화된 목재의 경우 저농도 처리를 피함.
	알콜-에테르법	• 보존상태가 좋은 목재유물이나 편물 대바구니 식물섬유질 가공품 등 비교적 얇은 형태의 유물보존에 좋다.	• 약한 수침목재에는 적합하지 않다(처리 후 목재의 보강을 위해 수지의 농도를 50%이상으로 상승시키기 어려움). • 알콜과 에테르의 화기성
	Dammar Gum 수지함침법	• 목재 색 유지 가능 • 흡습성이 없어 재용출 없음	• 고분자 수지로 30% 이상 함침 어려움. • 목재 강화에 문제점 발생 우려
부분제	진공동결 건조법	• 양호한 치수안정성을 가짐. • PEG보다 단기간에 처리됨. • PEG보다 낮은 분자량을 가짐. • PEG 비중의 40% • 비수용성이므로 다습한 곳에서 보존이 용이함.	• 수분동결시 부피팽창이 일어남(9%). • 모세관 내에서의 빙점강하 • 진공동결 건조 후 목재 내와 대기의 습도차에 의해 급격한 흡습으로 인해 변형이 생긴다.

2) 화학처리의 이론과 방법

출토되는 수침 출토 목재는 적절한 처리를 하지 않으면 매우 불안정하다. 이를 안정화하기 위하여 질감, 색조 등을 영구히 보존하는 여러 보존처리 방법들이 연구되어 왔다.

목재의 보존처리 방법을 정할 때는 예비조사를 통해 유물의 특징을 파악한 후 보존처리 방법을 선택해야 한다. 현재 국내에서 주로 사용되는 방법에는 PEG함침법, 진공동결건조법, 고급 알콜법 등이 있다. 〈표 1〉은 목재 보존처리 방법의 장·단점을 나타내었다.

에테르(Ether)나 자일렌(Xylen)과 같은 유기용제는 칠도막의 팽윤과 박리를 일으킨다. 탈수가 완결되지 않은 상태에서 재질이 취약한 칠기를 이들 유기용제에 침적시킬 경우 목재조직 내부에 응력의 불균형이 발생되어 칠기가 수축, 변형될 우려가 있으므로 칠기의 보존처리에 있어서 유기용제의 사용은 제한적이어야 한다.

PEG함침처리와 같이 처리공정상 가온처리가 필요한 보존처리에서는 함침용액의 온도가 과승(50℃ 이상)되거나 온도 편차가 커질 경우 용액의 온도변화에 대한 칠도막과 목재소지의 수축, 팽창률 차이로 인하여 칠도막의 박리현상이 발생될 수 있으므로 함침용액의 온도 조절에 세심한 주의를 기울여야 한다.

진공동결 건조에서 이론상 건조 종료의 시점은 유물과 건조실의 온도가 일치하기 직전이지만 칠기나 소형 목재유물의 경우 건조실에 놓여있는 유물의 조직 내부의 온도 측정이 곤란하고, 단순한 온도측정치만으로는 목재조직 내 수분의 잔류 상태를 정확히 파악할 수 없다. 따라서 과도 건조로 인한 균열이나 수축, 변형 등의 손상을 방지하기 위하여 부득이 건조가 진행되는 중간 중간에 유물의 상태를 관찰하여 손상의 발생 여부를 확인하고 적절한 시점에서 건조작업을 종료하여야 한다.

대표적인 방법별 사례를 정리하면 다음과 같다.

〈표 2〉 목재 유물의 보존처리법의 사용 사례

방법	사례
PEG함침법	경주 안압지 출토 목선 외 신안 해저 인양 목선, 완도선 등 대형 수침목재 유물 등 비교적 규모가 큰 유물에 많이 사용하고 있음.
2단계 PEG함침법	경주 월정교지 출토 목재와 경남 창원 다호리에서 출토된 목관 등 대형 수침목재 유물, 비교적 규모가 큰 유물에 많이 사용하고 있음.
t-butanol 진공동결 건조법	1981년 이후 신안해저에서 인양된 지치삼년명 목간과 목찰, 소형 목제품, 칠기를 포함한 묵서명 목간이나 목재 도구 등의 소형 수침목재 유물

(1) PEG(Poly ethylene glycol) 함침법

PEG는 Ethylene Oxide로부터 중합된 Polyethylene Oxides의 상업적 약어이다. 실온에서 PEG는 중합도의 차이에 따라 액상(n=5~15)과 고형상(n=23~200)으로 다른 상태를 나타낸다. PEG는 그 평균분자량이 200~400까지의 저분자량인 경우는 실온에서 투명한 액체상태를 나타내며, 570~1,600까지는 연고상이고, 1,600~2,000까지는 연상고체이며, 3,000 이상의 것은 백색결정의 고체이다. 수침 목재유물의 보존처리에는 융점 55℃, 평균분자량 3,700인 PEG-4,000이 가장 많이 쓰인다.[6] 〈표 3〉

〈표 3〉 PEG 종류별 물성표

종 류	평균 분자량	융 점(℃)	비 중	수용성	외 관
PEG 300	285~315	-15~-8	1.125	완전용해	약간 점조 무색
PEG 400	380~420	4~10	1.125	완전용해	투명액체
PEG 600	570~630	20~25	1.126	완전용해	연고상
PEG 1000	950~1050	38~41	1.117	용해도 70	연고상
PEG 1500	1200~1600	43~46	1.210	용해도 70	반고체
PEG 2000	1900~2100	50~53	1.210	용해도 62	반고체
PEG 4000	3000~3700	53~55	1.210	용해도 50	백색 박편상
PEG 6000	7800~9000	60~63	1.212	용해도 50	백색 박편상 약한 흡습성

PEG함침법의 원리는 안정화 화합물인 PEG를 목재 내부의 함유수분과 치환시켜 치수 안정화를 하는 것으로 건조한 환경에서 수분이 증발한 후에도 PEG는 목재조직 내부에 잔류하여 수침 목재의 물리적 강도를 부여한다.

〈표 4〉 PEG의 화학적 특성

종 류	구조식	분자량	비 중	융 점
PEG(Poly ethylene glycol)	$(C_2H_6O_2)n$; $H(OCH_2CH_2)nOH$	중합도에 따라 다름	1.101g/cm³	65℃

분자량의 크기는 PEG분자의 침투속도와 관계가 있어서 열화가 큰 수침목재의 경우 저분자량

6 이용희, 『수침목재유물의 보존』, 「문화재 과학적 보존(문화재 보존과학 연수교육교재)」, 1993.

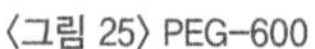
〈그림 25〉 PEG-600

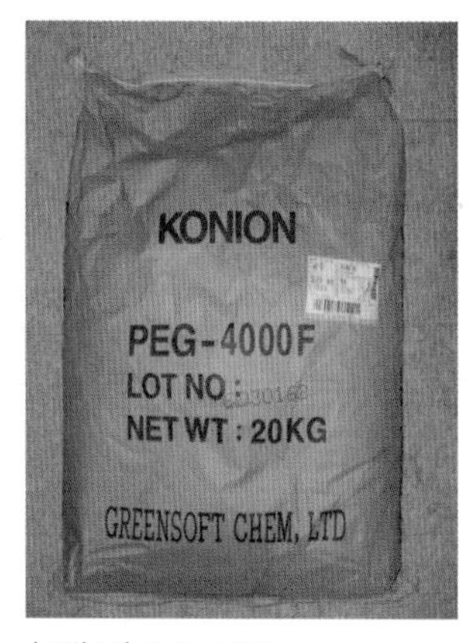

〈그림 26〉 PEG-4000

〈그림 27〉 PEG-Powder

의 침투가 더 잘 일어난다.〈표 4〉 PEG는 수화성이 있어 물에 녹아 보통 수용액으로 사용되며, 흡습성이 있다. PEG는 실온에서 산화되어 물질 변화를 일으키며, 노출되면서 오랫동안 가열되면 분해되어 유해기체와 유기산을 생성해 용액속의 금속을 부식시킨다. Stainless Steel 만이 PEG에서 생성된 유기산에 노출되었을 때 상당한 정도의 부식 저항성을 갖는다.

수침목재의 치수안정화처리에는 2가지 등급의 PEG가 단계적으로 혹은 함께 이용될 수 있다. 분자량이 200~400의 저분자 PEG는 세포벽의 미세구조에서 물과 치환되며, 분자량이 2,000~4,000의 PEG는 냉각 고화되어 목재 내부의 큰 공극들을 충진한다.〈그림 25〉 PEG는 물과 그 밖의 용매에 잘 용해되는 폴리머로서 목재 외에도 가죽으로 만들어진 물건의 습윤제나 윤활제로 사용될 수 있으며, 이 경우 분자량이 300~400인 흡습성이 있는 액상 PEG가 추천된다. 또한 비슷한 등급의 PEG가 대나무 바구니, 초제(革製) 유물의 유연성을 증가시키는 데 사용된다. PEG는 현재까지도 목재를 포함한 수침유기물의 보존처리에서 가장 많이 이용된다.

〈그림 28〉 함침 중인 목재

PEG-4,000을 이용한 함침법은 먼저, 젖은 유물을 PEG 수용액에 함침하게 되는데 보통은 PEG의 초기 농도를 20%보다 낮게 설정하고 약재의 농도를 단계적으로 서서히 상승시켜 치수안정화에 필요한 적정량의 PEG가 목재 내부에 침투되도록 한다.〈그림 26〉 이 경우

PEG용액의 농도 상승 주기(농도경사)와 최종 함침 농도는 목재의 함수율이나 부후도 측정 결과에 따라 보존처리자가 결정한다. 그리고 수용액의 온도는 45~50℃를 유지한다.

마무리 방법은 함침조에서 꺼낸 후 표면에 묻어있는 용액을 제거하고 건조하는 것이다. 건조 후에 표면이 검게 보이는 흑화현상을 제거하기 위하여 온수에 적신 흡수포로 표면을 닦아 내고 부분적으로 에탄올과 증류수 1:1 혼합물로 세척한다.

(2) 2단계 PEG 함침법

전체적인 방법은 PEG-4,000의 방법과 같으나 2단계 PEG 함침법은 PEG-4,000 함침 전에 PEG-200이나 PEG-400 등의 저분자량 수지에 먼저 함침시킨 후 PEG-4000에 함침시키는 것이다.

PEG-4,000만 사용하는 것보다 침투가 빠르고 효율적이지만 저분자량의 PEG를 사용하므로 내부의 PEG가 녹아나오는 등 안정하지 못하다. 따라서 흑화현상 제거 후 목재 표면을 분자량이 큰 PEG-4,000으로 코팅해 마무리한다.

〈그림 29〉 고급 알콜 백색결정체

(3) 고급 알콜(Higher Alcohol)법

고급 알콜법은 일본에서 개발되었는데, 방법으로는 세틸 알콜(Cetyl Alcohol)과 스테아릴 알콜(Stearyl Alcohol)을 이용하는 두 가지가 있다. 알콜의 화학적 성질은 아래 표와 같다.〈표 5〉

〈표 5〉 고급 알콜을 이용한 처리법의 화학적 특징 비교

종 류	구조식	분자량	비 중	융 점
Cetyl Alcohol	$CH_3(CH_2)_{14}CH_2OH$	242.4	0.816g/cm²	49℃
Stearyl Alcohol	$CH_3(CH_2)_{16}CH_2OH$	270.5	0.816g/cm²	59℃

고급 알콜법은 인화성의 유기용매를 사용하므로 대형 목재 처리에는 적당하지 않다. 비교적 얇은 목제품 외에 갈대류나 억새풀 등의 식물성 섬유를 가공한 바구니·편물 용기 등 인골, 골각류(骨角類), 어류의 뼈, 씨앗, 나뭇잎 등 동식물의 유체, 금속과 목재의 복합재료로 만든 각종 유물 등의 보존처리에 적당하다.[7]

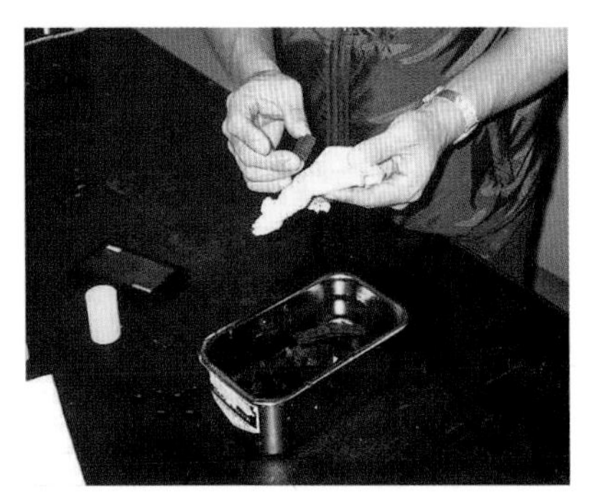
〈그림 30〉 목재 표면의 수분 제거

고급 알콜 치환법은 사용되는 약품들이 인체에 영향을 미치므로 취급시 마스크, 보호안경, 고무장갑 등 안전장구를 필히 착용해야 하며 화기에 주의해야 하는 등 제반 안전사항을 철저히 지켜야 한다.

고급 알콜(Higher Alcohol)에 의한 출토 목재유물의 보존처리 방법은 먼저 목재 내의 수분을 메탄올(Methanol)로 치환한 후 계속해서 고급 알콜로 치환하는 것이다. 그 과정을 간략하게 기술하였다.

보존처리 순서는 Methanol 탈수→Cetyl Alcohol(또는 Stearyl Alcohol) 처리→표면 여액 제거→표면처리 단계로 나눌 수 있다.

가. 메탄올(methanol)에 의한 목재 내부의 수분 치환

(1) 플라스틱 용기를 사용해 목재 내부의 수분을 메탄올(99.9%)로 치환한다. 젖은 거즈를 사용하여 목재 표면의 수분을 닦아낸다.

(2) 메탄올 용액의 농도는 30%로 시작하여 50%→70%→90%→100% 순으로 실시하며 농도 상승 시기는 약 3일 간격으로 한다.

(3) 메탄올(99.9%) 안에서 평형에 도달한 것을 확인하려면 액의 일부를 채취하여 Xylene을 떨어뜨리면 뿌연 흰색이 되는 것으로 알 수 있다. 뿌옇게 되지 않는 지점에서 메탄올 용액 치환을 종결한다.

(4) 메탄올 100% 치환이 종결되면 메탄올 100% 용액으로 한 번 더 치환하며, 이때 수분을 확실히 제거하기 위해 흡습제를 넣는다.〈그림 30〉

나. 고급 알콜(Higher Alcohol)에 의한 치환

(1) 메탄올에 의한 목재 내부의 수분을 완전히 치환 종결 후 고급 알콜 용액으로 계속해서 치환한다.

(2) 고급 알콜의 농도는 30%에서 시작하여 차츰 농도를 증가시키는 방법으로 30%→50%

7 사와다 마사아키, 『문화재보존과학개설』, 서경문화사, 2000, p.117.

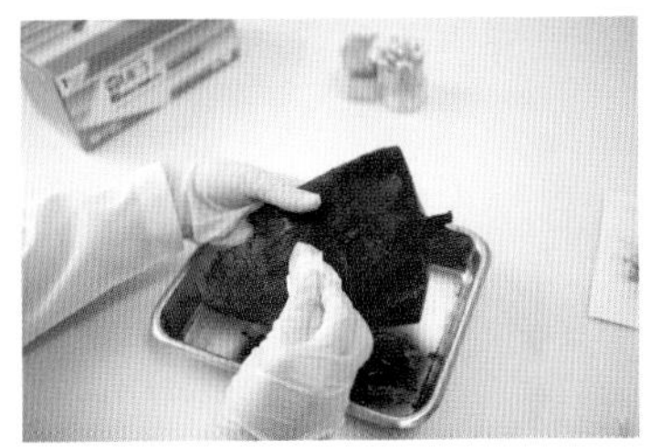

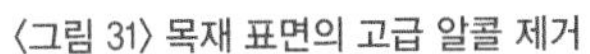
〈그림 31〉 목재 표면의 고급 알콜 제거

〈그림 32〉 드라이어기 이용 차가운 바람으로 건조

〈그림 33〉 히터기 이용 목재표면의 고급 알콜 분말 제거

→70%→90%→100% 순으로 실시한다.

(3) 전용 치환 장치에서 치환한다(Cetyl Alcohol은 50℃, Stearyl Alcohol은 60℃).

이상과 같이 고급 알콜법으로 처리 후 마무리 작업은 다음과 같다. 먼저 고급 알콜(Higher Alcohol)에 의한 치환작업이 종결되면 메탄올 용액으로 목재 표면에 묻어 있는 고급 알콜을 1차 세척하고 용기에서 꺼내어 신속하게 마른 거즈로 목재 표면을 닦아 낸다.〈그림 31〉 그리고 드라이어기를 사용해 차가운 바람으로 유물을 건조시킨다.〈그림 32〉 건조 후 목재 표면에 남아있는 하얀 고급 알콜 분을 히터기를 이용하여 녹이며 마른 거즈로 닦아 낸다. 히터기를 사용하여 표면 처리시 너무 뜨거운 열을 쬐어주면 목재 표면이 검게 되므로 상당한 주의가 요구되며 목재 표면이 검게 변색되었을 경우에는 다시 위와 같은 방법을 반복, 표면처리를 하여야 한다.〈그림 33〉

⑷ 진공동결건조법

진공동결건조법은 동결된 수분을 건조시켜 수분이 수증기가 되도록 하는 방법을 이용하여 수침목재의 형태변화가 없도록 한 방법이다.〈그림 34〉 그러나 진공동결건조법을 행한 후 과도하게 건조하면 섬유방향으로 절단이 일어날 수 있고, 진공동결 건조 후 목재 내부의 저습상태와 대기 중의 습도 차에 의한 급격한 흡습으로 인한 변형이 발생될 수 있다. 따라서 이러한 변형을 방지하기 위해서는 동결건조 중의 진공도 조절과 선반온도 조절로 건조 후 목재 내부의 수분함량을 조절해야 한다.[8]

〈그림 34〉 진공동결 건조기

목재에 포함되어 있는 물을 유기용매에 침적하는 것만으로도 건조시 온도와 건조시간에 변화가 있을 수 있고 건조 후의 끝맺음도 변할 수 있다. 성냥갑 크기의 목재에 포함되어 있는 수분을 동결건조하는데에 약 20시간이라는 많은 시간이 요구된다. 그런데 이 수분을 t-butanol로 치환하여 건조하면 3시간으로 단축할 수 있다. 이렇게 건조시간을 단축할수록 건조물체에 미치는 작용은 그만큼 작아지게 되며, 목재는 보다 안전한 조건에서 형태를 그대로 건조할 수 있게 된다.[9]

가. t-butanol 전처리

1) 대형 목재일 때, 진공동결건조 과정 중 융해현상이 발생 될 수 있으므로 어는점이 높은 t-butanol 용액으로 치환과정을 실시한다. 소형일 경우 생략해도 된다.
2) t-butanol 용액 20%(에탄올을 용매로 해서, 또는 1의 과정을 생략할 경우 증류수가 용매가 됨)→40%→60%→80%→100%로 농도를 단계적으로 높여 목재 내부의 수분을 t-butanol 용액으로 교체함으로써 물의 어는점보다 높은 온도인 25℃(실온)의 상태로 만들어 융해현상을 방지한다.

나. PEG 전처리

1) PEG-4000 수용액에 담그고 10%→20%→30%→40%로 용액의 농도를 단계적으로 높여 목재 내부의 수분을 PEG로 교체한다(항온수조의 온도를 65℃로 유지).
2) 최종함침완료시 PEG농도를 확인한다.
3) 함침완료 후 표면의 여액을 제거한 후 목제품은 알루미늄 호일로 포장하여 예비동결하고 칠기는 비닐봉투에 넣어 동결한다.

다. 예비동결

1) 예비동결 온도는 -40℃에서 동결한 후 진공동결건조를 실시한다. 동결건조 조건은 콜드트랩의 온도 -80℃ 이하, 선반의 온도 -40℃로 설정하고 진공도는 6 mmtorr 이하로 설정

---

8 국립중앙박물관, 「광주 신창동 저습지 유적 목제 및 칠기의 보존」, 『박물관 보존과학』 7집, 2006.
9 城山山城出土木簡의 科學的保存處理.

하여 건조한다.

라. 동결건조

1) 건조되는 유물 표면의 온도 변화가 없을 때 선반의 온도를 10℃씩 상승하여 건조하는데, 최종 시료의 표면온도가 0℃가 될 때까지 건조를 실시한다.

마. 마무리 작업

1) 표면의 PEG 결정은 알콜로 세척한다. 칠기는 HPC 1% 수용액으로 세척한다.
2) 들뜬 칠도막은 아교 등을 이용해 접합한다.

바. 진공동결건조로 인한 습도 반응 확인

1) 동결건조 후 목제품 및 칠기 내에 함유하고 있는 수분의 상대습도 60%에 대한 흡습과 방습을 측정한다.
2) 진공동결건조 직후 각 시편의 중량을 측정한 후 밀폐플라스틱 상자에 습도조절제(상대습도 60%)와 건조된 유물을 넣은 후 1일에 1회씩 중량 변화를 측정한다.

(5) Dammar[10] Gum법[11]

Dammar Gum은 식품의 점착성 및 점도를 증가시키고 유화안정성을 증진하며 식품의 물성 및 촉감을 향상시키기 위한 식품 첨가물이다. 식품에 광택제, 안정제, 증점제 등으로 사용한다. 백색, 엷은 황-암갈색의 투명 또는 반투명의 입상 또는 덩어리 모양의 수지로서 냄새는 없으나 정제된 등급은 제조공정에서 사용되는 에센셜 오일의 냄새가 나기도 한다.〈그림 35〉

〈그림 35〉 Dammar Resin

Dammar Gum은 Agathis, Hopea 또는 Shorea 속의 나무로부터 삼출·건조하여 얻어지는 것으로 다당류 물

10 동남아시아에서 자라는 나무의 수피(樹皮)에서 채취하는 천연수지.

11 국립창원연구소, 『출토유물과 보존과학의 만남』, 국립창원연구소, 2006, pp.65~66.

질과 함께 산성 및 중성의 터르페노이드 화합물의 혼합물로 구성된다. 물이나 에탄올에 녹지 않고, Toluene이나 Xylene에 잘 녹는다.

Dammar Gum법은 Xylene을 이용하여 Dammar Gum을 함침시키는 방법이다. 이 방법은 물에 비해 표면장력이 적은 Xylene을 용매로 사용하기 때문에 처리기간이 단축되고 건조과정에서 수분의 표면 증발과 내부확산에 따른 수축변형을 최소한으로 줄일 수 있다. 처리 공정은 목재의 함유수분을 물과 에틸 에테르(Ethyl Ether)에 모두 가용되는 에탄올로 탈수시킨 후, 에탄올을 다시 에틸 에테르로 치환하고 이것을 용매로 Dammar, Rosin Beewax, Castor oil 등을 용해시킨 수지혼합용액에 목재를 함침처리하는 것이다. 알콜-에테르수지법은 비수용성의 Dammar와 Beeswax 등이 함침강화제로 이용되므로 PEG의 경우처럼 수지가 물에 다시 용해될 염려는 없지만 50% 이상의 고농도처리가 어렵기 때문에 약화된 목재의 재질을 충분히 강화시킬 수 없는 단점이 있다. Dammar Gum법으로 처리된 초제편물의 경우 용액 속에서 흩어지는 일이 발생하기 때문에 일련의 과정을 제외하고 Xylene에 Dammar Gum을 용해시켜 농도를 상승시키는 방법으로 초제를 강화하였다.〈표 6〉

〈표 6〉 Dammar gum의 화학적 특징

종 류	구조식	분자량	비 중	융 점
Dammar gum	-	-	1.04~1.12g/cm³	120℃

가. 고착

유물에 PEG를 도포해 xylene 침적 전까지 PEG의 흡습성을 이용해 수분을 공급한다.

나. 수분 제거

Xylene에 침적해서 수분을 제거한다.

다. Dammar gum 용액에 함침

1) xylene을 이용해 Dammar gum 용액을 제조해서 유물 침적
2) 순차적으로 농도를 약 30%까지 상승시켜 함침처리한다.

라. 건조

자연건조하여 처리 완료

(6) 기타

가. 알콜-에테르수지법

알콜-에테르수지법은 에테르의 표면장력이 물의 표면장력보다 훨씬 작아 건조과정에서 내부확산에 의한 수축, 변형을 최소한으로 줄일 수 있기 때문에 사용되는 방법이다.

에테르는 물에 거의 녹지 않으므로 물에 녹는 알콜을 이용해 목재유물의 수분을 먼저 치환한 후, 다시 알콜을 에테르로 치환한다. 그 다음 에테르에 단말수지(Dammer Resin), 밀랍(Bees Wax), 로진(Rosin) 등을 용해시킨 에테르-수지 혼합 용액에 목재유물을 침적시킨다.

※ 처리 방법 : 수분을 알콜로 치환 → 알콜을 에테르로 치환 → 에테르를 수지로 치환 → 건조 → 표면정리

나. Sucrose함침법

슈크로오스는 저분자 물질이어서 목재조직 내 침투 확산이 빠르고 물에 대한 용해도가 높아 실온에서도 함침처리가 가능하지만 고농도에서는 상당히 많은 시간이 소요된다. 또 저농도(〈50%)의 슈크로오스 수용액은 미생물에 의하여 쉽게 부패 변질되므로 함침용액에 Kathon-CG15, 벤조산 등의 방부제를 첨가하여야 한다.

〈표 7〉 Sucrose의 화학적 특징

종 류	구조식	분자량	비 중	융 점
Sucrose	$C_{12}H_{22}O_{11}$	342.3	1.587g/cm³	186℃

슈크로오스함침법은 처리 후 목재의 색상이 천연에 가까워 별도의 표면처리를 필요로 하지 않고 분자량이 비슷한 PEG-200~PEG-400이 함침재로 이용된 경우와는 달리 처리 후 목재의 흡습성이 크게 문제가 되지 않는다.

그러나 상대습도 80~85% 이상의 다습한 환경에서는 슈크로오스의 흡습성이 급격히 증가

하여 PEG과 동일하게 재용출되는 경우가 있으며, 이때 곤충의 침해를 받을 가능성이 높다. 또, 60℃ 전후로 가온된 슈크로오스 포화용액을 이용하여 고농도로 함침처리한 경우에도 심하게 노화된 수침목재에 대해서는 충분한 치수안정화 효과를 얻지 못하는 경우가 있다.〈표 7〉

다. 당-알콜함침법

당-알콜함침법은 PEG나 슈크로오스를 이용하는 수침목재 보존처리법의 문제점을 해결하고 이를 대체하기 위해 연구개발된 보존처리법이다. 당-알콜류는 자연계에서 산출되는 천연당과 달리 고압접촉환원법에 의해서 공업적으로 합성된 화학성분으로 천연당에는 없는 몇 가지 장점을 지니고 있으며, 식품 첨가물이나 의약품, 공업원료 등으로 활용되고 있다. 당-알콜류에는 소르비톨(Sorbitol), 말티톨(Maltitol), 마니톨(Mannitol), 락티톨(lacitiol), 자일리톨(xylitol) 등 여러 가지의 종류가 있다. 이들은 인공감미료로 설탕을 대체하기 위해 만들어진 것들이다. 현재 수침목재의 보존처리에는 Lactitol Monohydrate(1, 4-galgctosyl- glucitol)가 주로 이용되고 있다.

Lactitol Monohydrate는 저분자 물질로 목재조직 내 침투 확산이 용이하며 냄새가 없고 물에 잘 녹는다. PEG나 슈크로오스보다 흡습성이 낮아 다습한 환경에서도 재용출되지 않는다. 또한 화학적 안정성이 높아 장기간의 가온처리를 하여도 용액이 변질되지 않으며 건조 후 고화된 상태에서는 미생물에 의하여 쉽게 침식되지 않은 것으로 알려져 있다.

〈표 8〉 락티틀의 화학적 틀징

종 류	구조식	분자량	비 중	융 점
Lactitol Monohydrate	$C_{12}H_{22}O_{11}$	344.31	-	146℃

락티톨은 온도조건에 따라 mono-, di-, trihydrate의 3가지의 형으로 결정화될 수 있으며 수침목재의 보존에 가장 적합한 형태는 Lactitol Monohydrate이다. 만약 Lactitol이 Trihydrate의 형으로 결정화되면 목재 표면에 흰색분말이 발생되고 나아가서 분자의 부피가 커짐에 따라 목재 표면에 압력을 가하기 때문에 취약한 목재의 경우 표면에 할열이 발생되게 된다. 이와 같은 현상을 방지하기 위해서는 락티톨 함침처리 후 건조온도를 40~50℃로 유지시켜 Lactitol Monohydrate 결정이 생성되도록 유도하고 심하게 열화된 목재의 경우 저농도처리를 피하여야 한다.

2-6. 마무리 작업

약품처리가 끝나면 유물의 형상이나 형태를 이해하기 쉽도록 하는 작업을 마무리 작업으로 실시한다. 처리 후 마무리 방법은 박락되었던 편들을 모아 접합하고 없어진 부분이 있어 유물을 이해하는 것이 어려울 경우 결손 부위를 복원한다. 약품처리 등에 의하여 목재 본래의 유물이 변화된 경우라면 색맞춤을 통하여 발굴 당시와 비슷하게 표현한다. 이상과 같이 모든 작업이 완료되면 보존처리 과정을 기록(사진 촬영도 병행)한다.

2-6-1. 접합, 복원 및 색맞춤

떨어진 편은 에폭시 계열의 수지를 이용해 접합한다. 결손부위 복원시에는 접합할 때와 마찬가지로 에폭시 계열의 수지를 사용한다. 충진 및 보강에 쓰이는 에폭시 수지는 목재 복원제로 고안된 Araldite SV427(주제), HV427(경화제)과 같은 고점성 제품 또는 저점성의 에폭시 수지에 목분(木粉 또는 톱밥), Phenol-microballoon과 같은 filler를 혼합해 물성을 조절한 것이 쓰인다.

합성수지에 안료를 혼합하여 색맞춤한다.

2-6-2. 보존처리 기록

보존처리 과정 및 사용 약품 등을 유물카드에 상세히 기록한다. 보존처리 후 사진촬영을 통해 보존처리 전과 비교하도록 한다.

〈표 9〉는 국내에서 처리된 소형 목재유물 중 대표적인 사례를 보존처리 전과 후로 나타낸 표로 출토 당시의 상황과 보존처리 후의 모습을 확연하게 보여준다.

〈표 10〉은 PEG함침법과 Sorbitol에 의한 보존처리 결과, 그리고 Sucrose함침법으로 처리한 전후의 수침 목재의 가도관에 함침된 정도를 보여주는 사례이다.

〈표 9〉 보존처리의 예

구분	보존처리 전	보존처리 후
파평윤씨 머리빗 (경담문화재연구소)	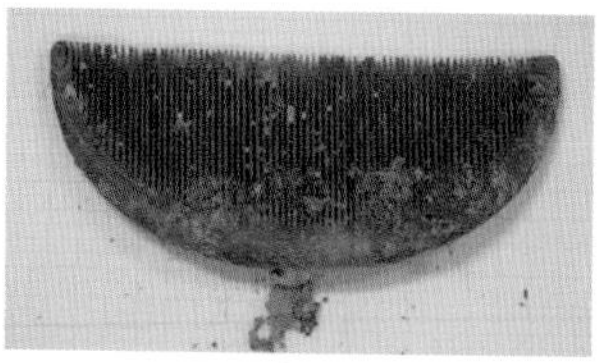	
파평윤씨 머리빗 (경담문화재연구소)		
원각사지 출토두레박 (서울역사박물관)		

〈표 10〉 보존처리 후 현미경 사진

구분	보존처리 전	보존처리 후
PEG 함침법	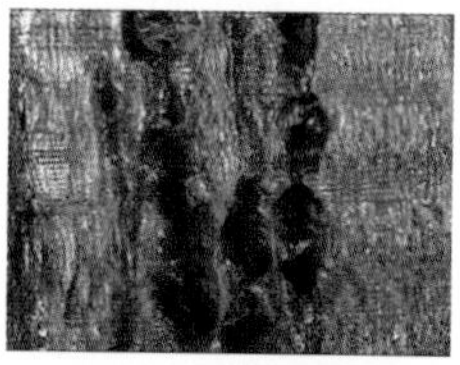	
Sorbitol 함침법	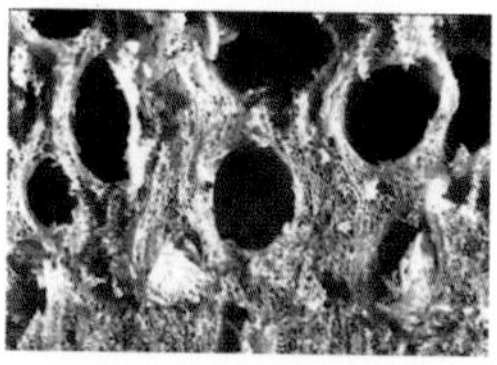	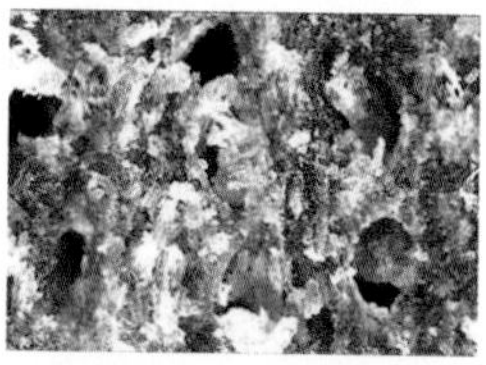
Sucrose 함침법	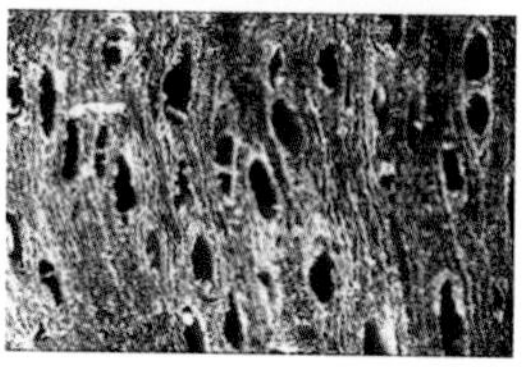	

3. 건조물 보존처리

우리나라의 건조물은 대부분이 목재문화재이다. 목재는 중량에 비해 높은 강도를 가지며 가공이 쉽고, 적절한 환경 하에서는 그 수명이 반영구적이다. 이런 성질 때문에 주거재료나 생활 도구, 선박 등에 많이 이용되어 왔다. 건조목으로 만들어진 문화재의 예로는 궁궐건축과 한옥, 목조불상 등을 들 수 있다. 대부분의 문화재는 인위적 손상, 자연환경적 풍화 작용에 의한 손상으로 열화현상이 진행되는데, 재질이 유기질 문화재인 목재문화재는 생물에 의한 피해가 부가되어 문화재 보존에 있어서 문제가 심각하다. 이 단락에서는 지하에 매장되었다 출토된 수침 고목재가 아닌 지상에 원형 그대로 전해지는 목조물을 설명하고자 한다.

이와 같은 목조물인 유기질 문화재인 목재문화재에 영향을 끼치는 생물은 미생물과 곤충 크게 두 가지로 나누어진다. 미생물은 목재문화재를 영양분으로 섭취하거나 서식을 하기 위한 도구로 사용하고, 곤충은 자신의 알을 낳기 위해 나무에 구멍을 만들거나, 그 유충이 부화하여 양분으로 삼는 등 피해가 크고 다양하다. 먼저, 목재문화재를 보존하기 위해서는 목재문화재를 훼손시키는 원인을 바르게 알아 해결하는 게 중요하다. 목재문화재를 보존하기 위해서는 목재문화재를 가해하는 생물의 하나인 곤충에 대해 알아보고, 그 피해를 최소한으로 줄이기 위해 가해곤충에 대한 특성, 습성 및 생태를 알아봐야 한다. 그리고 목재는 유기 물질이기 때문에 미생물이나 곤충의 영향을 받아 재질이 분해되는 성질로 목재의 강도가 약해지므로, 이를 미연에 방지하기 위해 강화처리나 방부처리 등을 실시해야 한다.

3-1. 목재의 열화

목재의 열화원인은 세 가지로 나눌 수 있다. 기후에 의한 열화와 균에 의한 부후 그리고 곤충에 의한 충해가 그것이다. 목재는 유기물이므로 사용시 주위 환경조건에 따라 물리적, 화학적 성능이 저하되어 저분자 물질로 분해, 변질, 소모되는데, 이와 같은 형상을 목재의 열화(劣化, Deterioration of Wood)라고 한다. 특히 균류, 곤충류, 해양충류 등에 의해 발생되는 생물열화(Biodeterioration)는 생물의 작용에 의해 무엇인가 열화되는 것이지 생물 자체가 열화되는 것은 아니다.

〈그림 36〉 세월에 의한 마루 널의 변화

목재의 열화는 미생물적 열화와 곰팡이, 곤충에 의해 발생되는 생물적 열화의 두 가지 종류로 크게 나눌 수 있다. 곰팡이와 곤충에 의해 발생되는 생물학적인 열화는 매우 복잡하고 중대한 장애를 일으키고 비교적 단기간에 걸쳐 일어나기 때문에 그 피해가 심하다. 따라서 생물에 의한 목재의 열화를 방지하기 위하여 많은 관심을 기울여야 한다.

3-1-1. 기후에 의한 열화

우리나라에서 건축 목재로 사용하는 대부분의 재료들은 나이테가 뚜렷하다. 춘재와 추재가 나이테를 이루는데, 성장속도의 차이로 춘재 부분은 벌목 후 시간이 흐르면서 변화가 나타난다. 시간의 흐름을 느낄 수 있게 하는 표면의 변화는 기후에 의한 열화 즉, 바람에 의한 표면 풍화, 함수율 변화에 의한 자연균열 등으로 오래 시간에 걸쳐 일어난다. 이러한 변화는 세월의 흐름과 역사감을 느낄 수 있도록 하는 자연의 미라고 볼 수 있다.〈그림 36〉

보존과학적인 측면에서 보면, 이러한 열화는 기후에 의한 열화로 그 확인이 쉬우며, 목재의 강도와 같은 성질에는 미미한 영향을 준다.

3-1-2. 균에 의한 부후

목재가 균에 의해 썩는 것을 부후(腐朽)라고 하는데, 부후에는 갈색부후와 백색부후 그리고 연부후로 나눌 수 있다. 부후의 분류는 부후된 색에 의해 분류한 것이다.

부후란 목재에 기생하는 균에 의해 목재의 섬유가 분해되는 동안에 변색이 되거나 강도가 감소되는 현상을 의미한다. 목재를 가해하는 균의 종류는 그 수를 헤아릴 수 없을 정도로 많으나 우리나라에서 주로 나타나는 균에는 백색부후균, 갈색부후균, 연부후균 등의 몇 가지가 있으며, 부후균의 종류나 대상 목재의 종류에 따라 부후가 목재에 미치는 영향이 다르게 나타난다. 목재의 표면을 점검했을 때, 목재의 표면이 갈색으로 변하거나 부패된 목재를 건조한 후 작은 입방체 조각으로 부서지는 경우에는 갈색부후균의 침해를 입은 것이다. 부후는 적정한 온도 및 수분을 필요로 하며 주로 목재 표면에 나타나 육안으로 확인이 가능하나 할렬 부위를 통한 수분 침투 등으로 인해 목재 내부에서 발생하기도 한다.〈그림 37〉

갈색부후는 침엽수재에서 많이 발생되고, 땅에 접한 부분이나 습한 곳에 놓인 목재에서 피해가 자주 나타난다.〈그림 38〉 목재의 표면이 색이 바래거나 하얗게 되는 경우에는 백색부후가 일어난 것이다. 백색부후는 활엽수에서 주로 일어난다. 표면이 연해지고 종횡으로 균열이 일어나는 경우에는 연부후가 일어난 것이다.〈그림 39〉 곰팡이류는 목재 표면에서만 자라며 목재의 강도에는 큰 영향을 미치지 않는다. 푸른곰팡이(청태)의 경우 강도를 변화시키는 것은 아니지만 부후의 원인을 조속히 제거해 줄 필요가 있다.

건축물의 경우, 노출된 표면은 일반적으로 함수율이 낮아 부후가 잘 발생하지 않는다. 오히려 지붕에 누수가 있을 경우, 들어온 수분이 서까래를 덮고 있는 흙 속에 스며들어 쉽게 건조되지

〈그림 37〉 푸른곰팡이 피해

〈그림 38〉 누수에 의한 백색부후 피해

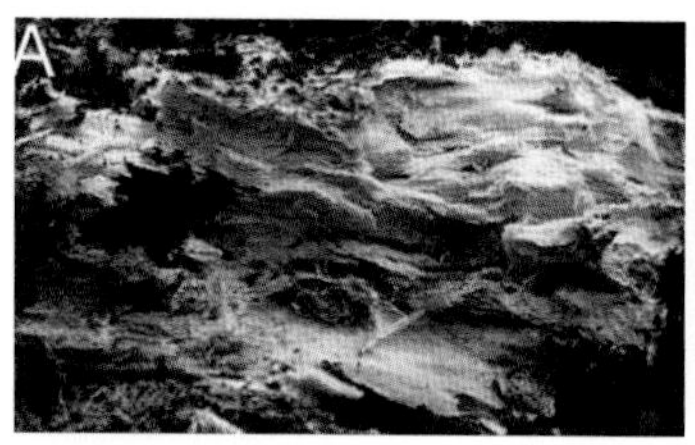

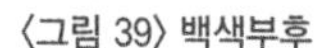
〈그림 39〉 백색부후

〈그림 40〉 갈색부후

〈그림 41〉 명부후

않고, 따라서 서까래 윗부분의 함수율이 높아져 이 부분에서 부후가 주로 발생한다.〈그림 40〉 이외에도 건축물의 여러 부재들을 연결한 접합부 틈이나 부재에 발생한 할렬을 통해 빗물이 스며들면 잘 건조되지 않고 결국 부후가 발생하기 적합한 환경이 조성된다.〈그림 41〉

이렇게 부재 내부나 접합부 사이에서 발생한 부후는 육안으로는 거의 확인되지 않는다. 결국 부후가 심각하게 진행되어 지붕이 처지거나 기둥이 기우는 등 건축물에 심각한 피해가 발생된 이후에 확인되는 경우가 대부분이다. 이러한 피해를 예방하기 위해서는 건축물을 시공할 때 적절히 건조된 부재를 사용하고, 부후가 주로 발생되는 위치에는 방부 처리된 목재를 사용하여야 한다. 또한 지붕이 누수 되거나 처마길이가 너무 짧아 부재가 빗물에 노출되지 않도록 각별한 주의가 필요하다.

균류는 기본적으로 습기가 찬 곳에 서식하기 때문에 건조물에서 부후가 일어날 곳을 예측하면 관리할 수 있다. 건조물에서 부후가 잘 일어나는 곳은 습기가 찬 곳(습기에 젖어 축축한 부분이 있는지 확인), 접합부(이질 재료가 맞닿은 부분), 장석물(이물질과의 접합부분), 내구상 중요한 부분(환기와 밀접한 천장, 마루밑, 문화재이기 때문에 사용하지 않는 건물 내부) 등이므로 신경을 써야한다.

3-1-3. 곤충에 의한 충해

목재에 충해를 입히는 곤충은 주로 흰개미이며 이 외에도 가루나무 좀벌레, 딱정벌레목, 벌목 등이 있으며 습기가 많은 곳에 서식한다.〈표 11〉 대부분의 경우 성충이 목재 표면 근처에 알을

〈표 11〉 목재의 종류에 따른 가해곤충의 종류

목재의 종류	가해곤충
목재의 종류	흰개미목, 딱정벌레목, 벌목
목조 불상, 병풍 등 소형 문화재	딱정벌레목, 흰개미목, 벌목, 나비목

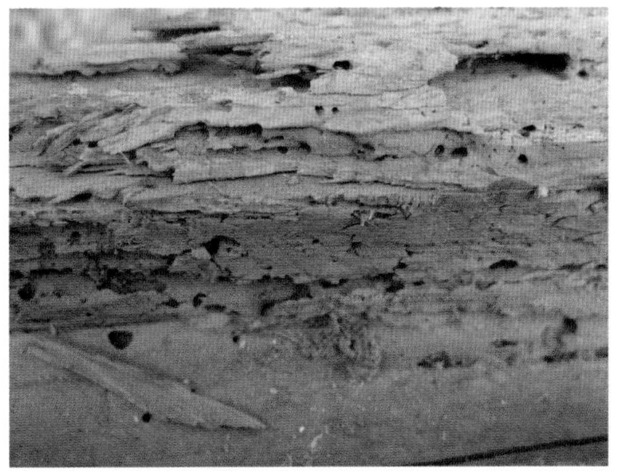
〈그림 42〉 마루 동바리의 충해

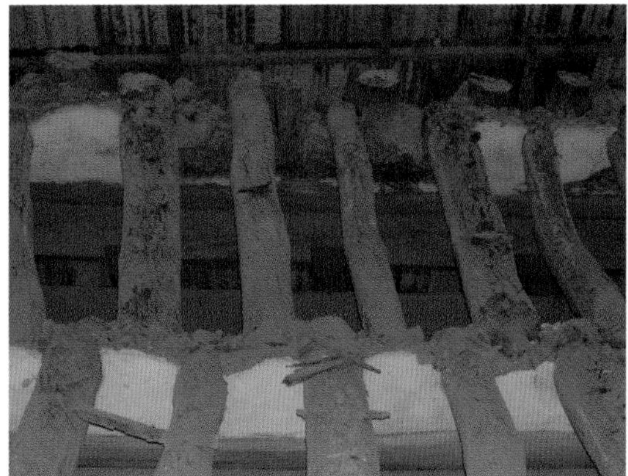
〈그림 43〉 연목의 곤충 피해

〈그림 44〉 기둥부 좀벌레 피해

〈그림 45〉 벌목의 피해

권연벌레
(*Stegobium paniceum*)
- 딱정벌레목 빗살수염벌레과 -

넓적나무좀벌레
(*Lyctus brunneus*)
- 딱정벌레목 개나무좀과 -

Varied carpet beetle
(*Anthrenus verbasci*)
- 딱정벌레목 -

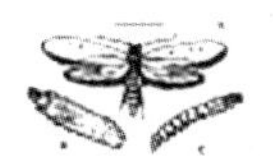
casemaking clothes moth
(*tineolla pellionella*)
- 나비목 -

목재문화재 가해 해충

낳기 위해 목재에 가해하게 된다. 그리고 낳은 알이 부화되어 생긴 유충이 성장하는 과정에서 목재 섬유를 영양분으로 섭취하면서 목재를 가해하기도 한다.〈그림 42〉

충해가 일어났는지 여부의 확인은 청소를 하고 난 후 마루, 혹은 바닥을 관찰해 나무가루가 뿌려져 있으면 충해를 의심할 필요가 있다. 특히, 흰개미는 나무의 중심 속부터 침식해 들어가는 특성이 있기 때문에 육안으로는 그 피해 정도를 가늠하기 어렵다. 그러나 외부에서 이와 같은 현상이 발견되었을 경우는 피해가 이미 진행되고 있다는 증거이므로 가능하면 방충과 훈증을 정기적으로 실시하여 건축물을 관리할 필요가 있다.

3-2. 고건축물의 열화와 유지 및 관리

고건축물은 주거를 위한 건축물이기 때문에, 주거양식(난방방식)의 변화에 따라 나무를 태워 생기는 연기로 방충의 효과를 나타냈지만 지금은 이러한 자연적인 방충효과를 기대하기가 어려워졌다. 또한 피해 상황이 심각한 경우에도 관리자의 상황에 대한 인식 부족이나 보존에 대한 전문 지식의 부족으로 인해 적절한 대처가 이루어지고 있지 않아 재산 피해 및 더 나아가 인명 피해 사고의 가능성이 발생되는 경우도 있다.

일부 지정 문화재로 등록된 고건축물에 대해서는 지속적인 보수작업이 이루어지고 있으나 피해 원인 및 정도에 대한 정확한 확인 없이 경험에 의한 육안 확인으로 작업을 수행하고, 불필요한 보수작업이나 작업 도중의 계획 변경으로 인한 비용이 낭비되는 일이 빈번하다. 또, 피해 원인에 대한 적절한 대처가 부족하여 동일한 원인의 문제가 발생할 가능성도 있다.

〈그림 46〉 관리 수홀에 의한 피해

〈그림 47〉 건축물 소방 훈련

일반 고건축물의 경우는 피해 상황이 더욱 심각한 경우도 있으며, 관리자의 상황에 대한 인식 부족 등으로 인해 적절한 대처가 이루어지고 있지 않아 재산 및 인명 피해 사고의 가능성이 크다.〈그림 46〉 그 예로서 2006년 창경궁 문정전과 화성 서장대와 같이 세계문화유산에 등재되어 있는 중요문화재가 개인의 이기심에 의해 방화가 일어난 일도 있다. 또한, 국내 유일의 목조탑이었던 쌍봉사 목조탑이나 국보 제1호 숭례문의 화재, 낙산사의 목조 건물의 피해가 대표적인 관리 감시 소홀에 의한 사례라 할 수 있다. 이와 같이 고건축물은 인위적인 요인에 의해서도 훼손될 수 있으므로(예를 들어 낙서, 방화) 지속적인 관리와 감시가 필요하다.〈그림 47〉

3-3. 보존 처리 및 보호 방법

목조 건조물인 경우 보호를 위해서는 계속적으로 관리하고, 관찰 모니터링을 실시하여 향후의 변화를 예측하는 것이 가장 중요하다. 보존처리는 문화재의 상태를 파악한 후 그 상태에 따라 적절히 실시하게 된다. 충해의 피해를 입었다면 관리와 관찰 모니터링 결과를 근거로 훈증처리 후 방충 방균처리를 하거나, 목부재가 충해나 균열 등이 있다면 부재를 충진하여 보강하는 방법을 실시한다. 가장 중요한 것은 목부재의 수명을 연장하기 위해서 정기적으로 방충방부 처리를 하는 것이다.

3-3-1. 상태조사 방법

상태조사 방법에는 육안으로 부후나 곤충의 충해를 입은 곳의 피해상태를 조사하는 것이 있

〈그림 48〉 문지방 하부 목재의 부후

〈그림 49〉 추녀마루 목재의 부후

〈그림 50〉 설치류의 배설물 피해

다. 기기를 이용해 수종 및 함수율, 비중, 해부학적 특성 및 열화 원인을 조사한다. 목조 고건축물은 지붕으로부터의 누수가 부후의 근본 원인임을 알 수 있는데, 누수에 의하여 부후가 발생되고 열화된 부분에서 곤충이나 균류의 피해가 시작된다.〈그림 48, 49〉

충해를 입은 장소에서 가해곤충을 채집하도록 한다. 가해곤충 채집이 불가능할 경우 문화재의 가해 형태를 관찰·기록하고 곤충의 배설물을 수집해 가해곤충을 추정한다.〈그림 50〉 채집과 동시에 피해지역의 온습도 등 환경조건을 검토해 정확한 가해곤충의 종(種)분류 작업의 기초자료로 사용한다. 가해곤충을 채집하였을 경우, 종류를 판정하기 위해 곤충학자에 의뢰해 정확히 분류하도록 한다. 가해곤충의 종분류가 완료되면 해당 곤충의 생물학적 특성을 조사해 적절한 방제시기 및 방제방법을 선택한다.

고건축물에 적용할 수 있는 비파괴 검사법은 목재 자체에서 발생하는 소리를 탐지하여 해석하는 방법(Acoustic Emission),[12] 지름이 작은 드릴 날을 통과시켜 목재의 저항력을 측정하는 방법(Drilling Resistance)[13] 등이 있다. 이외에도 목재를 통과하고 나온 초음파를 수신하여 해석하는 방법(Acousto-Ultrasonic), 초음파 전달속도를 이용한 CT 촬영법,[14] X-ray 촬영법[15] 등도 적용가능성이 검토되고 있다.[16]

---

12 목재에 있어서 AE법은 건조과정에서 발생하는 건조할렬을 탐지하거나 핑거접합부의 접합상태 확인, 하중을 받고 있는 부재의 파괴 시기 예측 등에 적용이 가능하며, 최근 일본에서는 흰개미가 가해할 경우에 발생하는 AE 신호의 특징을 확인하는 연구가 진행된 바 있다.

13 드릴저항 시험법은 지름 3mm의 드릴날을 일정한 속도로 목재에 관통시키면서 이때 발생되는 저항력을 연속적으로 측정하여 재료의 내부 상태를 측정하는 방법이다. 일반적인 비파괴 검사법과는 달리 피시험체에 드릴구멍이 남는다는 단점을 가지고 있어 엄격히 따지면 비파괴 검사법으로 분류되기 어려우나 목조건축물에 사용된 구조부재에 있어서 3mm 정도의 구멍은 재료의 구조적 성능에 거의 영향을 미치지 못한다. 하지만 짧은 시간에 비교적 간단하게 부재의 내부 상태를 정확하게 확인할 수 있다는 장점을 가지고 있어 목조건축물의 검사에는 매우 유용한 방법으로 평가되고 있다.

14 초음파 CT 촬영법은 하나의 부재를 회전시키면서 여러 개의 초음파 탐촉자를 사용하여 연속적으로 초음파를 투과시키고, 그 결과를 CT기법을 도입하여 분석함으로써 단면 내부의 열화 및 각종 결함의 위치를 정량적으로 분석하는 방법이다. 이전까지의 방법에 비해 단면 내부의 상태를 비교적 정확하게 확인할 수 있다는 장점을 가지고 있으나, 측정 및 분석에 걸리는 시간이 길고 일부가 벽체에 묻혀있는 기둥과 같이 단면 전체에 대한 접근이 어려운 부재에 대해서는 정확한 결과를 얻기 힘들다는 단점이 있다.

3-3-2. 보존처리 방법

1) 훈증처리법

훈증 처리는 약품으로부터 피해가 적으며 살충효과가 높은 방법으로 문화재의 방제 처리에 효과적인 방법으로 가장 많이 사용한다. 더욱이 방제 공간에 대한 확산 침투방법을 이용하기 때문에 살충력이 가장 높다. 훈증제는 문화재에 대한 약품으로부터 피해가 적으며 흡착이 낮고 인화성 및 폭발성이 없어야 한다. 아울러 확산성과 침투성이 우수하며, 살충력은 강하면서도 사람과 가축에는 피해가 없는 저독성 약제이어야 한다. 문화재의 훈증처리에 사용되는 훈증제로는 메틸 브로마이드(Methyl Bromide)와 에틸렌 옥사이드(Ethylene Oxide), 바이케인(Sulfuryl Fluoride), 요오드화메틸(Methyl Iodide) 등이 있다. 과거 국내에서는 메틸 브로마이드와 에틸렌 옥사이드를 86 : 14로 혼합한 훈증제(하이겐 M-gas)가 사용되어 왔으나 메틸 브로마이드는 오존층 파괴물질로 사용할 수 없게 됨에 따라 Ethylene oxide에 HFC[수소화불화탄소](Ethylene oxide 15%+HFC125,227,135a 85%) 혹은 CO_2[이산화탄소]를 확산제로 섞어(Ethylene oxide 20%+CO_2 80%) 훈증하는 방법이 이용되고 있다. 에틸렌 옥사이드는 수용성이 높아 함수율이 높은 목재에 있는 해충을 살충하는 데에는 약간의 문제점이 있다. 바이케인(Sulfuryl Fluoride) 미국에서는 주로 사용하고 있고, 요오드화메틸(Methyl Iodide)은 일본에서 일

〈그림 51〉 소나무 그루터기를 훈증처리하기 위하여 약제를 주입하고 있는 모습

〈그림 52〉 훈증 처리 후 흰개미 살멸 확인

---

15 밀도차에 의해 필름에 감광되는 정도가 다르게 나타난다. 건전재에서는 연륜을, 옹이, 할렬, 부후, 충해 등을 탐지할 수 있다.

16 이전제, 「비파괴 검사법을 이용한 구조부재의 열화 평가」, 『한국목재공학회 2002 추계 학술발표논문집』, 2000.

부 문화제의 훈증소독에 적용된 사례가 있다.

훈증제의 투약과 처리시간은 훈증방법과 계절적인 환경에 따라 달라진다. 유물의 살충·살균 처리를 과학적으로 정확하게 확인하기 위하여 유물 훈증 시 공시균과 공시충을 별도로 회수한다. 실험은 일반적으로 훈증 공간 내부에 공시충인 쌀바구미(Sitophiluszeamais M)를 특수유리병에 넣어 배치하고 훈증처리 후 살충여부를 확인하고, 공시균인 검은곰팡이(Aspergillus Niger)를 표준시료로 사용하여 살균효과를 판정한다. 최근에는 훈증 약품이 문화재 색상의 변화에는 영향이 없는지에 관해 단청 안료나 염색된 의류 등에 실험한 결과를 제시하고 있다.

〈그림 53〉 고건축 부재의 훈증처리 모습 포장훈증법

〈그림 54〉 감압식 가스훈증기(국립중앙박물관)

훈증처리에는 대기압에서 하는 상압훈증과 대기압보다 약한 압력 하에서 하는 감압훈증이 있다. 훈증처리를 할 때에는 그 목적(살충, 살균), 훈증용적(m³), 훈증시간, 주변온도(℃), 훈증제 및 사용량(kg, g) 등에 따라 그 방법이 달라진다.

상압훈증은 훈증이 이뤄지는 대상에 따라 피복훈증, 밀폐훈증, 포장훈증〈그림 53〉으로 나눌 수 있다. 피복훈증은 대형이거나 대량의 수장품을 일괄적으로 살충·살균 처리할 때 적용하고, 밀폐훈증은 수장고나 박물관, 서고(書庫) 내 전체를 살충·살균 처리한다. 포장훈증은 회화, 고서류, 목조각 등 비교적 소량의 미술공예품을 살충·살균 처리할 때 적용한다.

감압훈증은 문화재를 진공 챔버에 넣고 감압 조건에서 실시하므로 진공 챔버에 넣을 수 있는 소형의 문화재를 살충·살균 처리할 때 적용한다.〈그림 54〉

2) 방충·방균처리법

훈증처리는 가해생물을 일시에 살멸하는 수단으로 매우 우수한 방법이다. 약제가 기체상태이므로 문화재 재질 내에 잔류하지 않는 장점이 있지만 대신 약효가 장기간 지속되지 않는다. 그것을 보완하기 위해 저독·잔류성의 방충 및 방균제를 훈증처리 후 사용하게 된다. 이 경우 발생하는 문제점은 다음과 같다. 목조건축물 부재 교체 작업을 위하여 준비된 목재들은 훈증처리를 반드시 하도록 규정하고 있다. 하지만 기체라는 물리적 특성상 복원 작업을 하는 시작점에 가서는 흰개미 등이 부착되는 사례가 있기 때문에 부재 준비 후 조립 공사할 때 한번씩 2번의 훈증을 하는 것이 바람직하다.

장뇌, 나프탈린 등의 방충제는 대량으로 장기간 사용하게 되면 흰 옷이 암갈색으로 변하는 약해가 나타나는데, 현재 전래 의류 유물들의 대부분이 흰색이 많으므로 비교적 색상의 변화가 적은 파라디클로로벤젠(p-dichlorobenzen)을 많이 사용한다. 파라디클로로벤젠은 현존하는 방충제 중 가장 약품의 피해가 적고, 살충효과는 가장 강하다. 또 제충국의 살충성분 물질을 피레드린(pyrethrin)이고 피레스로이드(pyrethroid)는 피레드린과 유사한 구조를 갖는 합성살충제를 총칭한 것이다. 이것은 모기향으로 널리 쓰이며, 인체에 독성이 매우 낮고 속효성인 동시에 살충력이 강하고 주로 천공충에는 활성과 안정성이 있다.

방균제로 사용하는 약품으로는 파라포름알데하이드(Paraformaldehyde), 티몰(Thymol)이 사용되는데, 이 약품들은 재질에 영향이 적게 나타나는 것으로 알려졌다. 파라포름알데하이드는 다습한 환경에서 사용하면 금속의 녹을 발생시키는 부식이 생기며, 티몰은 기름에 용해되므로 유화에는 사용하지 않는 것이 좋다. 보존과학자들이 유의할 점은 약제가 직접 문화재에 접촉되지 않

〈그림 55〉 시멘트 보강 현풍향교 기둥

〈그림 56〉 기둥부 에폭시수지 + 톱밥 충진 보강 강릉 객사문

도록 주의해야 한다는 것이다.

3) 이산화탄소(CO_2), 질소(N_2) 소독법

이산화탄소 또는 질소가스 속에서 해충을 질식 시키는 방법이다. 기존의 Ethylene oxide나 Methyl bromide를 사용하는 경우와 달리 약제의 독성이 없는 것이 장점이나 살균효과는 기대하기 어려우며 살충만 가능하다. 목재유물을 밀봉한 상태에서 이산화탄소는 60%이상, 질소는 70%이상 농도로 2주정도 유지해야 살충효과를 얻을 수 있다.

4) 유해곤충 유입경로 추적[IPM- system]

〈그림 57〉 끈끈이 방식 곤충 포집기

목재를 가해하는 해충은 일단 수장 공간에 들어오게 되면 주변으로 쉽게 확산 된다. 문화재가 보관된 공간에 곤충 포집기[일종의 끈끈이]를 바둑판 모양으로 설치하면 유입된 해충의 종류, 이동 경로와 활동반경을 알 수 있다. 또 그 결과를 토대로 방제를 실시하거나 해충의 유입을 효과적으로 차단할 수 있다. 이는 유독성 약제의 과도 사용으로 인해 일어날 수 있는 보건 환경적 피해와 비용 부담을 줄일 수 있는 방안이다.

5) 방충·방부처리법

방충·방부처리는 해충으로부터 피해를 막아 목부재의 수명을 연장시키고 목재문화재를 원형 그대로 보존할 수 있는 처리방법이다.

방충·방부처리를 하기 위해 사용되는 크레오소트와 같은 유성 목재 방부재는 값이 싸고 성능이 좋아 일반적으로 가장 많이 사용되지만, 검은색이어서 한옥과 같이 생활공간으로 사용하는 건조물 등에는 적합하지 않다. 또, 석유제품이므로 냄새가 나고 환경에도 좋지 않은 영향을 끼친다. 수용성 목재 방부재인 크롬 구리 비소화합물계(CCA)는 외부용 목재에 가장 많이 사용되었지만, 최근 들어 이들의 폐자재 처리시 발생하는 중금속이 환경파괴를 유발하는 것이 문제점으로 대두되었다.

또한 붕소화합물계는 주로 생원목용으로 이용되는데, 약제 침투성은 양호하나 용탈이 잘 일어나므로 습기가 많은 장소에서는 사용할 수 없다. 그러나 저독성이므로 문화재에서는 치목 이전에 처리하고 건물의 공포대 이상 부분에 사용하는 나무에 쓰면 좋을 것이다.[17]

목재문화재의 방충방부처리에는 건조물의 기둥 상부에서 하방재까지 붓을 이용하여 방충방부 약품을 표면에 도포하는 도포처리법과 약재의 침투율을 높이기 위해 압력을 가하는 가압처리법, 그리고 목부재 전체를 약재에 적정 시간 침지하는 함침 처리법이 있지만 목재문화재의 보수 지침에 따라 적당한 방법을 선정하여 적절히 처리해야 할 것으로 생각된다. 특히, 목재문화재의 보수 및 신축시 생물 피해 발생 비율이 높은 기둥, 하방, 마루, 연목 등의 목부재에 대해서 방충방부제를 가압 혹은 함침처리할 필요가 있다.[18]

6) 방염처리법

국내 목조문화재를 화재로부터 가장 안전하게 보호할 수 있는 방법은 각종 방염기술의 향상을 통한 재료적 화재저항 기능성 향상에 있다고 할 수 있다. 또한 별도의 방화대책으로 화인을 완전히 제거하고 관리하기 위한 목조문화재 전체의 방염처리를 실시하고 부분적으로 소화전 등을 포함한 각종 소화시설을 확충하는 방법 등이 있다.

이미 건축된 목조문화재의 경우 직접적이고 근원적인 화재보호 대책은 건조물 전체의 방염화라고 할 수 있지만 목구조상 완전 방염처리는 현실적으로 한계가 있으며 현재와 같이 목재의 표면에 도포 및 분사하여 방염처리하는 방법이 최우선이라고 할 수 있다.

기존의 방염처리방법은 목조문화재에 심각한 문제점이 발생하고 있으며, 주요 구조부재에서 백태 및 뒤틀림, 단청의 문양과 색이 퇴색되면서 부스러지는 등의 현상으로 문제가 발생되고 있는 목조문화재의 수가 눈에 띌 정도로 늘어나고 있는 실정이다. 그 예로써 국보와 보물로 지정된 전북 김제 금산사 미륵전, 김제 귀신사 대웅전, 익산 숭림사 보광전, 부안 내소사 대웅보전, 부안 개암사 대웅전 등이 있다.

이와 같은 문제점은 방염제 도포작업 후에 발생한 것이며, 벽화에서도 단청이 퇴색되어 형상

---

17 김익주, 「木材文化財의 保存」, 『2004년 보존과학기초연수교육』, 2004.

18 이규식, 「목조문화재의 원형보존을 위한 충해 방제방안」, 『보존과학연구』 21집, 국립문화재연구소, pp.28~29.

〈그림 58〉 목조문화재 방염처리 후 결함발생 사례 ❶처마부위 백화, ❷기둥부위 2, ❸문고리 부식, ❹기둥부 안료 박락

파악이 힘들 정도이며 장식물(철제)의 부식도 동반되는 것으로 나타났다. 또한 방염제 도포 후 목재 마루바닥이 항시 습윤상태가 됨으로써 목조문화재의 보존 및 사용상 큰 문제가 우려되고 있다.〈그림 58〉

이러한 원인은 수용성 방염제로 처리하고자 하는 목재표면을 단청이 차단하고 있기 때문에 방염제가 목재내부로 침투하는 것을 방해하여 방염액의 대부분이 표면에 분포되었다가 건조되면서 방염성분이 그대로 석출되어 문제가 발생되는 것으로 생각된다. 이와 같은 현상이 반복될수록 방염효과는 기대하기 어려울 뿐만 아니라 단청이나 도장재료의 지속적 변질이 우려될 수 있는 상황이다.

미국에서는 실내 장식물에 관하여 화염전파속도와 함께 연농도에 관한 규제가 있으나 상당히 낮은 수준을 요구하고 있으며, 일본에서도 준불연재료 및 난연재료에 대해서 발연성 및 연기독성을 규제하여 왔다. 영국에서는 일반적인 건축재료에 대한 발연성 및 유해가스에 관한 규제는 없으며, 프랑스에서는 HCN, HCL 등의 농도에 관해 규제기준이 있으나 화재 시 가장 중요한

CO는 제외되고 대상품목도 제외되어 있다. 이와 같이 방염에 대해서는 외국의 경우도 특수한 용도나 장소 등에 한정하여 제한적으로 규제하고 있다.

현재 국내에서의 방염처리법에 따른 품질은 자기소화성이 있는 재료로 방염물품을 제조하거나 원료를 방염처리한 후 제조하는 방법은 방염처리비용이 많이 들지만 품질은 우수한 것으로 나타난다. 일본에서는 소방대상 건축물에 설치한 후 방염도료를 칠하여 처리하는 방법으로 선처리 합판이 생산되고 있다. 한편 국내에서도 소방관이 입회하에 실시하지 않으므로 방염신뢰도가 떨어질 수밖에 없다. 또한 방염 후 처리 물품 검사는 특정부위에서 절취하고 있기 때문에 전체적인 방염성능의 확인이 어려운 단점이 있다.

7) 부재의 충진 및 보강

목조건물 보수작업에서는 충해를 입어 부식 손상된 부재의 빈 공간을 채워주거나 균열이 발생된 부재를 보강하기 위해 에폭시 수지를 사용한다.〈그림 59〉 특히 건축 구조상 쉽게 교체할 수 없는 부재의 수리 손상 범위가 작아 재사용이 가능한 부재를 수리할 때에도 사용한다. 충진 및 보강에 쓰이는 에폭시 수지는 목재 복원제로 고안된 Araldite SV427(주제), HV427(경화제)과 같은 고점성 제품 또는 저점성의 에폭시 수지에 목분(木粉 또는 톱밥), 그리고 Phenol-microballoon과 같은 Filler를 혼합해 물성을 조절한 것들이다.

건물의 하중 지탱과 관련된 부재를 수리 보강하는 경우에는 보다 높은 강성을 부여하기 위해 유리섬유, 탄소섬유와 같은 보강재를 함께 이용해 충진 보강할 수 있다.

안성 청룡사의 경우는 우레탄폼으로 충진 보강하고 수지로 표면을 정리하여 고색처리하는

〈그림 59〉 에폭시 보강 울진 불영사 기둥

〈그림 60〉 우레탄폼 보강 안성 청룡사 기둥

방법을 선택하였다. 현장에서 이러한 방법으로 보존처리한 사례들이 전국에 수없이 많다. 구조적인 부재를 충진 보강할 경우에는 건축구조학적인 고려가 반드시 필요할 것이다.〈그림 60〉

3-4. 전래 목재 보존처리의 예

3-4-1. 보존처리 개요

〈그림 61〉 사찰 전래 유물

전래(傳來) 목재 유구의 보존처리 및 보호처리작업은 전통 건축물에 현재 사용하던 목재를 재사용할 필요가 있을 경우나 부재 중 건축학적, 미술사학적 가치가 있는 목재 부제를 영구히 보관하고자 할 경우에 실시하게 된다. 또, 현장에 보존할 계획이 있는 경우 등에도 실시하게 된다.〈그림 61〉

3-4-2. 보존처리 방법

1) 이동을 위한 유구의 포장처리

전래 목재 유구의 보존처리는 실내 보존처리실에서 일반적으로 이루어진다. 그러므로 목재유물을 안전하게 보존처리 장소로 포장하여 이동하는 것이 중요하다. 먼저 대상 유물의 수와 크기를 정확하게 기록하여 인수증을 만들고 의뢰기관과 시행기관의 유물 대조 작업이 선행되어야 한다. 다음은 확인된 유물을 토이론과 에어비닐을 이용하여 충분히 포장한 후 테이프로 유물을 고정한다. 포장된 유물은 고유번호를 부여하고 접수된 날짜와 유물명, 소유기관명을 포장지에 기록한다.

2) 사전조사 및 사진촬영

유구의 정확한 실태와 실측 및 사진 자료를 이용한 자료 정리가 먼저 이루어져야 한다. 보호처리시 현재의 상태, 유구의 취약점 등을 사전에 파악해야 보다 안전한 보호처리가 가능하다. 최근들어 목재에 채색되어진 재료의 성분 파악을 하여 원형 복원의 도색재료 선정을 실시하는 경우도 있다 이럴 경우는 색차계나 XRF로 측정하여 원래의 도색재료의 성분과 특성으로 파악

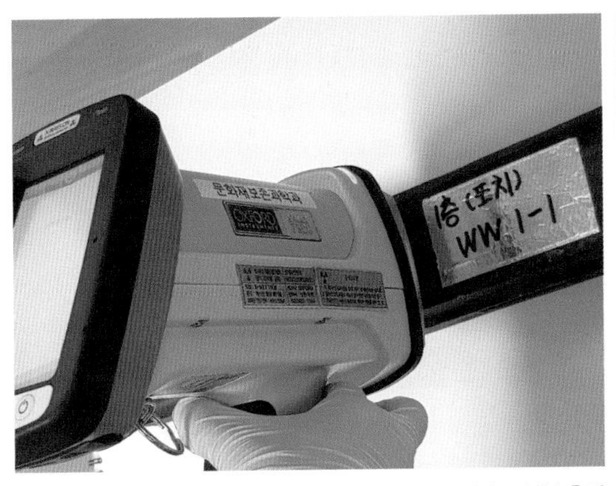

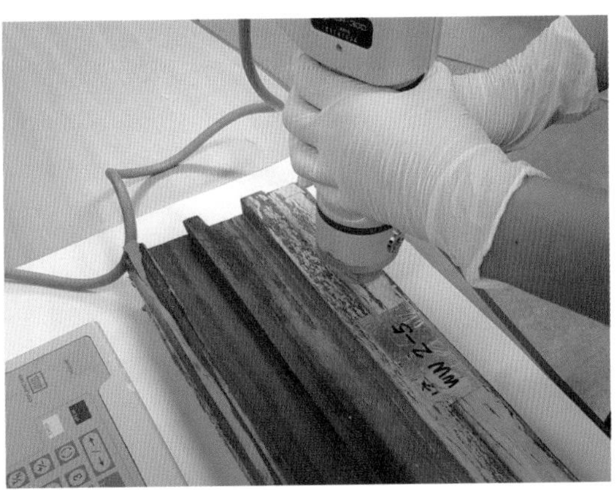

〈그림 62〉 XRF를 이용한 도색안료 성분 측정

〈그림 63〉 색차계를이용한 안료분석

하면 된다.〈그림 62〉 아울러 사전조사 및 기록용 사진촬영은 색차계를 이용하여 보존처리 보고서 제작 및 보존처리 전 상태를 비교 검토하는 데 유용하며, 학술적인 기초자료가 된다.〈그림 63〉

3) 수종조사 및 정밀사진 촬영

목부재의 보존처리를 원활하게 진행하기 위해 상태를 파악할 필요가 있다. 또한 나무의 종류에 따라 약품 침투 정도에 차이가 있으므로기록용 사진촬영과 함께 현미경으로 수종조사를 해야한다.〈그림 64〉

〈그림 64〉 수종조사

4) 목재의 세척

1) 건축부재나 목가구와 같이 건조된 목부재일 경우는 물을 사용한 습식세척은 적합하지 않다. 따라서 만약 건조 목재를 보존처리할 경우 유물의 클리닝은 메틸 알콜을 물과 9 : 1의 비율로 희석한 용액을 만들어 붓과 간단한 소도구 등을 이용하여 표면의 이물질을 제거하면 된다.
2) 제거되지 않은 흙과 이물질 등은 보존처리용 소도구인 메스 등을 이용하면 되고, 최종 표면 정리를 위해서 열풍기를 사용하여 목재의 틈새나 표면의 붙어 있는 목분(木粉)을 제거한다.

〈그림 65〉 부분보강 및 복원 과정

5) 보전처리 및 복원

1) 목재가 부후되어 부서지는 경우의 보존처리는 에칠아세테이트 용제에 paraloid B72를 5% 녹여 도포해 준다.
2) 복원은 원래의 모습이 변형되지 않으면서 유물의 형태를 이해하는데 효과적일 경우에만 실시하여야 한다.
3) 만약 보존처리된 목부재의 추가 손상이 예상되는 부분에 대해서는 유구면을 고르게 정리한 뒤 SV-427과 HV-427 접합제를 주제와 경화제 비율을 1:1 로 혼합하여 접합한다. 또한 세밀한 부분은 순간접착제 등을 사용할 수도 있다.〈그림 65〉

6) 방부 및 방충처리

〈그림 66〉 방충처리 모습

1) 보강 및 복원작업에 사용한 수지와 접착제가 충분히 강화된 후 부재의 장기 보존을 위해 방충 및 방부처리를 실시하여야 한다. 방충방부제는 일반적으로 Timbor를 사용하고 있다.
2) 목재의 방부방충처리 방법은, Timbor를 메틸 알콜에 10% 농도로 희석한 용액을 만들어 분무기를 이용해 1차 살포한 후, 표면

〈그림 67〉 보전처리 전

〈그림 68〉 보전처리 후

이 완전히 건조된 뒤 2차, 3차로 살포한다. 살포된 약품이 완전히 건조된 후 표면의 과포화 Timbor 결정을 부드러운 솔과 소도구 등을 이용하여 제거하면 된다. Disodium Octaborate Tetrahydrate($Na_2B_8O_{13} \cdot 4H_2O$) 등은 표면 오염균을 방제할 수 있기 때문에 서적이나 목질문화재에 있어 유용한 약제이다.〈그림 66〉

7) 마무리 및 관리 방법

충전수지의 건조과정에서 발생하는 미세한 수축에 의한 공극 등 처리가 미흡한 부분은 재차 수정 과정을 거친 후 보존처리를 마무리해야 한다. 수침 고목재가 아닌 경우, 부재의 보존처리는 세척과 표면부 복원 그리고 방부처리의 단계와 과정으로 실시하면 된다.〈그림 67, 68〉

이와 같은 전래 고목재의 방부처리는 장기간의 안정성을 유지할 수 있으나 목재는 기본적으로 흡습성 재료이므로 8~10% 정도의 수축과 팽윤을 반복하게 된다. 따라서 보존처리 후 유물을 잘 보관하려면 정기적인 관찰점검이 필요하고, 전시할 때는 주기적인 청소(먼지 제거)로 충이나 균 등이 번식할 수 없도록 주의를 해야 한다.

4. 전세품(傳世品) 보존처리

전세품은 대를 이어 집안에서 소중하게 사용하던 생활 용품들이 전래된 것들을 말한다. 전세품의 종류는 매우 다양한데, 격변의 사회 속에서도 보관이 용이한 미술품과 생활용품을 보관하던 목가구가 그 대부분을 차지한다. 특히, 우리나라는 70% 이상이 산지로 이루어지고 남북으로 긴 지형으로 약 1,000여 종의 나무가 자생하고 있다. 이와 같은 자연적인 여건으로 일상생활에

〈그림 69〉 사개물림

〈그림 70〉 자개장

〈그림 71〉 오동나무결

사용하였던 많은 기물들을 나무로 만들었고 가구의 대부분도 나무로 제작하였다. 가구의 재료로는 소나무가 가장 많았으며 오동나무, 배나무, 감나무 등이 쓰였다. 이와 같이 산림이 풍부한 여건 때문에 우리나라는 일찍부터 목가구 제작기술이 발달하였고 우수한 가구들이 전래되고 있다.

실내 장신구를 비롯한 제반 공예품의 규모는 우리 민족의 오랜 평좌식 생활의 전통과 제도상의 제한, 실내 공간의 넓이와 높이에 따라 결정되었다. 특히, 우리나라의 가구는 대부분 온돌방에서 사용하는 경우가 대부분으로 가구를 만들 때, 중심으로 사용되어 계절에 따른 온·습도에 의한 목재의 수축, 팽창에 따라 뒤틀리거나 터짐을 방지하는 기술이 적용되었다. 접합부를 45도로 잘라 그대로 맞댄 맞짜임과 서로 턱을 내어 물리게 하는 턱짜임, 직교하거나 경사지게 교차되는 나무의 마구리가 보이지 않게 45도 내지는 맞닿는 경사각으로 짜는 연귀짜임, 4개의 축을 맞물려 견고하게 연결되는 사개물림 등이 그것이다.〈그림 69〉

널판을 옆으로 대어 넓게 이어 붙이는 쪽매이음에는 맞붙임, 나비장붙임, 혀쪽매, 반턱쪽매, 빗쪽매 등 여러 가지 정교한 기법이 쓰였다. 장석은 결구나 모서리를 보강하는 역할을 하는데, 철제와 백동 등이 주로 사용되었으며 다양한 종류와 모양 등 기능적인

면과 장식적인 면을 동시에 지니고 있는 것이 특징이라 하겠다.〈그림 70〉

각 부재는 목재의 특성을 살펴 힘을 받아야 되는 기둥은 곧고 단단한 곧은결을, 판재는 무늬가 뚜렷한 나무를 널결로 제재하여 마련하였다. 그리고 화장재로 나무의 혹, 나무가 선회, 교착되어 기묘한 무늬를 이룬 뿌리 부분의 용목, 먹감나무의 자연스런 검은 무늬, 오동나무의 두드러진 나무 결을 이용하는 등 목재의 특성을 살펴 적재적소에 사용했다.〈그림 71〉

이와 같은 유물이 대대로 내려오다 보면 사용하면서 수리를 하거나 보수를 한 경우가 발생하게 되고, 고증 없이 간단히 처리하다 보면 잘못된 수리가 되어있는 경우가 발생할 수가 있다. 그런데 이러한 흔적은 과거 우리 조상들의 삶에 기물이 어떤 형태로 사용되었는지 알 수 있게 해주는 중요한 자료이자 또 하나의 역사이다. 이러한 흔적을 분별없이 제거하는 것 또한 잘못된 수리의 하나일 것이다. 따라서 보존과학자들은 역사적, 미술사적 연구를 기초로 한 유물의 정확한 고증 판단을 기초로 보존처리 방법을 제시할 수 있는 능력을 갖추어야 하겠다. 더욱이 우리나라 주택은 여름에 습기가 많고 겨울에는 온돌 난방으로 인해 따뜻하고 건조하다. 나무는 습기가 많으면 늘어나고 팽창하며, 따뜻하고 건조하면 수축하는 특성이 있다. 우리 조상들은 이를 고려해 접착제를 쓰지 않고 울거미(뼈대, 공조) 알갱이를 끼우는 특수한 결구법을 사용하였다.

전세품의 보존처리 순서는 처리 전 상태를 조사하고 클리닝, 파손부분 수리 및 복원으로 이루어진다. 그러나 유물의 상태에 따라 처리 과정의 순서가 바뀌거나 필요에 의해 새로운 공정이 삽입되거나 제외되거나 하는 약간의 차이가 있을 수 있다. 따라서 보존처리에 사용하는 재료는 가능한 한 보존처리 전 과학적 조사에서 밝혀진 유물에 사용된 동일 재료를 사용하고 진행과정 역시 유물 제작 방식과 같게 한다는 것을 원칙으로 한다.

4-1. 목가구의 훼손 원인과 보존처리

목가구의 훼손 원인은 첫째 기온과 습도의 차이, 취급 부주의 등으로 손상, 변형되거나 충해의 침식을 받아 형태가 손상되는 경우가 제일 많다. 둘째는 수리 보수가 지나치거나 미흡하여 원형이 변형되는 경우가 있다. 셋째로는 사용하기 편리하도록 내부를 개조하거나 잘못된 수리 복원으로 원형을 변형시킨 경우가 있다.

이와 같이 원형이 변형되거나 보수 및 수리가 필요한 목가구의 보존처리 방법[19]은 새로운 보수나 복원보다는 현재의 상태에서 더 이상 유물을 손상시키지 않는 범위 내에서 최소한의 수리 복원으로 최대한의 원형을 후세에게 전하여 줄 수 있게 하는 것이다. 더욱이 수리복원 과정에서 유물의 원형이 손상, 왜곡되었을 경우 교정이 손쉽지 않기 때문에 수리복원범위를 최소화하여 유물의 원형이 훼손되지 않도록 하는 것이 바람직하며 부득이 해체해야 되는 경우는 무리한 힘을 가하지 않고 신중을 가하여 해체 보수해야 한다.

4-1-1. 처리 전 상태조사 및 기록

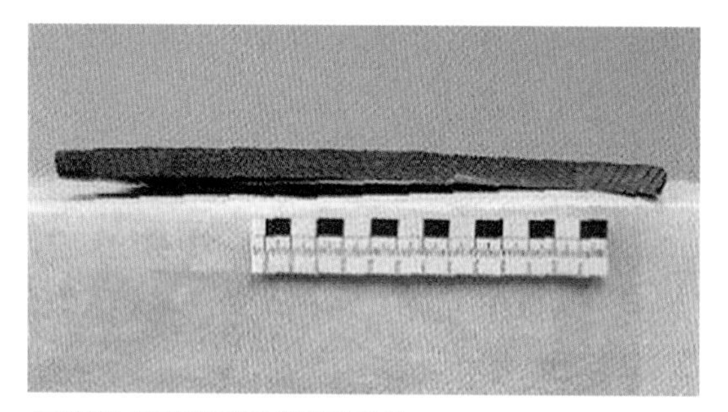

〈그림 72〉 휘어진 목재의 처리 전 조사

보존처리 전에 가구의 상태를 파악하기 위하여 사진촬영, 실측 그리고 조사 관찰 및 기록을 한다. 유물의 상태 파악이 끝나면 전문가의 자문을 구해 보존처리의 범위와 수리 방향을 정한다. 목가구를 보존처리할 경우는 처리 전 유물상태와 처리과정 및 처리 완료 후의 사진과 기록을 남겨 복원 후 원상과 대조하기 위한 자료로 활용할 수 있게 만드는 것을 잊어서는 안 된다.

예를 들어, 〈그림 72〉에서 나타나는 것 처럼 목가구재의 독립된 판재들은 대부분 휘어있어 문판의 경우 몸체에 제대로 끼워지지 않았으며, 그 외의 판재들도 그대로 조립하기에는 힘든 상태로 변형되어 있다. 특히 문판은 휨을 방지하기 위하여 양측면에 문변자를 제작하여 넣었으나, 수축·팽창 과정 중 도리어 문판 또는 변자가 파손되기도 하였다. 조립된 판재 일부 역시 수축·팽창하여 틈이 벌어지거나 목재결이 터져 있었고 심하게 벌어진 경우에는 틈의 외부를 종이로 막아서 사용하였다.

4-1-2. 보수 및 수리 방법

수리 방법은 전통적인 방법으로 하고, 전통 재료로 보존처리해야 하며, 부식되거나 파손되어 재사용할 수 없는 부재는 가급적 동종목재를 최대한 사용하고, 휘어진 부재는 최대한 원상태에 가깝게 돌려주되 파손이 우려될 경우에는 다른 부재를 이용하여 현 상태를 유지하도록 한다. 또, 새로 첨가되는 부재는 원부재와 동일한 수종과 결에 맞추어 쓰되, 보존처리한 것을 식별 가

19 박성희·장은혜·손덕균·김윤수, 「운현궁 책갑의 보존처리」, 『문화재보존연구』, 서울역사박물관.

능하도록 색맞춤을 한다.

짜임이나 이음에 사용된 쇠못은 부식으로 인하여 주변 나무 재질에 영향을 주기 때문에 최우선적으로 제거하여 대나무 못이나 수용성 접착제인 아교로 처리하고 부득이 견고하게 처리되어야 할 부분은 동(銅) 못으로 고정시켜 준다. 이는 선조들의 전통방식이자 수리복원 부위의 원상회복에 대한 보존처리의 일반적 원칙에 부합되는 것이다.

경첩, 감잡이, 고리 등 장석이 파손되거나 결손된 것은 동일한 재료와 형태로 제작하여 부착하며, 녹이나 이물질은 약품으로 제거한다. 특히, 장석은 재질이 다양하므로 두석장[20]에게 자문을 구하여 동일한 재료에 동일한 형태를 제작하여 사용하는 것이 유물을 전시하고 이해하는데 도움이 된다.

1) 목가구 표면에 붙어 있는 재료 제거법

책함이나 서류함은 대개 내부 마감재로 한지를 사용하고 책함인 경우 표제 및 종이띠 등을 붙여서 내부의 보관물의 내용을 확인할 수 있도록 사용하였다.〈그림 73〉 이러한 재료들을 제거하기 위해서는 먼저 부드러운 붓으로 먼지를 털어낸 다음 최소한의 증류수를 이용하여 한지의 표제 및 종이띠에 물기를 뿌린 다음 0.03mm 정도의 금속 헤라를 이용하여 서서히 분리하면 된다.〈그림 74〉 특히 표제와 같이 목제함의 용도나 기록물을 부착했을 경우는 지지용 종이를 대어 준 상태에서 습식크리닝을 실시한 후 건조판에 붙여서 자연건조하여 수리 복원 후 마무리 단계에서 부착해주면 된다.

〈그림 73〉 종이띠 제거 후

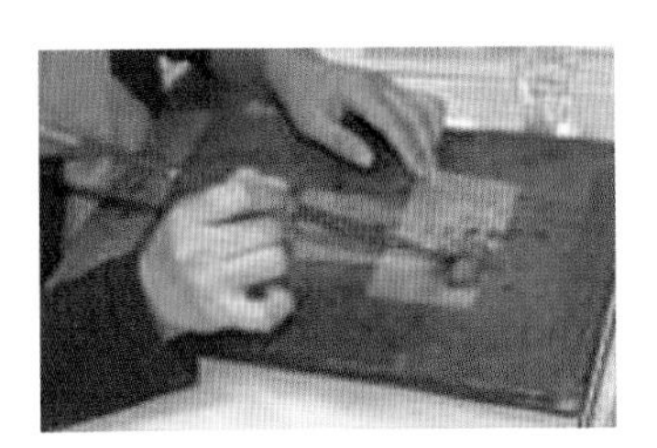
〈그림 74〉 표제 제거

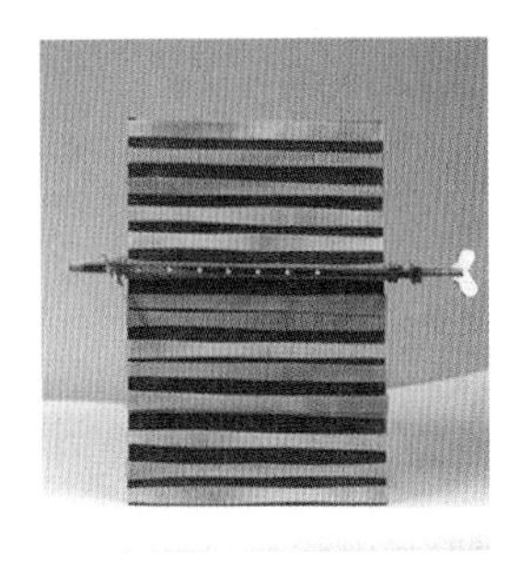
〈그림 75〉 휜 부재 교정

20 조선시대 『경국대전』 「공전(工典)」에 의하면 주석으로 기물을 만드는 장인을 지칭한다. 현재 두석장을 중요무형문화재로 지정하여 기술을 보존하고 있다.

2) 해체·변형과 복구·조립

목가구는 오랜 시간동안 조금씩 변형이 되어 왔기 때문에 해체된 유물 중 일부는 심하게 변형된 목재가 있다. 이 경우 판재는 습기와 압력을 이용하는 방법을 사용하고 개판, 쇠목, 부출(기둥), 대판의 경우 휜 부재는 보존처리 경험이 있는 처리자에게 처리할 수 있도록 하는 것이 바람직하다.〈그림 75〉 이때 갑자기 너무 많은 압력을 받으면 오히려 목재가 터질 수도 있기 때문에 충분한 시간 하에 작업을 진행해야 하며, 무게추를 이용하여 압력 정도를 조절한다. 변형 복구가 끝난 뒤에는 유물의 수장환경과 동일한 온·습도 조건 하에서 일정기간 방치하여 다시 휨이 발생하지 않는지 확인하면 이상적이다.

접합은 전통적인 접합재료이자 가역성 있는 아교와 어교(민어부레풀)를 7 : 3으로 섞은 혼합풀을 60~70℃에서 가열하여 사용하였다.

3) 접합 및 복원

뚜껑이 있는 목가구는 문턱 일부가 떨어져 나가거나 판재의 모서리 부분이 상해있는 경우가 많다.〈그림 76〉 이러한 경우에는 극히 일부만을 제거한 후 동일 수종의 목재를 이용하여 같은 모양으로 재단·접합하면 된다.〈그림 77〉 문판 손잡이가 없는 경우도 많은데, 이러한 경우는 동일한 형태의 가구 등에 남아 있는 손잡이 및 관련 유물의 예에 따라 복원 제작하면 된다. 다만 단순한 연귀짜임으로 문변자가 제작되어 있는 유물일 경우는 휨을 방지하기 위하여 문변자에 혀를 내어 연귀장부촉으로 제작하는 경우도 발생하므로 복원할 경우는 유물의 상태를 잘 파악할 수 있는 경험이 필요하다.

제작 후 사용하다가 변형되거나 노후하였을 경우 일반적으로 고정에 편리한 쇠못이 박혀있는 경우가 많은데 판재가 손상되지 않도록 나무를 받침대로 삼아 쇠못을 제거한다. 그리고 이 부분을 접합하고 접합 후에 쇠못이 있던 자리에 대나무못을 박아 고정하면 된다.〈그림 78〉

〈그림 76〉 처리 전

〈그림 77〉 손실부 복원

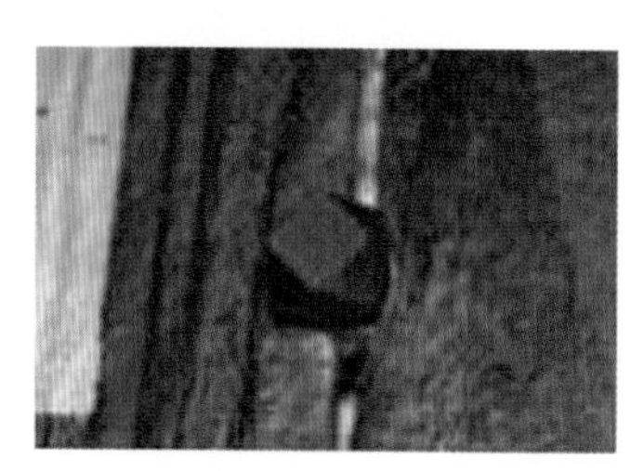
〈그림 78〉 처리 전 손잡이

4) 세척 및 색맞춤

완전하게 조립된 책갑들은 솔이나 에어 콤푸레셔를 이용하여 먼지를 제거한 후에 오염 된 곳은 미온수를 묻혀 꽉 짜낸 천으로 결대로 닦아낸다. 제거되지 않은 얼룩이나 이물질 흔적은 알콜과 증류수를 50 : 50으로 섞어 제거하면 된다. 그리고 그늘에서 완전히 건조시킨 이후에는 호두기름이나 동백기름 등에 그을음과 황토를 배합한 천연칠을 이용하여 색맞춤한다. 색맞춤을 할 때에는 유물의 원색에 가깝게 하되 식별할 수 있도록 하여 전시하는 것이 수리된 부분의 구별과 교육에 효과적이다.

5) 마무리

모든 보존처리 과정의 기록을 상세히 기록하여 차후 재차 수리 복원이 필요할 때 중요한 참고자료로 사용할 수 있도록 한다. 그리고 처리 전과 보존처리 후 사진촬영을 하여 비교할 수 있는 정리법도 필요하다.〈그림 79, 80, 81〉

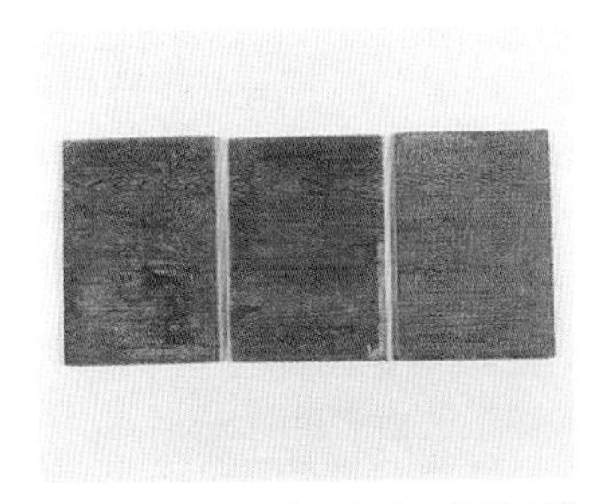

〈그림 79〉 보존처리 전

〈그림 80〉 보존처리 전

〈그림 81〉 보존처리 후

6) 훈증소독 및 수납

보존처리가 끝난 목가구와 같은 유물들은 반드시 감압훈증고를 이용한 훈증소독을 실시하는 것이 바람직하다. 현재 우리나라 목가구 훈증제로 가장 많이 사용하는 약제는 메틸 브로마이드와 에틸렌 옥사이드를 86 : 14로 혼합한 기체이며, 훈증 환경으로는 온도 20℃, 감압진공도 -100mmHg에서 24시간 동안 훈증하는 것이 일반적이다. 일련의 보존처리과정을 마친 이후에는 적절한 환경조건이 갖추어진 수장고에 유물을 수납한다. 그리고 박물관 전시 전후라든지 수장고에서라도 일정 시간을 주기로 정기 훈증처리하는 것이 바람직하다.

4-2. 옻칠 공예품의 역사와 보존처리

우리 조상들은 인체에 무해하면서 강도가 높고, 방부성, 내열성이 강한 성질을 갖고 있는 옻나무의 수액을 이용하여 목재나 대나무, 금속, 도자기, 천, 종이 등 다양한 공예품을 만들어왔다. 우리나라 옻칠 공예는 옻칠이 발달한 동아시아 여러 나라 가운데에서도 뛰어난 수준을 보인다. 특히, 나전칠기는 특유의 아름다운 빛깔과 광택이 어우러져 고려시대에는 그 수준과 조형이 절정에 다다랐다.

옻칠과 관련 된 유물 중 가장 오래 된 역사는 기원전 1C후반의 유물로 창원 다호리 1호 목관묘에서 칠기 붓이 흑칠로 발굴되었다. 그리고 충남 아산 남성리 석관묘 출토 옻칠 유물들이다. 이 유적에서 출토된 한국식 동검과 칠을 사용한 칼집과 흑칠(黑漆) 용기가 출토된 사례가 있다.

고구려 시대에는 안악 3호분, 씨름총, 무용총과 같은 고분벽화 사례들이 보인다. 또한 백제시대의 고분벽화에 칠기를 사용한 예와 1971년 발굴된 무령왕릉 두침과 족좌, 목재관 등에 사용된 사례가 있다. 신라시대 5C에 조성된 고분에서는 목심칠기(木心漆器)나 피죽(皮竹)으로 짜거나 삼베로 짠 용기에 겹겹이 발라 만든 칠기 공예품이 발견되었다.

남북국시대에는 경주 안압지에서 각종 생활용품과 수많은 칠기 유물이 출토되었는데, 기법은 모심칠기가 대부분이었다. 고려시대에 만들어진 나전칠기 유물이 보물급 이상으로 등록되어 전해지고 있는데 기법이 정밀하고 세밀하다. 이는 조선시대 공예의 중요한 특징으로 전해지는 화각기법과의 연관성을 시사하고 있다. 하지만 옻칠공예에 대한 체계적인 연구가 되지 않고 있어 관련 유물의 보존에도 연구와 발전이 요구된다. 따라서 옻칠 공예에 대한 국가적인 관심과 제도의 시행이 필요한 동시에 학교 교육과 사회 교육에서도 전통 기술의 원형을 보존하는 노력도 필요하다.

옻나무의 수액을 도료나 접착제로서 이용하는 기술은 아시아 동부지역에서 넓게 인정되어 왔는데, 우리나라에서는 선사시대부터 동굴벽화 등에 사용되었다는 것이 고고학적으로 밝혀졌다. 특히 삼국시대 이후에 발전한 황칠과 같은 기법은 고대 한국 칠 기술 발전의 대표적인 사례가 된다. 이러한 칠 공예품의 양식과 문양의 변천에 대해 미술사나 공예사의 실무에서는 연구된 사례가 적지만 점차 관련 유물이 발견되고 보존처리되면서 연구에 관심을 갖고 있다. 다음은 칠 공예품의 제작 방법과 보존처리 방법을 설명하였다.

4-2-1. 옻나무의 분포

칠은 옻나무과(Anacardiaceae)에 속하는 나무에 상처를 내서 흐르는 수액을 도료 및 접착제로서 사용하는 것이다. 우리나라 조선시대에는 국가적으로 옻나무를 심고 권장할 정도로 생활용기를 보관하는 각종 목제품에 옻을 많이 사용했다. 우리나라, 일본, 중국은 동일한 수종의 옻나무를 이용하였고, 베트남이나 대만 같은 동남아 지방에서는 하세나무의 일종인 옻을 사용하였다. 또한 미안마, 캄보디아나 태국에서는 공기 중에 노출되면 검정색으로 변하는 흑목(黑木=Black tree)으로부터 옻을 채취하여 사용하였다.

4-2-2. 도료로서의 옻의 사용

칠을 도료로서 사용하기 위해서는 도장하려는 소지 재료가 필요하며 이를 칠기의 태(胎)라고도 부른다. 칠 공예품에 사용하는 대표적인 태, 즉 소지의 종류는 다음과 같다.

1) 목재

목재는 칠기의 태 소재로 가장 많이 사용하는 재료로 재료의 공급이 쉽고 기물을 제작하는데 편리하다는 장점을 갖고 있다.

2) 토기나 도자기

토기에 칠을 도포하기 시작한 것은 우리나라에서는 월성 주변에서 출토된 토기 그릇에서 옻칠 자료가 발굴되어 통일신라부터 시작되었다고 보고 있으며 일본에서는 조몽시대부터였다.

3) 건칠

중국에서는 한나라 시대 이후에 저마나 대마의 포에 칠하거나 작은 손잡이 토기에 사용하였다. 일본에서는 7C에 도입되었는데, 고분출토 관이나 악기류에 사용되어 왔다.

4) 피혁

일본 고분시대부터 나라시대의 피혁상자에 도포한 사례가 있고, 정창원에 보관된 상자에 사용되었다.

5) 금속

철제의 갑옷이나 금속의 방청을 위하여 사용되어져 왔다. 특히 통일신라시대에 만들어진 꽃 동물무늬 붙인 옻 칠 거울(국립중앙박물관 소장)이 있는데, 상감기법과 비슷한 평탈기법의 사례가 있다. 일본에서는 청동제 허리띠 금구에서도 사례가 있으며, 이때에는 약 100~200℃ 정도에서 불을 가했던 것으로 보인다.

6) 종이

종이에 표면에 옻을 바르는 것으로 용기와 같이 물을 담는 그릇이나 액체를 담는 그릇 등에 사용되었다. 출토품으로 종이 외에도 비단에 사용된 것들이 발견되었다.

(1) 보존처리 전 상태조사 및 기록

옻칠 공예품의 보존처리 전 분석을 위해 생칠과 정제칠의 점도를 조절하는 희석재를 분석하고 칠기의 품질을 결정하는 하지재료를 파악한다. 백골의 수종분석을 실시하고 칠 도막 및 결구기법 등의 상태를 조사해야 한다. 이와 같은 정보는 사진과 실측 등을 통하여 자세히 기록하고 필요에 따라서는 X-ray 촬영도 실시하여 보수된 부분이나 칠 도막 속의 형상을 파악한다. 이렇게 수집된 정보는 보존을 위하여 대단히 중요한 필요조건들이다.

가. 화학 분석

도막편을 이용하여 분석하는 것데, 대부분의 칠 공예품은 현재의 철이 변형된 원인을 알기 위하여 열분해 가스크로마토그래프에 의한 분석질량분석계를 이용하여 도막의 특징을 분석한다.

나. X-선 투과법에 의한 구조조사

칠기의 표면으로부터 소지의 종류와 구조를 정확히 알기가 곤란하다. 그러나 X-선 투과법에 의해서 비파괴로 내부의 구조를 알 수 있다. 이 결과를 보존 수복이나 복원막을 만들 때 참고로 사용하게 된다.

다. 안료와 금속분의 분석

X-선회절 분석을 이용하고 도막 단면을 SAM에 부착하여 형광X-선 분석 장치에 의해서 성분

〈그림 82〉 칠도막 단면 현미경 사진(×200)

〈그림 83〉 칠도막 단면 SEM 사진(×300)

분석을 실시한다.〈그림 83〉

라. 현미경에 의한 도막구조 조사

발굴조사에 의해서 출토된 칠기는 대부분 파손되어 출토된다. 폴리에스테르 수지나 에폭시 수지로 마운트해서 도막단면을 연마, 반사광이나 주사전자현미경으로 조사한다.〈그림 82〉 1980년대 후반에는 도막단면을 박판으로 만들어 투과광을 이용해 재칠 여부와 안료의 형상 등을 분석하였다.

(2) 유물 세척[21]

먼저, 부드러운 붓으로 표면을 비롯해 손이 닿기 힘든 부분까지 잘 털어준다. 그런 뒤 유물에 묻은 먼지와 기타의 오염물을 미지근한 물 또는 알콜로 제거한다. 그리고 수리된 부분 중 잘못되었거나 재처리가 가능한 부분의 이물질을 제거한다.

(3) 백골의 처리 방법

판재가 갈라지거나 부재가 탈락된 백골의 처리는 아교를 이용해 붙이고, 결실된 부분은 예비조사 때 분석하였던 수종을 이용하여 새로운 재료로 깎아 끼워 넣고 있다. 최근에는 보존처리 후 백골 부분의 변형을 고려하여 새로운 재료가 아닌 수십 년간 제재한 후 다른 용도로 사용하던 목재들을 이용하여 복원함으로써 변형을 최소화하고 질감도 최대한 비슷하게 맞추는 방법을

21 장은혜 · 문선영 · 정병호, 「칠기 혼수함 보존처리」, 『문화재 보존연구』, 서울역사박물관, pp.96~98.

사용하고 있다. 또한 판재가 갈라지거나 부재가 탈락된 백골의 처리를 아교접착제로만 붙이면 세월이 지나면서 이음 부분이 터지거나 표시가 날 수 있다. 따라서 전통 방법으로 찹쌀밥 40%, 나무가루 40%, 생칠 20%를 혼합한 곡수를 만들어 판재보다 약간 올라오도록 칠해두면 2~3일이 경과한 후 옹이 부분이나 백골 이음 부분에 곡수가 채워지면서 변형을 방지해준다. 대부분의 함류는 백골 위에 베를 바르고 생칠한 후 토회를 2번 정도 발라서 면을 고른 후에 초칠, 중칠, 상칠 등 약 3번 정도하는 방법을 사용하였다. 따라서 현미경으로 단면을 관찰하여 이와 같은 제작 과정을 확인한 후 보존처리 대상 유물의 제작기법에 따라 보존처리하는 것이 중요하다.

(4) 문양수리

〈그림 84〉 나전공예품

유물을 수리하면서 칠 도막의 들뜸, 탈락 등의 손상을 최소화하기 위해 탈락 우려가 있거나 파손이 진행되고 있는 부분은 아교로 고정시킨다. 그리고 아교 접착이 불가능한 부분은 칠을 묽게 하여 도포하는 방법을 쓰면 된다. 만약 보존처리 전에 약화된 나전문양이나 칠 도막이 있으면 안정한 상태가 되도록 한다.

탈락되어 결실된 문양의 복원은 남아있는 원형을 확인할 수 있는 범위 내에서 문양, 흔적 등 가능한 많은 자료를 토대로 복원해야 한다. 만약 원래의 문양이 무엇이었는지 전혀 알 수 없는 경우 그 부분에 한정하여 복원하지 않는 것이 바람직하다. 특히, 나전 공예품의 경우 나전이 탈락되어 제자리를 알 수 있는 것은 제자리에 접착하고 소실된 것은 유물과 유사한 색상의 나전으로 복원한다.〈그림 84〉

나전은 자개 본뜨기를 하는데 자개의 외형을 투명지로 그린 후 자개의 결, 좀 등을 투명지 위에 표시한다. 그리고 도안 본을 자개 위에 풀로 붙인 다음 도안선대로 톱대를 사용하여 줄음질한다. 줄음질할 때 외겹은 45° 정도의 각도로 자른다. 복원되는 부분이나 탈락이 우려되는 것은 아교로 접착해 붙임질을 한다. 그리고 지짐질을 하고 자개 위에 토회를 바르고 숫돌로 자개면이 나올 때까지 갈아 준다. 나뭇결이나 나이테 부분 등 움푹 팬 부분은 칠로 메워지지 않기 때문에 물 10, 토분 10, 생칠 6의 배합 비율로 완전히 배합하여 사용하면 된다. 그리고 초칠, 중칠, 상칠이 끝나면 광을 내게 된다. 만약 종이 문양이 손상된 경우는 한지를 여러 겹 겹쳐 찹쌀풀로 붙

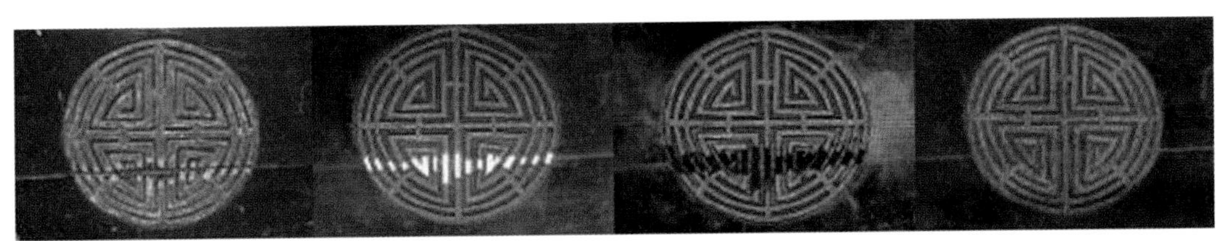

〈그림 85〉 문양처리 전 〈그림 86〉 종이접착 후 〈그림 87〉 골해칠 후 〈그림 88〉 문양처리 후

이고 높이와 폭을 맞추어 오린 후 아교로 접착한 뒤 칠하여 마무리한다. 칠도막을 수리할 경우는 이물질이 칠이 도포된 면 또는 유물에 부착되지 않도록 주위를 정돈한 뒤 작업을 하는 것이 좋다.〈그림 85, 86, 87, 88〉

(5) 색맞춤 및 마무리

우리나라 칠기 유물은 안쪽에는 주칠을, 밖에는 흑칠을 한 예가 많다. 나전공예품의 색 맞춤을 위해서는 옻칠에 안료나 염료 등을 배합하여 색맞춤을 하는데, 여기에는 고도의 기술이 요구되어진다.〈그림 89, 90〉

일반적으로 색맞춤을 위해서는 옻칠에 전통안료인 무기안료를 섞어 얻어지는 색깔을 이용하는 것이 바람직하다. 무기 안료를 이용하여 정제칠에 사용하게 되는데, 이때 색깔들은 수은+황화합물인 주사나 아비산과 유산을 합성하여 만든 석황 등 자연에서 채취한 안료를 혼합하여 낸 것들이다. 대개 우리나라에서는 보존처리할 때 전체적으로 분위기를 맞춰주기 위해 정제칠[22]을 묽게 하여 도포하며, 수리·복원 후 환경 적응 과정 동안 재탈락 또는 균열이 있는 부분은 정리

〈그림 89〉 혼수함의 보존처리 전

〈그림 90〉 보존처리 후

22 옻나무에서 채취한 옻의 불순물을 제거한 생칠을 교반과 가열과정을 거쳐 20~25% 정도 함유되어 있는 수분을 증발시켜 만든 옻을 칠하는 작업을 말한다.

하여 마무리하는 방법을 사용하고 있다. 전체적으로 칠하지 않고 손실된 부분에 한정하여 옻칠을 하게 되는데, 원래의 칠기표면과 약간 다르게 하여 복원된 부분을 알 수 있도록 한다.

5. 전시 및 보관방법

5-1. 수침목재의 보관 및 전시방법

보존처리가 완료된 목재유물은 수장고 또는 전시실의 온도를 18~23℃, 상대습도 55~65%(칠기의 경우에는 상대습도 70%)를 유지해 보관하는데, 온도는 ±2℃, 상대습도는 ±5% 이하로 그 변동폭이 적어야 한다. 또, 정기적으로 방충·방균 처리를 해서 목재유물이 해충 및 균류에 의해 손상을 받지 않도록 해야 한다. 전시중에는 전시조명이 400nm 이하의 자외선과 열 등은 목재의 열화, PEG의 산화 및 분해를 촉진시키므로 자외선 및 열의 방사가 적은 광원을 사용하도록 한다.

전시공간이 신축된 콘크리트 건물의 경우 일반적으로 2~3년 간 목재유물에 유해한 습기와 휘발성 화합물 및 알칼리 미립자를 방출하므로 이와 같은 건물에서 보관 및 전시는 피하는 것이 좋다.

5-2. 전세품의 보관 및 전시방법

전세품 중 목공예품들은 장식이나 기법에 사용되는 목재 외의 재료가 사용되기 때문에 개개의 재질에 맞는 보존방법을 택해 적절한 대응을 해야 한다.

목가구 등의 목공예품은 적정한 습도(상대습도 55±5% 기준)에서 벗어나 지나치게 건조한 상태에 있으면 수축현상이 발생해 짜임의 결구부분이 느슨하게 된다. 또, 각 부분별로 나무 재질이 서로 다른 경우에는 틈새가 벌어지거나 결구부분에 이상이 생기게 된다.

칠기의 경우, 습기에 민감하므로 상대습도 55~65%, 온도 19~25℃인 암실과 같이 어두운 곳이나 비단이나 면과 같은 천으로 싸서 오동나무 상자에 보관하는 것이 좋다.

전세품 목재문화재 중 지금까지 온전히 보존되어 온 것 중의 하나는 해인사에 있는 팔만대장경(재조대장경)판이다. 고려시대에 만들어져 거의 800년간 보존되어온 팔만대장경이 지금까지도 거의 완벽하게 유지가 되는 이유는 경판의 안정성 외에 경판에 옻칠을 하고 환풍, 습도, 온도 등을 적절히 조절할 수 있도록 하는 장경각의 위치와 경판의 배열 때문이다. 이와 함께 서원이나 향교의 장판각에 보존된 목판들은 경판을 깨끗이 닦는 등의 청소와 정기적인 훈증소독을 실시하여 목판보존을 위해 해충으로 부터 침식을 방지해야 한다. 목판 보존을 위한 각별한 노력도 무시할 수 없다.

〈표 5〉 프레파라트 제작법– Paraffin Embedddment 방법

필요한 재료 및 시약: 마이크로톰(Microtome : 로터리, 슬라이드 방식), Xylene, Ethanol, Paraffin, 증류수, Glass Slide, 염색시약[사프라닌(Safranine), 훅신(Fuchsin), 토루이딘블루(Toruidine Blue) 등], 카나다발삼(Canada Balsam)

1. 준비한 부후재의 시편블록을 횡단·방사·접선면을 5×5×5mm로 각 2개씩 시편 6개를 준비
2. 부후재를 FAA(Formaldehyde Acetic Acid) 고정액에 담금(6시간)
   FAA용액의 구성
   1) Ethyl alcohol(95%)50ml
   2) Glacial acetic acid5ml
   3) Formaldehyde(37~40%)10ml
   4) Water(증류수)35ml
3. 증류수 수세
   시편을 6시간 고정 후 FAA 고정액을 제거한 다음 증류수를 이용하여 2시간 주기로 3번 수세
4. 알콜탈수
   각 단계별(50%→70%→90%→95%→100%) 에틸 알콜을 이용하여 2시간씩 탈수를 실시하고 특히 에틸 알콜(100%)로 2회 실시한다.
5. 투화
   에틸 알콜 : Xylene=1 : 1(2시간)과 Xylene(100%)(각 2시간씩 2회)를 이용하여 55~60℃로 건조기 내에서 파라핀을 시료 내에 침투하도록 한다.
6. 포매
   종이상자(1.5×1.5×2~3cm)를 제작하여 파라핀으로 처리된 시편의 자를 부분이, 상자의 아래쪽을 향하게 하여 넣고 상자에 파라핀을 부어 경화시킨다.
7. 마이크로톰을 이용하여 각 시편에서 절편을 제작하고 Poly–L–lysine을 이용하여 절편을 프레파라트에 부착한 후 55℃ 건조기에서 1시간 동안 보관
8. 파라핀 제거
   Xylene(100%)(2분), 에틸 알콜 : Xylene=1 : 1(5분), 각 단계별 에틸알콜 (100%→95%→90%→70%→50%) 순으로 실시하여 파라핀 제거한다.
9. 염색 및 투화
   1% 사프라닌(2분)을 이용하여 염색하고, 각 에틸 알콜로 탈수 후 (50%→70%→90%→95%→100%), 에틸 알콜 : Xylene=1 : 1, Xylene(100%) 순으로 프레파라트 전체를 넣어서 투화
10. 위의 과정을 거친 후 프레파라트에 Canada Blsam 수지(봉입제)를 도포 후 Cover Glass를 얹는다.
11. 공기가 들어가지 않도록 한쪽부터 서서히 내리고 거름종이에 대고 과잉수지를 제거한 후 납봉으로 눌러 하루정도 경화시킨다.

〈표 6〉 함수율 측정법

필요한 재료 및 시약: 마이크로톰(Microtome : 로터리, 슬라이드 방식), Xylene, Ethanol, Paraffin, 증류수, Glass Slide, 염색시약[사프라닌(Safranine), 훅신(Fuchsin), 토루이딘블루(Toruidine Blue 등], 카나다발삼(Canada Balsam)

가. 시편을 선택한 후 물에 충분히 침적시킨다.
나. 완전포화 상태인 시편을 젖은 거즈로 시편 표면의 물기를 닦아낸다.
- 시편을 수중에서 꺼낼 때 약화된 상태이기에 무리한 힘을 가하면 파손의 우려가 있으므로 주의한다.

다. 알루미늄 호일컵에 넣은 후 중량을 측정한다.
- 호일 중량 + 시편 중량

라. 중량 측정 후 1일 정도 자연 건조시킨다.
마. 자연 건조 후 건조기에서 건조시킨다.
- 설정 온도 : 105℃
- 건조 시간 : 6시간

바. 실리카겔을 넣은 데시케이터에서 1시간 정도 건조시킨다.
사. 중량측정 후 건조기에서 1시간 건조시킨다.
- 설정 온도 : 105℃
- 건조 후 중량 측정

아. 종료
- 데시케이터와 건조기에 의한 건조를 반복하며 중량을 측정, 일정한 중량이 될 때까지 실시함.
- 중량의 변화가 없으면 건조를 종결하고 중량을 측정한다.

10. 위의 과정을 거친 후 프레파라트에 Canada Blsam 수지(봉입제)를 도포 후 Cover Glass를 얹는다.
11. 공기가 들어가지 않도록 한쪽부터 서서히 내리고 거름종이에 대고 과잉수지를 제거한 후 납봉으로 눌러 하루정도 경화시킨다.

2. 적외선 수분계에 의한 함수율 측정법

가. 시편을 선택한 후 물에 충분히 침적시킨다.
나. 완전포화 상태인 시편을 젖은 거즈로 시편 표면의 물기를 닦아낸다.
- 시편을 수중에서 꺼낼 때 약화된 상태이기에 무리한 힘을 가하면 파손의 우려가 있으므로 주의한다.

다. 알루미늄 호일컵에 넣은 후 중량을 측정한다.
- 호일 중량 + 시편 중량

라. 중량 측정 후 1일 정도 자연 건조시킨다.
마. 자연 건조 후 건조기에서 건조시킨다.
- 설정 온도 : 105℃
- 건조 시간 : 6시간

바. 실리카겔을 넣은 데시케이터에서 1시간 정도 건조시킨다.
- 설정 온도 : 105℃
- 건조 후 중량 측정

사. 종료

제 4 장

석조문화재의 보존과학

1. 석조문화재 보존의 중요성

인간이 돌을 이용한 역사는 석기시대부터이다. 지금까지 석기시대의 석기류와 암각화, 거석 기념물과 청동기시대의 지석묘와 그 이 후 석실묘, 석곽묘 등의 무덤에 돌을 이용한 사례들이 발견되었다. 우리 조상들은 이렇게 암석을 채석·가공하여 석재로 만들어 사용하였다.

우리나라에서는 일반적으로 건조물에 목재를 이용하여 왔으나 전쟁 등을 겪으면서 자연스럽게 영구적인 재료로서 석재가 사용되었다. 석재는 전국 어디서나 쉽게 구할 수 있는 재료라는 이점도 있다. 우리나라에서 출토되는 석재는 단단하여 가공이 어렵지만 그 형태가 오래 유지되고, 아름다운 무늬와 색을 가지고 있어 생활도구, 건축부재, 예술품 등의 용도로 다양하게 사용되었다. 석조문화재는 화강암, 안산암, 대리암, 사암, 응회암, 점판암 등으로 만들어졌는데, 그 중 화강암으로 조성된 석조유물이 가장 많다. 이는 우리나라에 질 좋은 화강암이 대량으로 분포되어 있기 때문이다. 삼국시대 이후에는 불교문화와 함께 석탑, 불상, 부도, 당간지주, 무덤 주위의 석인과 석물 그리고 경주에 있는 일정교, 월정교와 같은 다리에 많이 사용되어졌으며, 조선시대에 들어와서는 불교문화가 소극적으로 바뀌면서 자연스럽게 유교문화에 관계되거나 생활에 관계하는 망부석 돌하르방, 수조 등에 다양하게 사용되었다. 석조문화재는 조성 시대에 따라 그 기법이 각각 다르며, 그 시대의 다양한 특징들이 표현되고 있다. 국보 10호 중에서 1호인 숭례문을 제외한 2호에서 10호가 모두 석조문화재일 정도로 석조문화재는 조형의 아름다움을 오랫동안 유지할 수 있다는 장점을 갖고 있다. 석조문화재는 이러한 재료학적 특성 등이 복합적으로 작용하여 우리 후손들에게 몇 천 년 전의 역사적, 미술사적 가치를 그대로 전달하는 문화재의 대표적인 사례가 되었다.

한편, 석조문화재는 국가 지정문화재 중 약 25%를 차지하고 있고, 도 지정 문화재에서도 28%로 많은 비율을 차지하고 있다. 이렇게 전국에 존재하는 문화유산 중 큰 비중을 차지하는 석조문화재의 수가 많은 것은 그 재질적 특성으로 인해 전쟁이나 방화 등으로 인한 피해가 적어 원형유지가 쉬웠기 때문이다.

그러나 대부분의 석조문화재는 오랜 시간 동안 옥외에 위치해 있어서 자연환경의 직접적 풍화를 받았다. 이로 인해 재질이 느리게나마 약화되고 열화 되어 본래의 모습을 잃어가고 있다. 그 원인에는 물리·화학적, 생물학적인 원인이 있으며, 근대에 와서 일제강점기를 계기로 문화재들이 훼손되거나 해외로 밀반출되기도 하는 인위적인 원인도 생겼다. 그 중에서도 생물학적인 요인에 의한 풍화는 결과적으로는 물리·화학적 풍화를 촉진시키는 원인이 되었다. 최근에는 급속한 산업화와 도시화로 인한 대기오염 및 산성비에 의하여 석재로 만든 건조물들의 훼손이 더욱 더 가속화되고 있다. 그 결과로 손상이 심한 중요문화재 등은 지정을 반납하는 비율도 증가하고 있다. 따라서 문화재청에서는 더 이상의 손상을 방지하기 위하여 전국에 있는 석조문화재에 대한 보존상태의 문제점에 대한 현지 조사를 실시하고 있다. 훼손 상태와 원인을 파악하고 보존대책을 강구하고 있으며, 보존에 문제가 있거나 안전에 문제가 생기면 석조문화재를 수리복원하는 등의 보존처리를 실시하고 있다.

한편, 석조문화재 보존의 중요성에 대한 인식이 높아지면서 많은 문화재가 보존처리되고 있으나 지나치게 약품의 효과에만 치우쳐 석조문화재가 지닌 세월의 아름다움을 한꺼번에 없애는 보존처리나 복원으로 더 큰 훼손이 일어나는 경우가 있으므로 처리 방법을 신중히 결정하여야 한다. 따라서 석조문화재에 관한 보존처리는 역사학자, 미술사학자나 보존과학자가 공동으로 협의 하에 문화재의 가치를 더욱 빛내고, 무리하게 복원해 이차적인 피해를 만들지 않는 슬기로운 방법을 도출하는 것이 중요하다.

2. 석조문화재 가공의 전통적 기법

석조유물 제작은 먼저 큰 암반에서 양질의 석재를 이용하여 만든다. 큰 자연암반에서 석조유물을 만들기 위하여, 큰 자연암반에 쐐기를 박아 일정 정도 크기의 암석을 떼어낸다. 자연암반에 박는 쐐기의 모습이 시대에 따라 다른 것을 보면 재미있는 일이 아닐 수 없다. 우리 선조들은 우수한 석질의 암석을 채취하기 위하여 운송 수단이 열악함에도 불구하고 먼 곳에서부터 가져와 이를 사용해 왔다. 대표적인 사례가 세계문화유산에 등제된 청동기 시대 지석묘이다. 전 세계 지석묘의 80% 이상이 우리나라에 있을 정도로 우리 조상들은 우수한 재료를 구하기 위하여 애를 썼다.

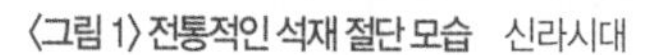

〈그림 1〉 전통적인 석재 절단 모습 신라시대

〈그림 2〉 전통적인 석재 절단 모습 조선시대

이처럼 어렵게 선정된 석재는 떼어낸 후 먹줄을 치고 선을 따라 여러 종류의 망치로 큰 부분부터 깨어내고 정으로 형태를 다듬어 만들었다. 특히 표면에 노출된 석재는 암반이 생긴 이후 계속적인 풍화로 열화되어 있기 때문에 암반의 속돌을 정으로 다듬질을 하고 암석의 표면을 부드럽게 연마하여 고운 면으로 만들었다. 우리나라의 석재의 재질적 특성상 조각할 때 약간의 실수가 있으면 다시는 사용할 수 없는 무용지물이 되는 경우가 많기 때문에 우리 조상들은 표면에 섬세한 조각을 새길 경우에는 만들기가 쉬운 점토로 우선 표본을 만들어 보고, 그 표본을 보면서 돌을 조각하는 신중함을 보여왔다. 이때, 경험이 풍부하고 단련된 석공이 돌의 특징과 결 방향 등을 고려하여 제작하였다.〈그림 1〉, 〈그림 2〉

위에서 말했듯이 석재는 여러 용도로 사용되었다. 석조문화재 중 다수를 차지하는 석탑과 불상, 석등, 부도, 비석, 당간지주의 부재별 명칭을 익힘으로써 문화재를 해석하는데 도움이 되도록 맨 뒷장에 그림을 첨부하였다.

3. 석조문화재의 손상 원인

석조문화재의 손상에는 인위적인 원인 외에도 암석의 풍화요인들이 단독 또는 복합적으로 작용하여 나타난다. 가장 뚜렷한 현상은 균열 및 박락, 부재결실, 표면 오염물 침착과 변색(백화현상, 검은색 오염, 붉은색 오염 등), 표면의 생물서식(이끼, 지의류, 수목 등), 구조불안정, 지반불안정 및 침하 등이 있다.

암석의 풍화요인은 물리적인 분해, 화학적인 변질, 생물에 의한 작용 그리고 인위적인 손상 등으로 분류할 수 있다. 풍화에 영향을 주는 요소들로는 구성광물의 종류와 함량의 정도, 암석의 조직, 절리나 단층 등 암석 자체의 물리적 성질, 화학적 성질, 기후, 지형, 노출된 시간, 양상 등의 외적인 요인, 축조시의 인위적인 충격의 정도 등이 있으며, 그 이후의 보존 상태도 영향을 미치게 된다. 대개 물리적인 풍화와 화학적인 풍화는 동시에 일어나 각각의 영향을 가속시킨다. 암석의 열화현상은 오랜 세월 동안 익숙해져 왔던 환경이 갑자기 변화했을 때에 일어난다. 급격하게 변화한 환경에 따라 물리적 · 화학적인 새로운 조건에 순응하기 위해서 결국 열화현상이 일어나게 되는 것이다. 이것은 물리적 · 화학적 · 생물적인 작용으로 분류되는 것이 일반적이다.

3-1. 물리적 요인

3-1-1. 팽창과 수축

석조문화재는 대부분 실외에 노출되어 있는 경우가 많다. 그리고 석재는 각기 다른 광물로 구성되어 있기 때문에 비열과 팽창계수가 역시 각각 다르다. 낮과 밤의 기온차로 인해 석재의 내부와 외부의 온도 차이가 크게 벌어지게 되면 이로 인해 표면과 내부 사이에 팽창과 수축이 반복되어 일어난다. 기온의 변화가 오랫동안 지속되면 암석의 균열화가 진행되어 결국 외부와 내부가 분리되는 박락현상이 발생한다. 이러한 현상을 소위 양파껍질현상이라고 한다.

3-1-2. 결빙작용

주로 겨울에 많이 발생한다. 기온의 변화로 인해 생긴 틈으로 물이 침투하여 물 자체가 갖는 모세관압(지름 1mm의 공극 사이에서 물의 모세관 압력은 1.5kg/cm^2 정도)에 의해 틈이 넓어진다. 물이 결빙되면 체적이 9% 팽창하므로 틈에 스며든 물의 결빙은 쐐기작용을 일으켜 기존의 균열을 확장시키거나 새로운 균열을 생성시킨다. 이것은 석재의 내부를 파괴하는 현상이다. 이때 팽창하는 압력의 크기는 -22℃에서 약 2,000기압이 된다. 이러한 동결 · 융해의 반복이 암석을 파손하는 주된 원인이 된다. 결빙작용은 암석의 성질에 따라 크게 영향을 받으며, 지역적으로 겨울에 춥고 눈이 많이 오는 지역에서 심하게 나타난다.

3-1-3. 비, 바람의 작용

풍화로 인해 약해진 틈으로 빗방울이 떨어질 경우 약해진 결합력을 물리적인 힘에 의해 떼어내는 역할을 하게 된다. 또한 이러한 물리적 작용 외에 빗물 속에 녹아있는 물질이 화학적 작용을 일으키고, 용매 역할을 하게 되어 풍화가 촉진된다. 최근에는 풍화에 의한 석조문화재 피해의 동정을 관찰하기 위하여 4계절 바람의 방향과 강수량을 측정하여 예측하는 연구가 진행되고 있다. 또한 모래, 먼지 등이 바람과 함께 석재의 표면에 부딪쳐서 풍화가 일어나기도 한다.

3-1-4. 기타

〈그림 3〉 해체 후 복원의 잘못으로 인한 석탑의 옥개석 균열

지반이 견고하지 못하거나 안전도 검사 후 기울기를 바로 잡기 위하여 해체, 복원하는 경우, 복원이 잘못되어 석재가 균일하게 지지되지 못하면 석재가 균열이 가는 현상이 나타난다.〈그림 3〉 그리고 심할 경우 지반침하현상과 해체 전보다 기울어지는 현상도 나타날 수 있다. 최근에는 도로망의 확대와 도시의 개발로 차량이 증가해 한적했던 유적지 주변이 차로 인한 진동 증가로 인한 피해를 입는 경우도 있다. 대표적인 사례가 국보 제1호인 숭례문 축대와 안동 신세동 7층탑이다. 안동 7층탑의 경우 안동선 기찻길이 10m 내로 인접해 있어 붕괴 위험이 있기 때문에 계속적인 관찰 모니터링을 하고 있다.

3-2. 화학적 요인

화학물질(S, CO, SO_2, NO 화합물 등)을 함유한 석재는 수분의 영향을 받아 표면이 손상되며 서서히 분해 혹은 붕괴가 진행진다. 화학적 요인에는 화학적 풍화와 석재 자체가 가지고 있는 성분과 지하수가 반응하는 염 풍화현상 등이 있다.

3-2-1. 환경으로 인한 화학적 풍화

공기 중의 이산화탄소는 돌의 표면에 있는 물에 녹아서 탄산염암석($CaCO_3$; 방해석)이나 장석류($NaALi_3O_8$; 사장석, $KAlSi_3O_8$; 정장석) 암석 등과 반응하게 된다. 이때 물에 녹은 이산화탄소는 탄산염암석에 대한 좋은 용매가 되고, 장석류에 대해서는 분해를 일으킨다. 공기 중에 존재하는 황의 산화물은 SO_2, SO_3 등이 있는데, 이들은 돌의 표면에 있는 물속에 녹아들어가 물에 잘 녹지 않는 탄산염을 황산염($NaSO_4$)으로 바꾸어 물에 녹게 만든다. 또 황산마그네슘($MgSO_4 \cdot H_2O$)이 생성되면 조해성이 커져서 공기 중의 수분을 흡수하여 반응을 촉진시킨다. 황산염은 탄산염보다 물부피가 커서 석재 표면이 얇은 조각으로 떨어져나가게 만든다. 최근 산업화와 도시의 인구집중에 따라 대기오염의 정도가 높아지고 이에 따라 산성비로 인한 도심의 석조문화재 피해가 심각해지고 있다. 공장과 자동차에서 방출된 유황산화물·질소산화물은 장시간에 걸쳐 대기 중을 유동하고 있는 동안 물에 녹기 쉬운 물질로 변화하고 결국 황산이나 초산을 함유한 산성비가 내리게 된다.

최근에는 지구의 온난화가 가속되면서 겨울에는 폭설이 자주 내리고, 여름에는 집중 호후가 잦아지면서 대기 변화에 따른 석조문화재 보존의 연구가 안전성 평가와 함께 이루어지고 있다.

3-2-2. 염 풍화

염은 암석 자체에 성분이 함유되어 있으며, 지하수에 용해된 형태로도 암석에 유입된다. 염은 암석 표면에서 결정화되는 경우와 내부에서 결정화되는 경우가 있는데, 이것으로 인해 부피가 팽창되고 암석이 떨어져 나간다. 화강암의 열팽창률이 1mm/m/100℃일 때, 염은 화강암의 열팽창률보다 2~4배 큰 팽창률을 가진다. 이는 마애불·석탑 등 설조문화재를 훼손시키는 가장 큰 요인으로 작용한다.〈그림 5〉

3-3. 생물학적 요인

생물학적 풍화에 영향을 미치는 주된 원인들로는 수목이 생육할 때 뿌리에 의해 압력을 받는 경우, 뿌리가 부식하여 수분이 포함되는 경우, 각종 미생물의 포자에 의해 번식된 지의류가 화학적 작용을 일으켜 2차적 파괴를 유발하는 경우가 있다. 지의류는 사막에서도 100년 가량 포자로 살아 있다가 서식할 수 있는 조건을 만나면 암반 등에 기생해 암반을 약화시키고 붕괴시

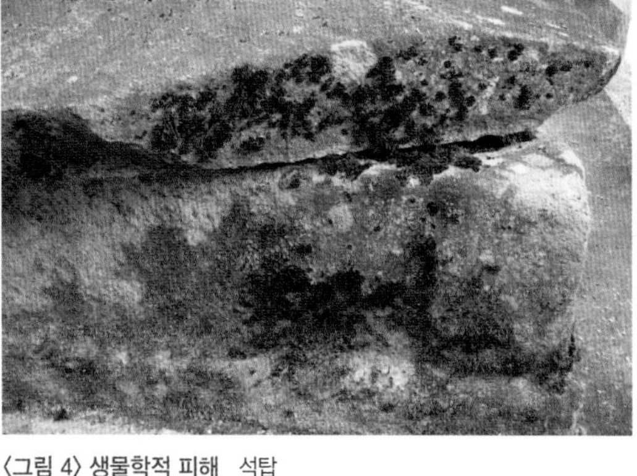

〈그림 4〉 생물학적 피해　석탑

〈그림 5〉 화학적 피해　석탑

킨다.〈그림 4〉

석조문화재의 석재 사이에 흙, 먼지 등이 바람에 날려 쌓이게 되면, 잡초류, 넝쿨식물, 나무들이 생육할 수 있는 환경이 만들어진다. 암석의 갈라진 금이나 구조물의 틈 사이로 파고 들어간 나무뿌리를 그대로 방치하면 수근의 생장에 따라 금이 갈라지거나 벌어진다. 이 뿌리는 강풍에 의해 흔들리면서 암반을 파손할 수도 있다. 이들 자생식물의 뿌리 압력에 의해 석재의 균열이 생기게 되어 풍화가 발생한다. 또한 이러한 식물들이 주위의 습기를 흡수하여 다른 지의류나 이끼류의 생육을 도와주게 된다. 암석 표면에서의 지의류의 생장은 완만한 편이나 조직을 용해시키거나 파괴하는 원인으로 작용한다. 동물류에 의한 피해에는 조류에 의한 것이 가장 많다. 조류의 분비물은 석재를 오염시키고 세균이나 기타 식물류의 생육을 촉진시키는 역할을 한다.

3-4. 인위적인 요인

석조문화재는 인간에 의해 훼손되는 일도 많다. 석조문화재가 인위적으로 훼손되는 경우는 미신, 다른 종교 단체들의 파괴, 산불, 도굴, 교통사고, 잘못된 복원 등이다. 과거 캄보디아의 앙코르 유적처럼 지배층의 종교가 바뀌면서 전에 있었던 종교 관련 문화재가 파괴되었다. 최근에는 지구에 있는 모든 문화유산은 국가가 달라도 우리 것이라는 개념이 홍보되는 과정에서 세계문화유산으로 등재된 아프카니스탄의 카블에서 130km 떨어진 바미얀 불상은 4~6세기 불상으로 탈레반이 2001년 로켓포탄으로 포격하는 웃지 못 할 사건도 일어났다.

〈그림 6〉 1910년 미륵사지 석탑

〈그림 7〉 해제 전

〈그림 8〉 2008년 해제 중

우리나라의 경우는 남아선호사상에 의해서 불상의 코가 닳아 없어져 복원하는 경우가 있고, 종교적 신념으로 인해 화재가 일어난 사적 제252호 약현성당의 예도 있다. 보물 제287호 양주 회암사지 선각왕사비처럼 등산객의 부주의로 인한 산불로 훼손되거나 무분별한 관광객들이 낙서하여 훼손되는 경우도 있다. 또한 사천왕사지 당간지주의 경우에서처럼 교통사고가 일어나는 경우와 6·25와 같은 전쟁을 통해 불가항력적으로 훼손되는 경우도 있다. 2007년 2월 4일 붉은 페인트로 훼손된 석촌동 삼전도비의 경우도 역사적인 문제와 연결되어 나타난 인위적 훼손도 있다.

일제강점기 전후로는 석탑 내의 유물을 도굴하려고 탑신이나 옥개석을 들어올리거나 탑신의 면석을 벌려 불안정한 구조로 만들어 파손, 붕괴시키는 일이 많았다. 국보 제4호인 여주 고달사지부도와 국보 제54호 연곡사 북부도는 도굴로 인해 파괴되어 해체 복원되었다. 이렇게 도굴로 인한 훼손은 대부분의 석조문화재들이 인적이 드문 야외에 조성되어 있기 때문이다. 마지막으로 잘못된 수리 복원 등이 훼손 원인으로 작용한다. 그 방법이 조악하다든지, 과거에는 이상적인 보존처리였는지는 몰라도 과학이 발달한 지금에 와서는 부적절한 보존처리제가 사용되었다고 판단되어 해체 복원되는 경우도 있는데, 대표적인 사례가 백제시대 석탑인 익산 미륵사지 석탑(국보 제11호)이다. 이 탑은 석재의 강도가 약해지고 시멘트에 금이 가 군데군데 부서지면서 탑 전체가 언제 무너질지 모르는 상황이 되어 1998년 해체 복원하기로 하였다. 보수정비사업은 총 21년에 걸쳐 2019년 까지 해체 복원하였다.〈그림 6, 7, 8〉

운주사의 석불감쌍배불좌상(보물 제797호)의 경우, 파손된 팔작지붕과 감실의 양쪽 벽을 재질이 판이하게 다른 석재로 복원하고, 철근조각으로 균형을 잡는 등의 보수를 하였다.〈그림 9〉 운주사 원형다층석탑(보물 제798호)은 기울어진 부분을 철 조각으로 끼워 넣어 녹물이 벌겋게 흘러내리고 있다. 그 후 2017년에 보존처리를 실시하였다. 운주사의 석재 건조물들이 암편질응회암

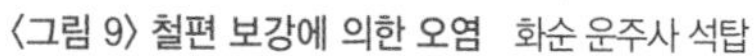

〈그림 9〉 철편 보강에 의한 오염 화순 운주사 석탑

〈그림 10〉 복원 재료의 이질감 영암 월출산 도갑사

계통으로 암편의 탈락이 진행되고 있으며, 그 옆에 자리한 석불좌상의 깨어진 머리부분과 코·귀 등을 시멘트로 발라놓았다. 대부분 야외 석조물들은 2010년대 후반을 즈음하여 과학적조사를 근거로 대부분 보존처리가 완료되었다.

공주시 마곡사 오층석탑(보물 제799호)은 석주의 북측면이 심하게 훼손되어 탑신부 3층부터 북서 방향으로 기울었고, 보령시 성주사지 중앙삼층석탑(보물 제20호)은 부재를 잘못 사용해 균열이 생기고 있다. 그리고 경주 감은사터 3층 석탑(국보 제112호)의 동탑과 나원리 5층석탑(국보 제39호)은 각각 복원 수리 후 5년을 못 넘기고 균열이 발생해 기울어질 위험이 발생했고, 기단부와 갑석의 틈으로 인해 붕괴 위기에 처해 있다.

요즘에는 다양한 보존처리제와 강화제를 개발하여 사용하고 있어 예전보다 더 나은 처리를 하고 있지만, 정확한 보존처리제의 이해와 보존처리 방법이 뒷받침되어야 한다. 더욱 더 중요한 것은 석조문화재는 자중이 많이 나가고 부피가 큰 문화재이기 때문에 단순히 재료학적인 보존처리 방법보다는 건조물의 구조학적 해석을 기초로 문화재에 대한 정확한 이해와 사전지식에 기초해 정확한 보존처리 및 복원을 해야 한다.〈그림 10〉

3-5. 구조적 요인

구조적 요인은 주로 석탑에서 많이 발생한다. 석탑은 좁은 직사각형의 평면 위에 여러 석재들을 피라미드 형태로 쌓은 조직구조이다. 그 부재들은 하중의 압축력을 받는 수직방향의 부재

〈그림 11〉 월악 미륵석굴서원지

〈그림 12〉 인위적 파괴 모습(경주) 황룡골 사지

와 전단력을 주로 받는 수평재로 분류할 수 있다. 압축파괴는 집중하중이 걸리는 하부 기단부부터 발생하고 전단파괴는 부재와 부재의 연결 부분에서 많이 발생한다. 최근에는 월악산 미륵석굴서원지〈그림 11〉 보존처리에서는 감실을 구성하는 석재들이 자연적으로 발생한 균열을 따라 계속적인 변화가 나타나 구조적인 안정을 위하여 보존처리가 진행되고 있다. 이처럼 좁은 면적에 집중되는 하중은 오랫동안 시간이 흐르면서 기초가 부동 침하되는 불안정한 구조가 된다. 또, 자동차나 지진과 같이 진동을 주는 요인은 석질의 풍화나 훼손된 부재들의 이완을 촉진시켜 마침내 탑이 붕괴되거나 크게 손상되는 원인이 된다. 따라서 지반구조진단(탄성파탐사, 지하 레이더탐사), 3D 구조진단, 물성진단, 거동진단 등을 통해 계속적으로 모니터링을 함으로써 사전 피해를 예방하고자 하는 노력이 필요하다.

또한, 일제강점기를 전후하여 석탑속에 있는 사리함을 도굴하기 위하여 〈그림 12〉와 같이 인위적인 파괴가 이루어졌고, 그 영향으로 복원이 되지 않고 시간이 흐르는 동안 구조적인 안전에도 위험이 가해지고 있다.

4. 보존처리 방법

일반적으로 석조문화재는 상황에 따라 오염물 세척, 균열부 접착, 부재 경화처리, 훼손 부분

〈그림 13〉 시멘트에 의한 백화현상 모전석탑

〈그림 14〉 석조(石槽)보존을 위한 보호각

복원 등의 보존처리가 실시된다.

수리 복원을 할 때는 석조문화재가 제작되었을 때와 동일한 기법과 재료를 사용하여야 한다. 과거에는 균열된 석재를 보존하기 위하여 균열부위 양면에는 나비장, 접착 부위에는 철심을 박아 넣고 유황을 끓여 붓는 방법이 이용되었다. 최근까지도 시멘트나 석고 등을 석재 접착에 사용하였으나 오히려 풍화를 촉진시켜 석질을 약화시키는 등 부작용이 나타나고 있다.〈그림 13〉 현재에는 화학공업기술의 발전과 더불어 에폭시 계통의 새로운 합성수지가 개발되어 손상된 석조문화재 수리 복원의 접착제와 충진제로 널리 사용되고 있다. 그러나 과거의 잘못된 보존처리에 대한 문제점을 감안하여 수리 복원시 사용하는 재료는 검증을 거쳐 문제가 없는 것을 선택하여 사용하는 것이 좋다.

또, 풍화되어 석질이 약화되거나 균열 및 박리된 석재는 합성수지를 이용해 접착복원하고 암석 재질을 강하게 하는 경화 및 발수처리를 실시하여 약화된 석재조직의 응집력을 회복시켜 주는 것이 필요하다. 석질을 경화하고 물의 침투로 발생될 수 있는 석재의 풍화나 손상을 방지하기 위해 발수경화제 합성수지를 사용한다.

최근에는 풍화의 원인인 바람, 햇빛, 비 등을 차단시킬 수 있으면서 주변경관과 어울리는 보호시설을 설치하는 방법도 시도되고 있다. 그러나 석탑은 규모가 크고, 보호각을 씌워 주변과 어울리게 표현하는 것이 만만치 않다. 그러나 다양한 위치에 놓여 있는 야외 석조물들의 보호각은 필요 할 경우 주변의 경관을 반드시 고려해야만 한다.〈그림 14〉

4-1. 예비조사

우리나라의 석조문화재 대부분은 인근의 산에서 채취한 석재를 사용하는 경우도 있으나 필요에 따라서는 먼 거리에서 양질의 석재를 채석하여 사용하는 경우도 많았다. 특히, 성곽 같이 대규모 공사에 사용된 많은 석재들은 아주 먼 곳에서 채취하여 이동해 사용했을 것이 분명하다. 따라서 복원 할 경우, 석탑이나 불상과 같은 단일 유물일 경우 특히 현미경에 의한 암석의 종류와 특징을 살펴서 가능한 한 동일한 광물을 선택하는 것이 바람직하다. 아울러 동일한 암석류라도 기존의 유물과 이질감을 없애기 위해서는 현재 석재의 암석학적 열화의 정도 및 종류를 파악해야 한다. 또한 이전에 보존처리 흔적이 있는 경우는 보존처리 약품과 방법 등에 대한 자료를 재처리시 참고 자료로 이용한다. 그리고 석재의 현재 상태와 암석표면 오염물질에 대한 분석, 원인 규명을 진행하여 암석 표면에 발생된 생물에 대한 종류, 훼손상태 등 훼손 원인을 파악한다. 또한 문화재가 놓여있는 곳의 지반상태 및 석조문화재의 구조적 결함 및 안정성을 분석하고, 주변 환경에 의한 영향 등을 조사하여 처리 중 및 처리 후에도 문화재에 피해가 없도록 한다.

4-1-1. 풍화진단

석조물의 풍화작용에 대한 피해 정도를 알기 위해서는 광물학적, 화학적, 구조학적 변화를 파악하는 것이 중요하다. 암석의 광물-화학적 풍화는 주로 용해, 수화, 가수분해, 산화환원, 탄산화 및 킬레이트화 작용 등이 원인이나 대부분은 서로 복합적으로 작용하여 암석의 구성성분, 성질 및 조직을 파괴하여 암석의 화학성분이 변하게 된다. 이러한 암석들의 풍화는 쌍정과 벽개가 발달된 장석과 운모류의 변질에서부터 시작된다. 육안으로 장석과 운모 성분이 없어지고 석영 성분이 남으면서 알갱이처럼 구성된 석영이 이탈되고 풍화가 심한 석조문화재의 표면에 구멍이 생기는 것을 관찰할 수 있다.

이러한 피해 정도를 예측하기 위해 암석을 과학적으로 분석하게 된다. 이때 문화재의 일부를 박락시켜 분석할 수 없으므로 석조물 주변에 탈락된 암석 편을 이용하거나 동일 암석의 종류를 주변에서 시료로 채취하여 화학분석, X-선 및 주사전자현미경(SEM)을 사용하여 암석의 동정을 관찰한다.

일반적으로 풍화단면에서 풍화작용의 진행정도를 측정하는 방법으로는 주원소의 분석 결과를 이용하여 화학적인 풍화작용의 정도를 풍화지수와 풍화잠재지수로 나타내는 방법이 있다.

풍화지수는 유동성이 작은 Al_2O_3에 대한 알칼리 원소의 변화를 나타내는 화학적 풍화지수로서, 풍화작용이 진행되면서 유동성이 작은 Al_2O_3은 시료에 잔류하고 있는 반면에 알칼리 계열의 원소들은 용액에 녹아 쉽게 유실되어 풍화지수가 커진다. 즉, 이 지수 값이 클수록 풍화작용이 많이 진행되었음을 보여주는 것이다. 풍화잠재지수는 암석이 화학적인 풍화작용에 얼마나 견딜 수 있는지를 보여주는 지표이다.

4-1-2. 암석의 미세조직 및 성분 분석

암석의 미세조직은 채취한 시료를 박편으로 가공·제작하여 편광현미경이나 SEM으로 구성광물 및 풍화특성을 살펴볼 수 있다. 육안으로 광물의 조직, 색깔, 크기, 반정유무, 쇄설물의 크기, 풍화의 정도 등을 관찰하고, 편광현미경을 이용하여 조암광물의 광학적 성질, 산출상태, 모드분석, 광물 공생군, 풍화에 의한 변질광물의 생성 등을 관찰한다.

원소분석을 위해 광물의 분말을 이용하여 무기화합물의 동정을 관찰할 수 있는 X-선회절 분석을 실시한다. 암석, 광물의 화학적 성질 및 풍화에 의한 지화학적인 성분변화를 알아보기 위해 주성분 원소, 미량원소 및 희토류원소를 분석한다. 정량분석 방법으로는 고주파 유도결합 플라즈마 질량분석법(ICP-MS)을 이용한다.[1]

4-1-3. 생물학적 오염 및 진단

대부분의 야외 석조물들은 생물학적 오염이 가중되어 왔는데, 다양한 종류의 조류, 지의류나 선태류들이 암석의 표면에 고착되어 기생하면서 황갈색, 청남색 또는 진녹색의 반점상으로 나타난다. 이러한 조류, 지의류나 선태류 생물들은 성장을 멈추면 암흑색 또는 흑갈색으로 변색되어 미관을 해치는 것은 물론 암석의 풍화도 촉진시키게 된다.〈그림 15〉 겨울보다는 한여름에 석탑이나 당간지주, 비석 같은 야외 석조문화재에 파란색으로 나타나 더욱 오염이 심각해 보일 경우도 있다. 이러한 생물들은 극산성 분비물을 발생시켜 암석을 부식시키는 강력한 화학적 풍화작용을 초래한다. 식물의 호흡작용과 증발작용도 암석의 풍화에 중요한 역할을 한다. 또한 직사광선을 받기 어려운 후면 암반에는 대개 담록색, 황갈색, 암흑색을 띠는 지의류가 피복되어 있

1 고주파 유도 플라즈마를 이온원으로 하는 질량분석법으로 ICP발광분석법이 주성분 원소 ~ppb 레벨의 원소를 측정 대상으로 하는 것에 비하여 이 방법은 저농도(ppt 이하)까지의 미량원소를 측정 대상으로 한다.

〈그림 15〉 생물학적 오염 사례

〈그림 16〉 지의류 피해 모습

다. 지의류는 암석의 내부에도 포자균 균사로 인한 영향을 미친다. 지의류는 석재 사이로 고인 지하수 및 지표수의 유출과 함께 암석의 풍화를 가중시키는 역할을 하고 있다. 이러한 곳은 암석의 박리현상과 함께 화학적 및 광물학적 풍화도 심하게 진행되어 있어 약한 충격에도 쉽게 떨어져 나온다. 토양화의 깊이를 나타내는 심도는 조류, 지의류 및 선태류의 번식에 의해 암석의 표면이 얼마나 침식되었는지 정도를 보여주는 지표가 된다.〈그림 16〉

4-1-4. 구조적 안전 진단[2]

문화재를 대상으로 비파괴적이고 과학적인 방법을 이용하여 문화재의 안전성을 정밀히 진단한다. 구조적 안전진단을 할 때에는 유물의 형태를 도면으로 작성하여 손상 정도를 가시화한다. 문화재 비파괴진단의 방법에는 크게 지반구조진단, 3D 구조진단, 물성진단, 거동진단 등의 방법이 있는데, 이들이 복합적으로 이루어지면 다각적인 문화재정밀안전진단이 가능하다.

1) 지반구조진단

문화재가 위치하여 있는 곳의 지반을 탐사하여 지반의 구조를 파악하고 그 안전성을 진단하는 방법으로, 주로 탄성파탐사와 지하 레이더탐사가 이용된다.

---

2 BCRC 홈페이지(http://bcrc.kongju.ac.kr) 참조.

(1) 탄성파탐사

〈그림 17〉 탄성파탐사기

암석은 균열과 공극을 채운 점토, 물, 공기로 접합되어 있기 때문에 탄성파 속도의 변화로 피복물의 두께, 단층 등을 이용하여 간접적 지질구조를 파악하는 원리로 탄성파탐사는 인공적으로 발생한 탄성파를 이용하여 지층의 구조나 매질 상태 등을 알아내는 탐사로서, 매장유적유물을 찾거나 문화재를 지지하는 지반의 안전진단시 사용된다.

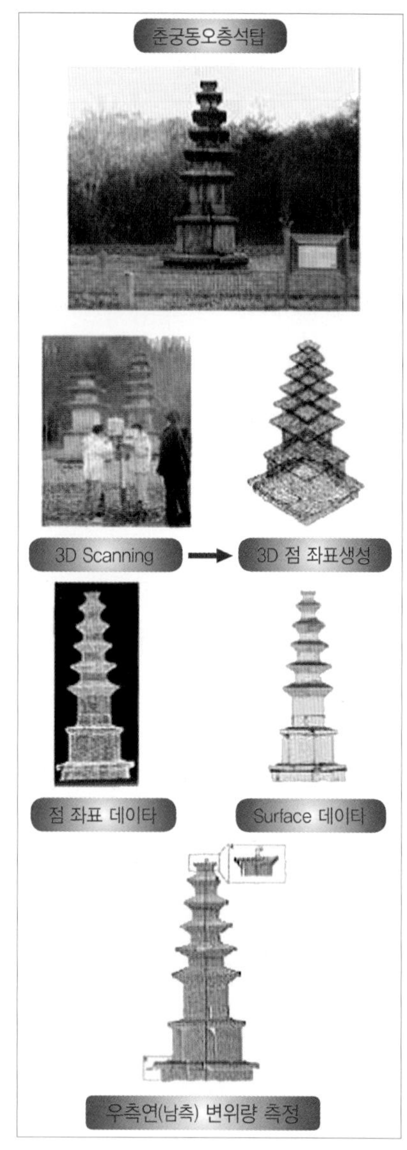

〈그림 18〉 하남시 춘궁동 오층석탑의 디지털 베이스 구축

탄성파탐사 시스템은 본체, 수신기, 발파기, 케이블로 이루어져 있다. 발파기에서 인공적인 탄성파를 내보내면 파가 지구 내부를 통과하면서 반사, 굴절되어 되돌아오는데, 이를 수신기에서 감지하여 케이블을 통해 본체로 자료를 전송하게 된다. 본체에는 탄성파에 대한 자료를 판독할 수 있는 시스템이 구축되어 있어 해석 프로그램과 연결하면 파의 진행 시간과 거리 등을 계산할 수 있다.〈그림 17〉

잔잔한 호수에 돌을 던지면 그 충격 때문에 순간적으로 얼마만큼의 물이 밀려나면서 원형의 물결파면이 일어나는 것을 볼 수 있다. 그것은 순간적 충격에 의한 물 입자의 운동으로 생기는 것인데, 이런 물결의 전파현상으로부터 물결이 움직이는 속도를 간단히 계산할 수 있고, 이 속도를 이용하여 어떤 지점까지의 거리를 계산할 수 있다. 이와 비슷한 원리로, 땅에 순간적으로 커다란 충격이 가해지면 진동이 발생하면서 지구 내부로 탄성

파의 일종인 지진파가 전파된다. 호수에서와 비슷한 방법으로 지구 내부를 통과한 지진파의 속도와 거리를 계산할 수가 있고, 이는 통과한 지역의 지하구조와 물질에 대한 정보가 된다. 이런 탄성파탐사가 문화재비파괴진단에 이용될 때에는 전문가가 문화재에 대한 사전 조사를 실시한 후 문화재에 영향을 미치지 않는 범위의 방법(문화재에 영향을 미치지 않는 범위의 인공 탄성파 발생)으로 탐사를 실시한다.

탄성파탐사는 현장조사 후 탐사를 실시해 자료를 얻은 후 자료처리와 해석을 하여 이루어진다.〈그림 18〉

탄성파탐사를 문화재비파괴진단에 적용한 사례로 익산미륵사지석탑, 송산리고분군, 숭례문 등의 구조안전진단이 있다.

(2) 지하 레이더탐사(GPR탐사)

GPR(Ground Penetrating Rader)는 고주파수의 전자파를 송신에 의하여 지하로 방사시켜 서로 전기적 물성이 다른 지하 매질의 경계면에서 반사되는 파를 수신기로 수집하여 기록한 뒤, 컴퓨터에 의한 자료처리와 해석과정을 거쳐 지하의 구조와 상태를 영상화하는 첨단 비파괴 지반조사법이다.

GPR탐사는 현장조사가 매우 신속하고, 조사자료가 영상처리되므로 객관적이고 신뢰성 있는 성과물의 제시가 가능하다. 또, 완성된 구조물이나 지반뿐만 아니라 시공단계에서도 신속히 시행할 수 있어 시공물의 품질관리에 매우 효과적이며, 적용 대상물에 제한이 없어 범용적으로 사용할 수 있다. 특히 도심지에서는 기타 탐사방법보다 분해능이 뛰어나고 효과적이며, 주변 시설물이나 지반에 전혀 손상을 주지 않는 첨단 비파괴 지반탐사이다. GPR탐사는 대형 고건축물 지반의 축조방식 조사, 문화재 주변의 지반구조 조사 등에 유용하다.

2) 3D 구조진단(3D Scanning)

3D 구조진단은 3D Scanning을 통해 문화재(석탑이나 고분 등)의 변위 파악, CAD를 이용하여 디지털 데이터베이스 구축 등을 함으로써 문화재의 안전성을 진단하는 방법이다.

3D Scanner는 다른 측량기기들과 달리 반사 타깃 없이 지형지물에 직접 레이저를 발사하여 돌아오는 레이저를 수신하여 3차원적인 측정을 할 수 있는 장비로 현재 문화재에 적용되어 문화재의 디지털베이스 구축과 문화재 정밀 안전 진단 등에 이용되고 있다.

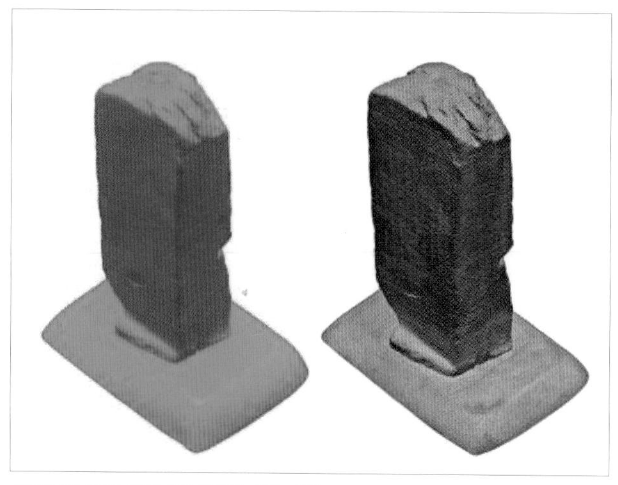

〈그림 19〉 충주 고구려비 3차원 메핑 예시

문화재의 디지털베이스 구축이란 유형문화재(석조물, 고건축물 등)에 대해 3D 디지털좌표를 부여하는 것으로, 3D Scanning, 3D 점 좌표 생성, 3D 점 좌표 데이터, 3D Surface 데이터의 자료처리 과정을 통해 문화재의 보존과 향후 문화재의 복원 및 보강에 있어 매우 중요한 자료로 이용되고 있다.

문화재 정밀 안전 진단은 유형문화재(석조물, 고건축물 등)의 변위 변화를 통하여 유형문화재의 안정성 여부를 진단하는 방법으로 유형문화재에 대하여 장기적이고 주기적인 3D Scanning 작업을 수행하고 각 좌표 값과 Surface 데이터의 변화양상을 도식화하여 변화의 원인과 과정 및 변위진행상황을 파악하고 문화재의 안정성 여부를 판별하는 작업이다.

최근 들어서는 컴퓨터의 발달로 3차원스캐닝과 수치영상분석기술이 문화유산에 대한 기록화, 가시화 작업에 적용되어 문화재보존 관리 활용이 한층 심화 할 수 있게 되었다. 특히, 3차원 모델링 및 디지털 기록화 작업으로 석탑이나 비석과 같이 야외에 노출되어 훼손이 진행되는 문화재에 Big데이터를 정리하는 경우도 있다.〈그림 19〉 이 작업으로 전시관 내에 위치하는 공간정보를 얻을 수 있고 유물에 대한 외형의 정보를 얻을 수도 있다. 아울러 비석과 같은 경우는 글자에 대한 정보를 얻는 경우도 있다. 다음은 충주 고구려비의 폴리곤메시 모델과 RGB 텍스쳐메핑 모델의 예와 매맵과 RS맵을 이용한 디지털판독결과를 예시를 나타내었다.[3]

3D Scanner는 고건축물, 선사취락지, 문화재 발굴현장, 성곽 등의 사적지, 석조문화재, 유물 등의 문화재에 관련하여 적용되어 문화재 정밀안전진단, 문화재 데이터베이스화, 문화재 재현, 가상박물관 구현, 문화재 영구보존에 이용되고 있다. 춘궁동 오층석탑, 대원사다층석탑, 가흥리 마애삼존불상의 3D Scanning의 실례가 있다.

---

3 조영훈 외 2인,"충주 고구려비 판독을 위한 3차원스캔닝 기술의 적용 및 판독", 한국고대사연구 98, 2020. 6, pp.26~27, 인용.

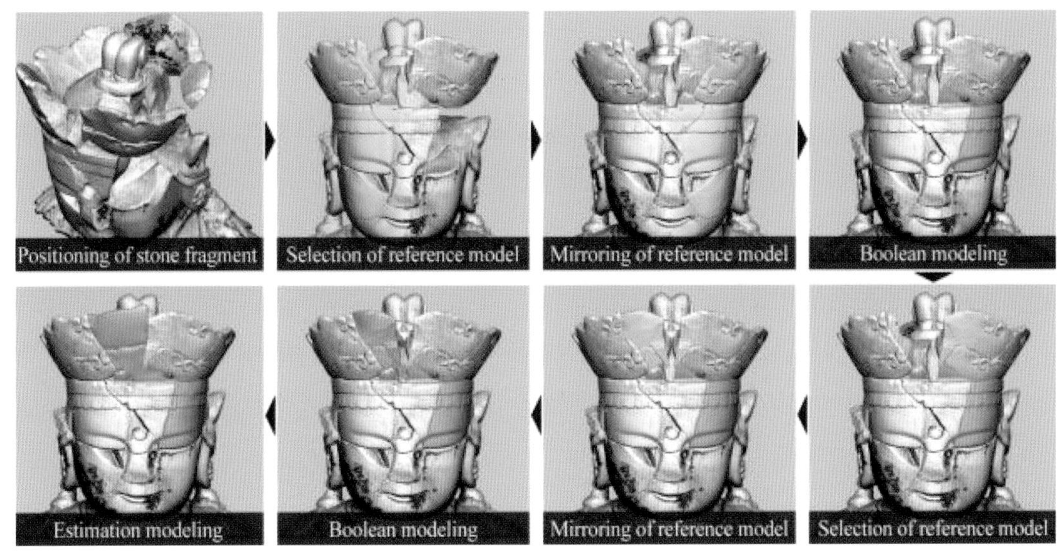

〈그림 20〉 훼손된 불두의 3D를 이용한 복원과정 예시

다음은 석불의 두상에 관한 3D Scannin으로 모델링하여 3차원 컴퓨터 그래픽스에서 폴리곤 메시 모델로 다면체의 형태를 구성하는 폴리곤과 정점들의 집합을 이용하는 방법으로 파손 된 불두(佛頭)의 이미지를 영상으로 적용 할 수 도 있는 수준으로 발전되고 있다.[4]〈그림 20〉

3) 물성진단

물성진단은 문화재 자체의 물리적 성질을 조사하는 것으로, 대표적인 방법으로 초음파탐사를 들 수 있다. 초음파탐사는 주로 석조문화재를 대상으로 이루어지는데, 문화재에 초음파를 통과시켜 그 통과 속도로 문화재의 물성을 진단하는 것이다.〈그림 21〉

〈그림 21〉 초음파탐사 장비

초음파는 암석의 물성을 파악하는데 유

4 조영훈 외 3인,"Noncontact restoration of missing parts of stone Buddha statue based on three-dimensional virtual modeling and assembly simulation", Jo et al. Herit Sci (2020) 8:103, 인용.

용한 수단으로 의학 분야에서 영상진단을 하거나 기계류의 비파괴진단을 위해 이미 사용되고 있다. 암석역학 분야에서는 초음파를 통하여 매질의 강도 및 풍화도 지수 즉 암석의 물성을 산출해 왔다. 초음파 속도는 주어진 매질에서 일정하며 매질의 탄성계수 및 밀도와 밀접한 관계를 갖고, 같은 암석에서도 공극률 및 미세 균열의 발달 정도에 따라 다르다. 이러한 원리를 이용하면 암석의 물성 및 풍화 정도를 산출해 낼 수 있으며, 석탑, 석불, 부도 등 석조문화재의 부재별 안정성을 평가하는데도 이용될 수 있다.

일반적으로 암석의 물성치 측정을 위해 현장에서 암석시료를 채취하여 실험실에서 초음파 속도 측정에 알맞은 크기와 모양으로 가공한 뒤 초음파 속도를 측정한다. 풍화에 의한 입자간의 결합력 약화와 미세균열 생성 등으로 초음파 속도가 저하되므로 초음파 속도 측정을 통하여 다른 물성인 강도 및 풍화도지수를 산정할 수 있다. 그러나 석조문화재는 그 특성상 시료를 채취할 수도 없고 실험실로 가져올 수도 없기에 현장에서 비파괴조사 방법인 Direct Transmission, Semi-direct Transmission, Indirect Transmission의 3가지 방법으로 측정할 수 있다.

초음파 속도의 측정은 주로 암석 시료를 통해 이루어지며, 시료의 시점부에서 종점부까지 초음파가 진행하는데 걸리는 시간을 측정하고, 이를 시료의 길이로 나누어줌으로써 초음파속도를 산출해 낼 수 있다.

여러 가지 광물이 모여서 만들어진 암석에서도 광물 조성만 같으면 초음파 속도가 같아야 한다. 그러나 광물조성이 같다 하더라도 이차적으로 발생한 미세균열의 발달 정도 및 광물의 풍화 정도에 따라 초음파 속도는 달라진다. 같은 광물조성의 암석이라도 미세균열이 발달할수록 즉, 암석 내의 공극이 커질수록 초음파 속도는 작아진다. 이러한 원리를 이용하면 광물조성에 의해 주어지는 이론적인 초음파 속도와 측정된 초음파 속도와의 차이를 통해 균열 발달 정도 및 풍화 정도를 추정할 수 있으며, 궁극적으로 암석의 강도도 산출할 수 있다.

4) 거동진단(Tilt Monitoring)

우리 주변의 다양한 문화재들은 시간이 흐르면서 지각의 변동이나 미묘한 지형의 움직임 등에 영향을 받게 된다. 거동진단은 미세한 변위까지 측정 가능한 계기를 문화재에 부착하여 문화재의 미세한 거동과 거동 방향까지 파악해 문화재의 안정성 여부를 파악하는 진단방법이다.

경사계(傾斜計:지구 표면의 경사를 측정하는 기구)인 Tiltmeter라는 계기를 이용하는데, 문화재의 장기적인 거동 모니터링을 통해 문화재(고분군, 석불과 주변 자연암체 등)의 기울어짐이나 붕괴 등을 미

〈그림 22〉 공주 무령왕릉의 거동모니터 설치

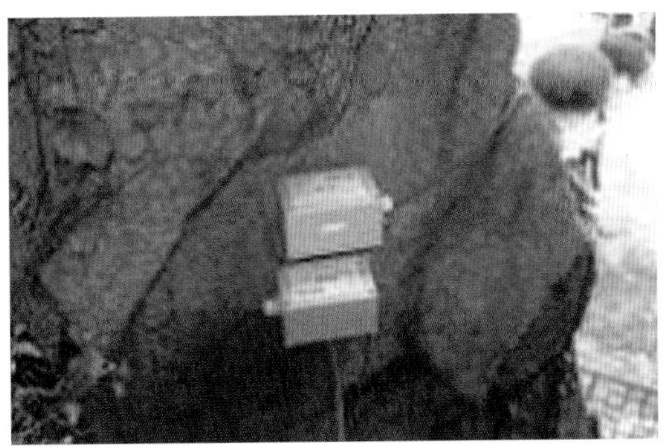
〈그림 23〉 영주 가흥리 마애삼존불의 거동모니터 설치

리 예측하고 예방할 수 있다. 이러한 장기적인 모니터링으로 관측된 결과에 따라 유형문화재에 대한 보강과 보수가 이루어지게 된다.

문화재의 동서남북과 상하 방향에서 측정된 거동데이터는 전기적인 신호로 네트워크 상에서 실험실로 전송되고, 소프트웨어를 이용하여 자료처리하여 어느 방향으로 구조적인 변화 거동이 있는지를 파악하게 된다. 이러한 거동의 결과는 온도와 주변 환경 요소들과 어떠한 관계성을 가지는 것인지 해석하고, 이를 기초로 문화재의 안전성과 문제가 도출된 경우 보존 대책을 수립하는 자료가 된다.

송산리 고분군(무령왕릉)은 1997년 2월부터 5호분, 6호분, 7호분 고분 내에 거동모니터를 설치하고 제반 안전성 여부 판별을 위해 상시 모니터링을 실시하여 현재까지 진행하고 있다.〈그림 22〉 또한 서산마애삼존불(국보), 경주 석굴암, 자연환경에 직접적 영향을 받는 야외 노출 문화재의 대부분에 적용하고 있으며, 석조문화재나 건조물에 설치된 관찰 모니터링이 계속적으로 이루어지고 있다.〈그림 23〉

4-2. 주변 정비[5]

실내에 전시된 석조 불상 및 석조문화재는 보존처리실로 이동하여 보존처리할 수 있지만, 야외에 있는 석조문화재는 주변의 식재나 접근로 및 주변의 다른 문화재의 관계 등 작업을 방해하는 요소들의 정리가 우선되어야 한다.

가장 이상적인 방법은 생물학적 피해를 주는 주변 식목을 문화재의 환경에 지장을 주지 않는

5 국립경주문화재연구소 보존처리 사진 참조.

〈그림 24〉 처리 전

〈그림 25〉 수목제거

〈그림 26〉 석탑 보호를 위한 비계 설치

범위에서 제거하고, 작업시의 안전을 돕고 높은 곳에 이동이 편리하도록 하는 안전시설인 비계를 설치하는 것이다. 최근에 일부 연구자들이 "주변의 수목 및 잔디는 최대한 제거하여 뿌리 침투로 인한 암석의 파괴 요인을 제거하고, 지의류 발생을 억제한다"는 이론을 주장하고 있지만 문화재는 그 문화재만이 가지는 주변 자연과의 어울림이 고려되어야 한다. 배수로와 같은 시설도 최근 질 높은 재료들이 생산되고 있어서 최소한의 시설로 최대한의 결과를 얻는 과학적인 연구가 필요하다.

아울러 수목의 제거가 필요한 야외 석조문화재의 경우, 우리나라의 연중 태양고도를 고려하는 것이 바람직하다. 먼저 식물의 생육 종류를 파악하고, 그들 생물들이 계절에 따라 어떻게 생육하는지를 연구한 후 봄에서 가을까지 태양의 광합성으로 생육한다면 춘분과 추분 정오의 태양고도가 60°인 점을 고려하여 문화재의 하단 부분부터 수목을 제거하면 된다. 근접한 나무의 허리 부분을 자르면 미관상 좋지 않으므로 이러한 경우는 뿌리 부분을 제거하면 된다. 또한 동절기 계절과 관계되어 피해가 예상된다면 동절기의 태양고도 30°를 스카이라인으로 생각하여 주변 환경을 최소하게 제거하면서 석조문화재를 보호할 수가 있다.〈그림 25, 26〉

4-3. 표면 세정 방법

오랜 시간 외부에 노출되어 있는 석조문화재는 물리화학적 및 생물학적 풍화가 진행되어 표

〈그림 27〉 물리화학적 및 생물학적 풍화가 진행된 석조불상 경주 남산

〈그림 28〉 보존처리 후 석재 표면 화강석

〈그림 29〉 이끼, 지의류로 오염된 마애불 경주 남산 윤을곡마애불

〈그림 30〉 오염이 제거된 마애삼존불 경주 탑곡 마애조상군

면에 균열이 생기고 박락되어 미세한 먼지 입자와 꽃가루가 암석 내에 침투되어 있다. 또, 황갈색 수산화철에 의한 암석의 변색과 강수의 유동흔적을 따라 나타나는 암회색 침전물, 탑의 이격에 삽입된 철편의 부식으로 인한 적갈색의 침전물, 석조물 전반에 걸쳐 서식하고 있는 하등식물에 의한 오염 등이 나타난다.〈그림 27〉

오염물 세척에는 솔이나 핸드드릴 등을 이용하는 물리적 방법과 알콜이나 계면활성제 등을 이용하는 화학적 방법 외에 고압의 물을 뿌리거나 스팀을 사용하여 오염물을 제거하는 방법이 있다.

건식 세척은 부드러운 솔과 나무칼을 사용하는 것이다. 하지만 실제로 건식 세척은 그리 적절한 방법이 아니다. 세척은 습식 세척 고온스팀을 이용한 세척기를 이용해 하는 것이 좋다. 또, 동물 털로 만든 부드러운 솔로는 제거가 거의 불가능하기 때문에 플라스틱 솔을 이용하는 것이 효과적이고 세정에는 동물 털로 만든 부드러운 솔이 효과적이다.

세척에 있어서 중요한 것은 석재를 상하지 않게 처리하는 것이며, 새로운 오염을 방지해야 한다는 점이다. 화학적인 세척을 할 경우 어떤 시약을 사용하는가도 중요하지만 더 중요한 것은 작업방법 즉 농도를 어떻게 하며 그 시약을 어떻게 처리하느냐 하는 것인데, 이에 따라 효과 및 영향이 다르게 나타나기 때문이다. 세척작업에서 사용하는 약품은 시약용(Chemical Pure)급 이상이며, 세척은 간단히 제거할 수 있는 것부터 처리한다. 더욱이 세척 후에 생물이나 오염물이 제거된 부분, 즉 사장석 부분이 풍화되고 석영 부분이 남아 있다가 강력한 세척으로 석영이 탈락되면서 석재의 인위적 풍화를 가져오게 되면 보존 처리 후 얼마간의 시간이 흐르면서 제거되기 전보다 많은 미생물들이 탈락된 공극 사이로 급격히 번식하는 경우가 있으므로 주의를 기울여야 한다.〈그림 28, 29, 30〉

4-3-1. 먼지, 흙 제거 방법

석탑이나 전탑 사이에 식생하는 잡초류와 같은 비교적 큰 식물은 손으로 제거한 후 고화되지 않은 먼지, 흙 등은 진공소제기로 흡입시켜 청소한다. 이때 풍화가 심한 곳은 진공소제기 흡입의 강도를 조절하여 돌이 떨어져 나오지 않게 한다.〈그림 31〉 특히 수목이 자라서 뿌리가 안착되어 있는 경우, 보존과학자가 식생에 관한 성질을 파악하여 제거할지를 판단해야하는 것이 문화재를 파괴하지 않는 길이다. 특히, 우리나라와 같이 전탑이나 모전 석탑이 많은 경우는 이러한 식생을 제거하다가 문화재가 손상 되는 경우도 있으므로 각별한 주의가 요구된다. 해외에서는 실크트리 뿌리에 감싸진 캄보디아 앙코르 사원 유적이 대표적인 사례로 소개되고 있다.

4-3-2. 이끼, 지의류, 오래된 먼지 제거 방법

생물훼손을 저감시키는 방법으로 그동안 중성세제를 사용한 세척이나 고압으로 물을 분무하여 표면에 부착하고 있는 생물들을 제거하는 방법 등이 사용되어왔다. 그러나 세제의 경우 필연적으로 인과 질소 등을 다량 함유하고 있어 1차 세척 후 생물훼손의 재발생이 곧바로 나타나며 표면에 잔류하는 이들 물질 때문에 도리어 생물의 착생을 더 용이하게 만드는 부작용이 있다. 약품을 사용한 것보다 깨끗한 증류수를 이용한 주기적인 세척이 더 좋은 방법일 수 있다. 고압으로 물을 분무하여 세척하는 방법은 유럽의 대형 구조물에서 많이 사용하고 있으나 2차 오염과 표면 손상을 발생시킨다. 또한 생물제거제를 도포하고 세척하는 방법은 문화재가 갖고 있는 지난 세월의 흔적을 100% 전부 제거한다는 문제점을 안고 있다.

〈그림 31〉 건식세척

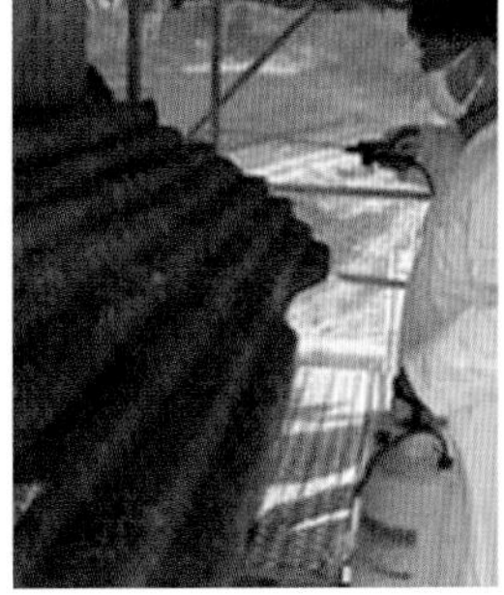
〈그림 32〉 습식세척

〈그림 33〉 습식세척

〈그림 34〉 스팀세척

따라서 오염이 심한 부분은 증류수를 이용해 한 시간쯤 불린 후 부드러운 쇠솔과 플라스틱솔로 떼어낸 후 부착된 먼지, 흙을 계속 닦아낸다. 이런 주기적인 세척을 한 후, 생물제거제 K-201, ACC 322 등을 도포만 하는 것이 바람직하다.〈그림 32, 33〉

최근에는 외국의 세척 사례를 참고로 레이저세척기를 통한 오염물 제거방법이 경천사십층석탑(국보 제86호)에 적용되었는데,〈그림 34〉 이는 검은색에 반응하는 레이저의 특성상 검은 오염물 제거가 용이한 방법이다. 그런데 레이저세척기를 통한 세척은 부재표면의 손상이 없어 보다 발전적인 방법이기는 하나 레이저가 검은색에만 반응하기 때문에 한계가 있다. 솔 등을 이용한 오염물 세척방법은 세척도구가 문화재의 표면에 직접 접촉하여 마찰에 의한 손상이 우려되므로 풍화가 심한 문화재에 사용할 경우에는 각별한 주의가 필요하다.

4-3-3. 낙서의 제거 방법

낙서에는 최근에 만들어진 낙서부터 축조 당시는 아니지만 영양 봉감리 모전석탑의 경우처럼 후대에 탑에 관련된 내용을 기록으로 남긴 경우가 있다.〈그림 35〉 따라서 세척하기 전에는 역사적인 가치를 확인하고 제거 및 보존 여부를 결정해야 한다. 특히 전탑의 경우는 음각으로 낙서를 해 놔 지우게 되면으로 낙서를 해 놔 지우게 되면 전돌이 손상되어 문화재 전반의 안전이나 외형에 치명적인 손상을 주는 경우가 있다.

먹으로 쓴 낙서는 최대한 물과 중성세제를 사용해 지우고, 지워지지 않는 곳은 모래바람(Sanding)으로 지울 수도 있다.〈그림 36〉

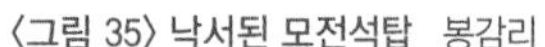

〈그림 35〉 낙서된 모전석탑 봉감리

〈그림 36〉 정혜사지13층석탑 먹으로 쓰인 낙서

4-3-4. 탄산칼슘($CaCO_3$)의 제거 방법

탄산칼슘에 오염된 석조물은 10 : 1의 묽은 염산을 탈지면에 묻혀 탄산칼슘 부분에 잠깐 대었다가 마른 솜으로 닦아내는 방법을 반복하면 된다. 이러한 작업을 4~5회 반복한 후 깨끗한 물에 적신 솜으로 이 부분을 여러 번 닦아 염산 성분을 닦아 낸다. 탄산칼슘이 거의 지워지면, 25 : 1의 아주 묽은 염산을 사용한다. 마무리는 마지막 2~3회를 약 2%의 염화암모늄 용액을 솜에 적셔 잠깐 대었다가 마른 솜으로 닦아내는 방법으로 반복하여 닦아내고 물로 충분히 씻는다.

4-3-5. 쇠 녹의 제거 방법

일제강점기 수많은 석탑과 부도들이 파괴되거나 도괴되면서 복원하는 과정에서 석재 간의 접착면이 균일하지 않은 경우에 쇠 녹에 의한 오염이 가장 심하게 발생했다. 이러한 철편은 빗물에 의한 산화로 붉게 되거나 검게 오염되는 현상을 초래한다. 자연수로는 제거가 불가능하게 오염되어 있기 때문에 시트르산나트륨, 글리세린, 물을 1 : 6 : 6의 비율로 섞은 용액을 탈지면에 묻혀 쇠 녹에 오염된 부분에 붙여두고 하루에 한번 솜을 교체하면 솜에 녹물이 묻어나게 된다. 쇠 녹 제거는 7~10일간 반복하여 작업한다. 매우 진한 쇠 녹에는 시트르산나트륨 대신 옥살산을 사용하여 상기 배합비율 및 방법으로 처리한다. 특히, 처리 후 증류수나 철분이 포함되지 않은 깨끗한 물로 약품을 깨끗이 세척해 주어야 한다. 특히, 최근 들어 근대문화재에 대한 보존처리가 활달히 진행되면서 건축물이 콘크리트를 골격으로 외장재가 벽돌이나 타일 석재로 마감되는 경우에 있어 콘크리트의 백화현상에 의한 오염뿐만 아니라 쇠 녹과 도시 공해에 따른 표면 오염물에 대한 보존처리 방법이 관심을 끌고 있다. 그로 인해 자연적으로 녹 제거제나 타일오염

〈그림 37〉 접합재의 용출로 인한 석재의 오염

〈그림 38〉 시멘트 복원으로 인한 주변 석재의 오염

물 제거제 등 다양한 약품들이 시중에 판매되고 있다.

4-3-6. 잉크의 제거 방법

2007년 2월 4일 석촌동 삼전도비(사적 제101호)에 뿌려진 붉은색 스프레이 페인트의 경우, 습포제와 유기용제를 혼합한 팩으로 페인트를 녹여 제거하였다. 이 방법은 습포법이라 하며, 약 석 달간 정도 복원 및 보존처리가 이루어진다.

4-3-7. 유황 및 시멘트의 제거 방법

과거의 잘못된 보존처리 부분 즉, 접착제로 쓰인 유황이나 시멘트 등은 주변 석재의 열화를 가중시킬 수 있으므로 먼저 기존 접착제를 정, 끌, 드릴 등으로 제거한 후 보존처리를 실시한다. 기계적 풍화가 심한 경우 이러한 방법을 사용한다면 더욱 손상을 가중시킬 수 있으므로 저압 공기를 이용해 표면에 부착되어 있는 오염 물질을 처리가 가능한 부분까지 제거한다.〈그림 37, 38〉

4-4. 파손된 석재의 접착 방법

박락된 석재의 보존처리를 위해 원래의 파편이 있을 경우에는 접착을 통해 보존처리를 실시하게 된다. 만약 파손된 부분이 없을 경우에 시멘트로 복원하는 경우도 있었으나 최근에는 파손된 부분을 복원하지 않고 그대로 유지하면서 전시하는 것을 원칙으로 하고 있다.〈그림 39〉 만약

〈그림 39〉 시멘트로 복원된 태안석조약사여래좌상

〈그림 40〉 파손석재 접착모습

파손된 석재를 접착할 경우는 석재의 균열 파손 원인과 기존 모체의 구조 안전성을 파악하여 모체의 결함으로 인한 재균열 및 풍화를 방지하여야 한다.

파손부재는 먼저 예비 접착을 실시하여 정확한 위치를 찾는 것이 중요하다. 먼저, 접착면을 정확하게 맞추어서 접착한다. 접착에 사용할 합성수지로는 에폭시계 고분자 화합물인 아랄다이트나 L-30을 사용하며, 충전제로는 활석과 규소분말, NY-C, 탈크를 혼합하여 사용한다. 접착해야 할 부분이 자체의 자중이 크고 두꺼운 경우에는 보강재를 사용한다. 그 예로는 목이 부러진 불상이나 긴 부재의 석재품의 중심에 스틸봉을 지지시키고 1차 고정한 후 접착제로 접착하는 방식도 있다.

과거 석조물의 이전이나 해체, 복원시 균열된 석조물의 고정과 수평을 맞추기 위하여 여러 가지 보강 재료가 사용되어 왔다. 과거에는 접합을 보강하는 방법으로 무쇠로 만든 꺽쇠를 주로 사용되었다. 하지만 최근에는 철산화물 등의 부식 생성물이 석재 표면을 오염시켜 풍화를 가속시킨다는 문제 때문에 티타늄 스틸을 사용하고 있다. 티타늄 스틸은 강도 및 내식성이 뛰어난 경금속으로 비중이 철의 약 60%에 해당하며 선팽창계수는 철의 약 70% 정도이다. 또한 상대강도(인장강도와 밀도)가 높으며 고온에서도 그 성질이 거의 변화되지 않고, 인장강도에 대한 내응력 및 충격에 대한 반응이 뛰어나다. 견고성과 강도가 높기 때문에 항공·자동차 산업 등에 구조물로써 이용되며, 내식성이 뛰어나기 때문에 석조문화재 보수할 경우에도 보존처리를 위한 보강재로 많이 사용되어지고 있다.

균열 부위는 주사기를 이용하여 접착용 수지를 암석 내부까지 완전히 충진 되도록 주입한다.〈그림 40〉 특히 보존처리해야 할 면의 접착면이 고르지 못할 경우에는, 접합 후 경화가 된 틈

사이로 동일 석질의 암석분말을 충진시켜 유물의 외부 형태와 비슷하게 마무리하면 된다.

석재의 접착은 아래와 같이 한다.

1. 사전조사 및 수리 전 유물의 상태를 파악하여 접착의 기본 방침과 접착방법을 결정한다.
2. 파손면은 접착을 위해 접착면을 깨끗하게 에어브러시(Air Brush) 등으로 오염물질을 제거한다.
3. 접착면의 마무리 여백은 암석을 선택해 의석을 만든다.
4. 수지+탈크+의석을 이용하여 적당한 배율로 접착제를 제작한다.
5. 접착제를 바른 후 밖으로 흘러나가지 않도록 약품의 양을 조절하고, 건조 과정에서 흘러나온 접착제를 닦아내고 석분으로 자국을 문질러준다.
6. 처리 후 기존 석재 사이로 흘러 굳은 수지는 대나무 칼로 마무리하여 기존 석재의 크기에 맞춘다.

4-5. 표면 경화 및 고색처리

석조문화재의 균열에 대한 보존처리에는 외관을 훼손하지 않도록 접착제와 발수경화제 등의 보수용 합성수지로 시공하는 것이 일반적이다. 암석의 균열된 공극을 충진하는 보존처리 과정에서는 합성수지만으로는 점도가 낮아 접착이 불가능하기 때문에 경화제와 경화 촉진제를 혼합하여 점도를 조절하며 사용한다. 그러나 수리 부분의 표면이 자외선, 습도 등의 주변 환경에 의하여 황색으로 변하고 균열이 발생되는 등 문제점이 발생될 수 있으므로 합성수지의 선택과 작업에 주의를 요한다.

석조문화재의 표면 경화제로는 에틸 실리케이트(Ethyl Silicate)와 실리콘 수지를 많이 이용하여 왔다. 충진 접착제로는 에폭시수지 L-30, L-40 등이 있다.

자연에 노출, 전시되어 풍화되고 손상된 석재는 발수경화용 합성수지를 석재 내부에 침투시켜 약화된 석재조직의 응집력을 회복시켜주고, 석질을 경화하여 물의 침투로 인하여 발생될 수 있는 풍화나 손상을 방지하여야 한다.〈그림 41〉 세척 후 충분히 건조한 후 작업을 실시하며 가능하면 3회 정도 도포해 주는데, 표면이 약품에 의해 번들거림이 없도록 양이나 횟수를 유물의 상태에 따라 조절한다. 이때 사용하는 약품은 외부로의 증발이 용이해야 하고, 자연환경에 대한

〈그림 41〉 발수경화제 도포

지속적인 내수성을 지니고 있어야 하며, 처리 후 석재의 색상변화가 없어야 한다. 우리나라에서 많이 사용되고 있는 발수경화용 합성수지로는 Wacker 290L, Wacker OH, Wacker OH 100, DWR, SS-101 등이 있다.

또한 처리 후 암석과 맞추어 이질감이 없도록 색맞춤을 하여준다. 동일 암석을 이용하여 석분으로 수지 위에 접착을 하는 방식으로 색맞춤을 하면 되는데, 표면이 생물학적 피해의 흔적이 있거나 오염 얼룩이 있는 석조문화재의 경우, 접착한 부위와 많은 차이가 나므로 완전히 경화되고 주변이 건조된 후 주변 암석과 동일한 질감을 갖도록 보채를 한다.

4-6. 해체 및 복원

석조문화재 중 석탑은 익산 미륵사지석탑과 같이 안정성에 심각한 문제가 있어 해체 복원하는 일이 많다. 미륵사지석탑은 콘크리트 부분이 풍화되어 미관을 해칠뿐만 아니라, 1998년 안전진단 결과 구조적으로 불안정하고, 부재들이 마모되고 약화되어 붕괴의 위험이 있다는 보고가 나와 오랜시간 해체와 복원 작업을 실시하여 국립미륵사지 박물관의 건립과 함께 전시되고 있다.

그러나 문화재를 해체하고 복원하는 작업은 여간 어려운 일이다. 특히 석조문화재의 경우 해체시 부재 표면이 떨어져나가고, 돌 자체가 약해져 재조립할 때 사용하지 못하는 위험부담도 크다. 익산 미륵사지동탑은 서탑(西塔)을 참고하여 복원한 후 역사의 흔적을 표현할 수 없는 한계성 때문에 구설수가 되었다. 서탑은 해체 후 원형을 알 수 없어 복원에 어려움을 겪었던 예를 보면 해체는 쉽게 결정할 일이 아니다. 그 예로 고성 건봉사 능파교는 복원 도중 붕괴됐다. 1995년 해체하고 수리된 감은사지 동탑은 적심이 기울어지고 부재가 떨어져나가 2002년 긴급 보수했다.

오랜 세월을 버틴 탑을 해체하는 것이 석탑을 보존하는데 완벽한 해답이 되지는 않는다. 문화

〈그림 42〉 부재 해체시 부재보호를 위한 덮개천 도포
서산 보원사 법인국사보승탑

〈그림 43〉 부재 해체 서산 보원사 법인국사보승탑

재를 보수기술 실험의 기회로 활용하는 것은 곤란하며, 장기간 변화에 대한 동정의 모니터닝 결과를 토대로 정말 문제가 있는 경우에만 해체를 실시해야 할 것이다.

4-6-1. 석조건조물의 해체

해체시 안전사고가 발생하지 않도록 유물 주변에 보호각을 설치하고 유물을 관찰하거나 예비조사를 위해 주변에 비계를 설치하여야 한다. 특히 해체시에는 각 부분의 설치 상태를 면밀히 확인하고 해체될 부재를 작업에 방해되지 않도록 질서있게 놓을 수 있도록 한다. 특히, 석탑 해체와 복원은 석조문화재 관련 기술자의 지휘 아래 작업을 진행하고, 각 부재별로 잘 지워지지 않는 것으로 표기하여 조립시에는 해체시 순서의 역순으로 조립이 될 수 있도록 한다. 해체시 상부 전면, 후면의 순서로 해체한다. 보존처리를 위해 옥개석 이상 부재의 부분 해체시에는 전통적인 드잡이 방법인 거중기로 해체하고, 전체 부재의 해체시에는 크레인을 사용한다. 그러나 중장비 접근이 곤란한 지역에 위치한 석조문화재는 전통적인 드잡이 방법인 거중기로 해체·복원한다.〈그림 42〉

해체 된 각 부재의 표기된 순서 및 위치를 도면으로 기록하고 부재마다 고유한 숫자나 표기를 표시하여 작업시 혼동되지 않도록 한다. 해체하면서 탑의 기초 부분의 재료 및 수법, 깊이 등 크기를 확인하여 기록하고 복원시 변형되지 않도록 하고 해체가 완료되면 해체부재는 별도 보관 장소에 안전하게 보관한다.〈그림 43〉

〈그림 44〉 법인국사보승탑 해체복원 전

〈그림 45〉 법인국사보승탑 해체복원 후

4-6-2. 석조건조물의 조립

석조물은 복원할 때에는 각 부재들에 대한 과학적인 분석을 통하여 석재 부재들에 대한 안전진단을 실시하고 부재의 노출된 면이 시멘트나 불순물 등에 오염되었을 경우에는 제거 후 사용한다. 만약, 석재가 풍화에 의해 열화가 심한 경우는 발수경화제를 이용하여 보강하고, 균열 부분이 발견되면 수지로 접착보수한다. 이때 주의점은 열화의 정도에 따라 재사용 여부를 판단해야 한다.

복원의 진행방법은 해체시와 같이 주의를 기울이고, 해체의 역순으로 조립하고, 조립 후 번호 등의 표시는 잘 기록 하여야 한다. 하부면석과 갑석, 1층의 갑석이나 탑신석이 이탈되지 않도록 주의하여 조립한다.

소실된 부분의 복원은 자칫하면 조성 당시의 원형과 다른 방향으로 진행되어 큰 오류를 범할 수 있으므로 매우 신중하게 이루어져야 한다. 복원시에는 원 부재와 동일 석질의 부재로 제작하며, 관련 자료들을 충분히 검토하여 복원 내용을 결정한다. 그러나 소실된 부분의 원형을 정확히 파악할 수 없을 때에는 복원하지 말아야 한다. 단, 소실된 부분을 복원해야만 구조적으로 안정적일 경우는 전문가와 협의하여 복원 범위를 정하는 것이 필요하다. 그러나 원형이 정확치 않을 경우에는 가능한 복원의 한계를 형상의 범위에 국한하여 간략하게 복원하도록 해야 할 것이다.〈그림 44, 45〉

4-7. 보호각 설치[6]

대개 석조문화재의 암석풍화가 심한 경우에는 비나 바람 등을 차단시킬 수 있는 보호시설을 건립하여 보존하는 방법을 사용한다. 그러나 보존에 문제가 있다고 하여 옥외에 있는 모든 문화재를 실내로 이전하거나 보호시설을 건립할 수도 없다. 왜냐하면 문화재는 그 문화재가 위치한 주변 환경과 더불어 존재하는 것으로 그 지역과 역사를 같이 하고 있기 때문이다. 문화재 훼손 방지를 위한 보호시설의 설립과 보존처리 방안은 반드시 필요하지만 문화재와 주변 환경과의 조화를 고려하는 것이 매우 중요한 과제이다. 그러하기에 문화재의 특성을 잘 나타낼 수 있고, 주변 환경과 조화를 이룰 수 있는 보호시설이 건립되어야 할 것이다. 보호각은 유적에 관련한 고고학적 발굴 결과물을 기초로 한 응용 보호각이 이상적이라고 볼 수 있다. 더 나아가 보호시설이 문화재의 올바른 보존뿐만 아니라 항구적으로는 문화재와 더불어 문화재적 가치를 함께 할 수 있도록 안내판은 물론 박물관, 전시관 등의 시설을 함께 건립하는 것도 고려해 보는 것이 좋다.〈표 1〉

〈표 1〉 보호각 현황

유 형	형 태		합 계	백분율(%)
	전통건축형태	현대건축형태		
석 불	52	2	54	44
마애불	8	3	11	9
석 비	36	2	38	31
석등·사리탑	3	0	3	3
석조·석연지	2	1	3	3
석 탑	0	1	1	1
석조 기타	1	2	3	2
요 지	0	4	4	3
동종·철확	4	1	5	4
합 계	106	16	122	100

6 배병선, 『문화재 보호각의 현황과 개선방향』, 국립문화재연구소.
김사덕 외, 『운주사 석조문화재의 보존상태와 보존방안에 대한 연구』.

〈그림 46〉 보호각 제거후 서산마애삼존불

또한 이러한 보호시설의 건립으로 현재 상태에서는 비·바람 등 자연 환경의 영향을 직접적으로 받지 않아 보존에 도움이 되고 있지만 오랜 세월동안 익숙해져 왔던 환경이 갑작스럽게 변함으로 인해 발생하는 암석의 열화현상 등도 무시할 수 없다. 이를 막기 위해 주기적으로 정밀진단을 실시해 문제점이 발생시 재처리나 다른 보존대책을 세울 수 있도록 해야 할 것이다.

한편, 서산마애삼존불의 보호각이나 태안마애산존불 보호각의 경우 비·바람을 막기 위해 보호각을 세웠으나 최근에는 통풍의 막힘과 채광으로 인한 문제 등이 발생하여 벽을 없앴고, 이어서 보호각의 지붕마져 없애버렸다. 이러한 경우는 한 분야의 전문가에 국한된 자문보다 건축, 지질, 역사, 보존과학 등 각 분야에 역사적 의식을 같이하면서 과학적 기술을 점목하여 시행착오를 막아 문화재를 보호해야한다.〈그림 46〉

경천사지 10층 석탑은 풍화와 산성비에 약한 대리석으로 만들어져 그 피해를 많이 입었는데, 1995년 해체하여 보존처리 및 보수·복원을 하여 2005년 보존처리를 완료한 예이다. 이 탑이 처음 위치했던 경기도 풍덕군(개풍군) 광덕면 중연리 부소산 경천사지에 있던 모습과 현재 국립중앙박물관에 전시되어있는 모습을 비교하면, 보존과 관련하여 어떤 환경이 탑의 예술성 및 역사

〈그림 47〉 경주 중생사 약사여래 보호각

〈그림 48〉 경주 골굴암

〈그림 49〉 경주 골굴암 세부

〈그림 50〉 경천사지 10층석탑
1902년 부소산 경천사지

〈그림 51〉 경천사지 10층석탑
2007년 국립중앙박물관

〈그림 52〉 원각사지 10층석탑 2007년 탑골공원

〈그림 53〉 고구려 광개토왕비 보호각

성을 살릴 수 있는 장소인지 생각해 볼 수 있다.〈그림 50, 51, 52〉 또한 비슷한 모습의 석탑인 원각사지 10층석탑이 현재 탑골공원에 보호되고 있는 모습과도 비교하여 어떤 모습으로 보존하는 것이 좋을지 생각해 볼 수 있다. 중국 집안에 자리한 광개토왕비는 그의 아들 장수왕이 414년에 세운 거대한 비석으로 보호를 목적으로 보호각이 지어졌는데, 지형적인 온도 변화의 차가 심하면서 생기는 문제로 몇 번의 재시공 후 현재의 모습을 보이고 있다.〈그림 53〉

석조문화재의 훼손 요인은 복합적으로 작용하기 때문에 훼손 요인을 근본적으로 차단하는 것은 어렵지만 예방적인 보존관리는 절실히 요구된다. 현재 보존관리에 대한 종합적인 지침을 작성 중에 있으며, 그 중 일반적인 지침을 간단히 나열하면 다음과 같다.

4-7-1. 일반적 관리지침

○ 모든 석조문화재의 관리카드를 만들어 연혁, 보수 및 보존처리 이력을 기록함.

○ 매 분기별 1회 이상 같은 형태로 사진을 촬영하여 관리카드에 보관하면서 변화 상태를 관찰함.

○ 매 분기별 문화재 상태의 변화가 있으면 보존상 이상이 발생한 것으로 파악함.

4-7-2. 주변 환경 정비지침

○ 대상 : 석조문화재 주변 수목, 잡풀, 잔디 등

○ 조사 및 점검 시기 : 여름철 강우 전후 조사〈그림 54〉

〈그림 54〉 집중호우에 의한 문화재 훼손

○ 정비지침

- 석조문화재 표면 및 주변은 비가 오면 곧바로 배출되어야 하며, 비가 그치면 즉시 건조되어야 함.
- 석조문화재 주변에 소재하고 있는 일광 및 통풍 방해요소는 제거함.
- 석조문화재 표면의 잡초 및 수목은 없어야 함.
- 주변 반경 5m 이내에는 수목 및 잔디 등 식물이 자생하지 않도록 함.

○ 주변환경 정비가 되어 있지 않을 경우 석조문화재에 미치는 영향

- 석재 훼손의 모든 근본 원인을 제공하며 암석의 강도 저하 및 구성 광물의 분해, 석재의 균열 발생, 박리, 박락, 탈락과 석재 표면 오염이 발생함.

4-7-3. 주변 환경 정비방법

○ 지대석 주변 잡초

- 석조문화재 주위 잔디 등 잡초로 인하여 비가 올 경우뿐만 아니라 보통 때도 다습하여 석재를 크게 훼손시키고 있음.
- 따라서 석조문화재 주위에는 잔디보다는 작은 자갈이 도움이 될 것으로 사료됨.
- 석조문화재 주변 지반에 잔디를 심지 않고 경사를 두어 빗물이 쉽게 외부로 배출되어야 함.

○ 문화재 주변 배수 시설

- 지반으로부터 수분이 침투할 때에는 물이 석재와 반응하면서 광물들을 풍화시키기도 하고 또 토양에 들어있던 염분들이 물에 녹아서 함께 상승하다가 건조되어 염광물들이 석출될 때 석재에 박리를 생기게 함. 수분이 침투된 부위는 동시에 습기로 인하여 생물 서식이 왕성하게 됨.
- 석조문화재 표면 및 주변은 비가 오면 곧바로 흘러내려야 하며, 비가 치면 즉시 건조되도록 배수 시설을 개선해야 함.

○ 주변 수목

- 수목과 수풀로 인하여 석조문화재 주변에 그늘이 생기고 다습하여 이끼, 조류 및 박테리아의 서식이 증가함.
- 식물의 서식은 암석의 화학적 풍화를 촉진시킬 뿐만 아니라 식물의 근압에 의해 절리가 더 벌어지고 또 다른 균열이 발생함.
- 문화재 주변의 산불로 훼손될 수 있으며, 큰 고목이 낙뢰로 도괴되면서 훼손시킬 수 있음.
- 문화재 주변 경관을 해치지 않는 범위 내에서 수목은 가지치기 및 제거함.

4-7-4. 인위적 훼손 방지 방법

○ 차량통행

- 문화재 주변의 큰 도로의 차량통행의 영향으로 진동 및 교통사고로 훼손되는 경향이 있음.
- 문화재 주변에는 도로 개설을 못하도록 하며 장기적으로 이전 대책, 석조문화재 주변 대형차량 우회, 감속조치, 차수벽 설치를 강구함.

〈그림 55〉 **석불의 명칭** 경주 남산 보리사

〈그림 56〉 **당간지주 명칭** 부여 외산 무량사

〈그림 57〉 **석비명칭** 진천 연곡리, 보물 404호

〈그림 58〉 **석등 명칭** 강원 양양 신선원지

〈그림 59〉 **부도 명칭** 남원 실상사

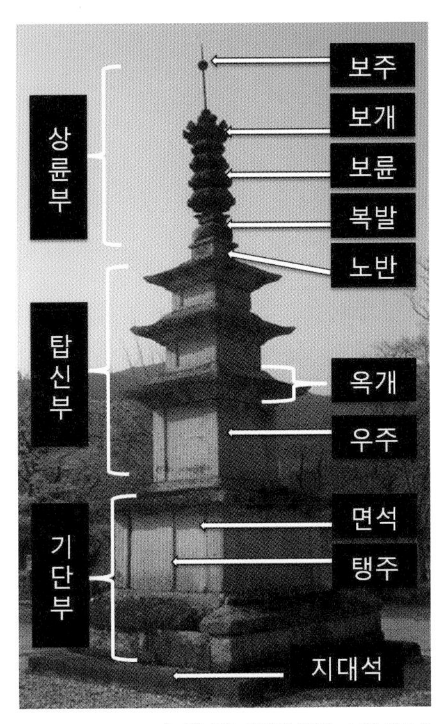

〈그림 60〉 **석탑의 명칭** 남원 실상사

○ 도굴

- 산 속에 위치한 부도 등에서 주로 발생되므로 순찰 상화, 감시 카메라 설치 등을 통하여 관리를 강화함.

○ 기타

- 사찰에서 연등행사 등의 행사를 위해 강한 줄을 설치, 또는 바람의 영향으로 훼손되는 경우도 있으며 화재로 인하여 훼손되는 경우도 있음.
- 문화재 주변에 줄을 설치하지 못하도록 유도하고, 나무 등 인화성 물질은 문화재 주변에 보관하지 않음.

4-7-5. 인위적으로 긴급 훼손된 석조문화재 조치 방법

○ 현장상황을 파악하고 더 이상의 훼손이 되지 않도록 조치함.

○ 피해현황에 대해 사진 촬영 및 조사를 한 후 문화재청에 보고

- 문화재청에서는 국립문화재연구소에 현지조사를 요청함.

○ 훼손된 부재의 모든 편들은 사진 촬영을 한 후 수습

- 수습된 편들은 정밀 복원이 가능함.

○ 피해 상황에 대해 정밀 조사를 실시함.

○ 현장에 출입할 수 없도록 조치를 하고 필요시 경찰서의 도움을 요청함.

4-7-6. 보존처리(수리 복원) 과정

○ 훼손요인 규명 : 석조문화재가 왜 손상되었는가에 대한 규명(담당 공무원, 전문가의 자문)

○ 수리 복원을 위한 설계

- 현재 상태가 문화재의 원형에 맞는지 규명할 필요가 있음.

  (상륜부의 순서, 불상 및 탑의 위치, 과거 복원 부분에 대한 검토)

○ 수리 복원 : 설계도와 전문가의 자문을 받아 실시

○ 사후점검 : 수리 복원 후 6개월마다 정기점검 이상 유무를 확인함.

한편, 손실된 부분의 복원을 위하여 동일 암석의 종류로 복원하는 사례가 늘어나고 있다. 이때 일반관람객은 전문가가 보는 동일 암석의 복원이라도 이질감을 느끼는 경우가 있는데 그 예

가 통일신라시대 세워진 경주 천관사지 석탑복원과 경주 창림사지 3층 석탑의 예에서 찾아볼 수 있다.〈그림 61, 62〉

다음으로 보존처리자가 자신이 보존처리하는 석조구조물의 용어를 알지 못하고 단순히 석재라는 인식으로 보존 및 수복처리하는 경우가 있다. 보존처리 작업 기록이나 보고서를 제작할 경우 전공 용어가 아닌 표현이 있는 경우가 있어 〈그림 55, 56, 57, 58, 59, 60〉에 사진을 통해 부분에 대한 용어를 익히도록 하였다.

❶〈그림 61-1〉 동일 암석으로 복원 경주창림사지 ❷〈그림 61-2〉 동일 암석으로 복원된 기단석 경주창림사지
❸〈그림 62-1〉 동일 암석으로 복원된 기단석 경주천관사지(2) ❹〈그림 62-2〉 동일 암석으로 복원 경주천관사지

제 5 장

벽화문화재의 보존과학

1. 벽화의 역사

1-1. 선사시대

벽화는 선사시대부터 존재했으며 그 형태는 암각화(岩刻畵) 형태로 남아있다. 우리나라에서 발견된 가장 오래된 암각화는 신석기 시대 또는 청동기 시대의 것으로 추정되는 반구대 암각화와 천전리 암각화 및 칠포리 암각화, 그리고 영일, 경주 지역의 암각화이다.

〈그림 1〉 반구대 암각화 전경

〈그림 2〉 반구대 암각화 세부전경

1-2. 삼국시대 및 통일신라

1-2-1. 고분벽화

건물지에서도 부분적인 벽화 조각이 발견되고 있으나 완전한 모습으로 발견되는 것은 고분벽화가 대부분이다. 고분벽화는 고구려뿐만 아니라 백제, 신라, 가야, 발해의 고분에서도 발견된다. 그러나 수적인 면이나 질적인 면에서 고구려를 따라가지 못한다.

고구려는 중국 집안에 12,000여 개, 북한에 1,000여 개의 고분이 보고되고 있으며, 그 중 벽화가 그려진 고분은 집안과 평양에 각 16개씩으로 평양의 8개는 세계문화유산에 등재되어 있다. 이 고분벽화들은 마치 당시의 생활을 칼라영화처럼 생생하게 보여주고 있다. 이는 1,500년 전의 그림이 아직도 남아 있다는 것 자체만으로도 가슴 뿌듯한 자부심과 긍지를 느끼지 않을 수가 없다. 그리고 고구려에서 고분벽화가 가장 발달하여 꽃피워졌다는 사실은 4~7세기 동아시아 문화를 이해하는 데 중요한 요소가 된다. 고구려에서 최초로 벽화가 그려진 고분은 집안시 만보정 1,368호 고분으로 3세기 초로 추정된다.

벽화가 그려진 고분의 내부 구조는 입구에서부터 시신이 놓여 있는 방까지 들어가기 위한 널길과 무덤의 가운데에 있는 방인 앞방, 앞방 좌우에 있는 방인 곁방, 방과 방을 잇는 이음길, 그리고 무덤의 맨 뒤에 있으면서 시신을 놓는 널방의 구조로 되어 있다. 물론 이러한 구조물들이 모든 고구려 벽화 무덤 전부에 있던 것은 아니다. 고구려의 벽화고분들은 초기에는 널방만 있는 간단한 구조에서 널방을 비롯해서 앞방, 곁방 등 여러 방이 있는 무덤으로 변해가기도 하지만, 후기에 들어서면 널길을 통과하면 널방이 있는 간단한 무덤으로 정리된다. 다시 말하면, 고구려의 고분은 초기에는 거대한 무덤에서 후기에는 간략한 무덤으로 변해가는 추세를 보인다. 반면에 벽화의 색채나 내용은 후기로 갈수록 보다 발전한다.

고분벽화는 죽은 자의 생전 세계를 표현하고, 사후의 세계를 염원하는 이상향의 표현 예술이다. 삼국시대 고분벽화는 주제에 따라 크게 인물풍속, 장식무늬, 사신도 고분벽화로 구분된다. 초기의 고분벽화는 주인공의 생전에 즐거웠던 일들과 업적을 그린 인물풍속도가 주였지만 중기의 고분벽화에서는 각종 장식무늬가 그려진다. 장식무늬만이 전부인 경우도 있지만, 대개는 인물풍속, 사신도와 함께 그려진다. 후기의 고분벽화는 사신도가 널방의 네 벽을 가득 채우고, 천장에는 신선의 그림들이 그려지는 특징을 갖는다. 이같이 고분벽화는 시기에 따라 양태를 달리하며 다양하게 발전한다.

1) 인물풍속도 고분벽화

현재 남아있는 고분벽화 중 45기의 무덤은 당시의 생활풍속을 그대로 보여주고 있으며, 이것을 통해 4~7세기 고구려민의 생활상을 엿볼 수 있다.

〈그림 3〉의 황해도 안악군 모국리 벌판이 우뚝 솟은 산에 4C 중엽의 고분인 안악3호분 벽화도 묘주의 그림과 행열도가 그려져 있다. 이 무덤의 동쪽 곁칸은 여러가지 살림모습과 태견, 노래와 춤추는 모습의 벽화가 그려져 고구려 생활을 연구하는데 중요한 자료를 제공하고 있다. 특히, 평안남도에 있는 덕화리1호분의 천장팔각모임지붕의 천장벽화에는 거북잔등무늬, 해, 달, 별, 구름, 연꽃같은 것이 그려져 있다. 그리고 다양한 별자리를 그려 고구려의 천문사상을 알 수

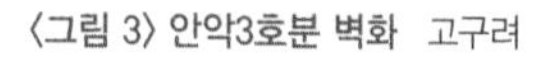

〈그림 3〉 안악3호분 벽화 고구려

〈그림 4〉 중국 집안 각저총 벽화 고구려

있는 좋은 자료의 벽화이다.

벽화의 주된 내용들은 고구려 귀족들이 죽기 전에 생활하던 모습들로 무덤 주인의 부부 그림, 야외 행렬 그림, 사냥하는 그림, 노래하고 춤추는 그림, 연회를 즐기는 그림, 생활 주변의 모습을 그린 그림, 각종 오락을 즐기는 그림과 해와 달, 별의 그림 등을 통해 당시 천문학의 발달을 알 수 있게 한다. 대표적인 무덤으로는 안악3호분과 무용총(춤무덤), 수렵총, 각저총(씨름무덤 〈그림 4〉), 덕흥리 벽화고분, 수산리 벽화고분, 장천1호분, 28수별자리를 그린 진파리4호분 등이 있다.

2) 장식무늬계 고분벽화

〈그림 5〉 덕화리1호 고분

5세기에 들어서 고분벽화의 구성, 주제에서 새롭게 등장하는 특징은 연꽃과 같은 장식무늬의 비중이 크게 증가하는 것이다. 장식무늬만이 그려진 벽화고분이 9기나 되며, 장식무늬의 비중이 큰 벽화는 대략 16기나 된다. 이들 중 13기가 집안 지역에 밀집해 있다는 것이 특징적이다. 평양 지역과 집안 지역 사이에 어떤 문화적 차이가 있는 것으로 추정되기도 한다. 이들 벽화고분들은 집안의 우산무덤군, 산성하무덤군, 하해방무덤군, 장천무덤군에 대부분 분포하고 있으며 고구려인들의 높은 정신세계의 추구와 유교, 불교, 선등의 모든 사상을 섭렵하려는 고구려의 현묘지도를 벽화에서 표현하고 있다. 주된 무늬는 동심원 무늬, 왕(王)자무늬, 연꽃무늬, 불꽃 무늬, 화초무늬, 구름무늬 등이다.〈그림 5〉

3) 사신도 고분벽화

사신이란 동서남북 4방위의 수호신을 말하며, 동쪽에 청룡(青龍), 남쪽에 주작(朱雀), 서쪽에 백호(白虎), 북쪽에 현무(玄武)가 있다. 이들은 모두 상상의 동물 형상이다. 사신도 가운데 청룡과 주작의 생김새가 다른 무덤의 사신도와는 다르게 청룡은 머리를 뒤로 돌리고 있으며, 주작은

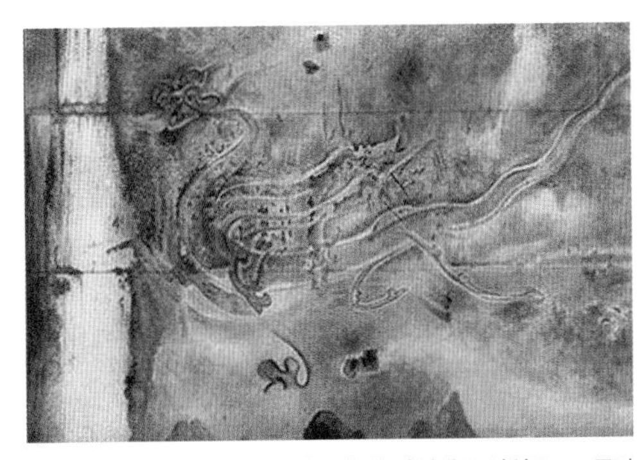

〈그림 6〉 강서대묘 사신도 고구려

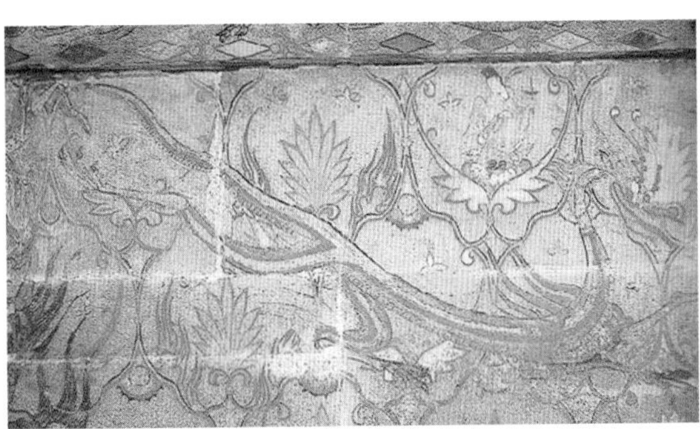

〈그림 7〉 오회분4호묘 사신도 고구려

〈그림 8〉 영주 순흥 읍내리 고분벽화 신라

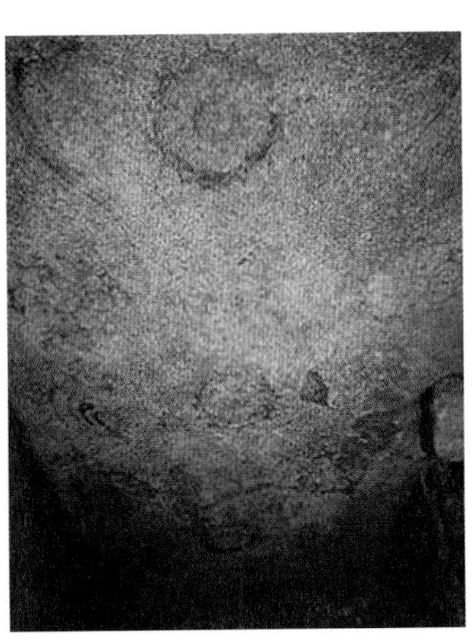

〈그림 9〉 부여 능산리 고분벽화 비운연화도 백제

머리가 밋밋하고 깃과 꼬리가 단순한 형태로 호남리 사신 무덤은 시기가 이른 무덤으로 보고 있다. 현무는 거북과 뱀의 조화로운 형상을 띄고 있다. 초기 고구려 고분벽화에서 사신도는 천장 부분에 작은 형태로 그려져 있었다. 그러나 후기로 내려오면 사신도가 고분 전체의 주제가 되면서 고분의 4방위에 각기 한 면을 차지하는 큰 그림으로 그려지게 된다. 후기 고분벽화에 나온 사신도는 뛰어난 생동감과 함께 화려한 색채를 자랑하여 예술적 가치가 대단히 높은 것으로 정평이 나 있다. 대표적인 무덤으로는 강서대묘, 강서중묘, 오회분(다섯무덤) 4호묘, 오회분(다섯무덤) 5호묘, 통구사신총 등이다.

1-2-2. 사찰 벽화

삼국시대의 건물 중 현존하는 건물이 없기 때문에 발굴을 통하여 나타난 벽화와 기록을 통해 사찰 벽화의 존재 여부를 확인할 수 있다. 우선 백제의 사찰벽화는 부여 부소산 서복사지(西腹寺址) 벽화 파편과 정림사지 출토 벽화 파편 등이 확인되고 있으며, 문헌을 통해 신라 시대 사찰에서 '솔거'의 벽화가 확인되고 있다. 후기 신라시대의 벽화로 익산 미륵사지에서 출토된 벽화를 통하여 남북국시대의 벽화를 확인할 수 있다.

1-3. 고려시대

고려시대는 불교를 중심으로 하면서 왕실에서부터 백성들까지 불교를 숭배하였다. 남북국시대부터 이어져 내려온 선종과 교종을 숭배하다가 점차적으로 선종을 중심으로 발전하기 시작했는데, 5교 9산을 중심으로 주존불의 모습도 다양하게 되고 벽화 역시 그들의 이념에 맞추어 다양한 양상을 보이게 된다. 고려시대의 수없이 많은 사찰과 불화 및 벽화들은 조선시대 임진왜란이라는 커다란 변란 속에서 거의 다 사라지고 일부의 사찰을 통해서 그 명맥을 유지하고 있다. 이 당시 그려진 것으로 확인되는 벽화는 영주 부석사의 범천(梵天), 제석천(帝釋天)과 사천왕도이며, 예산 수덕사의 벽화는 1937년 만든 모사도를 통하여 그 양상을 찾아 볼 뿐 사찰에는 벽화가 남아 있지 않다. 현재 부석사 박물관에 소장하고 있는 벽화는 부처님의 머리에 원형두광을 갖춘 입상(立像)으로 약 150cm 전후의 크기이며, 부처님을 귀족의 모습에 가깝게 표현하고 있다. 문헌에 의하면 예산 수덕사(修德寺) 대웅전에 벽화가 있었으며, 영주 부석사(浮石寺) 조사당에 사천왕 벽화가 현존하고 있었다.

1-4. 조선시대

〈그림 10〉 강진 무위사 벽화

임진왜란 이후에 조성된 건물들에서 여러 벽화들을 볼 수가 있다. 조선 초기 대표적인 벽화들은 사찰 건축물에 많이 나타나는데, 그 대표적 예로 안동 봉정사(鳳停寺) 대웅전 영산회후불벽화의 조형이 되었던 보물 제971호 묘법연화경 변상도를 포함하여 보물 제793호, 보물 제1145호의 법화경 권수판화 변상도가 있다. 또한 조선 전기인 15세기 사찰 벽화의 도상과 구도를 이해하는데 도움을 주며 왕실발원의 유물로서 가치가 큰 수종사(水鐘寺) 금동불감 후면불화가 있다. 조선 전기를 대표하는 벽화 가운데 강진 무위사 극락전의 아미타삼존도(阿彌陀三尊圖), 아미타래영도(阿彌陀來迎圖), 설법도(說法圖) 벽화도 현존하고 있다.〈그림 10, 11〉 이 당시 벽화의 회화사적인 특징은 고려시대의 사찰벽화가 본존과 권속(眷屬)을 명확히 구분하여 상하로 구분하고 있는 것에 반해, 시대가 흐르면서 본존과 권속(眷屬)의 구분이 불분명해지고 주변의 협시 보살상의 크기와 본존불과 크기의 비례가 거의 평등해지는 경향이 나타난다는 것이다. 불화의 단청은 전기에는 온화하고 부드러운 색조를 보이다가 후기로 내려갈수록 주홍색과 뇌록 계열의 녹색조가 강하게 표현된다.

일반적으로 벽화 단청하면 사찰이나 벽화 고분을 생각할 수 있다. 그러나 조선시대에는 서원에도 벽화를 그렸다. 이것으로 조선시대에는 그 건물과 관계하는 사람이나 건물이 건축하게 된 동기, 주변의 풍광에 관한 설화나 역사 등과 관계된 벽화가 많이 그려졌던 것으로 생각된다. 대표적인 사례가 경남 산청군 시천면에 있는 남명 조식 선생을 기리기 위하여 1576년에 건립한 덕천서원 옆에 있는 산천재 벽화이다.〈그림 12〉 지금은 통풍이 되지 않아 벽화에 곰팡이가 생기고 박락되고 있긴 하지만 동자주 옆에

〈그림 11〉 강진 무위사 극락전 백의수월관음도

〈그림 12〉 덕천서원 벽화

포벽에는 농부가 소를 모는 그림과 신선이 소나무 아래서 바둑을 두는 그림, 오른쪽 버드나무 밑에서 귀를 씻는 선비인 허유와 귀를 씻은 물을 자기 소에게 먹일 수 없다고 끌고 가는 농부(소부)의 모습 등을 그린 그림 등을 살펴볼 수 있다.

조선 후기의 벽화인 보물 제1315호 강진 무위사 극락전 백의관음도(白衣觀音圖)의 경우처럼 후불벽 배면에 관음보살도가 제작되는 특징도 보인다. 관음은 중생구제를 실천하는 자비의 화신으로 중생들의 고난을 구제하여 안락한 세계로 인도해 준다는 구세주의 역할을 하여 억불 정책에도 불구하고 일반 백성들까지도 인기를 얻게 되었다. 관음보살도를 갖고 있는 대표적인 사찰은 여수 흥국사, 변산반도의 선운사, 내소사, 공주 마곡사, 청도 운문사, 창령 관룡사 등이다. 그리고 김해 은하사(銀河寺) 시왕전 나한도, 경주 백률사(栢栗寺) 불좌상 벽화, 경주 분황사(芬皇寺) 천부상(天部像) 벽화 등이 있다.

이들 벽화들이 어떻게 만들어졌는지 살펴보면, 먼저 벽화를 그릴 벽면에 나무나 대나무 등 목재로 벽체를 만들고 새끼줄로 흙이 잘 부착되도록 감은 후 진흙과 짚여물, 해초풀에 섞어 만든 반죽 흙을 벽체의 안쪽과 바깥벽에 바른 후 재벽을 만든다. 재벽 위에 벽화를 그리는 벽을 만드는데, 이때 닥나무여물에 백토를 섞어 벽화를 그리는 바탕을 만들어 준다. 그리고 재차 호분이나 고운 흙이나 호분, 회를 바르고 단청 안료로 건물이나 안에 모셔져 있는 숭배 대상물에 관련된 내용을 벽화로 남기게 된다.

2. 벽화의 구조

일반적인 한국 사찰의 벽화는 외가지에 짚을 사용한 새끼줄을 엮어 벽체의 골격을 조성하였으며, 눌외와 설외의 간격은 비교적 일정하고 밀도감 있게 이루어져 있다. 구조물로 사용된 외가지는 크기 및 수종이 다양하나 주로 나뭇가지와 대나무를 사용하였으며, 외가지 중간에 비교적 내구성이 강한 각재를 사용하였다.

정리하면 다음과 같다. 하인방과 상인방 사이에 외가지로 교차시켜 놓은 것을 설외(수직가지)와 눌외(수평가지)라고 부른다.〈그림 13〉 만약 벽의 면적이 클 경우는 구조적인 안전을 위하여 중간에 외가지보다 약간 두꺼운 각재를 이용해 보강하는데, 이것을 중깃이라 부른다. 조립할 때 초벽에는 거친 흙과 짚을 혼합한 반죽을 사용하는데, 흙의 밀도가 치밀하게 이루어져 있다. 점토를 다질 때는 해초류의 우뭇가사리, 도박풀 또는 아교 등의 매제를 사용하였다. 전체적으로 평균 두께가 100~120mm 내외로 구성되어진 벽체 위에 5mm 내외로 얇게 화벽이 조성되어져 있다. 〈그림 13〉은 벽체의 골격 구성을 나타내는 사진이며, 〈그림 14〉는 벽체를 마감한 후 짚이 성글게 밀착되어 있는 모습이다.

〈그림 13〉 벽체 구조와 명칭

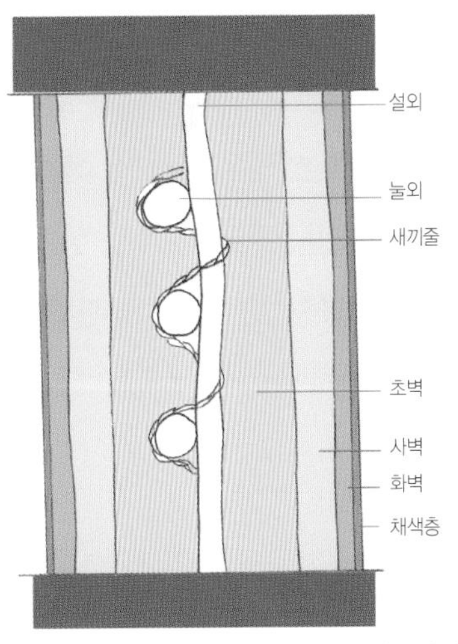

〈그림 14〉 벽체 마감면 상세

3. 벽화의 보존처리 역사

〈그림 15〉 강진 무위사 극락전 비천도(飛天圖)

『삼국사기』에는 "신라 출신의 솔거라는 천재화가가 황룡사 벽에 노송을 그렸는데, 각종 새들이 날아와 앉을 곳이 없어서 떨어지곤 했다. 세월이 지나 노송의 그림의 빛이 바래 색상이 변하니 사찰의 중들이 그 위에 개칠하였는데 그 후로 다시는 새들이 오지 않았다."[1]라는 내용이 있다. 이것은 현재 문헌으로 전하는 가장 오래된 벽화보존처리 내용일 것이다. 그 후로도 전통건축물 보수기록에서 많은 사찰의 벽화들에 대한 기록을 엿볼 수 있으나 주로 건축물에 대한 기록으로 벽화에 대한 정확한 보수 기록은 없다. 기록으로 확인할 수 있는 것은 20세기 일제강점기인데, 그 당시 많은 건물들이 보수 또는 수리 되는 과정에서 보존처리도 되었지만 동시에 많은 수의 벽화가 파괴되기도 하였다.

우리 기술의 벽화보존 처리는 해방 이후 1956년 처음으로 무위사 극락전 벽화의 보존처리로 시작되었다.〈그림 15〉 그 후 70년대 말까지는 벽화 보존처리 공사가 거의 이루어지지 않았으나 80년대에 들어서부터 벽화의 가치를 인식하게 되면서 벽화에 대한 보존 노력이 활발하게 이루어졌다. 한편, 70년대 말까지 몇 건의 벽화 보존처리 공사가 있었으나 주로 건물에 대한 수리 공사 중심으로 이루어졌다. 이것으로 건물의 수리공사에서 벽화 보존처리 공사가 제외되었고, 이로 인해 많은 벽화들이 손상되었음을 추정 할 수 있다. 이러한 것은 과거 시행된 많은 사찰건물의 수리공사에서 벽화와 관련된 사례를 살펴보면 확연해진다.[2]〈표 1〉

1 『삼국사기』, 권48, 열전8, '솔거' 편.

2 문화재청통계.

〈표 1〉 중요 벽화 보존처리 현황(1956~2018)

연 번	사찰명	년 도	처리내용	사용약품
1	강진 무위사 극락전	1956 1974 1979 1983~ 1984~1985	- 벽화분리 - 측벽화 보존처리 - 측벽화 분리 후 보호조치 - 균열부 메움작업 및 채색층경화처리 (후불벽화) - 균열부 메움작업 및 채색층 정리 (보존각 벽화)	Acrylic Emulsion 8% Isocyanate PNSY6 5%
2	완주 화암사 우화루	1981	- 균열부 메움작업 및 채색층 경화처리	Acrylic Emulsion or Isocyanate PNSY6
3	홍천 수타사 명부전	1981	- 균열부 메움작업	
4	산청 대원사 극락전	1982	- 균열부 메움작업 및 채색층 고착	
5	울진 불영사 응진전	1984	- 해체 후 원위치에 복원	
6	창령 관용사 약사전	1984 2001	- 해체 후 원위치에 복원 - 균열부 메움작업 및 채색층 고착	
7	여수 흥국사 무사전	1984	- 해체 후 원위치에 복원	
8	영주 부석사 조사당	1985 2002	- 보관 중인 벽화에 대한 세척 및 균열부 접착 및 채색층 고착 - 보관 중인 벽화에 대한 세척 및 균열부 접착, 채색층 고착 및 주변 환경 개선	용제; paraloid B-72 용매; Toluene 약3~10% 내외
9	구례 화엄사 각황전	1986	- 화면 세척 및 퇴락상태가 심한 부분 보강	
10	양산 신흥사 대광전	1988 2001	- 균열부위 메움, 안료층 고착 - 선대의 보강제 제거, 균열부 메움 작업 등	
11	김제 금산사 미륵전	1993	- 해체, 균열부 메움작업 및 채색층 보강, 원위치 복원	
12	순천 송광사 관음전	1993	- 전각 전방으로 이동 후 균열부 메움 작업 등	
13	서울 보광사 대웅보전	1993	- 개칠 후 채색층 보강	
14	의성 대곡사 대웅보전	1996~1997	- 해체 후 채색층 보강 후 원위치 복원	
15	하동 쌍계사 대웅전	1998	- 세척, 균열 부위 메움작업 및 채색층 박락 부위 고착	Emulsion 60% Polyvinyl Acetate in Water 1~3%
16	변산 내소사 대웅전	1998	- 세척, 균열부위 메움작업 및 채색층 박락 부위 고착	
17	순천 정혜사 대웅전	1999~2000	- 세척 및 경화처리	
18	해남 미황사 응진전	2000	- 세척, 균열부위 메움작업 및 채색층 박락부위 고착	
19	김해 은하사 십왕전	2000	- 세척, 균열부위 메움작업 및 채색층 박락부위 고착	
20	창령 관룡사 대웅전	2001	- 후불벽화 분리 및 전체적인 보존처리	
21	안동 봉정사 대웅전	2000,2002	- 해체 후 전체적인 보존처리	
22	완주 화암사 극락전	2001,2002	- 해체 후 전체적인 보존처리	
23	양산 신흥사 대광전	2001	- 고형물과 종이보강제를 제거	
24	창녕 관룡사 대웅전	2002,2019	- 벽화 진단, 보존처리	
25	안동 봉정사 극락전	2002		

연 번	사찰명	년 도	처리내용	사용약품
26	영주 부석사 조사당	2002	- 벽화표면 오염물제거, 채색층 박락부위 고착	Emulsion 60% Polyvinyl Acetate in Water 1~3%
27	청도 대적사 극락전	2004	- 벽화 보존처리	
28	강진 무위사 극락전	2005	- 왜곡되었던 벽화의 형상을 복원	
29	논산 쌍계사 대웅전	2008	- 대웅전 벽화 보존처리	
30	여수 흥국사 대웅전	2008	- 고착처리, 벽체보강	
31	김제 금산사 미륵전	2009,2016	- 세척, 편접합, 파손부 보강, 채색층 박락부위 고착 등 전체적인 보존처리	
32	완주 위봉사보광명전	2010	- 벽화 보존처리	
33	부안 내소사대웅보전	2010	- 벽화 보존처리	
34	고창 선운사 대웅전	2010,2019	- 벽화 보존처리	
35	양산 통도사 대웅전	2013	- 열화부위 강화, 세척, 메움처리, 채색층고착	
36	창녕 관룡사 약사전	2013	- 벽화 모사 및 단청 보존처리	
37	해남 미황사 대웅전	2015	- 천불도 보존처리	
38	완주 화암사 극락전	2017	- 벽화 보존처리	
39	울진 불영사 응진전	2017~18	- 벽화 보존처리 포벽화 22점 문양모사	

4. 벽화의 제작과정

4-1. 벽화 제작

벽화의 제작과정을 살펴보면, 먼저 기둥을 세워 수장을 지르고 수장에 의지하여 중깃을 설치한 후 외를 엮어 골격을 마련한다. 중깃은 소나무 각목을 주로 사용하며, 외가지는 곧고 단단한

〈그림 16〉 벽체 골격 시공 모습

〈그림 17〉 도박풀 제작 모습

나뭇가지로 물푸레나무나 싸리나무, 수수깡, 장작개비, 대나무 등을 사용하여 "十"사모양으로 교차하여 설치한다. 외가지 중 가로로 누운 외는 눌외라 하고 세로로 서는 외는 실외라 한다. 이 외들을 칡넝쿨이나 짚이나 마로 엮은 새끼로 묶어 수장에 판 홈에 끼워 설치하는데, 간격은 대개 5~10cm 이내로 설치한다.〈그림 16〉 다음으로 초벽을 친후 중벽을 친다. 마지막으로 벽화를 그리기 위해 화면에 바탕재를 고르는 작업이 이루어진다. 사찰 벽화에서는 바탕 토벽(土壁)에 회칠하는 식으로 바탕면을 고른 후, 그 위에 아교포수로 바탕면과 착색료의 접착제인 아교가 서로 흡인되도록 한다. 이 작업을 전자는 바탕칠이라 하고, 후자는 아교포수라 한다. 바탕재를 고르고 나면 그 위에 적절한 벽화를 묘사한다.

4-2. 소조상 제작 방법

〈그림 18〉 소조상 제작 과정
마곡사 금강역사상

한편 소조상의 경우도 이와 유사하다. 우선 기둥이 되는 목재의 껍질을 벗겨내어 표면을 부드럽게 한다. 기둥나무 설치 후 발, 다리 등의 구부러진 골격을 제작한다. 골조 완성 후에는 이들이 단단하게 결합될 수 있도록 짚과 새끼줄을 이용하여 전체를 감싸준다. 점토는 점력이 우수한 것을 사용하며, 준비된 흙을 체에 거른 후, 짚여물과 아교, 한지조각을 혼합하여 물을 주면서 이긴다. 이것을 여러 번 치대어 끈기를 주고, 이렇게 준비한 흙을 새끼줄의 틈 사이사이에 채워 초벌바름을 한다. 그러면 점토가 건조되면서 균열이 발생한다. 이 틈을 다시 메우면서 중벌바름을 해준다. 짚여물과 한지 조각은 초벌바름보다 얇고 작게 잘라 혼합한다. 건조 후, 아교액을 이용하여 점토의 표면에 포수를 한다. 포수는 두 차례에 걸쳐 실시하며, 균열 부위의 경우 틈을 채워 채색과정에 있어 보다 용이하도록 한다. 아교포수 후 호분을 이용하여 바탕칠을 하며, 농도는 묽게 하여 수회 반복한다. 이후 채색을 하여 완성한다.〈그림 18〉

5. 벽화의 안료

전통적으로 안료는 주술적인 의미나 기호의 표시 등 다양한 의미로서, 벽화를 비롯해 생활도구에 많이 사용되었을 것으로 짐작된다. 그러나 현재 우리가 안료를 연구하고 분석하기 위해 기준으로 삼고 있는 것은 고구려시대부터다. 이 시대부터 불교와 함께 채색에 대한 범위가 확대되면서 안료 사용에 있어 질적인 차이가 나타나기 시작한다. 이렇게 사용되는 안료들은 자연의 재료에서 채취하여 사용되어 왔는데, 무기물에서 채취된 무기안료와 식물에서 채취한 식물성 안료로 나누어진다. 특히 벽화나 회화와 같은 곳에 사용하는 전통적인 기법과 안료를 묶어서 우리는 단청안료라고 표현하고 있다.

크게 안료는 무기안료와 유기안료로 구분된다. 문화재에서의 무기안료는 천연 광물질을 이용한 것으로 일찍이 고대 도자기의 유약이나 동굴벽화의 안료로서 사용되었다. 그 종류에는 아연·티탄·철·구리·크롬 등의 산화물, 황화물, 크롬산염, 페로시안화 물질로 이루어지는 좁은 의미의 무기안료와 적토, 황토, 백토 등의 토성안료, 그리고 금속 분말을 사용한 금속 분발 안료 등이 있다. 무기안료를 색조별로 나누면 백색안료가 가장 많은데, 착생용 외에 다른 안료와 섞어서 빛깔을 엷게 하거나 은폐력을 강화하는 데도 사용된다. 또한 백색 무기안료 중에서 호분,

바라이트, 백악, 클레이, 석고 등은 체질안료라 한다. 체질안료 중 아마인유는 전색세와 섞으면 투명하게 되어 바탕이 비쳐 보이며, 다른 안료의 증량제, 충전제 및 도료의 혼화제 등으로 사용된다. 무기안료는 일반적으로 내광성 및 내열성이 좋으나 착색력이 약하고 색조도 선명하지 않다. 그러나 자연산 광물질을 가루로 만든 안료는 '석체' 혹은 '암채'라 하여 옛날부터 고급 안료로 활용되어 왔다. 현재는 공급이 불가능하여 일부 탱화나 특별한 용도의 회화에서만 사용하고 있다.

유기안료는 유기 화합물을 주체로 하는 안료로, 불용성인 금속 화합물 형태의 레이크 안료와 역시 물에 녹지 않는 염료를 그대로 사용한 색소안료로 대별된다. 여기에서 레이크 안료란 불용성 또는 수용성 염류에 금속염 등을 가해 침전시킨 것을 말한다. 유기안료의 특징은 광물체로부터 얻어지는 무기 화합물과 달리 생물체의 구성 성분을 이루는 화합물, 또는 동식물에 의해 만들어지는 화합물이라는 것이다. 따라서 기본 구조가 탄화수소, 즉 탄소-탄소와 탄소-수소의 공유 결합으로 되어 있다. 유기안료의 특징은 무기안료에 비해 빛깔이 선명하고 착색력이 좋으며 임의의 색조를 얻을 수 있다는 것이다. 하지만 내광성 및 내열성이 떨어지고 유기 용매에 녹아 색이 번지는 것이 많다.

단청의 보존방법에는 현재 건물에 남아 있는 문양을 정확하게 모사(模寫)하여 보존하는 방법, 문양의 없어진 부분을 단청안료로 고색(古色)을 만들어 현존한 색상과 문양에 맞추어 동일하게 그려 넣어 보존하는 문양의 고색복원단청, 건물을 보수할 때 새로 갈아 끼운 목재 옆에 남아 있는 부재의 색상 및 문양과 동일하게 그려 넣는 고색 땜단청, 현재 남아 있는 단청안료가 접착제의 약화로 균열박락(龜裂剝落) 및 분상박락(粉狀剝落)되어 퇴색되는 것을 합성수지를 이용하여 다시 접착시켜 줌으로써 단청을 보존하는 방법 등 여러 가지가 있다.

5-1. 안료의 종류와 성격

전통문화재에 채색된 안료는 건축물을 보호하려는 목적의 단청으로 불리는 안료가 대부분을 차지한다. 현대화나 유화의 경우, 펄 성분이 있는 공업용 물감 등이 계속적으로 개발되면서 다양한 안료가 선보이고 있다. 단청에 주로 사용되는 안료는 원색과 혼색을 포함해 대략 20여 종에 이른다. 원색은 양록, 장단, 주홍, 양청, 황, 군청, 석간주, 황토, 뇌록, 호분, 지당, 먹 등이며, 뇌록은 시아닌 그린에 다른 색을 첨가, 조색해 사용하기도 한다. 혼색은 육색, 삼청, 하엽, 다자, 뇌록, 미색 등으로 구분되며, 육색은 다시 장단육색, 주홍육색, 토육색으로 구분된다.

최근 근대 작가인 박수근 작품이 고가로 경매되면서 수 천 점의 작품이 진위 여부를 놓고 세간이 떠들썩했던 적이 있다. 이때 결정적인 진위 여부 판단의 근거자료가 된 것이 안료의 구성성분이다. 작가의 작품 제작시기와 다른 1980년대 이후에 제작된 안료를 사용했다는 과학적인 분석 결과가 나와 위작임이 증명된 일이 있었다. 이와 같이 안료는 당시의 안료 제작 기술과 종류에 따라 역사적인 문화재의 판단 기준이 되고 있다.

5-2. 원색안료[3]

5-2-1. 양록(洋綠, Emerald Green)

양록은 성분이 $Cu(C_2H_3O_2)_2 \cdot 3Cu(AsO_2)_3$로서 탄산소다의 수용액을 아비산에 첨가하여 제조되는 무기화합물의 일종이다. 화학안료인 양록이 우리나라에 들어온 시기는 대략 19세기 후반으로 추정되며, 일제강점기 동안에는 본격적으로 단청안료로서 사용되었다. 독성이 강한 아비산비소 성분을 주성분으로 하는 양록은 인체에 치명적이어서, 주생산국인 일본에서도 자국 내 생산과 사용을 금했다. 단청에서 가장 많이 쓰이는 안료이지만 오늘날 생산 중단으로 인하여 한시적으로 다른 색을 혼합 조제하여 사용하고 있다.

최근 국립문화재연구소에서 새로운 양록 안료의 개발에 성공하였다는 소식이 있었다. 이번에 개발한 안료는 한사(Hansa)와 석황, 시아닌그린을 지당과 호분에 배합한 것으로 시험 결과 기존의 양록과 동일한 색감을 나타낼 뿐만 아니라 내후성 및 내공해성에도 뛰어난 것으로 밝혀졌다. 현재 양록의 생산 중단으로 인해 대체 안료로 시아닌 그린(Cyanine Green), 지당(Titaum Dioxide), 황색(Permanent Yellow) 등의 조색(調色) 사용이 한시적으로 가능한 상태이다.

5-2-2. 주홍(朱紅, Toluidine Red, Vermilion)

황하수은(HgS)을 주성분으로 하는 주황은 다른 말로 은주(銀朱)·주(朱)라고도 부르는 화학제 유기안료이다. 오늘날 단청의 안료로 사용되는 주홍은 서양에서 들어온 양홍(洋紅)·양주(洋朱)인데, 1930년대부터 사용하기 시작하였다. 그 이전까지 주홍색은 중국에서 수입된 당홍(唐紅)·

3 곽동해, 『한국의 단청』, 학연문화사, pp.225~242.

당주(唐朱)를 사용하였는데, 그것은 천연물질인 진사(辰砂)에서 얻어진 것이다. 진사의 화학성분 역시 황하수은(HgS)으로서 순수한 것은 86.2%의 수은을 함유한다. 수은의 가장 중요한 광석인 진사는 도자기나 회화의 안료로 사용되었다. 진사는 최근의 화산암이나 온천 근처의 암석 중에 열수성(熱水性) 광상으로서, 광염상(鑛染狀) 또는 광맥상(鑛脈狀)을 이루어, 황철석·백철석·휘안석·단백석·석영 등과 함께 산출되고 있다.

5-2-3. 장단(長丹, Lead Red)

장단은 사삼산화연(Pb_3CO_4)을 분자구조로 하는 무기화학 안료로서 납이 주성분이기 때문에 연단(鉛丹) 또는 광명단(光明丹)이라고도 한다. 장단의 빛깔은 주홍색보다 약간 밝아서 등색(橙色)·주황(朱黃)으로 불리며 서양의 오렌지색과 유사하다. 장단의 다른 명칭은 광명단으로 19세기 말엽에 들어와 일제시대를 거치면서 전통 유약인 잿물 대신에 옹기 유약의 주원료로 사용되기 시작하였다. 광명단 유약을 항아리에 입혀 구우면 붉은 색이 나고 표면이 유리알같이 매끄럽고 광채가 뛰어나다. 그러나 광명단은 납의 독성 때문에 인체에 해로울 뿐 아니라 항아리의 가장 중요한 특징인 통풍기능을 막아 전통옹기 특유의 장점을 상실하게 되었다.

5-2-4. 군청(群靑, Ultramarine Blue)

군청은 분자식이 $Na_3Al \cdot SiO_4 \cdot Na_2S_2$와 같은 규산염으로서 푸른빛의 무기안료이다. 천연 울트라마린 블루(Natural Ultramarin Blue)는 청금석[靑金石·유리석(琉璃石)]이라 불리는 라피즈 라줄리(Lapis Lazuli)를 분쇄하고 왁스와 혼합하여 수중에서 침전시킨 것을 정제하여 안료로 사용한 것이다. 유리석(琉璃石, Lapis Lazuli)은 보석에 속하는 남동광(藍銅鑛)이라는 천연광석으로 내광성이 매우 뛰어난 안료이다. 이 광석의 세계적 산지는 중동의 아프가니스탄으로 아주 좋은 색상의 원석이 생산되고 있다. 그러나 구하기가 어렵고 가격이 비싸기 때문에 현재는 합성 군청이 생산된다. 인공 울트라마린(Synthetic Ultramarin Blue)은 라피즈 라줄리(Lapis Lazuli)와 같은 성분 비율의 고령토(Kaolin), 소다회(Soda Ash), 황산소다(Glauber'S Salt), 유황(Sulfur), 탄소(Carbon), 규조토(Kieselguhr)를 융합하여 만든 혼합물을 밀폐된 용광로에서 약 800°C로 서서히 가열한 뒤, 자연냉각시킨 다음 분쇄하여 만든다. 혼합재료의 성분비에 따라 청록색에서 청적색까지 다양한 색깔이 나타난다.

5-2-5. 양청(洋靑, Cobalt Blue)

양청의 주성분인 코발트는 도자기나 유리 등에 청색을 내는 혼합물로 알려져 있으며, 고대 이집트에서는 이미 실용화되었다고 전한다. 중국에서도 당나라 시대(618~907)에 오수(吳須), 일명 오수토(코발트 · 망간 · 철 등을 함유하는 흑갈색 점토)를 도자기의 청색 채료(彩料)로 쓰기 시작했다. 단청안료로 사용되는 코발트 블루는 착색력이 좋고 색상은 선명하나 은폐력이 약하여 단독으로 사용할 수 없고 울트라마린 블루에 섞어서 조색 사용한다. 또한 삼청을 만들 때에도 코발트 블루와 지당 · 호분을 섞어서 조채한다.

5-2-6. 석간주(石澗朱, Iron Oxide Red)

석간주는 산화철(Fe_2O_3)을 주성분으로 하는 무기화학안료로서 주토(朱土) · 철주(鐵朱) · 대자(大紫)라고도 한다. 천연으로는 무기질 적철석(赤鐵石)에서 널리 산출되기 때문에 적갈색 토양의 빛깔을 띠고 있다. 석간주 분말은 비중 4.5~5.2, 녹는점 1,550℃, 흡유량(吸油量) 22~75%로 자성(磁性)을 가지고 있다. 또한 햇빛 · 공기 · 수분 · 열 등에 강하고 한번 가열한 것은 잘 녹지 않는다. 석간주는 철을 공기 속에서 가열하여 만든다. 예전에는 녹반(綠礬; 황산철, Iron Sulfate)을 구워서 만들었으나, 최근에는 철강공업이나 도금공업의 폐액(廢液)에서 생긴 황산철을 주원료로 한다. 자연산 석간주 안료는 열에 강하기 때문에 조선시대 후기부터 도자기의 문양을 넣는 유약으로 많이 사용되었는데, 전통한옥의 기둥에 칠해져 있는 암갈색 흑유(黑釉)가 바로 이것이다. 석간주 유약은 철사, 주토(朱土), 철주(鐵朱) 등의 자연합성물로서 자연철(Fe_2O_3)이 화강암 틈에서 오랜 세월에 걸쳐 흘러 모여 고운 적색 점토질의 분말층을 이루고 있는 상태로 비교적 철분의 순도가 높은 고급 안료이다.

5-2-7. 황토(黃土, Iron Oxide Yellow)

황토는 화학식이 석간주와 동일한 산화철(Fe_2O_3)을 주성분으로 하는 무기안료이다. 자연에서 쉽게 채취할 수 있는 산화철을 함유한 황토를 수비(水飛)하여 안료로 만든다. 황토는 대부분 백악기 말엽을 전후로 하여 화강암 · 섬록암(閃綠岩, Diorite) · 석영반암(石英班岩, Quartz Porphyry) · 백반석(白礬石, Alunite) 등이 풍화되어 그 성분을 구성한다. 황토는 주로 가는 모래로 되어 있으며 다량의 탄산칼슘이 함유되어 있다. 이 탄산칼슘에 의해 어느 정도 점성(粘性)을 가지게 되는데, 물을 가하면 찰흙으로 변하는 성질이 있다. 또한 황토에는 석영, 장석, 운모, 방해석 등이 들어 있어서 이들 물질이 철분과 함께 산화작용을 받아 황색, 자색, 적색, 회색, 미녹색 등의 색깔을 나타낸다.

5-2-8. 황(黃, Chrome Yellow)

크롬산연(PbCro4)이 성분인 무기화학 안료로 납이 주성분이기 때문에 황납·황연(黃鉛)이라고도 부르는데, 천연에서는 홍연석(紅鉛石)으로 존재한다. 홍연석은 단사정계(單斜晶系)에 속하는 광물로서 조흔색(條痕色) 광물의 가루가 나타나고 색은 등황색이며 쪼개짐은 두 방향으로 명료하다. 크롬 옐로우(Chrome Yellow)는 아름다운 적색을 나타내는데, 반투명하며 금강광택(金剛光澤)을 가진다. 황색 안료는 금속납을 질산 또는 아세트산에 용해시키고, 중크롬산나트륨(또는 나트륨) 수용액을 가하면 황색으로 침전되어 생성된다. 다시 이 반응에 황산납 등의 첨가물을 가하거나, 페하(pH :용액의 수소 이온 농도를 나타내는 지수)를 변화시키면 담황색에서 적갈색에 걸친 여러 가지 색조의 크롬 옐로우가 만들어진다. 이러한 침전물은 물씻기·여과·건조·분쇄 등의 작업과정을 거치면 고운 입자의 황색 안료가 된다.

5-2-9. 호분(胡粉)

호분의 주성분은 탄산석회($CaCO_3$)로서 천연의 굴·조개껍질 등을 주원료로 만들기 때문에 패분(貝粉)이라고도 한다. 각종 굴·조개껍질을 쌓아두고 3년 정도가 경과하면, 각종 이물질이 제거된 뽀얀 껍질이 드러나는데, 이것을 불에 굽고 분쇄하여 가루로 만든다. 이러한 분말을 장시간 세척하여 물통에 넣고 침전시켜서 입자를 분류한다. 이렇게 하여 침전시킨 것을 건조판 위에서 천연건조시켜 안료로 만든 것이다. 호분은 예로부터 현재까지 널리 알려진 백색의 대표적 안료이다. 호분은 다른 것에 비해 비중이 무거워서 다른 색과 혼합이 잘 되며 동양화에서 제일 인기 있는 안료로 사용되고 있다. 호분의 빛깔은 순백색일수록 좋고 가루가 고울수록 고급품에 해당한다. 단청작업시 호분을 육색이나 삼청을 조색할 때 지당과 함께 혼합하여 사용하면 착색력이 좋을 뿐만 아니라 색이 들뜨고 갈라지는 현상을 방지할 수 있다. 특히 콘크리트 모르타르 면에 단청할 때는 각종 육색이나 삼청의 조색에 반드시 호분을 첨가해야 한다.

5-2-10. 지당(Titaniume White)

지당은 무기화학안료로서 티탄백(Titaniume White)이라고도 부르며, 주성분은 산화티타늄

(Titaniume Dioxide White)으로 정확한 명칭은 산화티탄백(Titaniume Dioxide White), 산화티탄이다. 산화티탄은 이산화티탄이라고도 하며, 또 티탄산 무수물(無水物 : 화합물에서 물분자가 빠져나간 형태)·티타니아(Titania)라고도 한다. 화학식은 Tio2로 천연에는 판(板)티탄석(Brookite)·예추석(銳錐石)·티탄철석(Iilmenite) 등의 광물로서 존재한다. 티탄백은 1920년부터 사용되었고, 내산성·내알칼리성·내광석·내공해성 등의 특성을 갖고 있다. 또한 착색력·은폐력이 백색 가운데 최고이며, 인체에 무해하므로 특히 화장품이나 그림물감·완구의 도료·식품의 포장용지 등에 사용된다.

5-2-11. 고령토(高嶺土)·백토(白土, Kaolin)

백토는 백자를 만드는 고령토로서 카올린·백도토(白陶土, China Clay)라고도 한다. 도자기 용어로 사용되는 카올린(Kaolin)은 고령토의 주 생산지인 중국의 지명 가오링(高陵)에서 딴 명칭인데, 우리나라에서는 한국식 발음으로 고령토라 불리게 되었다. 고령토의 주성분은 카올리나이트($Al_2O_3 \cdot 2SiO_2 \cdot 2H_2O$)와 할로사이트($Al_2O_3 \cdot SiO_2 \cdot 4H_2O$)이다. 우리나라에서는 경남 하동(河東) 지방에서 질이 좋은 백토가 많이 생산된다. 그 밖에도 전남·경기·강원·평남·함북·함남·황북·함남 등에도 고령토가 분포되어 있다. 순백색이며 약간 회색을 나타내는 것도 있지만, 높은 온도에서 구워내면 흰색이 된다. 백토는 은폐력과 부착력이 약한 편이며, 호분보다도 비중이 크고 불투명하다. 따라서 이전에는 백색안료로 쓰였지만 현재는 호분과 함께 물감의 체질을 개선하는 체질안료로 많이 쓰인다.

5-2-12. 먹(墨)

전통적으로 먹은 송연묵(松烟墨)과 유연묵(油煙墨) 두 종류가 있다. 우리나라에서는 『화성성역의궤(華城城役儀軌)』에 송연묵(松烟墨)의 사용이 기록되고 있는 걸로 보아 적어도 조선 말기까지는 단청재료로서 사용되었음을 알 수 있다. 소나무를 태운 송연(松烟)에서 취하한 연매로 만드는 것이 송연묵이며, 채종유(菜種油)·참기름(胡麻油)·비자기름(榧油)·오동기름(桐油) 등을 태운 연매로 만드는 것이 곧 유연묵이다. 먹은 그을음의 질도 중요하지만 그것을 반죽하여 굳히는 아교의 질과 성능도 중요하다. 최근에는 단청에 사용되는 먹은 거의 대부분이 카본블랙(Carbon Black)을 원료로 하고 있다.

5-2-13. 진녹(津綠, Cyanine Green)

시아닌 그린은 유기화학안료로서 동(銅)프탈로시아닌에 직접 염소가스를 뿜어 만든 염소화동 프탈로시아닌 그린(Phthalocyanine Green)을 사용한 것이다. 주원료인 시아닌은 퀴놀린(Quinoline) 염료 및 이소퀴놀린 염료에 속하는 증감색소이다. 이 안료는 1935년 서양에서 개발되어 1938년부터 버밀리안 그린(Viridian Green) 대용품으로 실용화되었다. 내광성, 내열성, 투명도가 우수하고 산화제·환원제로도 상당히 안전하며 유기안료이므로 농도가 강하다. 시아닌 그린은 일반적으로 심청록색(深青綠色)으로서 호분과 같은 체질안료를 첨가하여 조색하면 선명한 녹색이 된다.

5-2-14. 석황(石黃)

석황은 석웅(石雄黃)을 가리키는 것으로 웅황(雄黃) 또는 킹황(King Yellow)이라고도 부른다. 계관석(鷄冠石)·휘안석(輝安石)·석영 등과 함께 광맥을 이루거나, 금·은·구리의 금속광맥 속에서 산출되며 화학식이 삼산화비소(AS_2O_3)로 아비산(비소)이 주성분이다.

천연광물인 석웅황은 화산의 황기공(黃氣孔)에서 승화물로서 산출되기도 하나 황하철석 등 주로 황하광물로서 산출되는 것이 보통이다. 비소화합물의 원료이고, 안료·유리·에나멜·제초제 등의 제조에 쓰이며, 수피(獸皮)보존제·살충제·살서제(殺鼠劑)·매염(媒染劑) 재료로도 사용된다.

5-2-15. 황(黃, Permanent Yellow)

퍼머넨트 옐로우는 유기화합 안료로서 일명 한사 옐로우(Hansa Yellow)라고도 한다. 20세기 초에 처음으로 개발되어 소개된 이 안료는 반투명한 색으로 은폐력은 다소 떨어지나 빛깔이 좋고 착색력이 뛰어난 특성을 가지고 있다. 또한 내광성(耐光性)·내열성(耐熱性)·내산성·내알칼리성이 우수하며, 밝은 황색으로 아조염료(Azo Dye)의 일종이다. 따라서 퍼머넨트 옐로우는 호분과 같은 체질안료를 약간 첨가 혼합하여 조채해 사용하면 은폐력과 착색력이 강화되고 건조 후 도막이 들뜨거나 갈라지는 현상을 방지할 수 있다.

5-3. 혼색채료

5-3-1. 육색(肉色)

육색은 단청에서 연화·주화·휘·뱃바닥·질림 등에 채색되는 혼색채료(彩料)로서 살색을 가리키는 말이다. 예전에는 주홍과 진분(호분·백토)을 혼합한 주홍육색을 사용하였으나 쉽게 변색되는 특성이 있다. 따라서 최근에는 장단·황·지당을 섞은 장단육색을 주로 사용한다. 장단육색을 조채할 때에 건조 후 피막이 들뜨고 실금현상을 방지하기 위하여 체질안료인 호분을 섞어 조색하기도 한다. 장단육색은 황색(Permanent Yellow) 11%·장단(Lead Red) 33%·지당(Titanium Dioxide) 37%·교착제 19% 정도의 비율로 섞어서 조채한다.

5-3-2. 삼청(三靑)

삼청은 양청의 밝은 빛으로 불화나 벽화, 단청 등의 둘레주화·휘·색실 등에 주로 쓰이는 색이다. 삼청은 양청(Cobalt Blue) 외 지당을 섞어서 만드는데, 이 역시 도막이 들뜨고 갈라지기 쉽기 때문에 체질안료인 호분을 섞어서 조채해야 한다.

5-3-3. 하엽(荷葉)

하엽은 양록의 2빛으로 녹화·바탕색 등에 사용되는 안료이다. 최근에 생산되는 하엽은 먹을 섞어 사용해야 양록과 잘 조화되는 색을 얻을 수 있다. 하엽색은 양록에 먹만을 혼합하여 조채하기도 하는데, 에메랄드 그린(Emerald Green) 54%·산화크롬녹(Chrom Oxide Green) 14%·퍼머넨트 블랙(Permanent Black) 2%·아크릴 에멀죤(Acryl Emulsion) 30%의 비율로 섞어 조색하는 것이 원칙이다.

5-3-4. 다자(多紫)

다자는 석간주 계열의 2빛으로 사용되는 암갈색의 일종이다. 다자는 석간주(Lron Oxide Red)와 먹(Permanent Black)을 혼합하여 만드는데, 석간주와 먹을 약 5 : 1의 비율로 섞어 조채한다. 명도대비가 떨어지기 때문에 다자를 석간주와 먹색의 중간 정도로 명도를 다소 어둡게 조색하여 사용하고 있다.

5-3-5. 뇌록(磊綠)

뇌록은 우리나라에서는 경상남도 포항 부근의 뇌성산 원석이 유명하다. 뇌록은 고대 한국 전통 안료로 생산되었으나 그 양이 적고 값이 비싸기 때문에 오늘날에는 탱화나 동양화의 채색에만 사용되고 있다. 단청에서 뇌록은 가칠에 사용되는 안료로서 최근에는 여러 가지 안료를 혼합 조채하여 사용한다. 호분 80(%), 군청 6.4(%), 산아닌 그린 7.5(%), 황토 1.1(%), 지당, 아교 등으로 혼합하여 사용하는 것이 보통이다.

6. 벽화의 보존처리

벽화의 보존처리는 기본 원칙에 기초해 안전하고 과학적인 조사와 방법을 통해 이루어져야 한다. 벽화의 예술적, 학술적 가치 등의 중요성과 현재 벽화가 처해있는 상황을 미루어 볼 때 벽화 보존처리 관련 최고의 전문가에 의해 보존처리가 이루어져야 할 것이다. 벽화 보존처리 작업은 우선적으로 벽화의 보존환경에 적합한 장소를 선정한 후 실시하여야 할 것이다. 이를 위해선 벽화에 대한 보존처리 작업의 안전성, 편의성 및 작업 기간 동안 벽화에 대한 최적의 환경을 제공할 수 있는 공간 등을 사전에 계획·수립해야 한다.

벽화의 보존처리는 벽화의 상태조사를 통하여 구체적이고 가장 안전한 방법을 택하여 하여야 할 것이며 최소한의 처리를 원칙으로 한다. 간혹 의욕이 앞선 보존처리자의 과다한 보존처리로 인해 벽화 본래의 예술적 가치가 감소되는 경우가 있다. 보존처리는 벽화에 대한 상태조사를 마친 후 열화 부위 우선 보강 및 접합, 세척, 이탈 부위 밀착 및 보강처리, 보채, 후면 지지체 보강 및 외곽 보호틀 제작 순으로 실시한다.

6-1. 상태조사

6-1-1. 대상의 현황 조사

벽화의 각 위치별 상태조사를 실시하고, 각 벽화에 표현된 그림의 의미를 숙지하고 기록하는 등 보존처리를 위한 예비조사를 실시한다.

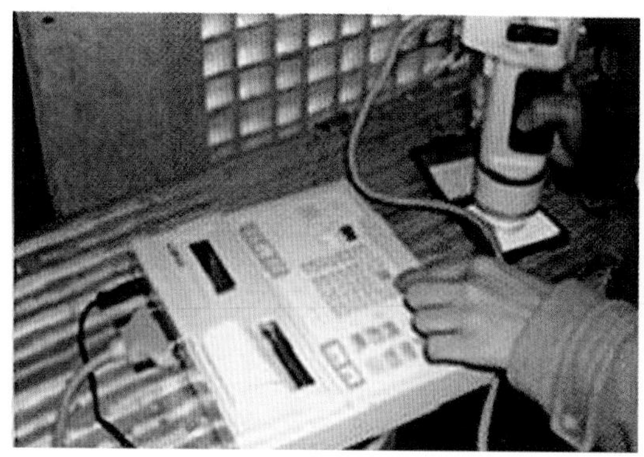

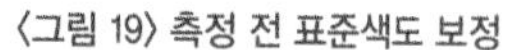
〈그림 19〉 측정 전 표준색도 보정

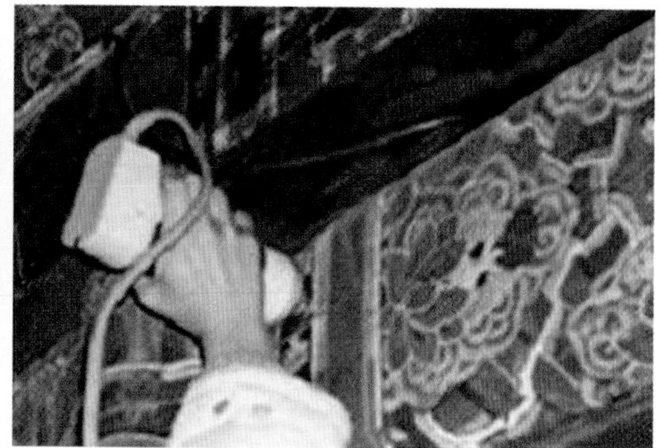

〈그림 20〉 측정 모습 평방 머리초

6-1-2. 색도측정

단청되어 있는 벽화나 그림들은 외부에 노출되어 태양에 노출되면 시간이 흐르면서 원래의 색상이나 형태가 불분명해진다. 벽화 그림을 보존하는 방법으로 먼저, 각 부재에 도채 된 단청의 색도를 측정한 후 그 데이터를 현재 사용하는 안료의 색상과 비교·검토하여 색깔을 표본화 한다. 자연광 및 외부환경의 영향 등으로 건물 단청의 색도가 외부의 전면과 후면·측면이 다르므로 비교 검토한다. 둘째, 색도를 측정하기 위하여 표색계를 이용해 데이터를 출력한다. 측정시 동일한 조건을 만들어 주기 위하여 동일한 날, 동일한 조명을 사용하여 측정하며, 3회 이상 측정하여 나온 평균값을 사용한다.〈그림 19, 20〉

6-1-3. 적외선 촬영[4]

건물에 채색된 그림들은 시간이 흐르면서 변색이 되지만 건물에서 자연적으로 생기는 먼지나 오염물질 등에 의해 벽화의 모습이 선명하지 못하여 정확한 형태를 알 수 없는 경우가 발생한다. 이러한 경우에는 적외선 촬영 시스템을 이용하여 건물에 도채되어 있는 단청과 벽화의 원형을 확인하고 이에 대한 자료를 남겨두어야 한다.〈그림 21, 22〉

4 적외선 관찰법(Infrared Photography, Infrared Reflectgraphy)은 적외선이 가시광보다 파장이 길기 때문에 먼지, 그을음, 옻칠, 안료 등에 의한 산란·흡수가 적어서 자료의 표면층을 투과하여 內部의 文字와 草案에 도달하는 원리이다. 그 반사광을 얻을 수 있다면 벽과 기둥의 판독하기 어려운 文字나 그림 등을 관찰 할 수 있다.

〈그림 21〉 포벽의 벽화

〈그림 22〉 적외선 촬영한 포벽의 벽화

6-1-4. 모사도 제작

학술적 연구 목적이나 벽화의 훼손시 원형복원을 위하여 모사도를 제작한다. 상당수의 벽화는 훼손이 진행 중이기 때문에 원형을 잃을 수 있고, 대부분의 벽화가 목조 건축물의 일부이기 때문에 화재시 벽화의 원형이 손실될 수 있다. 하지만 모사도를 제작해 남겨놓으면 훼손 부분의 복원도 가능하다.〈그림 25〉

6-2. 열화부위 보강 및 접합

화를 보존처리하기 전에 먼지라든가 이물질을 제거하게 되는데, 이때 열화된 부위에는 박락이 생긴다. 이를 막기 위해서는 먼저 열화 부위 보강 및 접합을 하게 된다.〈그림 23〉 화면의 오염물질에 대한 세척작업 전 채색 부위의 손상이 심하여 세척작업시 훼손될 우려가 있다고 판단될 경우 도박풀[5]과 Caperol Binder를 벽화의 상태에 따

〈그림 23〉 수용성 경화제 도포 모습

5 도박풀(Pachymeniopis Elliptica YAMADA) : 흔히 해초풀이라 불리는 도박풀은 홍조식물문 진정홍조강 지누아리목 지누아리과 도박속에 속하는 해조 식물이다. 우리나라에서는 경상북도 연안에서 남해안에 걸쳐 분포하는데, 길이는 20~30cm로 더러는 큰 것도 있으며, 너비는 5~15cm 정도로 몸이 불규칙하게 분열한다. 자홍색을 띠며 크고 넓은 엽상체로 두꺼운 가죽질이다. 도박은 맑은 바닷물의 바위에서 자라며, 채취는 계절에 관계없이 하지만 도

〈그림 24〉 사명대사 행렬도 벽화 제천 신륵사

〈그림 25〉 모사한 서명대사 행렬도 벽화 ▬ 부분은 추정 복원도

박풀을 만들기 위해서는 겨울에서 봄 사이에 하는 것이 좋다. 도박은 접착력이 해초 중 가장 크다. 도박풀을 만들 때에는 건조된 도박 20g에 물 4되 정도의 양을 솥에 넣고 끓이는데, 사용 목적에 따라 된 풀과 묽은 풀을 만들어 사용한다. 도박은 50분 정도 끓이면 사용 가능한데, 약한 불과 강한 불을 반복해서 끓다가 어느 정도 점액이 빠져 나와 도박의 줄기가 흐트러지면 약한 불로 서서히 저어가며 끓여야 한다. 도박의 점액이 완전히 빠져나오면 천에 걸러 내어 도박풀을 얻을 수 있다. 건조된 도박의 주성분은 당질이 28.9%, pH의 범위는 6.67~7.26으로 중성을 띠고 있다. 도박풀은 예로부터 순지를 붙일 때 접착제 용도로, 건물의 벽체 제작시 흙과 석회를 섞어서 보강제 용도로 사용되었다. -국립중앙과학관, 『전통과학기술 조사연구』 IV, 1996, pp.125~127.

라 들뜬 안료층을 두 가지 재료로 고정하는 방법으로 처리하면 된다. 그리고 〈그림 23〉 안료층 고착하는 방법으로 압력조절이 가능한 분무기나 일회용 주사기, 치과용 소도구 등 적절한 도구를 이용하여 최소한의 범위 내에서 부분적으로 마무리하면 된다.

6-3. 세척작업

보존처리하고자 하는 벽화 부분에 대한 보강 및 접합 작업을 마친 후 오염 물질에 대한 세척 작업을 실시한다. 세척작업에는 건식과 습식방법이 있으나 벽화는 흡수성이 강한 재료이기 때문에 가능한 한 건식세척 방법을 실시하는 것이 좋다. 세척 작업은 벽화의 보존처리에 있어서 가장 중요한 작업 중의 하나로 주의를 요하므로 경험이 풍부한 보존처리 과학자가 담당하는 것이 좋다. 이때 지나친 세척으로 원 상태의 벽화를 손상시켜 원상회복이 불가능한 결과를 낳을 수 있고, 다음 작업 공정에도 많은 영향을 미치므로 각별한 주의가 필요하다.

건식세척은 양모솔, 메스 등을 이용하여 벽화 표면의 먼지, 오염물질을 제거하는 방법으로 안료층에 나쁜 영향을 주지 않는 범위에서 실시한다. 습식세척은 진흙물로 인한 오염, 조류의 배설물, 낙서, 그을음, 염 결정 등 건식 세척으로 불가능한 경우 실시한다. 세척제를 탈지면이나 중성지, 종이 펄프 등에 약품을 적시어 세척을 하면 된다. 이 모든 작업은 매우 조심스러운 손질이 요구되므로 시간적 여유와 고도의 집중력을 가지고 실시한다. 벽화의 주 오염 물질이 충에 의해 발생된 분말화된 나무의 가루이거나 흙먼지일 경우 건식세척 방법을 이용한다.

이때 사용하는 세척제는 벽화의 상태에 따라 가변적 요인이 발생할 수 있으므로 신중하게 선택한다. 일반적으로 세척제로 증류수, 알콜, 중탄산암모늄, 중탄산나트륨, 카르복실 셀룰로오즈 등을 사용한다.[6] 모든 세척제는 채색층과 바탕층에 손상을 주지 않는 것을 원칙으로 한다. 한 예로 부석사 조사당 벽화에 발생된 백화연상(열결정)의 제거시 중탄산암모늄을 이용하여 효과적으로 제거[7]하긴 하였으나 시일이 지난 지금에 와서는 황변현상이 일어나는 문제점이 발생되고 있다. 이물질을 동반한 수분에 의한 오염은 증류수와 알콜의 혼합액을 이용해 면봉 등으로 세척을 하는데, 채색면에 영향이 없는 최소한의 범위에서 실시한다.

6 李受靜,『韓國 寺刹壁畫 保存에 관한 硏究』, 東國大學校 美術史學科, 석사학위논문.
7 白粲圭,「浮石寺祖師堂壁畫保存處理」,『保存科學硏究』 제6집.

6-4. 이탈부위 밀착 및 보강처리 작업

벽화의 손상은 벽체의 손상과 연관되는데, 벽체가 균열이나 박락되면 벽화도 박락되게 된다. 따라서 벽체가 부분적으로 유실되었거나 심한 균열로 깊이 패여 있는 곳은 메움처리를 하여준다. 메움재로 회화 벽화의 흙을 접착제와 섞어서 채워 주는데, 회는 1년 이상 피운 양질의 것이 좋다. 메움두께는 벽화보다 약 2~3mm 정도 아래까지로 하는 것이 좋고, 표면은 자연스러운 질감이 느껴지도록 처리한다.〈그림 26〉

혼합되는 접착제로는 도박(해초풀)과 같은 전통 재료를 사용한다. 벽체 제작시 해초풀을 혼합하여 만들기 때문에 이것을 사용하면 이질감이 적기 때문이다. 벽체와 바탕층 사이에 공극이 발생했을 경우에는 흙물(황토+가는 모래+도박풀)로 보충하여 밀착해 보강한다.〈그림 27〉 박락 우려가 있는 벽체의 벽화 부분의 밀착시 약화된 벽체가 손상되지 않도록 주의한다. 밀착 방법은 먼저, 압력조절이 가능한 주사기를 이용하여 들뜬 부분에 접착제를 주입한 후 화선지나 펄프, 탄성이 있는 판과 탄성이 없는 나무판을 순서대로 화면에 대고 천천히 눌러준다.〈그림 28〉

벽화의 채색면 이탈 부분에 대해서는 전통적인 접착제인 아교나 해초풀 등이 사용된다. 이탈 부분의 자체 강화를 위해서는 화학약품인 Caperol Binder[8]를 사용해 밀착하여 접합하는 방법이 일반적으로 사용하고 있다. 화학약품을 이용한 접합은 저농도에서 고농도로 수 회 반복해서 처리하는데 처리시 사용되는 양에 각별히 주의한다. 이는 과도한 양의 약품을 사용할 경우 벽화

〈그림 26〉 박락부위 흙메움

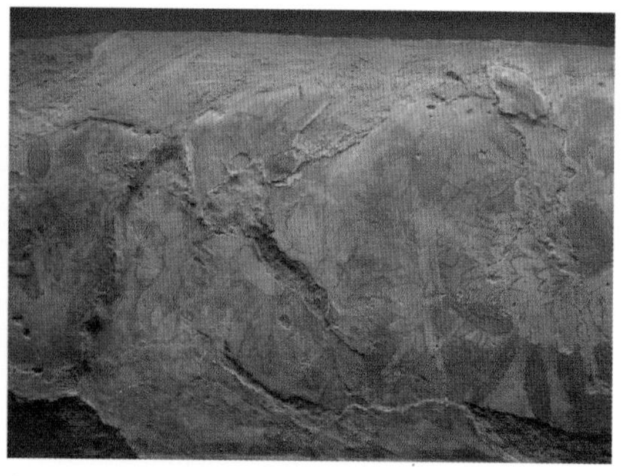
〈그림 27〉 유실된 부분 메움처리

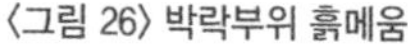

8 皓貞,「寺刹壁畵 保存에 사용되는 固着劑에 관한 硏究」, 경주대학교 석사학위논문, 2003, pp.76~77.

표면에 얇은 막이 형성되는데, 이 경우 얇은 막, 안료층, 바탕층 간에 서로 다른 수축률 등 여러 가지 물리적, 화학적인 현상으로 접착상태가 나빠지고 결국 안료층이 떨어지게 되며, 부분적인 얼룩이나 광택이 발생할 우려가 있기 때문이다.

〈그림 28〉 박락 우려가 있는 부분 충진

열화되어 채색층은 물론 벽화면 경화처리에 Toluene에 용해시킨 Paraloid B-72 2%로 만들어 사용하고, 점차적으로 3%·5%를 사용한다. 벽체에 대한 경화처리 시에는 주사기로 Casein Glue를 주입하는 과정으로 보존처리하면 된다. 만약에 보존처리 해야 할 대상의 벽화 채색층의 손상이 심각하여 박락될 위험이 있는 경우는 채색층에 레이온지로 페이싱 후 안착처리를 한 후에 접착제가 완전히 건조되면 증류수를 소량 도포하여 레이온지를 제거하면 된다.

접합제인 Caperol Binder는 초산 비닐계수지로 점도가 낮고 분해가 쉽게 발생하고 온, 습도에 민감한 특성을 가지므로 외부벽화에 적용하는 것은 바람직하지 않은 것으로 밝혀졌다. 한 편에서는 고착처리 후 외관상으로 광택이 나지 않는 매트한 느낌을 주지만 실제로는 광택이 발생된다는 견해도 있다. 대표적인 사례로 무위사 벽화가 있는데 현재 보다 나은 접착제라 밝혀진 것이 없는 실정이라 최소한의 범위와 최저량을 사용하여 보존처리하였다 한다. 그리고 쌍계사 대웅전 벽화, 봉정사 대웅전 벽화 등에 사용한 사례[9]가 있다.

화면의 고착시 접착제를 벽화면 속으로 침투시키는 깊이를 결정하기는 어려우나 이론적으론 2~3mm 정도로 작업자의 경험과 기술이 필요하다. 접합 작업은 여름철 장마철이나 겨울철 혹한기, 즉 온도의 변화가 심한 기간은 가급적 피하게 되는데 이는 화학접착제는 상온 10℃ 이하이거나 습도가 높으면 잘 접합되지 않는 물성을 갖고 있기 때문이다. 또한 사용되는 재료가 온도에 민감한 수용성이기 때문에 더운 시기에는 균류의 영향을 받을 우려가 있기 때문이다.

9 『雙鷄寺 大雄殿 修理報告書』, 文化財管理局 · 慶尙南道 河東郡, 1998.

〈그림 29〉 박락부위 채색보완

〈그림 30〉 유실된 부분 메움처리 후 고색처리

6-5. 채색보완

예비조사 단계에서 벽화의 없어진 부분에 대한 안료를 분석한 데이터를 이용하여 안료를 선택한다. 또한 적외선 카메라 촬영 결과나 모사도가 있으면 복원도를 기본으로 그림의 원래의 색과 조화가 되도록 보수 칠을 한다. 이 작업은 칠이 없어진 채색 부분을 새로이 그려 넣는 것이 아니라 기본적인 바탕색만을 채색하며 근접해서 볼 때 복원 부분임을 식별할 수 있도록 한다.〈그림 29〉

벽화의 기초상태 조사시 채색안료 분석으로 얻어진 자료를 토대로 같은 안료를 선정해 채색한다. 채색의 채도는 원 벽화의 채도 보다 낮게 채색하며, 약 30cm 정도의 간격에서 보채한 흔적을 알아볼 수 있도록 하는 것을 원칙으로 한다. 이러한 원칙을 기본으로 현재의 보채 부분을 완전히 제거한 후 바탕색보다 채도를 한 단계 내려서 보채하여 준다.〈그림 30〉

6-6. 벽화 후면 지지체 보강 및 외곽 보호틀 제작

벽화를 분리하여 전시관에 보관하는 경우, 그동안은 사찰 벽화의 배면 보강재로 석고,[10] 합판,[11]

10 1917년 부석사 조사당 벽화 분리시 벽화 배면의 보강재로 사용되었으나 무게가 무겁고, 습기에 약한 단점이 있다. 「浮石寺祖師堂壁畫保存處理」, 『保存科學研究』 제6집, 文化財研究所, 1985.

11 1984년 무위사 극락전 벽화의 배면 보강재로 사용하였으나 취약하여 부러지거나 충의 피해를 입음.

스테인레스 재질의 프레임[12]을 사용하여 왔으나 결과적으로 효과적이지 못하다는 결론이 나왔다. 무위사의 벽화 또한 합판, 비닐, 폴리우레탄폼으로 제작되어 있다. 보호틀 역시 일반 소나무로 제작되어 있는데, 소나무의 횡력이 약한 점 때문에 하중이 많이 가는 벽화를 안정적으로 보존하기에는 취약하다. 또한 흰개미나 좀과류에 의한 충해로 인한 손상이 있기 때문에 벽화의 보존을 위한 재료로는 적합하지 않다. 이러한 이유로 현재의 모든 배면 지체와 보호틀을 제거하고 새로운 스틸 소재의 보강재로 교체하는 공사를 진행 중이다. 그 중 하나가 특수 알루미늄 허니컴 코어(Honeycomb Core)를 이용하는 방법이다. 허니컴 코어를 이용한 배면 보강은 강도 등 물리적인 성질에 있어서 충분히 안정성이 입증되었다. 허니컴 코어 소재는 1940년경에 개발된 재료인데, 벽화의 지지재로서 사용한 사례로는 2천년 전 중국에서 장식용으로 만든 종이 허니컴이 그 시초라 할 수 있다. 허니컴 코어는 얇은 육각기둥들이 패턴 형태를 이룬 벌집 모양의 물성적 구조이며, 전체의 용적 비율은 공기 97%, 알루미늄 3%로 탁월한 경량성과 역학적인 구조를 보인다. 따라서 항공기, 선박, 자동차, 방화도어, 크린룸, 박물관 그림의 뒷면 형상 유지용 등의 소재로 사용되어 오고 있다. 허니컴 코어와 같은 현대 재료인 스틸재료들을 사용하면 금속이기 때문에 부식이 없고 열에 강하며, 충해를 입을 염려가 전혀 없고, 경량으로 무게를 최대한 줄일 수 있다는 장점이 있다. 보강재의 제작은 벽체의 보존 방법에 따라 두 가지 방법으로 나뉜다.

첫째, 벽 전체를 보존하는 방법으로 벽화의 배면을 허니컴 코어와 Fiver Grass Textile 10을 사용하여 보강하는 방법이다.

둘째, 벽체의 외가지를 중심으로 보존하는 방법이다. 이 경우 벽채의 두께가 약 50~60mm로 축소되고, 무게 또한 상당히 감소된다. 따라서 벽화가 크며 상당한 무게가 나가는데, 벽체의 무게로 하부치중 현상을 보이고 있는 경우에 적용이 가능하다.

6-7. 마무리 작업

후면 지지체 보강 및 외곽 보호틀 작업까지 완료한 후 보존처리 과정 중 들뜬 화면이나 미세한 균열 부위 등을 재고착하는 작업으로, 이때 사용하는 고착제는 최소한의 농도로 조절하여 처

12 봉정사 대웅전 후불벽화의 배면 보강재로 사용하였으나 무게가 무거운 단점이 있음. 한경순, 『안동 鳳停寺 大雄殿 後佛壁畵의 구조적 特徵과 保存對策』.

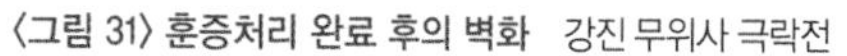

〈그림 31〉 훈증처리 완료 후의 벽화 강진 무위사 극락전

〈그림 32〉 훈증처리 된 판벽화 흥국사

리한다. 고착제로 Caperol Binder를 저농도로 하여 사용한다. 고착제는 압력 조절이 가능한 분무기로 적당한 거리를 유지하면서 골고루 1~2회 정도 분무하여준다. 최종 마무리 작업인 이 작업은 반드시 하여야 하는 작업은 아니므로 작업자의 판단에 따라 필요한 경우에 실시한다.

6-8. 생물방제처리

벽화의 상태 조사시 알 수 있듯 벽화자체뿐만 아니라 외곽 보호틀에도 충균의 피해가 보인다. 현재의 외곽 보호틀을 완전 교체한다 해도 벽체 내에 있을지 모를 충·균의 침해가 발생될 우려가 있다.[13] 벽화의 살충·살균 약제로는 메틸 브로마이드(Methyl Bromide, CH_3Br)와 에틸렌 옥사이드(Ethylene Oxide, C_2H_{10}) 혼합제인 하이겐-M가스와 파라포름알데히드(p-formaldehyde)가 사용된다. 하이겐-M가스는 살충·살균제로 메틸 브로마이드 85%, 에틸렌 옥사이드 14%의 혼합가스이다. 메틸 브로마이드는 해충 및 충란 살충용이며, 에틸렌 옥사이드는 곰팡이 및 해충 살충·살균용이다. 하이겐-M가스는 살충·살균 효과가 우수하나 메틸 브로마이드가 환경오염물질로 지정되어 선진국에서는 「교토의정서」[14]에 의거해 2005년부터 사용이 금지되었고, 우리나라의 경우 2010년까지 유예기간을 두었으나 2~3년 앞당겨질 추세이다. 처리 방법은 먼저, 벽화를 일

13 新井英夫, 『文化財の 生物劣化』, 1974.

14 지구온난화의 규제 및 방지를 위한 국제협약인 기후변화협약의 구체적 이행 방안으로 유럽연합(EU)회원국 등 38개국이 2008년부터 2012년 사이의 온실가스 총배출량을 1990년도 수준보다 평균 5.2% 감축하고자 2005년 2월 16일부터 발효했다.

정 공간에서 통기성이 없는 타포린 또는 염화 비닐 등으로 완전밀폐 포장 후 주변 온도 약 25℃인 상태에서 30~50g/m² 정도를 투약하고 24시간 유지하면 완전히 살충처리가 된다. 만약 저온 상태(10~20℃) 부득이하게 작업을 할 때에는 살균시간을 2~3배(48~72시간)로 연장시킨다.[15] 살충·살균의 효과는 공시균과 공시충을 유물과 함께 훈증처리 후 공시균과 공시충을 회수해 간접적으로 확인할 수 있다. 공시균으로 검은곰팡이, 공시충으로는 쌀바구미를 표준시료로 사용하고 있다.〈그림 31, 32〉

15 이규식, 「文化財의 生物被害 豫防 및 管理」, 『보존과학기초연수교육』, 2004, pp.78~79.

제 6 장

회화류 문화재의 보존과학

1. 회화류 문화재의 보존과학

우리 조상들은 종이가 우리나라에 유입되기 전인 삼국시대 이전까지 나무나 돌, 회벽과 같은 곳에 그림을 그려왔다. 그 이후에는 천연섬유에도 그림을 그리기 시작했는데, 천연섬유는 동물·식물·광물로부터 직접 얻을 수 있는 섬유를 말한다. 종이처럼 직조하지 않은 채 바로 사용할 수도 있고, 먼저 실로 만든 다음 그 실을 엮어 직물을 만들어 사용하기도 한다. 종이류인 지류는 식물성 섬유를 원료로 하며 회화 및 서화 등에 사용할 수 있도록 셀룰로오스 섬유가 망상구조를 이루어 시트의 형태로 된 것을 말한다. 직물은 씨실과 날실을 교차하여 짠 것을 말하며 조선시대 영정이나 한국화 등에 사용하였고 현재에는 유화의 바탕재료로 사용하고 있다.

유기물 문화재 중 종이와 섬유는 매우 비슷한 구성을 갖고 있다. 엄밀한 의미에서 종이문화재는 섬유문화재에 포함된다. 종이 역시 식물성 섬유로 이루어졌는데, 다만 직물문화재와 같이 직조된 것이 아니라 식물성 섬유가 물 속에서 수소결합하여 형태를 이룬 것이다. 식물성 섬유는 직조되어 직물(織物)의 형태로도 사용되는데, 우리가 입고 있는 복식류와 그림의 바탕재료로 사용되는 회화류가 그 예이다.

서화문화재는 회화문화재 그리고 서적문화재로 나눌 수 있다. 회화문화재의 재질은 크게 안료층, 접착층, 바탕층의 세 구조로 이루어진다. 기법은 전통적인 채색 그림이 그려질 곳에 접착제인 아교에 안료를 섞어 그림을 그리는 방식이다. 이때 그림의 바탕이 되는 바탕층이 비단으로 된 경우와 종이로 된 경우가 있다. 비단이 화견(畵絹)으로 사용되는 경우에는 주로 매우 얇은 재질의 생견(生絹)이 사용된다. 그러므로 이 화견(畵絹) 바탕의 그림을 감상할 수 있는 형태로 만들기 위해서는 일정한 표장 형태로 꾸며야한다. 표장이란 그림을 소맥전분풀을 사용하여 종이로 배접하고 그 주위를 문양, 색깔 있는 비단으로 꾸며 장식하는 것을 말한다.

그런데 이렇게 표장된 그림은 접착제인 소맥전분풀이 천연재료이기 때문에 자연현상이나 균류에 의해서 열화 및 침식을 입는 등 오랜 세월을 지나면서 여러 형태의 손상을 입게 된다. 우선 안료층과 바탕층을 접착시켜 주는 아교층의 접착력이 약화되어 안료가 떨어지게 되고, 또 바탕층인 화견을 종이로 배접할 때 사용되는 소맥전분풀의 접착력이 약화되어 그림이 배접지로부터 들뜨게 된다. 세월에 의해 일어나는 손상 이외에 인위적, 물리적인 손상도 많이 일어난다. 보관부주의로 인한 얼룩, 곰팡이, 곤충, 동물 등에 의한 결손, 관리부주의로 꺾임에 의한 결손 등이 그것이다.

회화문화재를 소재별로 나타내면 회화의 바탕 재료가 되는 종이 또는 비단, 목판 등과 서화 필기 재료인 먹, 물감 등이 있다. 바탕 재료가 천연 재료이기 때문에 보존·보관상 가장 문제가 되는 점은 색채 퇴색, 바탕 재료인 종이, 비단 등의 노화현상과 곰팡이, 좀, 벌레의 균해(충해) 등이다. 먹색 또는 색채의 퇴색 원인은 공기 중 오염성분, 바람, 습기 또는 햇빛의 노출로 인한 것으로 이를 방지하기 위해서는 효과적으로 보관하고, 불필요한 노출은 피하는 것이 좋다. 아울러 훼손된 회화류의 보존을 위해서는 정기적인 보존 모니터링을 통하여 충해를 예방하고, 필요에 따라서는 정기적인 방제를 실시하여야 한다. 또한 손상된 문화재에 대해서 가능한 한 당시의 제작 기법에 맞는 방법으로 보존처리를 실시하여야 온전한 보존이 가능하게 된다.

1-1. 회화류 문화재

회화류 문화재의 바탕 재료는 종이, 마직, 견, 나무 등 다양하지만 근·현대를 통틀어 편액에서만 나무를 사용하고 이외의 바탕 재료의 대부분은 종이와 비단 재질로 된 것들이다. 특히 근대 회화류의 대부분이 이러한 실정이다. 지금까지 전해져 오는 서화, 고문서, 서적 등을 보아도 알 수 있듯 우리의 미술품은 꾸밈에 있어 바탕 재료가 비교적 특수하여 서양화 액자 방식과는 다른 '배접'이 서화를 보호하는 역할을 담당했다. 이런 이유로 서화작품의 보존과 배접재료의 좋고 나쁨은 밀접한 관계를 갖고 있다고 할 수 있다. 물론 보관의 문제, 수장가나 보관인의 작품보존 상식의 부족으로 인해 서화작품이 불필요한 손상을 입게 되기도 한다.

서화작품은 부적절한 보관 조건 하에서 많은 문제가 발생한다. 습기가 차거나 곰팡이, 벌레 등 기타 물질의 침입은 작품의 보관상의 어려움을 초래할 뿐만 아니라 수명을 단축시킬 수 있다. 작품의 열화요인은 대략 인위적인 손실과 자연적 손실 요인의 두 종류로 구분할 수 있다. 그리고 손상 요인을 안 후에야 어떻게 하는 것이 작품을 올바르게 보존하는 방법인지 판단할 수 있을 것이다.

예를 들어 현재 유네스코에 등재된 기록문화의 정수라 할 수 있는 『조선왕조실록』(정족산본·국보 제151호)은 심각하게 훼손된 상태이다. 규장각 소장 실록이 훼손됐다는 사실은 1967년 간행된

「조선왕조실록 조사표」를 통해 처음 확인되었으나 구체적인 훼손 상태가 확인된 것은 1980년대 후반~90년대 초반이다. 당시 규장각 운영책임을 맡고 있던 서울대 중앙도서관 측은 『조선왕조실록』의 일부가 훼손된 사실을 확인하고도 처리 방법을 몰라 쉬쉬해 왔다. 1996년 규장각은 실록 중 훼손이 심한 47책을 국립문화재연구소에 보존처리해 줄 것을 요청했으나 보존처리가 불가능하다는 답변을 받았다. 그리고 1998~1999년에 『조선왕조실록』의 보존상태에 대한 전면조사가 실시되었다. 국립문화재연구소는 『조선왕조실록』 1,229책 중 약 10%인 131책의 훼손상태가 심각하다고 밝혔다. 문제는 손상 정도가 심한 131책의 대부분이 밀랍본(蜜臘本)이며 밀랍본이 국내는 물론 세계적으로 희귀본이어서 현재로서 조선왕조실록을 영구보존하고 훼손된 책을 복원할 수 있는 방법은 없다고 한다. 실록이 더 이상 손상이 없도록 하기 위기 위해서는 우선 손상 원인을 파악한 후 보존처리 및 대책 마련을 해야 할 것이다.

기본적으로 회화 작품을 만들기 위해서는 그림을 지지할 수 있는 종이, 마직물, 견직물, 나무, 금속, 흙, 석재, 유리 등 다양한 소재가 사용된다. 또한, 고구려시대에 만들어진 고분벽화와 같이 그림의 지지체인 석재에 직접 그리는 방법과 하지(下地)인 회벽을 만들고 그리는 방법에서부터 가장 많은 하지 소재인 종이를 사용하여 직접 그리는 방법 등 회화문화재는 그림의 시각적 효과와 색조의 아름다운 표현을 위해서 다양한 재료와 기법이 사용되었다.

1-2. 회화문화재 보존의 중요성

회화는 중요한 그림일 경우 특별히 문화재라는 용어를 사용해 보존 관리하고 있다. 이러한 회화문화재의 보존을 위하여 다양한 방법의 관리 방안과 보존과학적 접근이 필요하게 되었다. 회화문화재는 기본적으로 육안으로 관찰을 하고 하지와 안료와의 접착 정도나 보존상태 등을 파악하기 위해서는 루베나 현미경을 이용한 정밀 조사를 실시한다. 이때 관찰 중요 점검 내용은 색상의 정도, 투명도, 광택과 채색 방법과 해충의 심해 여부, 박락 가능성 조사 등이며, 이를 세심하게 조사하여 보존처리나 보존 수복의 정도, 방법 등의 계획을 세운다.

육안으로 관찰할 때는 작품의 보존 상태는 양호한지, 열화되어 수복이 필요한 곳은 없는지 조사해야 한다. 또한 과학적 장비를 이용하여 무엇이 이러한 현상의 원인인지를 밝혀야한다. 그리고 작품의 소재나 기법, 역사적인 가치를 해석하기 위하여 작품의 구조, 같은 소재에 대한 동정 등을 연구해야 한다.

지류로 만든 회화유물은 서적, 전적류, 회화 등과 같이 종이를 재료로 제작된 것인데, 지류·섬유질 유물의 손상은 물리적 요인(빛, 온·습도 등), 화학적 요인(유해가스 등), 생물적 요인(곤충, 미생물 등)에 의하여 일어난다. 섬유질 유물에 손상이 발생했을 경우, 재질조사를 통하여 손상원인을 구명하며, 특히 생물적 요인에 의한 손상인 경우, 가해생물을 살충하는 훈증처리를 실시한다.

현재 우리나라의 지정문화재로 등록된 섬유류 문화재는 약 35% 정도인데, 최근 근대 유물인 회화류들이 급증하면서 서양에서 들어 온 유화와 같은 그림에 대해서도 보존처리가 필요하게 되었다. 이러한 문화재들은 특히 재질의 특성상 유물을 보존하는 환경에 의해 영향을 받기 쉬운데, 보존환경에 영향을 끼치는 여러 요인으로부터 많이 손상된다. 예를 들면, 취급 부주의, 열악한 보존환경, 먼지로 인한 오염, 재질의 노화 및 섬유질 약화로 인한 손상, 말고 펴는 과정에서 마찰에 의한 표면 결실, 안료의 접착력 약화로 인한 박락 등의 요인 때문이다. 따라서 손상의 원인을 제거하고 적절한 보존환경을 갖춰주는 보존과학적 접근 방법을 적용할 필요성이 있다. 만약 지류유물이 손상을 입었을 경우는 동일한 재질의 종이와 풀을 사용하여 결손부위 등을 보강하는 배접처리를 실시한 다음 물리·화학적 요인으로부터 손상을 예방하는 조치가 필요하게 된다.

현재, 중요한 문화재에 대한 지류유물의 보존처리는 대부분 배접작업으로, 문화재청에 등록된 문화재 수리업자인 배접기능사에 의하여 실시되고 있다. 또한 각 대학의 보존처리 학자들과 국립문화재연구소 보존과학연구실에서는 상태조사, 배접수리 후 훈증처리, 물리·화학적 요인으로부터 손상을 예방하거나 손상된 유물을 보존처리하고 있다.

2. 회화류의 구조적 분류

회화류는 벽화를 제외하고, 그림의 바탕의 구조적인 형태에 따라서 크게 축장(軸裝), 정장(精裝), 책자장으로 구분할 수 있다. 축장에는 족자(掛軸)와 두루마리(卷物), 정장(幀裝)에는 병풍(屛風)과 편액, 액자(額)[1] 유화, 소묘, 수채화, 판화 등의 작품을 끼워 보관하거나 전시에 이동하기 위

1 유화, 소묘, 수채화, 판화 등의 작품을 끼워 보관하거나 전시에 이동하기 위해 만든 틀.

해 만든 틀, 책자장(冊子裝)에는 서화첩(書畵帖), 절본(折本), 철본(綴本)이 포함된다.〈표 1〉

축장은 축을 사용하여 본지(本紙)를 마는 형식으로, 보관이 간편하며 보관 중에 본지면이 직접 공기와 접촉하지 않아 산화를 어느 정도 방지한다는 장점을 가지고 있으나, 가는 축을 마는 데서 오는 물리적 손상과 전문가가 아니면 다루기 어렵다는 단점이 있다.

정장은 나무 속틀 위에 종이를 몇 겹으로 발라 붙이는 형식으로, 간혹 나무틀 대신 나무판을 사용하는 경우도 있다. 정장의 경우 축장과는 정반대로 본지면이 늘 공기 중에 노출되어 있어 산화되기 쉬우며, 본지 둘레가 고정되어 있기 때문에 늘 긴장되어 있는 상태이므로, 온·습도에 의한 수축, 팽창에 순응하기 어려운 단점을 가지고 있다. 그러나 전문가가 아니라도 다루기 쉽다는 장점을 가지고 있기 때문에 현대에는 액자가 족자보다 환영받는 경향이 있다.

〈표 1〉 구조적 형식별 구분

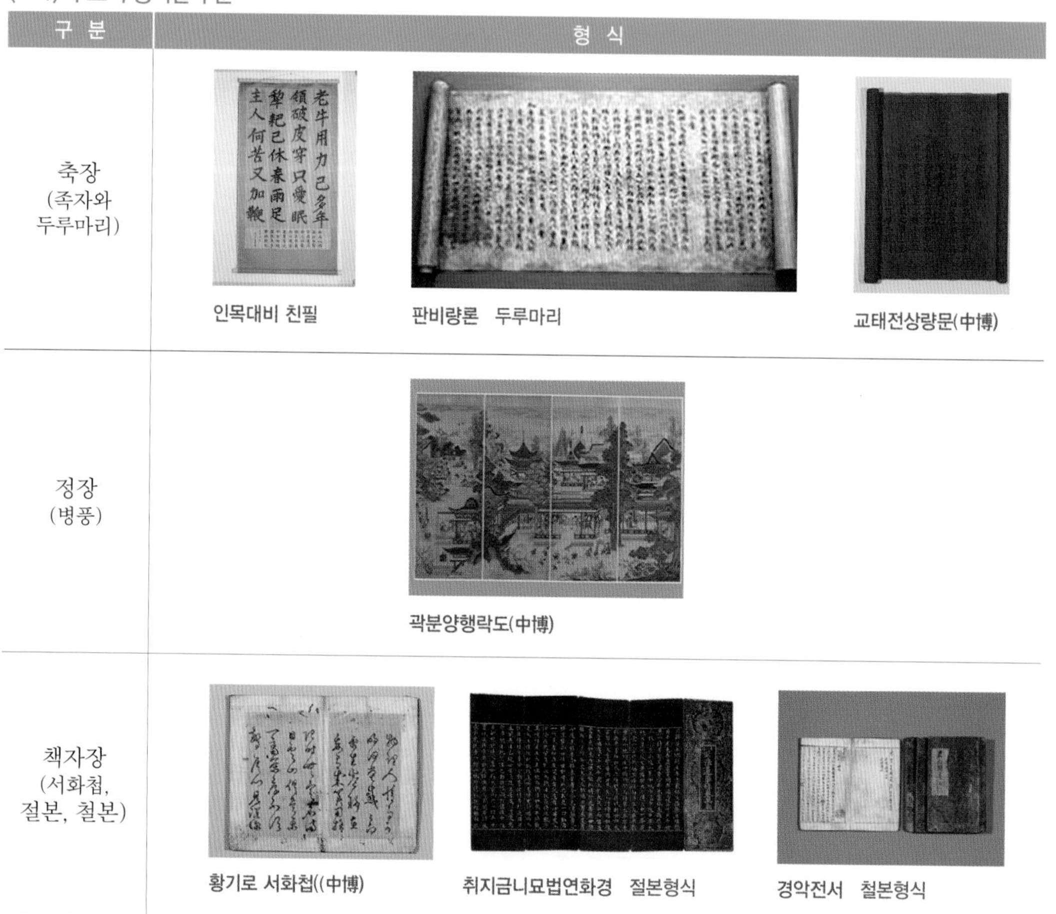

구 분	형 식		
축장 (족자와 두루마리)	인목대비 친필	판비량론 두루마리	교태전상량문(中博)
정장 (병풍)	곽분양행락도(中博)		
책자장 (서화첩, 절본, 철본)	황기로 서화첩((中博)	취지금니묘법연화경 절본형식	경악전서 철본형식

책자장은 우리가 늘 대하는 형식으로 화첩, 불교 경전의 절본, 한서 등에서 쉽게 볼 수 있다. 이중에 절본, 한서 등은 위의 축장, 정장과는 달리 배접되지 않은 채 접거나 묶여 있는 형식으로 종이의 강도가 배접한 것보다는 약하기 때문에 다루는데 조심하는 것이 좋다.[2] 시대와 그림 종류에 따라 다양한 기법이 구사되었는데, 기본적으로는 비단이나 종이에 모필과 먹을 사용해 표현하였다. 또한 작품은 벽화를 제외하고는 가로로 긴 두루마리(卷), 상하로 긴 축(軸), 앨범모양의 첩(帖), 부채꼴모양의 선면(扇面), 병풍 등과 같은 화면 형식을 통해 다루어졌으며, 작품이 완성되면 작가의 이름이나 호를 서명하고 낙관을 하였고, 그림의 제목, 제작 동기와 경위, 심정, 장소, 기일 등과 작품에 대한 평까지도 함께 하는 풍습이 있는대, 이처럼 기록하는 독특한 형식이 나타나기도 하였다.

3. 회화류에 사용되는 재료

3-1. 전통 한지

종이를 발견하기 전, 인간은 죽간이나 목간을 주로 사용하였다. 종이의 기원에 대한 연대와 장소는 분명하지 않으나 기원전 2,500년경 고대 이집트인들이 파피루스(Papyrus)라는 식물 내피를 가공하여 종이로 만들었다고 한다. 그러나 이것은 식물성 섬유를 종이의 단계로 만드는 초보적인 단계로 종이의 기원으로는 엄밀히 보기 어렵다. 이집트에서 파피루스를 사용하는 동안 동양에서는 문자를 표기하기 위하여 다양한 형태의 소재들, 예를 들어 소나 돼지의 뼈, 거북의 등껍질, 청동 그릇, 나무판자, 얇은 대나무판, 판석 등을 사용했다. 중국에서는 상고시대 때 거북이의 껍질이나 죽간, 목간, 비단 위에 글씨를 쓰고 기록하였으나 서한시대(B.C.206~224)에 이르러 마포(식물인 마)의 원료로 식물성 섬유종이를 만들어 사용했다. 『후한서』의 「채륜전」에 "… 和帝 원년(A.D.105)에 채륜이 인피 섬유와 마 등의 식물섬유를 원료로 하여 종이를 만들었다"라고 기록되어 있었으나 최근 전한시대 고분이 발굴되면서 이보다 150~200년 앞서 종이가 발견되었다는 주장이 나오고 있다.〈그림 1〉

2 박지선, 『文化財保存科學 - 繪畵文化財를 중심으로』.

〈그림 1〉 회화류에 사용된 재료 ❶메소포타미아의 점토참, ❷죽간(竹簡), ❸고려시대 목간

중국에서는 채륜이 황제에게 종이의 제조 과정을 보고한 이후 종이를 문서 표기의 대중적인 소재로 사용하도록 결정했다는데 큰 의미를 둔다. 이후 당, 송 시대에 와서 종이 제조기술이 향상되어 품종과 품질이 다양해지고 명대에 이르러 선덕 연간에 '선지'가 제조되기에 이른다. 그 후 청대에는 종이의 종류가 더욱 다양해지고 좋은 질의 종이가 만들어져 오늘에 이르고 있다.

채륜이 종이를 만들었던 서기 105년경은 한반도에 낙랑군을 비롯한 4군이 설치된 시기로 이후 고구려, 백제, 신라, 가야가 성립되면서 제지술이 전래되었을 것으로 보인다. 6세기 경에는 고구려 승려 담징이 먹, 붓과 함께 일본에 전하였다고 전해진다. 이와 같이 기록에 사용된 재료인 종이는 2세기부터 현재까지 사용되는 가장 오래된 기록재료이다.

한지는 닥나무 껍질로 만든 순수한 한국 종이를 일본의 화지(和紙), 중국의 당지(唐紙), 서양의 양지(洋紙)와 구분하여 칭하는 말이며, 저피(楮皮, 닥나무 껍질)→조비→조회→종이로 어원이 변천하였다.

3-1-1. 한지의 역사

제지술이 우리나라에 언제 도입되었는지 정확하지는 않으나, 대개 중국과 일본 문헌을 통해 삼국시대라고 알려지고 있다. 다만 『고려사』에 종이와 관계되는 짤막한 문장이 군데군데 있고, 백제 고이왕 52년(서기 285)에 왕인 박사가 천자문과 논어를 일본에 전해 준 사실과 고구려 영양왕 21년(310)에 담징이 일본에 제지술을 전해주었다는 사실로 미루어 보아 당시 초지법과 기술이 상당한 수준에 도달했으리라 생각된다.

우리나라 종이는 예로부터 중국에서도 높이 평가할 만큼 명성이 자자했다. 송나라 손목(孫穆)이 지은 『계림지(鷄林志)』에는 "고려의 닥종이는 윤택이 나고 흰 빛이 아름다워서 백추지라고 부른다"고 하였다. 『고반여사(考槃余事)』에는 "고려 종이는 누에고치 솜으로 만들어져 종이 색깔은 비단같이 희고 질기기는 마치 비단과 같은데 글자를 쓰면 먹물을 잘 빨아들여 종이에 대한 애착심이 솟구친다. 이런 종이는 중국에는 없는 우수한 것이다"라고 적혀있다.

우리나라에서 현존하는 가장 오래된 종이는 신라시대에 제조된 『무구정광다라니경』(국보 제126호, 704~751년 제조)으로 중국에서 말하는 '백추지'이다. 삼국시대에는 백추지가 주류를 이뤘고, 고려시대에는 '고려지'로 불리는 '견지(繭紙)', '아청지(鵝青紙)' 등이 중국에서도 최고급지로 평가 받았다.

중국 역대 제왕의 진적을 기록하는 데에 고려의 종이만 사용했다는 기록도 있다. 고려 종이의 명성은 조선으로 이어져 한지가 중국과의 외교 필수품이 되기도 했다. 한지의 질이 명주와 같이 정밀해서 중국인들은 이것을 비단 섬유로 만든 것으로 생각하였고, 그러한 이유로 한지가 중국과의 외교에서 조공품으로 많이 강요되었다.

조선시대에는 태종·세종 때 조지서(造紙署)를 두고 종이를 생산할 정도로 수요가 많았고, '상화지(霜華紙)', '백면지(白棉紙)' 등이 유명했다. 조선 영조 때 서명응(1716~1787)이 지은 『보만재총서』에는 "송나라 사람들이 여러 나라 종이의 품질을 논하면서 고려지를 최고로 쳤다. 우리나라의 종이가 가장 질겨서 방망이로 두드리는 작업을 거치면 더욱 고르고 매끄러웠던 것인데 다른 나라 종이는 그렇지 못하다"라고 적고 있어 한국 종이의 우수성을 짐작해볼 수 있다. 그러나 조선 말기와 일제강점기에는 일본 종이가 대량 수입됐고 해방 후에는 양지가 점차 대중적인 기록 재료로 그 위치를 차지해 버렸다.

3-1-2. 한지의 제지법

한지의 주원료는 닥과 닥풀이다. 종이를 만드는 방법은 원료나 혼합하는 방법에 따라 조금씩 다르나 한지 제지의 전체적인 흐름은 ⓐ 닥나무 채취 ⓑ 닥나무 껍질 벗기기 ⓒ 닥나무 껍질 삶기 ⓓ 닥나무 껍질 씻기 ⓔ 닥나무 껍질 두드리기 ⓕ 닥나무 껍질에 닥풀 풀기 ⓖ 한지 뜨기 ⓗ 한지 말리기의 순으로 이루어진다.

먼저, 깨끗이 다듬은 닥나무의 껍질을 벗겨 건조시키면 흑피가 된다. 다음으로 10시간 정도 흐르는 물에 담가 두었다가 껍질을 벗겨내면 백피가 된다. 메밀대나 콩짚대를 태워 만든 재로 잿물을 내어서 4~5시간 삶는다.〈그림 2, 3, 4, 5〉

예로부터 종이를 만드는 사람은 삶는 과정을 제일로 여겨, 좋은 날을 택하였는데, 그것은 닥이 너무 삶아지거나 덜 삶아져도 좋은 종이를 얻어낼 수 없으며, 한 번 잘못 삶아진 닥은 다시

〈그림 2〉 닥나무

〈그림 3〉 닥나무 껍질

〈그림 4〉 닥풀 황촉규

〈그림 5〉 닥나무 껍질 삶기

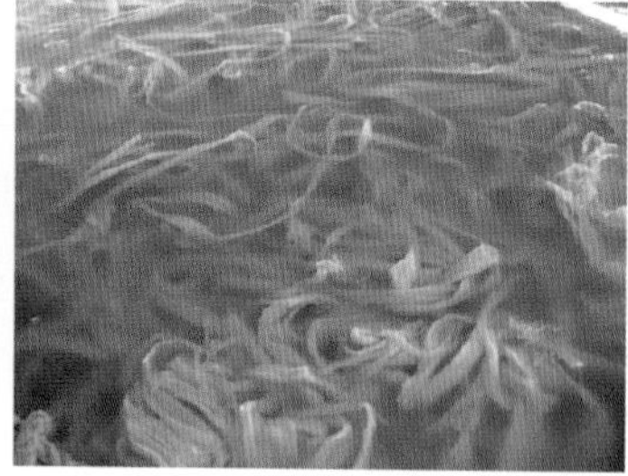
〈그림 6〉 닥나무 껍질 씻기

〈그림 7〉 한지 뜨기

삶아 쓸 수가 없기 때문이다. 삶은 닥은 맑은 물에 여러 번 씻어서 잿물기를 제거한 다음, 남아 있는 티를 일일이 골라낸다.〈그림 6〉

그 다음, 넓적한 돌판 위에 올려놓고 40분에서 1시간 정도 떡메로 고해(=두드리기)한다. 그리고 고해된 것을 지통에 넣고 뜨는데, 이때 '황촉규(속칭 닥풀)'라는 식물 뿌리의 즙을 진윤제로 섞는다. 이 닥풀은 날씨가 더워지면 삭아버리는 성질이 있어서 종이는 여름철보다는 서늘하고 건조한 가을이나 겨울철에 뜨는 것이 좋다.〈그림 7〉

닥섬유와 닥풀을 섞을 때는 종이의 용도에 맞추어서 경험이 많은 사람이 적당히 혼합한다. 혼합할 때 골고루 풀어지라고 대막대기로 휘젓는데, 이 과정을 '풀대친다'고 한다. 풀대질을 한 다음에는 대나무 세초발을 발틀에 얹어서 섬유를 고르게 떠낸다. 이것을 '물질한다(초지抄紙)'고 하는데, 종이를 만드는 사람(지장)의 숙련된 솜씨가 가장 잘 드러나는 중요한 과정이다. 닥풀의 혼합 정도와 물질하는 솜씨에 따라서 종이의 두께가 결정되는 것은 물론, 종이바닥의 곱고 거친 정도가 결정되어 종이의 종류와 품질이 좌우되기 때문이다. 한지를 뜨는 방법은 대개 흘림뜨기와 가둠뜨기가 있는데, 전통적인 한지의 초지법은 흘림뜨기인 외발뜨기와 장판지뜨기이고, 현재 많이 사용되고 있는 초지방법인 쌍발뜨기는 가둠뜨기와 흘림뜨기의 중간 형태를 띠고 있다.

이렇게 한장 한장 떠낸 종이를 습지라고 한다. 습지는 하룻밤 동안 무거운 돌로 눌러놓아 서서히 물기를 뺀 다음 건조시킨다. 건조방법은 옛날에는 진흙 담이나 온돌 방바닥에 습지를 붙여 건조했는데, 이러한 건조 방법은 습기가 천천히 말리면서 고르게 말라 종이가 질기게 된다. 요즈음은 대부분 불에 달군 철판 위에서 건조하고 있다. 건조가 끝나면 일단 종이가 완성되는 것이지만, 여기에 다시 도침(다듬이 방망이질)을 하여 곱고 윤기나게 다듬음으로써 재래식 방법에 의한 종이는 비로소 완성된다.

3-1-3. 한지의 특징

우리나라의 한지는 일본의 화지(和紙), 중국의 선지(宣紙)와 구별된다. 세 나라 간의 종이는 사용 원료도 구별된다. 한지는 닥나무 껍질로 만들어 질기고 자연스러운 반면, 화지는 일본산 닥나무 껍질로 만드는데 조직이 치밀하고 매끄러우며, 선지는 중국 닥나무 껍질, 섬유와 볏짚 등으로 만들어 거칠고 약하다. 한지가 우수한 것은 우리나라 닥나무를 비롯한 재료가 다른 나라에 비해 질적으로 나은 데다 종이 제조방식이 껍질을 벗겨 닥섬유질을 그대로 유지하기 때문이다.

2006년 3월 프랑스 파리에서 열린 한지페스티벌에서도 한지의 우수성이 드러났다. 한지로 만들어진 갖가지 등이 파리 볼로뉴 숲을 밝히던 중 갑자기 비가 내렸지만 우리의 전통 한지로 만든 등은 불이 꺼지지 않았다.

한편, 한지는 질기고, 보온성과 통풍성이 아주 우수하다. 바람을 잘 통하게 해주고 습기를 빨아들이고 내뿜는 성질이 있어 건조되었을 때 찢어지지 않고 보관성이 좋아서 수명이 오래 간다.

구텐베르크의 성경은 발간된 지 550년밖에 되지 않았음에도 지질의 보관에 문제가 있어 열람조차 불가능한 암실에 보관되어 있는 반면에 한지는 천 년 세월을 견뎌낸 것은 물론 삭지도 않고 썩지도 않는다. 한지의 우수한 보존성은 우리나라에서 현존하는 가장 오래된 종이인 경주 불국사 석가탑에서 발견된 『무구정광대다라니경』에서도 찾아볼 수 있다.〈그림 8〉 이는 700년대 초에서 751년 사이 후기신라시대에 제조된 것으로 추정된다. 또 경덕왕 13년(754)에 필서로 쓰였던 묵서사경인 백지 『묵서대방광불화엄경』은 최고(最古)의 필서본으로 이 역시 한지의 우수성을 증명하고 있다. 또한 고려 인종 23년(1145)경에 제지창 지소에서 한지로 발간된

〈그림 8〉 무구정광대다나니경

〈그림 9〉 한지와 빛의 조화

『팔만대장경(八萬大藏經)』의 일부가 850년 동안 보존되고 있다는 사실 역시 한지의 우수성을 잘 보여주고 있다.

한지의 주원료인 닥나무의 인피섬유는 길이가 보통 20~30mm 이상이며, 긴 것은 60~70mm까지 있다. 그런데 서양 종이인 양지의 원료인 목재펄프의 섬유의 길이는 침엽수가 2.5~4.6mm, 활엽수가 0.7~1.6mm 정도로 매우 짧다. 따라서 인피섬유는 목재펄프에 비해 섬유의 결합이 강하고 질기며, 조직의 강도가 뛰어나 훌륭한 종이가 될 수 있다.〈그림 9〉

또, 한지의 원료인 닥나무 껍질의 섬유는 길이가 균등한 데다 서로 간의 폭도 매우 좁다. 게다가 섬유의 방향도 직각으로 교차하여 그물 같은 구조를 띠고 있어 견고하다.

한지는 다양한 원료와 방식으로 제조될 수 있으나 주로 닥나무의 인피섬유, 맑은 물, 경우에 따라 목회를 사용하여 80여 가지 과정을 거쳐 만들어진다. 한지 제지의 원리는 식물의 섬유소를 물에 푼 후 그것을 떠내어 말리는 것이다. 이때 섬유소들은 접착제 없이 셀룰로오스 분자 사이의 수소결합을 하여 서로 엉키면서 섬유세포를 구성한다. 이렇게 만들어진 한지는 산성도가 7.89로 중성을 띤다.

우리들이 쉽게 접할 수 있는 신문지나 교과서가 세월이 흐르면 누렇게 변색되는 이유는 사용된 펄프지가 산성지이기 때문이다. 양지는 pH 4.0 이하의 산성지로서 수명이 고작 50~100년 정도면 누렇게 황화현상을 일으키며 삭아버리는 데 비해, 한지는 중성지로 화학반응을 쉽게 하지 않고, 세월이 지날수록 결이 고와지고 수명이 오래가는 장점을 가지고 있다.

근래에 와서 미국, 캐나다, 프랑스, 영국 등지에서 19세기 후반 및 20세기 초반에 만들어진 종이의 산도를 측정해 본 결과 산도가 4이하가 대부분이었으며, 그대로 방치한다면 이 기간에 제조된 종이는 금후 200~300년 사이에 분해되어 없어져 버릴 것으로 예측되고 있다. 이들 수명을 연장시키기 위해 이들 도서를 약품처리하고 중성지를 제조하려는 노력이 행하여졌다. 우리의 한지의 수명이 길고 보존성이 우수하여 선진 각국에서 분석해 본 결과 산성계 첨가제나 이즈제를 전혀 사용하고 있지 않음을 알았으며, 그야말로 '중성'에서 초지되었다는 사실이 밝혀지게 되었다. 이후부터 세계가 중성지 제조에 큰 관심을 가지게 되었다.

또한 한지의 질을 향상시킨 또 다른 요인이 있는데, 섬유질을 균등하게 분산시키기 위해서 사용하는 식물성 풀인 닥풀이다. 닥풀은 섬유가 빨리 가라앉지 않고 물속에 고루 퍼지게 하여 종이를 뜰 때 섬유의 접착이 잘 되도록 하며, 얇은 종이를 만드는 데 유리하고 겹쳐진 젖은 종이를 쉽게 떨어지도록 하는 역할을 한다. 또, 한지 제조의 마무리 공정으로 종이 표면이 치밀해지고 광택이 나도록 하기 위해 풀칠한 종이를 여러 장씩 겹쳐 놓고 내리치는데, 이 기술을 '도침'이라고 한다.

3-1-4. 한지의 종류

한지는 종류에 따라 그 명칭도 다양한데, 소개하면 다음과 같다.〈표 2〉

〈표 2〉 한지의 종류별 특징

목재의 종류	가해곤충
호정지	함경북도에서 재배하는 귀리짚으로 만든 황색의 한지로서 우리나라 고래로부터 생산된 명물인데 일병 북지, 북황지라고도 한다. 백색의 한지를 백지라 하는데 한지를 필사하는 데 편리하도록 방망이로 다듬이질을 한 백지를 말한다. 또 가는 털과 이끼를 섞어서 뜬 종이를 태지라 한다.
곡지	곡지(미지 · 가지지라고도 함)는 사경용의 종이로 저피를 원료로 하여 만든 것이고, 갈대를 원료로 하여 수록법에 의해 만든 고대 우리나라 한지로 로화지가 있다.
상지	상지는 도토리나무로 물들인 닥지인데, 주로 니금, 사경의 서사에 이용되었다.
장지	장지는 주로 전라도 지방에서 생산되었으며 지질이 두껍고 질기며 지면에 윤이 나서 문서 기록용으로 쓰인다.
태상지	- 해체 후 원위치에 복원 - 균열부 메움작업 및태상지는 전라도 산 해태를 섞어서 종이를 뜬 것으로서 문양이 아름다운데 옛날에는 〈어음〉에 쓴 종이로 지질이 강하다. 채색층 고착
생지	생록의 한지(뜬 대로의 종이)
단치	우리나라 고대 한지의 일종으로서 봉서에 사용
도침백지	홍두깨에 말아서 다듬이질을 하여 광택을 낸 백지로 옛날에는 글씨를 빨리 쓰기 위해서 이러한 방법을 많이 사용하였다.
예지	책의 겉표지에 사용되는 백지
외장지	지질이 두껍고 질기며 지면에 윤기가 나서 휘장용 종이로 쓰인다.

서화용으로 쓰이는 종이는 크게 선지계(宣紙系)와 당지계(唐紙系)로 나누어진다. 선지는 지질이 무른 편이며 습기를 흡수하는 성질이 있다. 옥판전(玉版箋), 라문전(羅文箋), 백지(白紙) 등이

〈그림 10〉 순지를 이용한 민화

선지에 속한다. 중국제 종이의 종류에는 일번당지(一番唐紙), 이번당지(二番唐紙), 백당지(白唐紙) 등이 있으며 이 외의 가공지로서 납전(蠟箋), 채전(彩箋), 문양전(文樣箋), 주금전(酒金箋), 문당전(文唐箋) 등이 있다.

또한 청조(淸朝)시대의 종이로서 지금까지 감상의 대상으로 애장되는 고지(古紙)가 있는데 징심당지(澄心唐紙), 방금율산장경지(倣金栗山藏經紙) 같은 것이 있다. 화선지는 먹물을 잘 흡수하며 먹의 번짐이 좋은 서예용 종이를 말하며, 현재 시판 중인 대표적인 화선지로는 오당지, 옥당지, 연선지 등이 있다. 순지는 우리나라의 전통 한지로서 닥나무 껍질로 제조하는 종이다. 보존성이 뛰어나며 질겨서 그림용(민화)이나 서예용으로 이용된다.〈그림 10〉 색지는 순지를 염색한 것으로 색상이 다양하고 아름다워 용도가 다양하다. 문양지는 특수용지로 화선지 및 색지를 이용한 다양한 문양이 있다. 순지를 2장 또는 3장을 합한 두꺼운 종이로, 합한 매수에 따라 2합지, 3합지로 칭하며 주로 동·서양화용으로 사용된다.

3-1-5. 한지의 구조적 특성

종이의 구조적 특성은 평량, 두께, 밀도, 지합, 방향성 등이 있다. 평량(g/m²)은 물리적 광학적 성질에 중요한 영향을 미친다. 종이는 균일한 두께를 유지하는 것이 좋고, 두께에 따라 종이의 품질이 결정된다. 밀도는 섬유 간 결합력을 크게 좌우하며, 지합은 제지할 때 섬유나 기타 첨가제 등이 종이를 형성할 때 얼마나 균일하게 분포되었는지를 판단하는 지표로, 외관에 영향을 미친다.〈그림 11〉

〈그림 11〉 먹의 번짐효과 좌측부터 화선지, 마지, 닥지

종이는 내부응력을 가지고 있어 함수율이나 주변 상대습도에 따라 종이의 치수변화가 일어난다.

3-1-6. 한지의 강도적 특성

종이의 강도는 일반적으로 인장강도, 파열강도, 인열강도, 내절도, 빳빳한 정도(Stiffness) 등이 있다. 이 특징들은 섬유의 종류, 유연성, 결합강도뿐 아니라 구조적 특징 중 평량, 밀도, 함수율 등에 의해서도 크게 좌우된다. 내절강도와 인장강도, 인열강도는 종이의 보존성과 밀접한 관련이 있다. 내절강도는 종이 노화와 직접적 관련이 있고, 인장강도는 내구성, 인열강도는 섬유길이, 섬유결합력, 지합, 평량 등과 관련이 있다.

3-1-7. 한지의 화학적 특성

종이를 구성하는 식물성 섬유는 대부분이 셀룰로오스(Cellulose 〈그림 12〉), 헤미셀룰로오스(Hemicellulose 〈그림 13〉), 리그닌(Lignin) 및 추출물(Extractives)의 화학 성분을 지니고 있다. 특히 식물섬유에서 대부분을 차지하며, 섬유의 특성과 제지 원료로서의 적합 여부를 좌우하는 것은 셀룰로오스이다. 셀룰로오스는 탄소, 수소, 산소로 구성된 탄수화물(Carbonhydrate) 분자가 길게 결합되고, 많은 양의 당 단위로 이루어진 다당류의 일종이다. 셀룰로오스는 아래 그림과 같이 셀로바이오스(Cellobiose)가 측면결합을 하여 직선상의 사슬을 이루며, 셀로바이오스는 물과의 친수성이 높은 자유 수산기(-OH)를 포함하고 있어서 쉽게 수소결합(Hydrogen Bond)을 이룬다. 수소결합은 화학적 결합보다는 약하지만 길고 많은 수소결합을 하게 되어 강한 결합력을 갖는다. 따라서 보존성과 관계된 종이의 강도는 섬유의 강도라기보다는 섬유 사이의 수소결합에 의한 것이라 할 수 있다. 따라서 다른 종이 원료와 달리 펄프를 서로 결합시키기 위하여 별도의 접착제를 사용할 필요가 없다.

종이를 만드는 제지공정 중에서 고해는 섬유의 표면적을 넓혀 더 많은 결합점을 갖도록 교착시키고 물의 표면장력으로 밀착하게 해서 수소결합이 일어나게 해 탄성을 갖는 종이를 만든다.

종이의 성질은 주로 종이를 구성하는 여러 가지 섬유의 구조에 의하여 결정된다. 가장 중요한

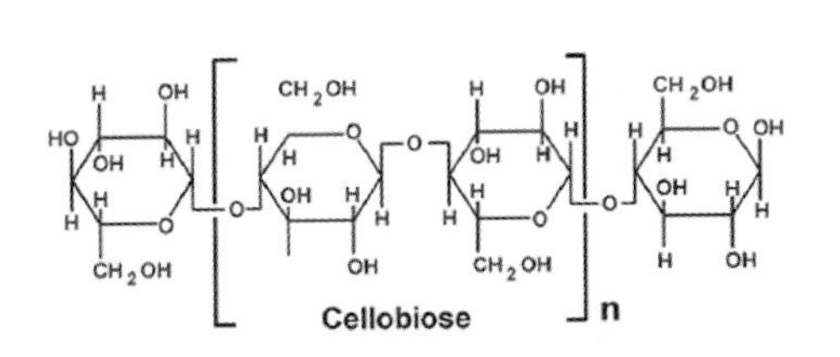

〈그림 12〉 셀룰로오스의 구조

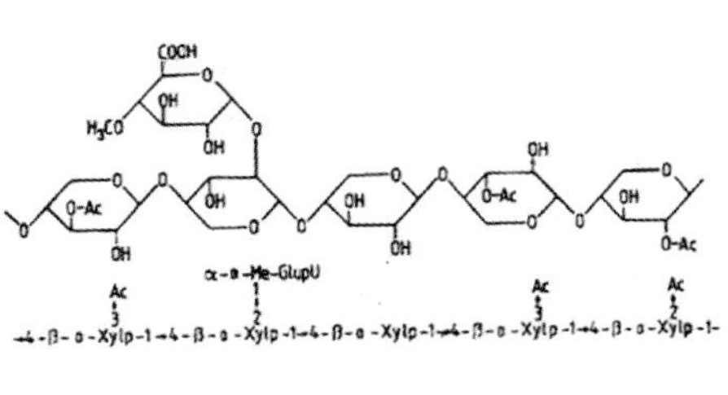

〈그림 13〉 헤미셀룰로오스의 한 종류인 Glucuronoxylan

두 가지 특성은 섬유 길이와 세포벽 두께이다. 섬유 간의 결합을 위한 최소의 섬유 길이가 필요하며, 실제로 섬유 길이는 인열 강도(종이의 길이 방향으로 계속적으로 찢어가는데 소요되는 힘의 평균값)와 비례한다.

3-1-8. 한지의 광학적 특성

광학적 성질은 빛과 종이와의 상호작용에 의하여 우리 눈이 다른 시각적인 느낌을 갖도록 하는 것으로 색, 명도, 불투명도, 광택 등이 있다. 종이는 셀룰로오스 분자가 빛을 흡수하면 열화가 일어나며, 재료, 표백제, 충전 및 도공, 염료, 초지방법, 표면 마무리 등에 따라 다르다. 빛 중에서도 자외선이 큰 피해를 주는데 셀룰로오스가 직접 파괴되는 것이 아니라 제지시 첨가되는 첨가물에 의해 열화가 일어나며, 광화학 반응으로 착색의 원인이 된다.

3-2. 비단의 특성

비단의 종류는 금, 능, 단, 라, 겸, 사, 견, 주의 8가지로 나눈다.

표장용으로는 능, 라, 견 등이 쓰이며, 명대(明代) 屠隆(도륭)이 저술한 『노반여사(老槃餘事)』에 표장용으로 사용되어 보존되는 비단의 명칭들이 있으나, 거의가 문양 위주의 명칭들이었고, 이미 당대(唐代)에서도 표장용 비단이 사용되고 있었음을 기록하고 있다. 『일본서기』에 기록되어 있듯 우리나라가 2세기부터 비단 짜는 기술이 성행된 것을 보면 상당한 역사를 지니고 있으나, 표장용으로 사용된 것은 기록에 없다.

3-2-1. 금(錦)

염색된 색사(色絲)로 문양을 넣어 짠 두꺼운 직물로 품질을 상품으로 치는 비단을 말한다. 금사(金絲), 은사(銀絲) 등을 넣어 오래 전부터 궁중에서 주로 사용된 것으로, 현재까지도 제일 많이 사용되고 있는 비단이다. 불교 의식에서 최고 큰스님들의 가사장삼(袈裟長衫) 등으로 사용되었던 것처럼, 종교적 의미로도 많이 사용된 비단이다. 예로부터 고급 표장용으로 가사장삼이 사용되었고, 이러한 예가 지금도 전해져 일본의 경우 지사(紙絲)라는 종이실을 개발하여, 족자용 비단으로 사용하고 있다. 금사나 은사를 종이 실에 꽈서 만든 금란(金蘭)이나 은란(銀蘭) 등이 있고, 문양 등은 옛 것을 모방한 경우가 많다. 작품의 성격에 맞추어 문양도 다양하게 사용하며, 현재도 직접 손으로 짜는 것으로 최고의 값을 유지하고 있다.

3-2-2. 능(綾)

여러 종류의 문양(文樣)을 다양하게 섞어, 지문(地紋)을 짠 견직물로, 얼음의 결과 같은 무늬가 있는 비단이다. 이 능은 주로 궁중 서화용(書畵用)에 많이 사용되는 것으로, 중국에서는 이 직물을 표장용으로 사용하고 있다. 『한중록(閑中錄)』에 "사도세자(思悼世子)가 용꿈을 꾸고서 '백능일폭(白綾一幅)'에 흑룡(黑龍)을 그려서 벽상에 붙였다"라는 기록이 전한다. 금(錦)보다는 얇고 부드러워 궁중의상 중 가볍고 부드러운 속옷으로 많이 사용되었다.

3-2-3. 단(緞)

비단(緋緞)의 준말로 두텁고 광택이 나는 견직물이다. 가내 보료나 이불요, 겨울용 의상 등에 많이 사용되고, 화려한 색상과 문양을 넣는 이중직 견직물이다. 사대부 이상 궁중에서 많이 사용된 것으로 금(錦)보다는 한 단계 아래로 치는 견직물이다. 우리나라에서는 호박단이라고도 부르며, 병풍의 치마감에 사용된 예가 많다.

3-2-4. 라(羅)

문양의 유무관계와 상관없이 성글고 부드러운 비단이다. 무늬가 없는 것은 서화용으로 많이 사용되었으며, 초상화와 불화 등에도 사용되었다. 너무 성글어서 배접을 한 후 그림을 그리기 때문에 일명 풀바닥 비단이라고도 한다.

3-2-5. 겸

가는 실을 몇 겹 꼬아서 짠 견직물로 겸포라고도 하며, 일명 수직비단이라고 한다. 자수(刺繡)를 놓을 때 많이 사용되는 견직물이다.〈그림 14〉 자수는 여러가지 색깔의 실을 꿰어 바탕천에 수놓아 조형미 등을 표현하는 것으로 밀대, 종이 등도 소재가 된다.

〈그림 14〉 베게 자수

3-2-6. 사(紗)

紗는 沙와 같은 뜻으로 라(羅)의 일종이다. 발이 성글고 얇아서, 여름 내복용으로 많이 사용되고, 머플러 등에도 사용된다.

3-2-7. 견(絹)

비교적 성글고 얇으며, 무늬가 없고 명주 그 자체로 짜기 때문에 서화용에 많이 사용되는 비단으로 화견(畵絹)이라 할 수 있다. 춘추용 의상과 짜는 요령에 따라 머플러 등에 주로 사용된다.

4. 회화에 쓰는 먹

우리나라에서 먹의 사용은 고구려시대 〈철경록〉에 송연묵을 만들었음을 기록한 내용이 전한다. 그리고 고구려 고분의 내부에서도 선을 그릴 때 먹을 사용했다는 근거가 있다. 이처럼 검정색으로 회화에서 사용하였다. 특히 신라에서 만든 먹이 일본 정창원(正倉院)에 남아 전하고 있다.

먹은 흑연의 성분인 검은 색의 석묵을 쓰거나 물에 녹인 석묵에 옻칠을 혼합하여 사용한 것이 시초이다. 제조 방법이 다양하게 변화되었으나 우리가 지금 쓰고 있는 형태와 비슷한 먹은 한대(漢代)에 들어와서 소나무의 그을음으로 처음 만들어졌다. 일반적으로 검은 안료(옻칠연, 송연, 카본블랙, 비취블랙 등)에다 아교를 6 : 4의 비율로 혼합한 뒤 부패를 막기 위하여 석류의 껍질즙이나 방부제를 넣고 아교의 고약한 냄새를 없애기 위하여 약간의 향료를 첨가한 후 길쭉한 육면체나 원기둥형으로 만든다. 먹에는 검은색에서부터 청색이 나는 송연묵(靑墨)과 붉은빛이 나는 먹까지 종류가 다양하다. 송연묵은 늙은 소나무나 그 뿌리, 관솔 등을 태울 때 생기는 그을음을 아교로 굳혀 만든 것인데, 약간 청색을 띠고 있으므로 청묵(靑墨)이라고도 한다. 유연묵은 배추, 무, 아주까리, 참깨 등의 씨앗을 태울 때 생긴 그을음을 사용하기 때문에 약간의 갈색을 띠고 있어 갈묵(曷墨)이라고도 부른다.

구름이나 연기, 수면 등을 그릴 때에는 청묵이 적당하고 산림이나 암석을 그릴 때에는 갈묵을 쓰면 효과적이다. 먹을 만드는 방법으로는 약한 바람에 그을음을 날려서 입자를 구분하는 풍선식(風選式)과 그을음을 물에 침전시켜 입자를 가려내는 수한식(水汗式)이 있는데, 입자가 고운 먹과 물 위에 높이 뜬것으로 만든 먹을 좋은 먹으로 취급한다.

5. 회화 안료

중국 한국 등 동양의 그림물감은 옛날에는 그 대부분을 천연산인 광물·동물·식물에 포함된 색소로 만들었다. 그러나 광물의 희소성과 새로운 화학 안료의 대체로 인하여 천연 광물을 이용한 안료를 사용하기가 점차 어렵게 되었다.

물감은 크게 천연물감과 인조물감으로 구별한다. 천연물감 중에는 석채(광물염료)와 천연 수간물감이 있다. 석채는 자연원석을 분쇄하여 흐르는 물에 정제하여 추출한 뒤 입자크기별로 분류한 것을 말하고, 수간물감은 흙이나 진흙을 정제하여 추출한다.

천연안료 중, 특히 광물을 빻아서 입자의 크기나 비중의 차이를 이용하여 물을 움직여 수파(水波)하고 정제한 것을 광물염료라고 한다. 이것이 동양 회화의 주요한 그림물감이다. 현재도 일부의 화가들은 석채를 사용하고 있다.

〈표 3〉 안료의 종류와 주성분

색	안료이름	내 용
녹색	녹청(綠靑)	구리의 화합물이며, 원료는 공작석(孔雀石)
적색	주(朱)	회화에서 없어서는 안 되는 물감인데, 고대에는 고분의 관(棺) 내부에 칠하여 방부제의 역할도 하였다. 또 가열하여 수은을 모아 금(金)과 함께 녹여서 불상 등의 도금에도 썼다. 후세에는 수은에 황을 반응시켜 여러 색조의 주를 만들었다.
	주사(朱砂)	천연산의 황화수은을 잘게 빻은 것으로, 특히 질 좋은 것을 중국의 산지명(産地名)을 따서 진사(辰砂)라고 하는데 그대로 안료명이 되었다.
	주토(朱土)/대자	산화철을 주성분으로 한다.
	단(丹)	밝은 오렌지색, 사산화삼납(Pb_3O_4)을 주성분으로 한다.
황색	황로(黃土)	천연으로는 갈철광에서 산출되는 산화철 $Fe(OH)_3$
	석황(石黃)	비소의 황화물, 웅황(雄黃)·자황(雌黃) 등으로도 불리고 강한 독약으로도 사용되었다.
백색	백토(白土)	고령토를 함유한 도토(陶土)로 벽화나 목각채색 등 여러 곳에 오래 전부터 사용되었다.
	연백(鉛白)	염기성 탄산납을 주성분으로 하며 변색되는 일이 있는데, 그림 두루마리 등의 고전작품의 인물 얼굴색이 검게 변해 있는 것을 볼 수가 있다.
	합분(蛤粉; 胡粉)	탄산칼슘, 대합이나 굴·조개의 껍데기를 불에 태워서 만듦.

색	안료이름	내 용
흑색	먹[墨]	그을음을 아교로 이겨서 굳힌 것으로 중국에서 발명되고 가공·개량되었다.
	기타	위의 안료에 금·은을 첨가함.

6. 아교

지금과 같은 풀이 등장하기 전에 우리 선조들은 자연물에서 추출한 물질을 사용하여 무공해 풀을 만들어 사용하였다. 전통 풀은 풀의 원료물질에 따라 동물성과 식물성 접착제로 나눈다. 대표적인 동물성 접착제로는 아교와 부레풀이 있고 동물의 가죽이나 뼈를 원료로 하며 짐승에서 얻은 것을 동물아교, 어류(魚類)에서 얻은 것을 부레풀이라고 한다. 식물성 접착제로는 해초풀과 녹말풀이 있다.

식물성 접착제는 동물성 접착제에 비하여 접착력은 떨어지지만 그다지 큰 접착력을 필요로 하지 않은 경우에 재료를 구하기 쉽고 풀을 만드는 과정이 간단하기 때문에 많이 사용되었다. 접착력을 가지고 있는 물질도 동물성과 식물성 접착제가 다른데 동물성은 주로 단백질이 접착력을 나타내며, 식물성은 당류가 주종을 이룬다.

소맥전분풀은 그림을 보강하기 위해 종이로 배접할 때 쓰이는 수정 접착제로 소맥, 즉 밀가루에서 전분을 제거하여 만든 풀을 이른다. 밀가루의 주성분은 탄수화물, 단백질, 지방, 회분, 수분 등이다. 이 중 회화문화재의 보존처리할 때 접착제로서 쓰이는 풀의 성분은 소화성 다당류 탄수화물인 소맥전분이다. 밀가루에서 이 소맥전분만을 추출해내는 방법은 과거부터 사용되었는데 그림을 보강하기 위해 종이로 배접할 때 쓰이는 수성 접착제로서 소맥 즉, 밀가루에서 단백질을 제거하여 만든 풀을 이른다. 과거에 사용되었던 단백질 제거법을 현대에는 기계적인 원심분리법이 대신하고 있다.

① 소맥전분 새풀 : 소맥전분을 가열하여 만든 것

② 소맥전분 삭힌풀 : 소맥전분 새풀을 약 10년간 삭힌 풀로 두루마리, 족자 등의 표장에 쓰인다. 이 풀은 매년 미생물의 번식이 적은 겨울날에 풀을 쑤어 독에 저장한 후 위에 물을 부어 삭히는 것으로 매년 독 안의 풀을 관찰해 보면 처음에는 진한 색의 곰팡이가 다량 발생하다가 10년 정도 되면 거의 곰팡이가 발생하지 않게 된다. 10년이 지난 풀은 치즈와 같은 상태로 풀의 분

자길이가 짧아져 접착력은 떨어지나 건조 후 유연하게 말았다 폈다 하는 족자 등의 표장에 적합하다. 고풀은 유연성이 뛰어나 족자나 두루마리의 보존처리에 적합하고 풀의 영양분이 모두 분해되어 있기 때문에 미생물과 충해를 방지할 수 있다. 풀은 내구성, 친수성, 보존성이 뛰어나며 작품과 배접지가 물에 의해 쉽게 분리되므로 다시 보존처리가 가능하다. 풀은 pH가 6.0 정도이며 한지는 pH 9.5 정도로 산화된 작품을 배접하면 중화시키는 역할을 하게 된다.

7. 회화의 배접[3]

배접은 원래 일본에서 사용한 용어이며, 우리나라는 한일합방을 전후로 쓰기 시작해서 지금은 널리 일반화되었다. 중국에서는 장황(裝潢)이란 용어를 사용하는데, 우리나라에서도 처음에는 장황이라는 용어를 그대로 사용하였으나 표장(表裝), 장배(裝背), 표배(表褙), 장황(粧潢) 등의 용어로 바뀌어, 조선시대에 장황(粧潢)으로 부르게 되었다.

〈그림 15〉 서화첩

배접은 서(書), 화(畵), 자수(刺繡), 탁본(拓本), 섬유공예(纖維工藝 : 染織, 手織 등), 사진 등의 작품을 보존, 보관, 전시하기 위하여, 족자, 액자, 병풍, 서화첩(書畵帖, 帖册), 횡권(橫卷, 두루마기) 등으로 표장(表裝)하는 제반 기술적 방법을 포함한다. 넓은 의미로는 낡거나 훼손된 작품의 보완과 재생작업까지도 포함한다. 작품의 원상회복을 위한 수리작업에는 세척, 배접(背接), 충전(充塡), 보채(補彩)의 기술적 과정이 있다. 〈그림 15〉는 글씨와 글을 모아놓은 서화첩이다.

원래 단순한 배접과 재단(裁斷), 또는 경권(經卷)의 쾌선(掛線)을 치는 작업만을 의미하였던 것으로 여겨지는 배접의 개념은 후대에 이르면서 장정기술(裝幀技術)이라는 내용을 포함하게 되

3 고수익, 배접이란 무엇인가, 의남출판사, 1995.

며, 오늘에 이르러서는 수리와 재생을 비롯한 보존기술까지 포함하고 있다.

7-1. 배접의 목적

배접의 목적은 작품의 보존(保存), 전시(展示), 완상(玩賞)에 있다. 특히, 역사적 가치나 예술적 가치가 높은 작품에 대한 원상의 완전한 보전이야말로 배접의 중요성과 목적을 단적으로 말해 준다고 할 수 있다. 최근들어, 역사적 가치가 높은 작품에는 20년 이상이나 지하에서 썩힌 풀을 사용하여 배접을 하는데, 이는 수세기 후에 나타날 수 있는 작품의 변질을 방지하기 위한 것이라 한다.

전시나 감상을 위한 측면에 있어서는 작품을 돋보이게 할 수 있는 배색(配色), 촌법(寸法) 등으로 미적 조화를 살리는 문제가 중요하지 않을 수 없다. 작품의 내용에 어울리지 않는 배색과 촌법으로 배접하였을 경우, 작품의 내용과 분위기가 크게 훼손되기 때문이다.

7-2. 우리나라 배접의 역사적 개관

고대 배접의 발생은 작품 보존의 필요성과 장식의 요구에서 나온 것으로 생각된다. 처음에는 찢어지거나 훼손된 작품을 보완하는 가장 손쉬운 방법으로 작품의 뒷면에 다른 종이를 오려서 보수하는 정도의 극히 초보적인 행위였을 것이나 세월이 흐르면서 점차 작품 보존의 필요성이 더욱 높아지고 기술의 진전을 통해서 오늘날과 같은 배접 방법을 터득하게 되었을 것이다. 배접의 기술이 일반화되면서 작품을 보다 장식적으로 치장하고자 하는 욕구가 자연스럽게 생기게 되었으리라는 점은 쉽게 짐작할 수 있다. 역사상 최초의 표장물도 이러한 욕구를 가진 몇몇 창의력 있는 장배가(裝背家)들에 의하여 창제되었을 것이다.

표장물 중에서도 병풍이 가장 먼저 나타난 것으로 알려져 있는데, 그 시기는 대체로 중국의 한대로 보고 있다.

족자는 북송 때부터 벽에 걸어서 감상하기 시작하였다 한다. 족자 배접은 원래 티벳의 초기 불교 사원에서 야외용으로 사용하기 위한 불화(佛畵)를 꾸민 것이 그 효시라고 알려져 있다. 그러므로 족자의 형식이 중국에 유입되었던 것은 불교 전래 및 융성과 밀접하게 관련되어 있으며, 그것은 고대 중국의 배접물 중 대부분이 경권(經卷, 寫經의 두루마기)과 불화가 주류를 이루고 있다는 사실을 통해서도 알 수 있다고 하겠다.

배접의 기원은 중국의 한대에 시작된 것으로 알려져 있다. 당대 장언원(唐代 張彥遠)의 『역대명화기(歷代名畵記)』에 의하면, 중국의 표장기술(表裝技術)은 동진(東晋) 때에 이르러 그 기초가 마련되었으며, 유송대(劉宋代)에 범엽(范曄)이 나타남으로써 장배기술은 완숙한 단계에 이르게 되었다 한다.

우리나라에 있어서의 배접 기술은 어느 시대에 어떠한 경로로 유입되었는지 전하는 기록이 없어서 정확히 파악할 수는 없으나 고구려는 건국 초기에 『유기(留記)』라는 역사서를 만들었고, 이불란사(伊佛蘭寺)와 성문사(省問寺)를 세워 국가의 초석을 다졌던, 서기 375년까지는 중국으로부터 장배 내지는 기술을 받아들였을 것으로 짐작해 볼 수 있다. 즉, 소수림왕 2년(小獸林王, A.D.372)에 중국의 태왕(泰王) 부견(符堅)이 스님 순도를 보내 불상과 경문(經文)을 들여와 불교의 전래가 본격화되었으며, 이때 가져온 경문은 장배 내지는 표장된 일종의 배접물인 경권일 가능성이 매우 높다. 따라서 이 시기를 전후로 하여 장배술 내지는 표장술이 유입되었다고 여겨진다.

7-3. 배접에 사용되는 바탕 구조 재료

그림의 배접을 위해서는 바탕구조재료 배접용 종이나 천이 필요하다. 이때 사용하는 종이를 사용별로 분류하면 작품을 배접할 때 사용하는 배접지, 배접용 비단용 천배접지, 초배지, 태지, 순지, 색지, 황지, 갱지류로 나눌 수 있다. 이 밖에도 비단을 이용한 배접이나 마직물에 의한 배접 등이 있다.

7-3-1. 종이 배접지

『승정원일기』에 기록된 것을 보면, 조선 영정조 시대 어진의 배접지로는 모면(毛綿)지를 사용했다는 기록이 있다. 배접지는 작품지의 지질 보완에서부터 수명에까지 절대적인 양향을 끼치고, 지질수명이나 작품수명에도 많은 영향을 주고 있다. 다시 말하면 한번 표장된 작품은 재표장하지 않는 것이 좋다는 말이다. 따라서 처음 표장할 때 종이가 중요하다.

배접지는 주로 물에서 떠낸 생지를 주로 사용하는 것을 원칙으로 하고 있다. 종이를 만들면서 물에서 바로 떠낸 상태의 종이는 '생지'라고 하고, 생지를 필요에 따라 물을 살포하거나 도침하는 경우가 있는데, 이를 숙지라 부른다. 이 중에 백반물을 살포하는 경우에는 반수지라고 부르며 작품이나 서류에 사용될 때는 이 종이를 사용하는 것을 원칙으로 한다.

7-3-2. 천 배접지

천을 배접하기 위한 종이이다. 배접용 비단을 배접하기 위해 서화배접지보다 작고 얇게 뜬 종이를 말하나, 현재는 생산을 하지 않고 있다.

현재는 비단에다 기계적으로 배접이 된 '배접비단'이 양산되어 천배접의 기술이 많이 쇠퇴하고 있다.

7-3-3. 태지

한겨울에서 입춘 전후까지 차고 맑은 물 속에서 자라는 이끼와 비슷한 종류를 걸러내어 만든 얇은 종이이다. 혼서지(婚書紙)나 서간지(書簡紙)로 쓰이는 등 귀하고 중요한 종이였으나, 일제강점기에 와서 태지의 이용성을 이해하지 못하면서 병풍이나 액자의 뒷면에 바르는 종이로 전락하였다.

7-3-4. 창호지

예로부터 병풍이나 액자의 초배나 탱화의 배접시 창호지를 사용하였다. 주로 문을 바르는데 사용한다하여 붙여진 이름으로 빛깔이 조금 노란색을 띄고 결이 또렷한 재래 종이를 일컫는다. 특히 질긴 창호지는 병풍연결시 돌쩌귀용으로 아주 긴요하게 사용된다. 경상도 영덕지는 질기기로 유명하여 병풍 초·재배에 사용되는 종이로 정평이 나 있었고, 청평에서 생산되던 창호지는 맑고 하얗기 때문에 병풍 뒷면에 바르거나 궁중의 문창호지로 유명하였다.

7-3-5. 비단(緋緞) 배접지

우리나라의 견직물의 생산 기술은 삼한사회 이전 시기에 습득된 것으로 발표되고 있다. 신라시대에 와서 견직물 생산기술은 한층 더 향상되었고, 고급 견직물인 금(錦)이 생산되어 일본과 중국으로 수출되었다. 이조 전기까지 생산된 견직물의 종류로는 금(錦), 능(綾), 단(緞), 라(羅), 겸(謙), 사(紗), 견(絹), 주(紬) 등이 있다.

7-4. 배접에 사용되는 접합 재료(풀; 糊)

동양 삼국에서 풀은 종이가 생기면서 취약점인 구겨지거나 찢어지는 단점을 보완하는 접착제로서 중요하게 사용되었으나 풀로 인한 피해도 많아 풀의 연구가 큰 비중을 차지하였다. 배접 시에는 풀이 제대로 만들어지지 않으면 작품의 수명을 단축시키거나, 심한 경우 작품을 버리게 된다. 그러므로 배접용 풀은 오랜 시간을 삭혀 준 부패풀을 사용하는 것이 원칙이다. 풀을 삭혀서 사용하는 데는 두 가지 큰 이유가 있다. 첫째, 작품의 변질을 방지하기 위해서이다. 배접의 중요 목적의 하나가 작품의 보존에 있으므로 수 십 년 혹은 수 백 년에 이르는 긴 세월 동안 완벽한 보존을 위해서는 풀의 질이 문제가 된다. 풀을 충분히 삭히지 않으면, 작품이 들뜨거나 심지어는 미생물의 일종인 곰팡이 균의 침해에 의하여 썩는 경우가 생긴다.

둘째, 작품의 유연성 유지 및 재배접시 작품과 배접지를 쉽게 분리해 주기 위해서이다. 보통 배접용 풀의 원액으로는 앞에서 설명한 바와 같은 밀가루(小麥粉)를 물에 침전시켜서 만든 전분(녹말가루)만을 사용한다.

7-5. 배접의 종류 및 제작방법

7-5-1. 족자 제작방법

일반적으로 서화를 벽면에 걸어서 감상할 수 있도록 비단과 종이로 꾸며준 축(軸)을 족자라 한다. 중국은 궤축(掛軸)이라 하여, 북송 때부터 서화를 배접하여 벽에 걸어서 감상한 것으로 알려져 있다. 본래는 티벳 민족의 초기 불상의 도상(圖像)을 벽면에 걸기 위해서 만든 것이 시초였으며, 이것이 당대를 거쳐서 한국과 일본에까지 전파되었다. 일본은 족자를 궤물(掛物)로 부르며, 가마쿠라 시대(鎌倉時代 : 1185~1336)에 중국의 한 선승이 족자를 만들기 시작하면서, 이를 배워 발전시킴으로써 일본 족자의 전통을 세우게 되었다. 우리나라에서는 옛날 족자를 장자(障子) 또는 조병(弔屛)으로도 불렀던 듯하다.

족자는 보통 전통 족자와 창작 족자, 절충식 족자의 세 가지로 대별되며, 나라별로 한국, 중국, 일본식 족자로 구분한다. 현재 우리나라에서 제작하는 종류로는 평족자(平簇子), 명족자(明簇子), 이중선족자(二重線簇子), 복륜족자(復輪簇子), 당족자(唐簇子) 등이 있다. 또한 지금은 거의 만들지 않는 것이지만 특별한 경우에만 사용하였던 몽금척족자(夢金尺簇子)도 있었다.

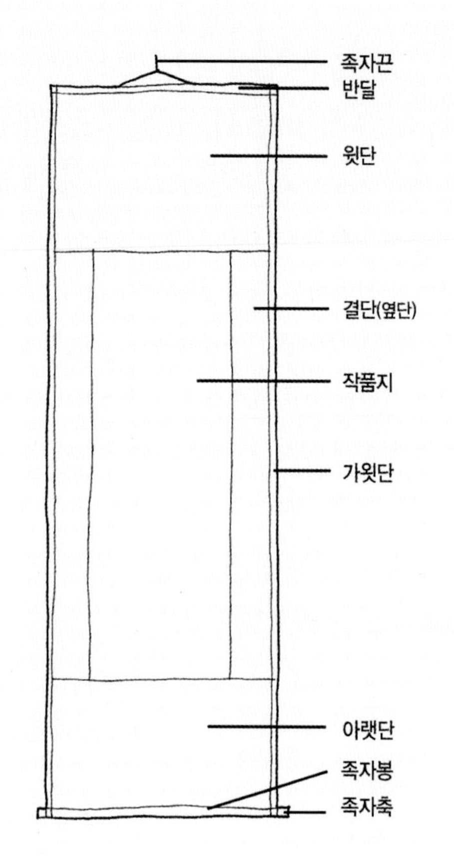

〈그림 16〉 족자의 명칭

족자 만드는 방법은 아래와 같다.〈그림 16〉

1) 작품지를 족자용으로 배접하기 위해서는 다른 작품배접보다 고르면서 좀더 얇은 배접지를 선택하고 묽은 풀을 고른다. 약 25%의 점도가 약한 묽은 풀로 잘 칠한 후 배접지를 붙이고 타격솔로 두드린다. 문지름솔로 잘 문질러 주고 뒤집어 건조판에 붙인 후 잘 말린다.

2) 비단 배접시에는 풀의 농도에 주의한다. 35~40% 정도의 되직한 풀로 골고루 묻도록 칠한다. 타격솔로 두드리고 문지름솔로 잘 문질러 주고 뒤집어 건조판에 붙인 후 잘 말린다.

3) 완전히 건조한 후 비단 이음매 작업을 한다. 건조판에서 떼어낸 다음 작업판 위에서 재단을 한다. 작품지와 비단배색에 알맞은 색선도 재단하여 준비한다. 재단이 끝나면 작품지 뒷면 가장자리에 풀을 가늘게 칠하여 색선을 붙인다. 그 후 작품지가 윗면이 되게 하고 비단 뒷면에 가늘게 풀칠을 하여 작품지 옆단에 붙은 색선에 붙인다. 보조지를 작품지 위에 올리고 잘 문지른 후 망치로 가볍게 두드린다.

4) 잘 말린 후 중간배접 작업을 한다. 중간배접지는 얇은 순지를 사용한다. 약 30%의 풀을 골고루 칠해 붙인 후 타격솔로 잘 두드린 후 문지름솔로 문지른다. 잘 뒤집은 후 건조판에 붙여 건조한다.

5) 2~3일 건조 후 작업판 위에 잘 펼쳐놓고 명단을 잘 맞추어 재단한 후 명조(明朝)를 붙일 것인지, 색지로 감아 마름작업을 할 것인지를 정하여 작업한다. 위아래 반달과 봉을 붙일 부분에 선을 그어 표시한다.

6) 마무리 배접을 실시한다. 두껍지 않고 유연한 배접지를 이용하고 약 25%의 풀로 배접한다. 이때 아래 윗단의 주머니를 만들어 물칠을 하여 붙인 후 배접한다. 타격솔로 두드리고 문지름솔로 잘 문질러 주고 뒤집어서 구김이 없나 확인한다. 그 후 윗면만 풀칠을 하여 건조판에 붙이거

나 둥근 봉을 이용하여 중간에 넣은 후 자연 그대로 건조시킨다.

7) 말린 후 뒷면에 초를 바른 후 염주로 잘 문지른다. 그 후 다시 돌려 작품지 윗면에 물을 살포한 후 가장자리에 풀칠을 하여 건조판에 붙여 약 3개월 이상을 건조시킨다. 이때 건조판이 썩지 않도록 감물을 입혀 작업한다.

8) 완전히 건조된 후 건조판에서 떼어내어 뒷면에 초를 바른 후 염주로 정성들여 문지른 후 마무리한다. 비단과 종이를 면도칼로 잘 떼어낸 후 봉의 양 옆면에 축을 달아 아랫봉을 달고 반달을 달아 족자못을 달고 끈을 달아 벽면에 건다. 완성된 족자는 벽면에 하루 동안 걸어둔다.

7-5-2. 편액(扁額) 제작방법

건물의 정면 중앙 어간의 처마에 거는 액자를 말하는데, 널빤지나 종이 또는 비단 등에 글씨나 그림을 그린 것이다. 대부분 가로로 길쭉하여 횡액(橫額)이라고도 하고, 보통은 현판(懸板)이라고 부른다. 크기는 일정하지 않으나 글씨의 경우 대개 대형이므로 대자(大字)라는 별칭도 있다.〈그림 17〉

편(扁)은 서(署)의 뜻으로 문호 위에 제목을 붙인다는 말이며, 액(額)은 이마 또는 형태를 뜻한다. 즉, 건물 정면의 문과 처마 사이에 붙여서 건물에 관련된 사항을 알려 주는 것이다.

중국 진(秦)나라 때 건물 명칭을 표시한 것을 서서(署書)라고 한 것이 편액에 대한 최초의 기록이다. 우리나라에서는 삼국시대부터 쓰기 시작하여 조선시대에는 사찰 건물은 물론 도성과 문루, 궁궐 전각, 지방관아와 향교·서원·일반주택에까지 붙여졌다.

여기에 쓰이는 한자는 전서와 예서·해서·행서·초서 등 매우 다양하며, 요즘에는 한글로 된 편액도 많아졌다. 건물의 얼굴이므로 건물 격식에 어울리는 글씨와 장식을 더한다. 글씨의 경우는 당대 명필과 고승·문인의 것이 대부분이나 더러는 옛 선현의 글씨를 모아 만들기도 하고 활자체나 특별히 만든 글씨로 장식하기도 한다. 글씨는 금니와 은니·먹·분청·호분 등으로 쓰고, 틀은 무늬와 색채를 넣어 주련(柱聯)과 함께 건물의 중요한 장식 수단이 된다. 이렇게 편액은 건물의 멋을 내는 수단임과 동시에 건

〈그림 17〉 봉정사 편액

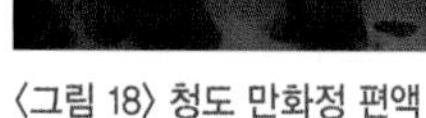
〈그림 18〉 청도 만화정 편액

〈그림 19〉 칠보문 편액 해남 대흥사

물 명칭과 내력, 역사와 인물, 일화 등을 담고 있는 중요한 자료이다. 편액은 중국의 한대에서 사용하기 시작하였으며, 본래 고대 사찰의 처마 밑에 걸었던 글씨 또는 그림의 현판을 그 효시로 본다. 편액(扁額)은 편액(遍額)이라 적기도 한다. 현대는 흔히, 액자로 통칭하여 그냥 액(額)이라 줄여 말하기도 하며, 액틀, 액면(額面) 또는 현판이라 통칭하기도 한다.〈그림 18〉

우리나라 편액의 사용 시기는 자료의 부족으로 정확한 추정이 어려운 형편이다. 다만, 중국의 편액 기원이 한대에서 동진(東晋)에 이르는 기간에 해당되고, 일본이 서기 818년을 편액이 사용된 고대 문화 발전의 시기로 보기 때문에, 우리나라에서 편액이 사용된 시기는 일본보다는 빠른 삼국시대 말에서 통일신라시대의 초기에 해당할 것으로 생각할 수 있다. 일반적으로 액자의 종류는 틀의 형식과 구조, 테의 문양, 새틀면의 구조에 따라서 비교적 다양하게 나누어진다. 편액은 잘 말리고 비틀림이 없으며 결이 깨어지지 않은 목재를 만들어 사용한다. 틀의 형태로는 작가의 그림이나 글씨의 형태에 따라 약간의 차이가 있으나 시각적으로 눈에 잘 띄는 가로인 경우 양옆단 : 아래윗단=3 : 1의 비율이 적합하다. 글자판에는 먹과 호분 등을 이용하여 글자를 쓰고 편액 틀은 사찰 건물은 불교와 관계하는 문양을, 개인주택이나 서원, 향교건물의 경우는 무사안위 등의 의미를 갖는 칠보문으로 화려하게 장식하였다.〈그림 19〉

고서화를 보관하기 위한 액자를 제작하는 방법은 아래와 같다.

1) 액자 형태로 표장할 작품의 규격을 재고 작품에 어울리는 디자인으로 틀을 만든다.〈그림 20〉

2) 초배(初褙)[4]를 하기 위해 한지를 사용하여 부드러운 솔로 나무면을 가볍게 두드리듯이 칠하여 초배지를 붙인다. 풀의 농도는 잘 밀착시키기 위해 40~50% 정도의 되직한 풀이 좋다.

3) 공간초배를 실시한다. 초배에 사용한 종이의 반댓결, 즉 크로스 형식으로 배접하여 종이의 강도를 높인다.[4]

〈그림 20〉 액자의 크기 비율

4) 재벌 배접은 액자 속틀을 편안하게 유지시키고 연약한 초배지를 보완하는 의미에서 갱지류나 하드롱지를 사용한다. 갱지류는 종이 자체에서 습도를 억제시키는 능력이 있으나, 발라진 후 쉽게 각질화되는 현상을 보이고 있어 갱지류를 사용할 때에는 순지로 한 번 더 재배하면 충분히 보완된다.

5) 재벌배접이 완전히 마른 후 작품이나 비단을 붙인다. 나뭇결의 무늬나 자국들이 겉면에 나타나지 않도록 한다.

6) 작품지에 배접이 완료되면 건조판에 붙이고 건조시킨 후 떼어내어 재단한다. 작품지 뒷면 가장자리의 약 1.5~1cm 정도를 얇고 고르게 칠하고, 가운데에 물을 분무기로 살포한 후 뒤집어 작품면이 앞으로 나오게 한다. 속틀판과 균형이 잘 맞도록 한 후 잘 붙도록 다른 종이를 작품지 위에 덮고 문질러준다. 가운데 부분은 물을 분무기로 살포한 후 서늘하고 통풍이 잘 되는 그늘의 벽면에 잘 안착시켜 말린다.

7) 작품지가 완전히 마른 후 비단을 재단하여 붙인다. 이때 비단결에 유의하여 한 결로 붙인다.

8) 완전히 마르면 유리를 잘라 넣고 마무리 작업을 한다. 프레임에 유리를 부착시킨 액자를 뒤로 돌려 고리를 박아 완성시킨다.〈그림 21〉

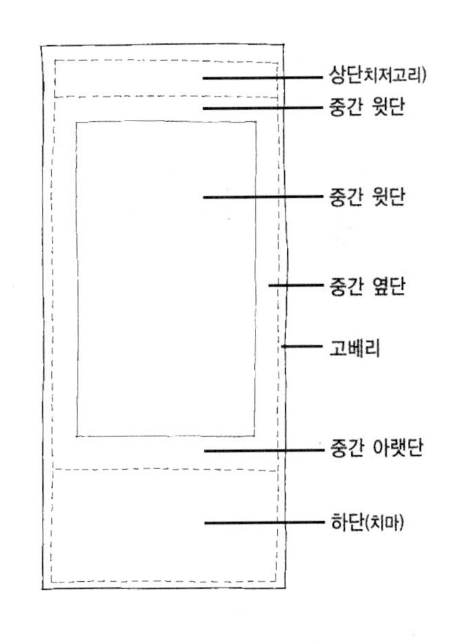

〈그림 21〉 병풍의 용어

7-5-3. 병풍 제작방법

병풍은 언재부터 사용되었는지는 정확치 않으나 중국에서는 한나라 때부터 만들기 시작하여 당나라 때에 널리 사용되었고, 남북구시대에 당

4 정식으로 도배하기 전에 허름한 종이로 먼저 도배함.

〈그림 22〉 그림 감상용 병풍

으로부터 기술이 들어와 신문왕 6년(686)에는 일본에 금은·비단과 함께 수출하였다는 기록이 있다. 고려시대에도 여러 문집 가운데 병풍에 관한 기록이 많이 있음을 보아 사대부의 가정에서 널리 사용되었음을 알 수 있다. 조선시대 전기의 작품은 전하지 않으나, 중기 이후부터 후기에 걸쳐 그림과 수를 놓은 병풍이 많이 전해지고 있다. 자수병풍(繡屛風)의 현존 유물로는 국립중앙박물관에 소장되어 있는 정명공주(貞明公主; 1603~1685)의 신선도·산수도, 현종(顯宗; 1660~1674)이 발기하였다는 서왕모도(西王母圖) 등이 있다.

병풍의 본래의 구실은 바람을 막는 것이었으나, 현대에는 그림이나 자수·글씨 등을 감상하기 위하여 사용하는 경향이 더 짙어졌다. 접거나 펼 수 있게 만들어 방안에 치면 실용성과 예술성을 겸할 수 있다. 사용 용도와 병풍의 형태, 병풍 내용에 따라 약 20여 가지로 나뉜다. 궁궐과 성곽의 모습을 그린 궁궐 지리도 병풍, 능행도와 같이 문무백관들의 공식행사 그림인 행렬도 병풍 등 다양하다. 고대의 제소병풍은 오늘의 병풍 형식과는 구조적으로 상당한 차이가 있다. 간편하게 접어서 손쉽게 보관할 수 있는 형태가 아니고, 펼쳐진 넓은 판을 그대로 이용하는 일종의 통병풍이다. 여기서 발전한 형식을 연병풍(軟屛風)이라 부르는데, 이것은 현대와 같이 나무로 틀의 골격을 만들고, 여기에 종이 또는 비단을 씌어 준 것이다. 연병풍은 여러 발전 단계를 거쳐서 오늘날과 같은 종이 날개식 병풍으로 완성된다. 종이 날개식 병풍은 첫째, 전후를 마음대로 꺾어 접을 수 있어 편리하고 둘째, 연폭의 연결 배접이 가능하며 셋째, 연결부가 치밀 견고해서 방풍(防風)의 효과를 높일 수 있는 등의 여러 가지 특징이 있다.〈그림 22〉

병풍은 장풍(障風) 혹은 병장(屛障)이라고도 부른다. 또 뒷면에 펴서 의지하는 것이라고도 하였으며, 청방(淸防)이라고도 불렀다. 표면상 서화에 속하지만 그 기능은 방풍과 그림 치장은 물론 공간 차단의 효과라는 여러 면에 있어 단순한 감상용의 족자나 액자 따위보다도 공간에 대해서 보다 많은 포용성(包容性)과 함축성(含蓄性)을 지니고 있다. 따라서 필수 세간에 못지않은 실용과 가치를 지닌 가구의 하나로서 일반의 환영을 받았다.

병풍 제작법 중 8폭 병풍은 아래와 같다.

1) 병풍 속틀을 준비한 후 초배하고 건조되면 재배 작업을 한다.

2) 병풍 8폭을 똑같이 고르게 깎아 마름질하기 위해 잘 건조된 병풍틀을 하나씩 못으로 박아 밀착시킨다.

3) 그 후 병풍틀에 종이 돌쩌귀를 붙이기 위해 연필로 선을 그은 후 톱으로 금을 그어 표시한다. 번호를 적어 해체작업을 하여 틀을 하나씩 분해한다. 분해한 후 병풍 속틀의 초재배 상태를 점검한다.

4) 다시 번호 순으로 모은 후 종이 돌쩌귀를 붙이는 작업을 한다. 우선 겉면이 휘었는가를 확인한 후 2, 4, 6, 8 순으로 180° 뒤집은 후 약 3cm 간격으로 벌린다.

5) 병풍 표시금이 홀수냐, 짝수냐에 따라 종이 돌쩌귀를 붙인다. 돌쩌귀는 약 6cm로 재단하여 연필 표시금 만큼 잘라서 붙인다. 붙일 때에는 좀 된풀로 붙인다.

6) 건조한 후 종이 돌쩌귀로 결합작업을 한다. 이때 우선 1, 2번을 부착한 후, 3, 4번을 이고 1, 2번을 붙인 것과 3, 4번을 붙인 것의 앞면을 부착시킨다. 나머지도 같은 방법으로 하고 잘 건조시킨다. 주의할 것은 건조되었다고 병풍틀을 세우면 버리게 되므로 세우지 않는다.

7) 병풍틀 안껍을 재단하여 붙인다. 우선 종이 돌쩌귀로 부착된 병풍틀을 잘 뒤집어 놓은 후 재단된 천을 바른다. 이 천은 겉면과 동일한 것으로 하고, 약 8cm로 재단된 병풍 높이와 같은 길이의 비단을 된풀로 잘 칠하여 붙인다.

8) 잘 건조된 병풍틀에 표시된 톱금을 찾아 칼로 자른 후 물을 살포하여 뒤집는다. 뒤집은 후 물을 살포하여 안정시킨다.

9) 병풍틀에 공간띄우기용 종이를 붙인다. 질 좋은 닥지로 붙여야 병풍수명에 좋다.

10) 별도로 배접된 작품을 재단한 후 가장자리에 색선을 두른 상태의 작품지를 약간 되직한 풀로 칠하고 가운데 부분은 물을 살포한 후 병풍틀에 붙인다.

11) 작품지가 건조된 후 비단붙이기를 한다. 옆단을 붙인 후 아래 윗단의 치마비단을 붙인다. 배색을 작품에 어울리는 비단으로 선

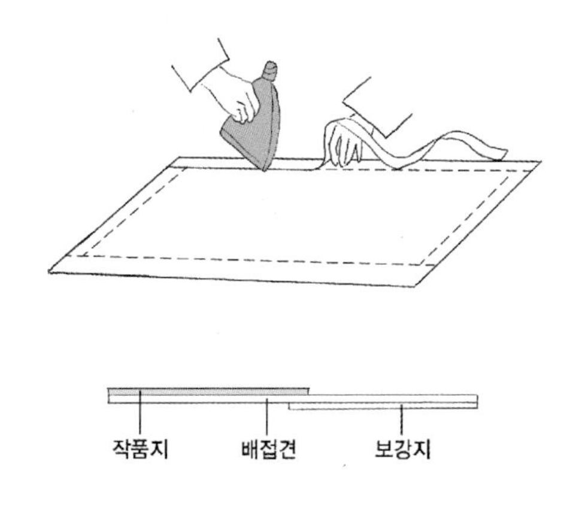

〈그림 23〉 태지작업

택한다.

12) 잘 건조시키고 병풍의 겉면과 아래 윗단과 옆단을 붙인다. 이때 아래 윗단을 먼저 붙인 후 겉면을 바르고 옆단을 붙인다. 겉면을 바른 후 물을 살포하여 작업대 위에서 안정시키면서 건조시킨다.

13) 뒷면에 태지를 붙인다. 비단을 붙여도 좋다.〈그림 23〉

14) 병풍 겉테를 박은 후 먼지 등을 털어낸 후 병풍집에 넣는다.

7-6. 회화의 배첩 제작방법

배첩은 중국 한대에서 시작되어 당대에 정립되었으며, 한국에 유입된 경로를 기록으로 찾아볼 수 없으나, 고구려 고분벽화의 병풍그림으로 4세기 중엽 중국의 표장(表裝) 기술이 전해졌음을 알 수 있다. 따라서 삼국시대 때 유교·불교·도교의 전래와 함께 경전 및 종교의식용 그림 등이 들어와 한국 배첩의 기초가 형성되었을 것으로 추정된다.

통일신라와 고려를 거쳐 꾸준히 발전하였으며, 조선시대에는 배첩장이라는 전문가가 등장할 만큼 성황을 이루었다. 조선시대 서화의 융성과 왕실 및 문중이 조상의 초상을 모시는 유교적 정신이 바탕이 된 듯하다.

배첩(褙貼)은 서화에 종이·비단 등을 붙여 족자·액자·병풍 등을 만들어 미적 가치를 높임과 동시에 실용성과 보존성을 높여주는 전통적 서화처리법을 뜻하는 한국의 전통 용어이다. 배첩과 배접은 기능면에서 비슷하나, 배접은 일제강점기 때 일본인에 의해 수입된 용어이다. 배첩장은 조선시대 초기부터 제도화되어 도화서 소속으로 궁중의 서화처리를 전담하던 전문 기술자이다. 배접 기술을 전승 보존하기 위하여 중요무형문화재로 현재 기술을 보존하고 있다.

배첩의 재료에는 풀·한지·비단·목재·축(軸)·축머리·장식·등황·먹 등이 쓰인다. 풀은 종이와 함께 가장 기본적인 재료이다. 한국 배첩에서는 밀가루로 풀을 쑤고 녹말을 완전히 내린 후 말려서 가루로 보관하고, 필요에 따라 꺼내 묽게 쑤어 사용하는 독특한 풀쑤기법을 고수한다. 고서화의 처리에는 7년 정도 삭힌 풀을 쓴다.

제작기법은 액자·병풍·족자·장정 및 고서화 처리의 다섯 가지이다. 액자와 병풍은 비단 재단, 그림 초배, 재배, 건조, 액자틀 준비, 조립의 과정을 거친다. 족자는 비단 재단, 초배, 겹배, 건조, 삼배(三褙) 또는 총배(總褙), 건조, 축목(軸木), 반달 부착의 순서로 이루어진다.

장정은 표지나 속지에 손상을 입은 고서 처리를 말한다. 속지가 손상된 것은 상태에 따라 세탁하거나 그냥 배첩하고, 표지는 형식·재질·색에 맞추어 준비하고, 끝으로 붉은 실로 다섯 군데를 맨다.

특히, 고서화 처리는 높은 안목과 기술을 갖춘 배첩의 최고 경지를 요한다. 작업과정은 분해-가(假)배접-세탁-배접으로 이루어지고, 경우에 따라 손상된 서화 부분에 붓을 대는 수정작업이 따른다.

8. 회화류 문화재의 훼손 원인

회화류 문화재는 대개 셀룰로오스로 된 식물성 섬유로 구성되어 있다. 셀룰로오스는 빛이나 화학물질 등의 물리화학적인 요인이나 곤충, 미생물 등에 의해 손상되기 쉬운 재료이며, 손상된 후 계속 방치하게 되면 원형소멸이나 문화재로서의 가치를 상실하게 된다. 그러므로 손상되었을 경우에는 빠른 시기 안에 각 재질의 취약점과 현 상태를 파악하여 과학적이고 합리적인 보존조치를 하여야 한다.

일반적으로 종이의 수명에 영향을 주는 요인으로는 주로 환경적 요인(물리, 화학, 생물적 요인)과 제지기술적인 요인(원료처리방법, 제지시 첨가약품의 종류 등)으로 구분된다. 물리적인 환경요인에는 온도, 습도, 먼지 등이 있고, 화학적인 원인으로는 빛과 대기 중의 오염물질이 있다. 생물학적 요인으로는 쥐와 같은 동물과 해충, 미생물(곰팡이, 세균) 등이 있다.

특히 제지기술적인 요인은 그 시대의 사회적 상황이나 기술사적인 배경에 의해서 초기 종이의 질 즉 수명을 좌우하는 중요한 요인이 된다. 그러나 실제로는 이러한 원인이 복합적으로 작용한다.

8-1. 물리적 원인

회화류 문화재 손상의 물리적인 원인은 온·습도의 변화로 일어나는 팽창·수축으로 유물이 점점 파손되는 경우 이외에 유물을 취급하는 사람이 취급 부주위로 실수를 한다거나 소장하

면서 발생하거나 보관 및 감상시에 사람에 의해 손상되어지는 물리적인 손상의 경우가 대부분이다.〈그림 24〉

물리적 원인에 의한 손상은 파괴에 가깝다. 자주 접거나 말게 되면 구김에 의한 주름이 많이 생기게 되고, 특정 부분에 지속적으로 물리적인 힘이 가해져 찢어지거나 꺾임 현상들이 발생한다. 종이가 찢어지거나 온습도의 변화로 일어나는 종이의 팽창수축, 책을 비스듬히 세워 보관할 때의 변형 등이 물리적 원인이다.〈그림 25〉

회화류 문화재는 특히 온도와 습도에 영향을 많이 받는다. 온도가 높을수록 물질 간의 화학반응이 촉진되어 재질의 강도는 떨어진다. 특히, 고온은 형태를 변화시키는데, 대부분이 지류로 이루어진 서적문화재는 기본적으로 수분을 포함하고 있으므로 온도가 이들의 조직을 약화시키는 중요한 원인이 될 수 있다.

수분은 물체의 공극에 들어가 팽창 등을 일으켜 구조를 변하게 하거나 성분을 부분적으로 용출시킨다. 또한 물체의 표층과 반응하여 가수분해를 일으키며 공기 중의 CO_2, SO_2, NO_2 등을 용해하여 산성비를 만들어 물체 표면을 침식시킨다. 지류로 된 유물은 대부분 일정량의 수분을 함유하고 있어 재질에 따라 정도의 차이는 있으나 본래 함유하고 있었던 수분이 증발하게 되면 다시 외부로부터 흡수하고, 반대로 과량이 존재하게 되면 방습하여 외부의 습도와 평형을 이루려고 하는 성질이 있다. 또 상대습도가 65% 이상이면 지질의 함수율은 10% 이상이 되어 미생물이 발생할 수 있는 조건이 되기도 하므로 습도 조절은 중요하다.

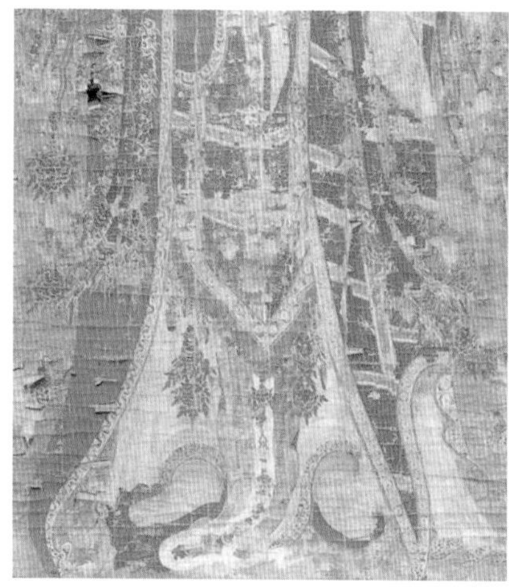
〈그림 24〉 찢겨진 괘불탱화

〈그림 25〉 구김에 의한 손상

습도가 변할 때, 종이가 약화되어 부스러지고, 색이 변하며, 물의 번짐 흔적이 발생된다. 습기의 침입은 작품의 보존과 생명에 영향을 준다. 특히, 장마철은 서화에 습기가 차기 쉬운 가장 위험한 시기이다. 기후의 변화와 습도조정에 신경 쓰지 않으면 작품은 쉽게 습기에 침해된다. 서화가 일단 습기를 받으면 수분을 흡수하여 조직이 부풀고 장력이 커져 원래 재질의 평형이 깨지고 거기에다 온도까지 상승된다면 공기가 건조된다. 또한 바탕조직이 더욱 활발히 수축되어 열화현상이 쉽게 나타나게 된다. 이미 습기가 찬 서화작품이 곰팡이가 자라기 알맞은 온도에 방치될 경우(곰팡이 성장 최적온도 섭씨 25~27°C) 온·습도의 배합으로 곰팡이가 슬어 더욱 심각한 손상을 받게 된다.

8-2. 화학적 원인

종이의 화학적 손상은 주로 그것을 구성하고 있는 물질이 화학반응을 일으켜 발생된다. 그 원인에는 일반적으로 산, 종이의 종류, 공기오염인자에 의한 화학반응에 의해 종이의 구성물질인 셀룰로오스나 헤미셀룰로오스, 리그닌이 변화 및 분해하는 것에 의해 일어난다.

8-2-1. 접착력 약화

접착제는 안료를 고착할 때, 그리고 배접할 때 사용하는데, 안료의 접착력 약화에 따른 분말화, 박락화 현상은 화학적, 물리적인 원인에 의한 것이다. 안료층과 바탕층을 접착시켜주는 아교층의 접착력 약화에 의해서 안료가 떨어지게 된다. 그리고 바탕층인 화견을 종이로 배접할 때 사용되는 소맥전분풀의 접착력이 약화되어 그림이 배접지로부터 들뜨는 경우도 있다.

8-2-2. 산화에 의한 열화

유기 물질인 셀룰로오스가 공기 중의 산소와 결합하여 장기간에 걸쳐 변질 분해하는 것을 말한다. 따라서 처음에 유물이 산성화된 경우가 아니었다 하여도 시간이 지남에 따라 유물은 산성화되어 회화류 분화재에 손상을 준다.

8-2-3. 대기오염물질

대기 물질 중 산소와 이산화탄소가 문화재의 손상을 촉진시킨다. 이 외에 대기오염물질로 황산화물, 질소산화물, 오존, 황화수소, 암모니아, 염분, 매연 및 분진을 들 수 있다. 공기의 화학적 영향은 주로 산화·환원에 의한 변질, 산성·알칼리성 물질에 의한 영향 등이다. 또한 실내 전시시설의 부자재의 접착제로부터 파생되는 포름알데히드 등의 휘발성유기 화합물(Volatile Organic Compounds : VOC)이 악취나 인체의 알레르기 증상을 일으킬 뿐만 아니라 회화 작품의 안료 변색에 원인이 된다.

8-2-4. 빛에 의한 열화

빛 에너지를 셀룰로오스 분자가 흡수하는 것에 의해 그 일부가 변화하여 열화하는 것을 말한다. 문화재에 영향을 주는 빛은 자외선이 특히 악영향을 미친다. 종이의 재질을 약화시키는 것은 물론 리그닌과 광화학 반응하여 탈색과 변색을 일으키고, 셀룰로오스의 결합을 파괴하여 부스러지게 만든다. 또, 열선인 적외선이 문화재에 흡수되면 그 영향으로 대상물의 표면 온도가 상승하고, 또 일부는 전시공간 등의 온도를 상승시켜 상대습도의 변화를 초래하여 균열, 박락, 비틀림과 같은 형상 변경 등의 물리적인 손상이 일어나게 된다.

8-2-5. 산에 의한 손상

일반적으로 종이에 생성된 산은 환경의 상대습도에 대해 다른 손상을 나타낸다. 산은 건조한 환경에서는 탈수제로서 작용을 하여 종이를 서서히 태워버린다. 그리고 습한 환경에서는 산가수분해의 요인으로 작용한다.

산은 종이 중의 수분과 결합하여 산가수분해를 일으켜 종이분자를 붕괴시킨다. 가수분해는 셀룰로오스 사슬의 무분별한 절단에 의한 사슬 길이의 감소를 가져오며, 그 진행정도는 산성도에 따라 달라진다. 셀룰로오스와 헤미셀룰로오스의 열화 생성물은 열화가 더욱 쉽게 일어나도록 하며 종이의 산성도를 증가시킨다. 일반적으로 정상온도에서 종이의 산성도는 셀룰로오스의 가수분해를 촉진하나 알칼리 가수분해는 펄프화 공정 등 몇몇 특수한 조건에서만 일어난다. 셀룰로오스의 화학적 분해는 주로 글루코시드 결합의 가수분해인데, 글루코시드 결합의 반응성은 -OH기, -CO기, -COOH기 등 작용기가 도입되면 더욱 증가되는 경향이 있다. 셀룰로오스의 가수분해는 글루코시드 결합이 수소이온에 의하여 분해되는 것으로 산가수분해와 미생물에 의한 효소분해가 이에 속한다. 종이의 셀룰로오스는 글루코시드 결합의 산소에 신속한 양이온화가 일어나며, 다시 탄소음이온이 되면서 고리가 열리고 가수분해되어 반의자형 구조로 되며 여기에 물분자가 부가되어 새로운 환원성 말단기가 증가되는데, 이때 가수분해된 셀룰로오스를 수화셀룰로오스라고 한다.

종이를 손상시키는 산은 서양에서 종이를 만들 때 경화나 방부를 위해 사용하던 첨가물 중 명반이나 황산알루미늄에서 기인되며, 이것들이 종이에 산을 생성시켜 지질을 산성화시키는 원인이 된다. 또, 대기 오염물질 중 이산화황, 질소산화물, 광화학스모그(Oxidant)는 산성을 띄는 물질로 종이와 반응해 산을 생성한다. 특히 아황산가스는 종이 중의 수분과 반응하여 황산을 생성하고, 종이 중의 철, 망간의 존재에 따라 촉진된다. 이산화질소는 물과 반응하여 아질산을 만든다. 그리고 이러한 산은 전이하므로, 손상된 서적을 수복할 때 산성지나 리그닌 등이 많이 포함된 종이를 사용하면 원서적의 종이에 착색되거나 손상을 유발시키게 되므로 조심하여야 한다.

이미 산성지로 만들어져 버린 유물은 탈산처리를 통해 중화를 하거나, 보관조건을 정비하여 손상의 진행을 늦추는 등의 대책을 취할 수밖에 없다. 또는 중화 후 잉여알칼리 물질이 종이 내부에 잔류하면 앞으로 내부적으로 발생하는 산이나 외부(대기 중의 오염물질 등)로부터 침입할 우려가 있는 산을 중화하여 보존성을 향상시킬 수 있다.

8-3. 생물학적 원인

회화류 열화의 생물학적인 원인으로는 얼룩, 곰팡이, 곤충, 동물 등에 의한 결손을 들 수 있다. 대개 고습으로 인해 2차적인 생물열화 즉 충해, 곰팡이 등으로 인한 손상을 일으킬 수 있다.

8-3-1. 곰팡이에 의한 변화

서화작품에 곰팡이가 피는 원인은 보존환경의 온도, 습도, 광선 등과 밀접한 상관관계가 있다. 비단은 바탕재질이 탄수화물 등의 유기원료로 구성되어 있다. 습기로 인하여 일단 곰팡이가 생기면 크게 번식할 수 있어 시일이 지날수록 서화작품은 변색 또는 썩어버릴 수 있다. 보통 곰팡이에 의한 변화과정은 처음에는 백색 곰팡이부터 생기는데, 이를 처리하지 않으면 점차 황색으로 변하고 심지어는 홍색으로 변해 나중에는 썩게 된다. 따라서 곰팡이가 형성될 가능성이 있을 경우 습기 제거제나 제습기 설치 등 사전 대비를 하여야 한다.

8-3-2. 충해에 의한 변화

지류유물에 손상을 가하는 가해곤충은 식물 인피섬유를 구성하는 셀룰로오스와 헤미셀룰로오스를 좋은 먹이로 하여 속으로 침투하는 천공침해의 습성이 강하다. 따라서 첩이나 책에서 펼쳤을 때 좌우대칭으로 충해에 의한 손상이 발생함을 알 수 있다. 대개 이런 충해 현상이 일어나면 여러 장에 걸쳐 계속적으로 이어진다. 이외에 지류유물의 배접에 사용된 전분풀도 가해곤충의 좋은 먹이가 되어 충해의 원인을 제공한다. 좀에 의한 피해는 느리게 진행되지만 피해가 크다. 좀은 일종의 갉아먹는 벌레로 회화작품과 서적을 갉아 먹는다.

8-4. 인위적 요인

8-4-1. 잘못된 보존처리

서화작품을 수복할 때는 작품을 바닥에 대고 얹은 후 작품의 뒷단이 나란히 결합되도록 해야 배접이 완성된다. 서투른 실력으로 시공을 하게 되면 작품과 배접지를 완전히 붙이지 못하여 작품에 골이 패는 현상이 나타날 수 있다. 몇 차례 펼치고 말고 하다보면 접힌 흔적이 나타난다. 이렇게 되면 배접을 다시 떼어내야 한다. 여러 겹 배접했기 때문에 떼어낼 때에도 여러 겹을 떼어내야 한다. 배접지와 그림 뒷면이 서로 연결되어 있기 때문에 떼어낼 때에 원래 칠해진 풀이 너무 진하면 떼어내기 어려울 뿐만 아니라 그림을 손상시키기 쉽고, 또한 지질이 얇아질(종이가 얇게 변함) 우려가 있어 작품의 생명이 단축될 수 있다.

또, 결손 부분 보수시 보수지를 결손 부위보다 크게 보강하여 보수 부분이 화면에서 두껍게 나타나고 이로 인해 두꺼워진 결손 부분에 화면 전체 불균형으로 또 다시 결손과 갈라짐 등의 손상을 초래하는 경우가 있다.

8-4-2. 좋지 못한 재료 사용에 의한 훼손

한국화의 수복재료는 종류가 매우 다양하다고 할 수 있다. 종이의 얇고 두꺼움, 풀의 신풀과 묵은풀, 여러 가지 종류의 비단 등 많은 재료상의 차이점을 지니고 있다고 할 수 있다. 만약 좋지 못한 재료를 사용하면 미술품의 보존을 효과적으로 시행하지 못하게 되어 작품을 더 훼손시킬 수 도 있다. 때문에 배접할 때 풀의 농도 조절은 매우 중요하다고 할 수 있다. 풀은 그림 뒷면에 칠하기 때문에 직접 종이의 섬유조직 내부에 스며든다. 만약 좋지 못한 풀(공업용 풀 등의 성분이 첨가된 풀이나 접착제)을 사용하면 섬유의 본질을 침해할 수 있다. 이러한 풀들을 사용하게 되면 비단의 경우는 노화작용을 가속화시켜 비단의 질이 저하되고, 두루마리를 펼쳤을 때 이미 푸석푸석해진 비단에는 굴절력이 조성되어 가로로의 파열, 접힌 흔적이 생길 수 있으며 작품에 대해서도 상당한 파괴력을 지니고 있어 영구히 보존하기가 더욱 힘들어 진다. 〈그림 26〉은 갈라진 그림에 스카치 테이프를 붙여 보존처리한 예인데, 테이프에 의하여 2차 오염의 원인이 되어 재보존처리가 어렵게 되고 그림을 손상시키는 원인이 된다.

〈그림 26〉 테이프 접착에 의한 훼손

8-4-3. 족자의 훼손

족자는 지지대가 없이 비단과 종이로만 되어 있는 배접형식으로 서화 작품 대다수는 두루마리를 주요 배접형식으로 한다. 감상시에는 펼쳐야 하며 펼칠 때에도 평형을 이루어야 올바른 감상을 할 수 있다. 펼칠 때 손끝을 그림에 대면 작품을 훼손시킬 수 있다. 두루마리를 말 때에도 너무 꽉 조이거나 느슨하게 말면 작품의 평정이 깨어질 수 있다. 두루마리 양편의 각각의 테두리(마무리 처리)를 너무 꽉 죄어 말면 이 양편의 테두리말이에 균열이 생길 수 있고, 너무 느슨하게 말면 두루마기가 촘촘하지 못하여 내부에 빈틈이 생기고, 손으로 누르거나 기타 외부압력을 받으면 접힌 자국이 생기는 피해가 발생할 수 있다. 인위적인 손실은 취급자가 취급요령만 숙지한다면 충분히 방지할 수 있는 문제다.

9. 훼손된 회화류 문화재의 수복 방법

회화류 문화재는 출토되는 경우는 드물고, 전래되는 경우가 대부분이다. 전래되는 중에 보수·보강을 한 경우가 있으므로 처리 전에 유물의 상태, 재료 및 형태를 먼저 파악한 후 적절한 보존처리법을 적용한다.

대개 보존처리가 적용될 부분은 파손된 부분, 파손되어 망실된 부분, 곰팡이에 의한 부식, 벌레에 의한 훼손, 통풍 등 보관미흡으로 인해 부식된 부분, 부적절한 재료의 사용과 유물 취급시 부주의로 인해 생기는 파손된 부분이다.

보존처리시 물리적 복원처리법으로 구겨진 곳 펴기, 배접, 클리닝을 실시한다. 화학적 복원처리법으로는 소독, 탈산처리 등을 이용한다. 보존처리 후에는 중성지 파일박스 등의 보존용기에 넣어 항온항습이 되는 곳에 보관한다.

회화나 고문서 등은 주로 '한지'나 '천' 등에 묵이나 안료 등을 사용한다. 또, 그림이 '한지'가 아닌 '천' 등에 그려져 있거나 염직품 수복에도 '수복지'를 사용하여 배접되어 있음을 볼 수 있다. 원래 회화나 고문서 등이 제작되었을 당시는 '한지'나 '천'이 한 장인 상태로 제작되었다. 이것을 감상하거나 보존할 목적으로 족자틀과 같은 공정에는 원본을 튼튼히 하기 위해 '수복지'로 배접을 한다. 배접은 원본의 뒷면에 직접 접촉하기 때문에 기본적이기는 하지만 가장 중요한 기법이다. 지류의 본지는 물론, 직물 등의 분말상태로 열화하는 원본에 대해서도 이전의 기술자가 실시한 낡은 배접지를 제거하고 원본에 해를 끼치지 않고 원형이 복원될 수 있도록 배접한다. 그 형식에 따라 보존처리 방법이 조금씩 달라지는데, 본 장에서는 우선 고서적의 보존처리, 회화류의 보존처리로 구분하여, 고서적의 보존처리 방법은 '제8장 전적문화재의 보존과학'에서 구체적인 처리방법을 설명하였다.

9-1. 지류 바탕재 회회류의 보존처리

과거에는 과학적인 보존처리가 되지 못하였다. 그 중 하나가 전문적인 보존처리자가 없었고, 특히 상태 분석을 할 만한 장비의 부족도 하나의 원인으로 볼 수 있다. 그러나, 최근에는 과학적인 장비의 도입과 전문인력의 양성으로 획기적인 변화를 가져오고 있다.

대개 보존처리를 해야 되는 대상은 손상된 부분이 있는 경우, 파손되어 손실된 부분이 있는 경우, 곰팡이에 의한 부식 및 침식 피해가 있는 경우, 해충에 의한 훼손, 통풍 등 보관 미흡으로 인해 부식된 경우이다. 이 밖에도 보존처리를 실시하였으나 부적절한 재료의 사용과 유물 취급시 부주의로 인해 파손 부분이 생겼을 때 이를 보완하고 보존처리를 하게 된다. 보존처리에서는 물리적 복원처리법으로 구겨진 곳 펴기, 배접, 클리닝을 실시한다. 경우에 따라서는 화학적 복원처리법으로 소독, 탈산처리 등을 이용한다. 그리고 보존처리 후에는 중성지 파일박스 등의 보존용기에 넣어 항온항습이 되는 곳에 보관하게 된다.

9-1-1. 예비조사

수리 전 유물의 상태를 파악한다. 예비조사에서는 낱장의 한지로 이루어졌는지, 여러겹으로 배접이 되었는지, 결손부분이 있는지, 곰팡이 등에 의한 손상이 있는지를 조사하고 유물의 두께, 화면의 크기 등을 기록한다. 그리고 이러한 조사를 토대로 세척, 배접, 수선테이프 부착, 재제본, 탈산처리 등 물리·화학적 보존처리 실시여부를 판단하여 보존처리에 대한 계획을 세운다. 종이의 두께는 루베를 50배 정도 확대해 육안 관찰을 실시하면 알 수 있다. 그러나 이것으로는 섬유의 동정을 파악하기에는 곤란하다. 이때는 표본지와 비교하면 닥종이의 재원을 알 수가 있다.

종이의 상태를 측정할 때, 육안 및 수소이온농도측정기(pH-meter), 전자현미경, 수분측정기 등의 분석기기를 사용하여 자료의 보존상태를 점검한다. 현재 종이의 상태를 비파괴적으로 조사하는 방법으로는 산성도측정법, 백색도측정법 그리고 함수율측정법이 있다. 특히 비파괴적인 산성도의 측정법은 평판유리전극을 사용하기 때문에 지질의 차이 및 측정기의 종류에 따라 달라진다.

닥섬유로 이루어진 한지가 어느 정도의 탄력과 강도를 유지하고 있다면 가능한 배접을 피하도록 하고 간단한 클리닝으로 표면 이물질을 제거하여 물배접을 한다. 결손 부분에 있어서는 유물과 같은 재질의 한지를 이용하여 보수한다. 클리닝 작업을 실시할 때는 먹, 채색 상태를 확인한다.

전자현미경 관찰을 위해서는 섬유를 채취하여야하는데, 채취하는 위치는 일반적으로 원래에 사용되었던 종이의 배접지 뒤쪽에서 열화되지 않은 부분을 채취한다. 방법은 채취부분에 가볍게 물기를 적시고 핀셋으로 소량 채취하면 된다. 주의할 점은 채취된 부분이 표시나지 않게 해야 된다. 채취한 섬유는 슬라이드글라스 위에다 물에 적셔 올려놓고 해부용 침과 핀셋을 이용하여 분산시킨다.

9-1-2. 과학적 분석법

1) 물리·화학적 성질 분석

첫째, 파괴적인 방법으로 한국산업규격 KSM 7053에 의한 냉수추출법과 온수추출법에 의한 측정법이 있으며, 비파괴적인 방법으로 평판유리전극이 부착된 수소이온농도측정기(pH-meter)

로 종이표면의 산성도를 측정한다.

둘째, 빛에 대한 정반사도를 측정하여 종이의 흰 정도를 객관적으로 나타내는 백색도를 측정한다.

셋째, 종이는 흡습성(吸濕性) 재료로 생산시부터 수분을 함유하고 있으며 놓여있는 환경에 따라서 함수율이 달라지므로 KS에서 규정하는 함수율 측정은 습도 65±2%, 온도 20±2℃에서 일정 시간 전처리한 시료에 대하여 함수율을 측정한다.

넷째, 종이의 두께와 밀도를 측정하여 약품처리 후 변화정도를 살피는 기초 자료로 사용한다.

다섯째, 종이의 경화·이완 등으로 인한 물리적 상태를 파악하고 유물의 상태 및 노화도를 측정하기 위해서 내절강도를 측정한다.

2) 조직의 형상 분석

첫째, 형광X-선분석법(X-ray Fluorescence Spectorscopy)으로 채취한 섬유면에 X-선을 조사하면 시료면으로부터 특정 X-선(형광X-선)이 발생한다. 형광 X선분석법은 이 특정 X-선을 파장 분산형의 분광기로 나누어 원소의 고정도(高精度)의 다원소를 동시 정량분석을 실시하는 방법이다. X-선을 자료에 조사하여 파장 분산형 분광기로 분광하는 것이 큰 특징으로 여러 자기 원소를 고도로 정밀하게 동시 측정할 수 있고 X-선(또는 전자선)을 조사하여 특정 X-선을 에너지 분산형의 분광기로 분광하는 신속분광법(EDS)도 현재 많이 이용되고 있지만 분석의 정밀도는 이 방법이 우수하다. 비파괴분석법으로 채색 회화류의 안료분석에 사용된다.

둘째, 적외선분광분석법으로 안료분석과 재질분석을 할 수 있다.

셋째, 적외선촬영법은 가시광보다 파장이 길기 때문에 먼지, 그을음, 옻칠, 안료 등에 의한 산란·흡수가 적다. 때문에 자료의 표면층을 투과하여 내부의 문자와 초안에 도달한다. 그 반사광을 얻을 수 있다면 문자와 초안을 관찰할 수 있다. 예를 들면, 유화물감과 같은 안료의 경우 종류에 따라서 다르지만, 50~150μm 정도의 두께를 투과한다. 따라서 훼손된 그림에 대한 수복 작업의 밑그림 확인을 위해 적외선 촬영이나 X-ray 촬영을 통해 그 내용을 확인할 수 있다. 훼손이 많이 되어 그 위치를 알 수 없는 경우에도 사용한다.

9-1-3. 방충방부 처리법에 의한 보존처리법

종이는 주변환경에 매우 민감하며, 종이로 된 출토 유물의 경우 특히 급격한 건조로 인해 부스러질 수 있으므로 자체 수분 함유율을 유지하도록 환경을 유지할 필요가 있다. 곰팡이나 벌레에 의한 피해가 많은 지류의 경우는 주변환경에 노출되어 있었기 때문에 처리에 들어가기 앞서서 훈증처리를 하여 더 이상의 손상이 없도록 해야 한다. 방충방부를 위해 과거부터 현재까지 사용하는 방법에는 아래와 같은 방법들이 있다. 거풍은 현재 햇빛, 공기오염 접촉으로 훼손 가능성이 있어 하지 않는다. 대신 자료소독기를 이용하여 소독 후 먼지곰팡이 제거 후 바람을 쐬어주는 포쇄방법이 있다.

좀예방을 위해 서고를 건립할 때 방향을 고려하면서, 나프탈렌을 방충제로 사용하여 좀벌레를 예방한다. 아울러 보관은 오동나무 상자에 중성자를 사용해 포장하여 보관한다.

한편, 회화류를 생물학적 피해로부터 안전하게 보호하게 위하여 처리 대상과 상황에 따라 밀폐훈증, 피복훈증, 감압훈증 등의 방법이 있으며, 이 중에서도 감압훈증은 유물을 수납한 밀폐공간을 감압함으로써 가스 침투력이 높아져 더 좋은 훈증효과를 기대할 수 있고 필요시 언제라도 훈증소독할 수 있다는 점에서 매우 유용하다. 그러나 감압훈증고를 따로 시설하여야 하고, 제한된 크기의 훈증고 내에 수납 가능한 유물만 소독이 가능하며 압력, 온도, 습도변화에 의한 일부 유물의 재질변형 우려가 있다고 알려져 있다.

우리나라는 2005년부터 유기질 문화재 보존에 쓰이던 훈증가스의 사용이 규제되어 대체 소독약품이 필요함에 따라 무독성인 천연약제를 이용하는 상시 소독방법 실시가 고려되고 있다. 이에 따라 문화재청에서는 지류 및 섬유질 문화재 재질에 영향을 주지 않고 인체에 해가 없으며 환경오염의 우려가 없는 강력한 방충방균제 'BOZONE'을 개발하여 사용하고 있다. 외국의 바이오미스트테크놀로지에서 개발한 천연방충제인 아키퍼와 천연허브 추출물로 만든 에어닥터는 상시소독을 할 수 있는 무독성의 방충방균제로 밀폐훈증법과 병용해 사용한다.

9-1-4. 클리닝 및 결손 부위 보강

보수 및 보존처리 작업은 여러 단계를 거치게 되는데, 여기서 중요한 과정은 보존처리를 할 수 있도록 각 부분을 해체하는 것으로 유물에 표장(表裝)된 종이나 천 등을 분리시키는 작업이다. 또한 배접지 제거는 유물의 손상 정도와 기법 등에 따라 다르다. 그러므로 유물의 바탕과 채색에 영향을 주는 것과 보완 처리된 것은 제거하지 않는다. 특히 보수시 박락이 발생하는 유물 등은 별도의 방법으로 보완처리 한다.

유물의 파손된 부분과 이상이 생긴 부분의 바탕과 채색, 형태의 변화를 파악 점검하여 이를 우선 보완처리하고 불순물 및 먼지 등을 제거한다. 먼지나 때, 기름 등에도 여러 종류가 있으므로 그 종류가 무엇인지에 따라 적절한 물리적 세척과정을 밟는다.

클리닝은 재질과 손상 상태에 따라 크게 건식과 습식클리닝의 두 가지로 나눈다. 건식클리닝은 표면의 이물질이나 먼지를 부드러운 붓으로 털어주거나 지우개가루를 만들어 골고루 가볍게 문질러 내는 방법이다. 습식클리닝은 작품 밑에 흡수지를 깔고 위에서 증류수를 분무하여 이물질을 제거하거나 증류수에 담그는 방법이다.

클리닝은 유물의 상태에 따라서 다르며, 여러 가지 물리적 방법의 응용이 필요하다. 또한 화학적 변화도 고려하여 처리 방법을 신중히 결정한다.

꺾이거나 결손된 부분은 원 종이와 강도가 비슷한 약한 종이로 메워 보강한다. 짜깁기용은 종이의 강도뿐만 아니라 미관적인 면도 충분히 고려하여야 한다. 원 바탕의 색상과 섬유질의 종류가 비슷해야 하며, 연결 부분이 겹치지 말아야 하고 두께 또한 일정하게 마감되어야 한다.

결손 부분의 크기에 맞추어 종이를 잘라 하나씩 메우며 처리하는 작업은 대단한 끈기가 요구되며 능률이 오르지 않는 문제점이 있다. 이것을 보완하기 위해 부득이 종이 전체를 물속에 넣는 문제점은 있지만 최근 리프캐스팅(Leaf-Casting)법에 의한 수리가 많이 행해지게 되었다. 벌레가 먹거나 구멍 난 부분에 원래의 재질과 물성이 비슷한 섬유를 흘려 결손 부분을 메우는 방법으로 원본의 변형을 최소화하면서 화학적으로 탈산처리효과를 가져올 수 있다. 기계적으로 균일하게 자료의 훼손된 부분을 복원하는 방법으로 그 원리는 리프캐스팅 기계가 펄프와 물이 혼합된 용액을 아래로 빨아들이면서 펄프를 손상된 부분에 보강되도록 하는 것이다.〈그림 27〉 이 방법은 훼손된 부분을 복원함과 동시에 세척도 가능하여 자료의 산성화 정도를 낮추는 효과도 있다. 이 방법은 간단하며, 비용절감과 복원에 걸리는 시간이 많이 절감된다는 장점을 가지고 있다.

〈그림 27〉 리프캐스팅 고해기

시간의 경과로 더러움이 심할 때는 세척하여 제거한다. 클리닝은 유물의 상태와 재질에 따라 그 방법을 달리 적용하는데, 파손된 부분과 바탕면, 채색면, 오염원 등을 확인한 후 문화재를 손상시키지 않는 방법으로 결정한다. 클리닝은 재질과 손상 상태에 따라 크게 두 가지로 나눈다.

〈그림 28〉 수분 제거

건식클리닝은 부드러운 붓으로 털거나 지우개가루로 문질러 표면의 먼지를 제거하는 방법이다.

습식클리닝은 작품 밑에 흡수지를 깔고 위에서 분무하여 이물질을 제거한다.〈그림 28〉 또는 물에 담가 제거한다. 유물의 증류수를 끓인 후, 그 위에 유물을 올려놓고 수증기로 유물 본바탕 내외에 묻어있는 불순물을 제거하고 다시 40~60℃의 증류수 속에 담가 재차 불순물을 제거한다. 온도가 높은 증류수를 사용하면 상온의 증류수를 사용했을 때보다 효과가 훨씬 좋다. 그러나 온도의 변화는 유물에 영향을 미칠 수 있으므로 오염원이나 유물의 상태에 따라 온도를 조절하고 횟수를 조절한다. 습식클리닝 후 온도와 습도를 잘 조절해가면서 건조시키는데 통풍이 잘 되는 그늘진 곳에서 건조시킨다.

클리닝을 할 때 유물의 위치가 흐트러진 경우에는 레이온지 위에 올려놓고 위치를 찾아 임시접착을 한다. 라이트 테이블(Light Table) 위에서 그림의 형태와 종이나 비단의 결을 고려하면서 위치를 찾고, 가역성이 있는 우뭇가사리 풀로 임시접착을 시킨다.

유물의 상태에 따라 안료 박락을 방지하는 처리를 하고, 만약 표제가 붙어있다면 따로 분리하여 처리한다.

페이싱(Facing) 후 1차 배접지의 제거는 유물에 표장(表裝)된 종이나 천 등을 분리시키는 것으로 문화재의 보존처리에서 가장 중요한 과정이다. 배접지를 제거하면서 유물에 손상을 줄 수 있으므로 예비조사에서 유물의 상태와 채색, 안료 등을 확실히 파악하고 배접지의 제거 여부를 파악한다. 배접지의 제거 여부는 그 열화 정도와 접착 정도를 파악하고 pH를 측정해 유물에 영향을 미치는지를 분석한 후 결정한다.

1차 배접지를 제거할 때 유물의 채색 등에 영향을 미친다고 할 경우, 보완처리된 것은 배접지를 제거하지 않는다. 특히, 보수시 채색의 변화가 심하고 박락이 발생하는 지류유물 등은 별도의 방법으로 보완처리 한다.

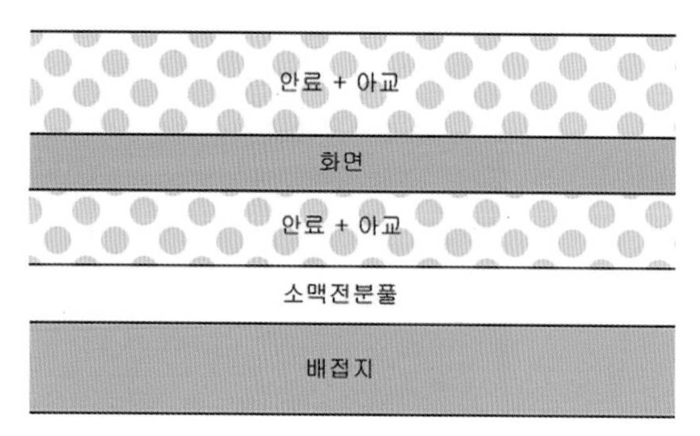

〈그림 29〉 2, 3차 배접지 제거 후의 단면

배접지를 제거하는 방법은 유물의 상태에 따라 건식배접지 제거와 습식배접지 제거로 나눈다. 건식배접지 제거는 얇은 레이온지를 우뭇가사리 풀로 화면을 붙이는 페이싱을 하고 물감층을 고정시킨 후 작품 뒤에서 배접지를 제거하는 방법이다. 습식배접지 제거는 작품을 뒤집어 물을 충분히 적셔 배접지와 작품의 접착력을 약하게 하고 나서 젖었을 때 배접지를 제거하는 방법이다.

배접 제거에 의해 작품이 조각날 것 같이 될 때는 제거 전에 페이싱을 하여 원본의 표면에 레이온지 또는 부직포를 바다풀로 붙여 보강한 후 제거한다. 제거시 최소한의 수분으로 배접지를 분리한다면 아교의 접착력을 약하게 하여 안료까지 박락되게 하는 일은 없을 것이다. 페이싱할 때 사용되는 바다풀은 쉽게 용해된다.〈그림 29〉

회화의 시간이 지날수록 안료를 접착하고 있던 힘이 약해지므로 안료의 박락(剝落) 방지위한 방법으로 회화류에 아교를 도포하여 안료의 박락을 방지한다. 농도는 상황에 따라 조절하면서 정착이 될 때까지 반복하여 실시하며 충분히 건조시킨다. 이 공정은 해체 전후에 행한다.

9-1-5. 탈산처리 방법

종이의 주성분은 셀룰로오스로 중성 및 알칼리성(pH 7~9)에서 매우 안정하지만 산성(pH 4~5)에서는 불안정하여, 셀룰로오스 분자결합이 쉽게 분해된다. 이로 인한 분자량의 감소는 종이의 결합력을 저하시키고, 종이의 강도를 떨어지게 한다. 또, 종이의 경우 20~30년이 지나면 자연상태에서도 산성화가 진행되므로 산성지를 중성화 시키는 탈산처리 방법을 실시해야한다.〈그림 30〉

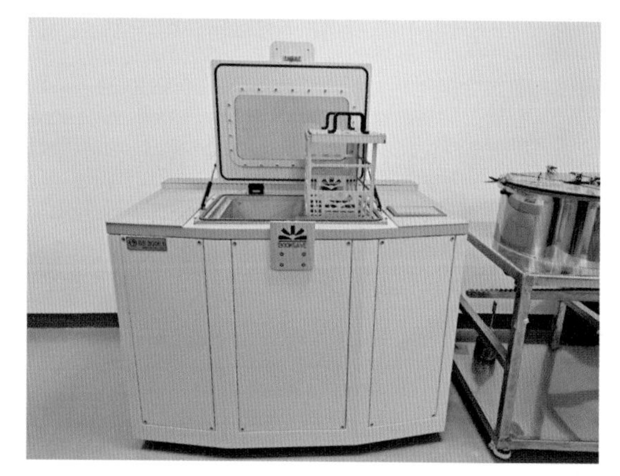
〈그림 30〉 탈산장비

9-1-6. 형태 정리 및 부분 강화

만약 유물이 조각조각 분리된 것이라면 그 위치를 바로 잡는다. 이때 구겨지고 말려 올라간 조각들을 바로잡기 위해서는 부분적으로 습기가 필요하므로, GORE TEX[5]를 이용하여 최소량의 습도를 이용하여 종이의 위치를 바로잡고 배열한다. 위와 아래를 레이온지를 지지체로 하여 부분적으로 여과수, 우뭇가사리풀을 이용하여 보강한다.

9-1-7. 보수지 염색

이전에 수리할 때 덧댄 보충지는 기본적으로는 모두 제거하고 원본과 같은 종류의 종이를 선정한다. 만약 무늬가 있는 경우는 무늬가 작품의 인상이나 경관을 해치지 않은 범위 내에서 남기도 한다. 보충지에는 고지(古紙)를 사용하는 경우와 새롭게 만드는 경우가 있다. 새로 만든 나무망치로 쳐서 광을 내거나 염색을 하는 등 원본에 맞는 종이로 가공한다. 결실된 부분을 보수하기 위한 보수지는 유물의 재질, 두께 등을 고려하여 그와 유사한 재질과 두께의 것을 선택한다. 그리고 유물이 오랜 시간을 지나면서 자연적인 노화로 인하여 그 색이 변하게 되므로 변색된 곳의 보수지도 자연염색을 이용하여 색맞춤을 해주면 된다. 염색은 오리나무열매(탄산칼륨, pH 9 매염)로 염색한다.

9-1-8. 결손부 보강 및 배접

결손부의 보수는 서적류 문화재의 보존처리에 있어 가장 고도의 기술을 요구하는 작업이다. 찢어지거나 충해 등에 의해 결손된 유물을 그대로 두고 계속 사용할 경우 그 결손 부분과 유물의 경계 부분에서 지속적으로 손상이 진행된다. 이를 방지하기 위해 결손 부분에 유물과 같은 재질의 보수지를 강도와 두께까지 비슷하게 맞추어 보수하여 보수 부분과 유물이 한 장의 두께가 되도록 한다. 보수할 때에는 오른쪽 그림과 같이 약 0.1~0.15cm 정도 겹치도록 하는데, 겹치는 면을 대각선으로 절단하여 보수하도록 한다.

그리고 결손 부분을 보강한 유물이 열화 정도가 심하여 유물 자체의 유연성과 힘을 잃었을 경우는 유물보다 얇은 한지를 소맥전분풀을 이용하여 배접한다. 그러나 유물의 지질이 현재 상태로

---

5 미국의 W. L. GORE & Associate 社에 의해 개발된 '연신다공질 Polytetrafluoroethylene'의 상품명이다. 이 막은 액체상태의 물은 투과시키지 않으나 기체상태의 수증기는 투과시키는 성질이 있어 스포츠웨어 등에 사용되고 있으며, 최근 수분에 예민한 문화재 보존처리용으로 상품이 개발되어 이용되고 있다.

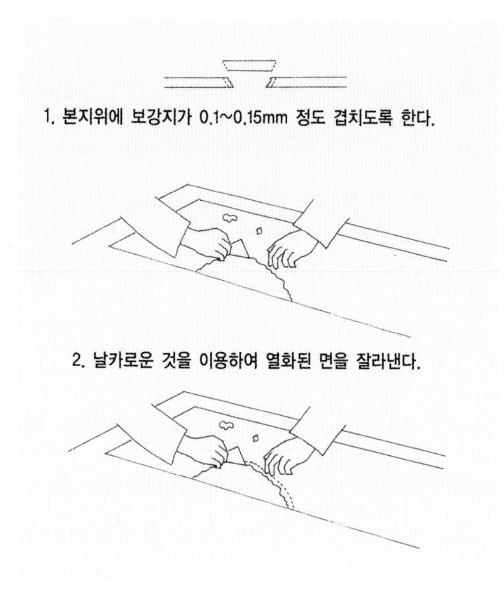

〈그림 31〉 결손부 보강

도 충분한 강도를 가질 경우는 유물의 지질을 그대로 유지하기 위하여 배접을 가능한 피하고 보조지를 이용하여 물 배접한 후 건조한다.

유물의 상태와 꾸밈에 따라 2~4회까지 배접한 후 건조시킨다. 족자는 미서지(호호나 백토를 혼입하여 부드럽게 뜬 종이)를 사용한다. 두께의 조정을 위해 여러 두께의 미서지를 사용하여 고호(古糊)로 고정시킨다. 병풍 등은 좀더 강도가 큰 종이로 배접한다. 닥지는 뜰 때 닥섬유에 백토를 풀어 넣어 종이의 pH를 8.5 정도로 높인 종이로 자연건조시킨 것을 사용한다. 이때 사용하는 풀은 양분을 제거하고 전분만을 축출해서 끓여 10년 정도 삭힌 풀을 사용한다. 이는 되도록 곰팡이가 피지 않도록 하고 딱딱하지 않고 부드러워 가로 꺾임을 줄일 수 있기 때문이다. 3차로는 백토를 넣은 닥지로 소맥전분 삭힌 풀을 사용하여 배접한다.

1차 배접 후 화면 여백과 어울리도록 색맞춤한다. 원그림과 분위기와 색을 맞추어 미적인 면을 살리도록 한다. 족자인 경우 가로 꺾임이 많이 생기므로 꺾임 발생 우려가 있는 곳에 2mm정도 넓이의 닥지로 보강해 준다.〈그림 31〉

9-1-9. 건조

습도와 온도를 고려하여 통풍이 잘되고 그늘진 곳에서 건조시키면서 팽창과 수축의 정도를 조절한다. 배접된 유물에 가볍게 수분을 주어 건조판에 건조시킨다.

9-1-10. 표장 만들기 및 보관

전통적으로 자연을 이용하여 서화류를 보존하는 건물을 지어 보관하였고, 포쇄라는 방법을 이용해 서적류의 손상을 방지하였다. 그리고 오동나무 상자 등에 넣어 보관하였다. 현대에는 서화류 문화재를 보존처리하고, 그것에서 그치는 것이 아니라 보존처리 후의 상태를 유지하기 위해 공조시스템 등의 과학적인 방법과 중성지 등을 이용한 포장으로 더 이상의 손상 및 변화를 방지하는 방법을 사용한다. 그리고 작품의 보호 및 강조를 위해 표장을 꾸미고, 오동나무 상자와 같은 보관상자를 만들고 중성인 한지를 이용하여 보관한다.

족자인 경우는 작품을 보호하고 강조하기 위해서 표장을 만든다. 표장을 할 때는 유물의 보존과 관리를 위주로 하여 가능한 원형상태로 꾸며야 한다. 유물의 시대와 처음 족자 형식에 따라 비단을 사용하여 족자를 꾸민다. 이때 유물의 보수 전 상태를 세밀하게 분석하여 형태와 내용에 따라 재료와 색상, 디자인을 결정한다.

회화류는 하나로 배접하여 족자, 두루마리, 병풍 등의 형태를 갖추어 나간다.

족자는 주변에 다양한 열(裂)을 조합하여 만든다. 병풍 등은 잔뼈대에 수복지를 겹겹으로 붙인 뼈대에 붙여 만든다.

9-1-11. 회화류 문화재의 보존과 취급방법

회화류 문화재의 경우는 그 재료가 섬유질의 지류 및 직물이므로 환경에 의한 영향을 많이 받는다. 따라서 이에 대한 보존환경과 작품 취급시에 유의해야 할 사항들은 우리가 기본적으로 알고 있어야 하겠다. 지류와 섬유류 등 미술품의 수장 온도는 20℃ 내외로, 습도는 50% 내외를 유지시켜야 하며 조명을 최대로 낮추는 것이 작품을 보호하고 보존하는 측면에서는 바람직하다.

수복에 사용되는 재료는 보전성과 안전성이 우수해야 한다. 미술품이 직접 접촉되는 부분에는 산화를 촉진하는 표장이나 산성지의 사용을 금한다. 이때 사용하는 재료는 중성지 또는 약알칼리성인 표장재료를 사용해야 하며, 작품을 필요 이상으로 움직이거나 무리하게 다루어서는 안 된다. 작품을 취급할 때는 습기가 없는 상태에서 마스크를 쓰고 항상 손을 깨끗이 하여 손의 염분이나 물기가 없는 상태에서 작업을 하여야 한다.

평상 보관시 균해 및 충해 방지를 위하여서는 '포르마린'과 같은 살충제 또는 방충제 등을 종이에 싸서 넣어두면 좋으나 이러한 약제를 다량으로 사용하면 오히려 해당 문화재의 재질에 해를 끼칠 우려가 있으므로 약제를 사용할 때에는 관계 전문가의 의견을 들어야 한다.

서화를 두루마리로 하여 보관하는 방법은 퇴색방지 또는 종이, 비단 등 바탕재료의 노화 현상을 방지하는데 있어 매우 좋지만 펴고 마는 조작으로 손상을 입힐 위험이 따르므로 주의하여야 한다.

족자로 된 작품 중 그림이나 서예 등은 펼쳐서 걸기 전에 반드시 상태를 확인하고 이상이 없을 때 걸어야 하며, 표장이나 작품에 이상이 있을 경우 전문가에게 의뢰하는 것이 바람직하다. 미술품 특히 족자는 각기 제 상자에 보관하여야 하며 보관상자도 미술품의 일부분으로 생각하여야 한다.

병풍을 펴고 접을 때는 한번에 한쪽씩 펼치도록 하며, 미술품을 한번에 장시간 전시하게 되면 작품의 손상이 쉬워진다. 그러므로 3~4개월을 넘지 않는 것이 바람직하다.

작품은 항상 청결한 장소에서 보존관리가 이루어져야 되며 정기적으로 작품의 상태를 파악하고 장마철이 지나고 나면 포쇄를 해주어야 한다. 포쇄란 음지에서 바람으로 책이나 서적류를 말리는 과정을 말한다. 이러한 과정을 통해 작품 내부에 습기를 제거하고 종이의 변색과 충을 예방할 수 있다.

10. 불화 보수 및 보존처리

10-1. 예비조사

불화 중 괘불처럼 족자로 만들어진 것들은 시간이 흐르면서 접었다 폈다 를 반복하여 주름에 의해 안료층이 박락되거나 보관 중에 설치류나 충류 등의 피해를 받아 여러 가지 변화를 겪게 된다. 따라서 피해 원인과 정도를 파악하기 위하여 보존처리 전에 육안 관찰이 먼저 이루어져야 한다. 육안 관찰에서는 보존처리를 해야만 하는 이유와 범위를 전하는 것이 중요하다. 특히 불화에 대한 기본적인 지식 없이 단순히 약품에 의해 보존처리 한다는 개념을 갖고 임하는 것만큼 어리석은 일은 없다. 보존처리 대상 유물의 조성연대(畵記)와 재질을 파악함은 물론 미술사적인 구도의 조사도 필수적이다. 구도는 불화의 전반적인 상태 즉 그림의 설명으로 예를 들면 "중앙에 석가모니불을 중신에 크게 그리고 전면의 좌측에 문수보살과 미륵보살, 南方천왕을 그렸으며, 우측에는 보현, 보제, 갈라보살과 東方천왕을 그렸다. 그리고 … 중략 …, 이 불화는 법당 중심에 무게를 두기 위하여 主佛을 특별히 그리고 우측에는 용과 女 福德大神, 道場 신과 伽藍神을 그렸다"와 같이 설명이 가능하도록 해야 한다.

畵記는 보관한 사찰명, 건물명과 제작연대가 적혀 있고 불화를 봉헌한 사람들의 직위와 이름을 쓰고 제작자 편수와 금어(金魚: 그리는 화공)의 이름이 기록되어 이 불화의 조성에 관련 된 사실들을 기록하고 있으므로 보존처리 전에 이 부분을 기록함과 동시에 보고서에 남기도록 한다.

아울러 보수 전의 모습을 자세하게 전체 사진과 부분 부분을 자세히 촬영하여 연구 자료나 보

〈그림 32〉 불화의 손상도 작성 예

수 후 비교를 위한 자료로 정리한다. 보수를 하기 위한 조사로 ① 전체 손상도 작성, ② 보수 재료의 구분과 각각 색의 조사, ③ 훼손 부분 보수, ④ 채색의 박락 등의 조치, ⑤ 해체 초배작업을 위한 준비 작업 등을 체크해 두어야 한다.

10-2. 보존처리 작업

10-2-1. 전체 손상도 작성

손상도를 정확히 그리고 보존처리 위치를 확인하기 용이하도록 50cm 간격으로 실을 이용하여 불화 위에 그리드 구획을 한다. 훼손된 부분이나 꺾인 부분은 붉은색 선으로 표시하면 보존처리 범위를 쉽게 찾을 수 있다.

10-2-2. 오염물 제거

일반적으로는 건식으로 파리 분비물, 음식물 흔적 등은 조괄(挑刮)방식[6]으로 하고 이 방법

6 빼내거나 긁어내는 방식.

〈그림 33〉 솔을 이용한 오염물 제거 건식세척

이 위험성이 있는 경우에는 습식으로 하되 부드러운 솔에 물을 묻혀 닦아내며 잘 닦이지 않을 경우는 식빵이나 떡가루 등을 이용하여 그림에 묻어 있는 미세한 먼지를 모두 제거하면 된다.〈그림 33〉

또한 습식세척을 진행하기 전에 먹과 안료의 번짐을 확인하여야 한다.

기타 곰팡이 얼룩이나 쇠물 자국, 양초가 흘러내린 자국 등의 오염 물질은 부드러운 솔로 냉수와 온수를 이용하여 제거해 준다.

10-2-3. 보수 재료의 구분과 각각 색의 조사

불화를 만든 재료가 비단인지 아니면 종이나 다른 재료인지를 파악해야 한다. 이것은 육안 관찰로서 파악할 수 있다. 만약 보수를 해야 하는 부분에 대해서는 결실부 재료 동일한 재료를 사용하되 연대가 있는 비단지를 구입하여 사용하면 보존처리 부분의 이음이 눈에 거슬리지 않고 자연스럽게 표현 할 수 있게 된다. 색의 구분은 육안으로 관찰하여 판단 할 수 있는데 가능한 자연스런 보수가 되도록 하고 과학적으로 연구가 필요한 경우는 색도계를 이용하여 L, a, b 값을 구하고 먼셀 색 환표를 이용하여 색을 구분하면 정확한 데이터를 구할 수 있다.〈그림 34〉

추가로 색도계 측정을 통하여 보존처리 전·후의 상태 변화의 양상을 확인인 할 수 있다.

10-2-4. 훼손 부분 보수

훼손되어 보수해야 할 비단이나 바탕재료들은 보수될 새로운 재료의 실의 굵기와 꼬은 방법

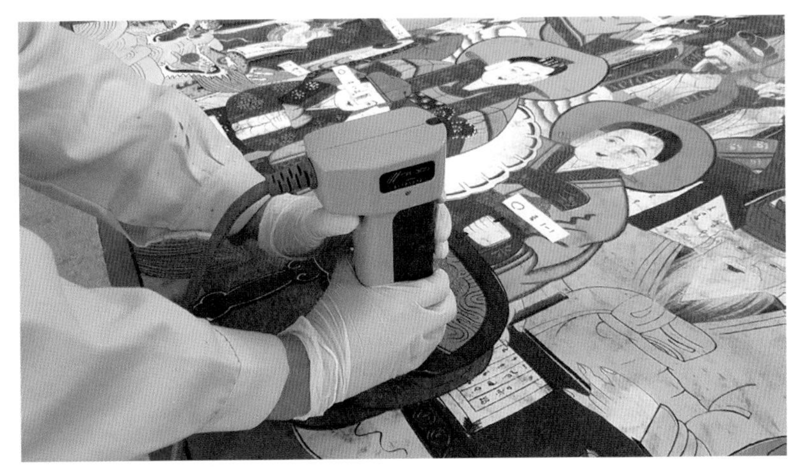

〈그림 34〉 색차계를 이용한 안료색 분석

을 일치하게 재료를 선정하고 보수해야 할 불화와 색이 갖도록 염색을 하여 사용한다. 보수 재료는 원래 대상 재료 색보다 엷게 염색하여 보수 후에 보수 부분이 구분되도록 해 주어야 한다. 이러한 방법을 수구결구(修舊缺舊)라고 현장에서 말한다.

대부분 보수가 필요한 불화들은 200여 년 이상 세월이 지난 유물들로 이와 같은 재료를 구하는 것은 현실적으로 불가능하기 때문에 현미경으로 조직과 형태를 관찰하여 지금 생산되는 제품 중 가장 비슷한 재료를 선정하는 방법을 사용할 수밖에 없다. 한편, 일본에서는 이러한 부분을 해결하기 위하여 日本국립문화재연구소에서 요즘 재료를 방사선을 照査하여 강제로 열화시키는 방법으로 비단을 보수 재료로 만들어 쓰고 있다.

10-2-5. 채색의 박락 등의 조치, 해체 초배작업을 위한 준비 작업

훼손 된 화심보수와 채색의 박락를 방지하기 위한 작업으로 화심보수는 박락되어 떨어져 있는 화편을 모아 제자리를 찾아 채워주고 두꺼운 중체는 열을 가하여 붙이면 된다. 만약 박락되는 분채(粉彩)는 저농도의 토끼아교수를 사용하여 2~3회 정도 바르고 적당한 열을 가하면 부착되는데 이러한 작업을 하는 이유는 해체 배접시에 채색 안료층 부분이 박락되는 것을 막아 화면(畵面)의 손상 방지를 위한 것이다. 또한 그림을 전체적으로 관찰하여 초배시에 떨어질 위험이 있어 보이는 곳은 붓으로 풀을 넣어 살짝 붙여 준다.

〈그림 35〉 초배 작업 모습

10-2-6. 초배 작업

불화 보존처리 중에서 기술적으로 가장 어렵다는 초배 작업은 보존처리시에 작업의 상황과 보수 범위를 정하기 위하여 관련 문화재 위원들에게 자문을 받는 것이 중요하다.

초배작업은 환골탈태법(換骨奪胎法)[7]으로 하는데, 물을 뿌려 배접지를 촉촉하게 적시면서 실시한다. 그리고 단단하게 되어 잘 적셔지지 않는 부분은 천 등으로 덮어 씌워 부드러워지면 부개회보(敷蓋回潮)법으로 열화 되고 손상이 심하여 재사용이 곤란 한 부분은 전부 제거한다. 이때 사용하는 초배지는 작업이 편리한 크기인 60×60cm 크기를 사용하고 정제 된 풀 즉, 장호(漿糊: 걸죽한 풀)는 소맥분의 근을 빼내 35% 농도로 사용하여 초배작업을 실시한다. 또한 초배지의 색은 화심지와 비슷한 색 한지를 사용한다. 초배가 끝난 화심은 부쳐 말리지 말고 덮어 말리면 화심의 파손을 막을 수가 있다. 탱화의 경우의 초배지의 재료로는 1, 2회는 백토지를 사용하고, 3, 4회는 백토 양건지로 사용하면 된다.〈그림 35〉

백토지를 사용하여 제 3차 배접이 끝나면 장면 붙임판에 붙이고 굳히기를 시작 한다. 배접지를 굳히는 데는 유물에 따라 최소 10일에서 30일 정도 소요되는데, 오래 붙여 둘수록 구김이 덜하다. 이때 충분한 시간을 갖고 만약 성급하게 서두르면 배접한 것이 쭈그러들고 변형이 되어

7 초배까지 뜯어내고 다시 배접하는 방법으로 얇은 화견을 떼어 제자리에 붙이는 작업으로 최고 기술자가 아니면 일순간에 그림이 없어 질 수 있어 주의를 기울여야하는 작업이다. 그러나 이 작업으로 해야 속배지가 떠서 재보수하는 일이 없으므로 초배작업은 이 작업을 원칙으로 한다.

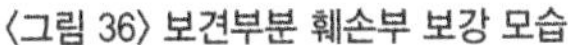

〈그림 36〉 보견부분 훼손부 보강 모습

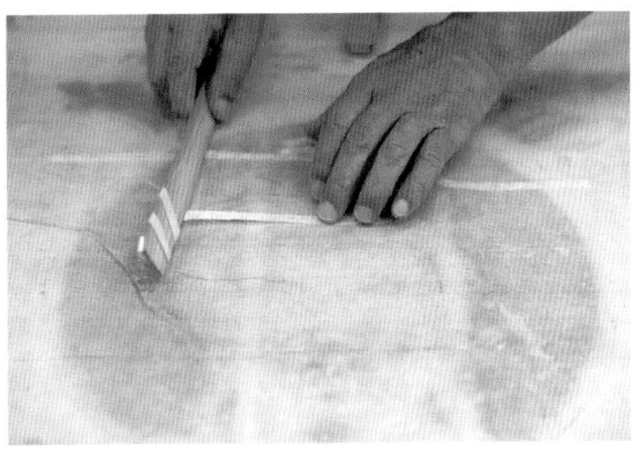

〈그림 37〉 꺾임 방지띠로 보강하는 작업 모습

탱화의 수명을 단축시킬 뿐 아니라 족자형태로 장정하기에 대단히 부적절하다.

10-2-7. 단열부의 심(芯)박기

족자로 되어 있는 불화의 대부분은 세월이 흐르면 꺾임에 의하여 단열부가 발생한다. 이러한 꺾임 현상으로 안료가 박락되고 심하면 초배지마저 찢어지는 현상이 발생한다. 이 꺾임 현상은 새로 배접을 하여도 계속해서 같은 자리에 꺾임이 나타난다. 이를 막기 위하여 보존처리 할 때 손상의 넓이를 확인하고 화심두께와 같은 종이로 약 3.5mm 정도의 종이 띠를 여러 번 반복하여 붙이는 작업을 하여 꺾임 부분을 보수하면 된다. 이때 괘불이나 법당의 후불탱화와 같이 크기가 큰 불화의 경우는 부드러운 백토지나 백토양건지를 이용하여 부드럽게 만들고 꺾임이 나타나지 않도록 두께를 조정하는 것이 중요하다.〈그림 36, 37〉

10-2-8. 박락지 작업

건조된 화심을 일단 떼어내어 제2차 채색의 박락을 방지하는 작업을 한다. 제1차 작업에서는 채색의 박락지(剝落止) 작업을 해도 여러 곳에 채색의 박락 가능성이 염려되는 부분이 발견된다. 따라서 불화의 상태에 따라 수차례 이 작업을 실시해야 하는 경우도 생긴다.

채색의 박락 방지 작업을 하는 이유는 포수제로 사용한 아교의 접착력 약화로 채색이 접착력을 잃고 산화되어 약화된 곳을 엷은 토끼아교로 접착시켜야 하기 때문이다. 이때 아교를 이용한 접착에서는 50~70℃ 정도의 열을 가하면서 압착시켜야 접착이 잘 되고 채색이 오래 유지 된다. 또한 두꺼운 채색층이 화심으로부터 분리되거나 들떠 있는 경우는 세필(細筆)이나 주사기 등으

<그림 38> 보존처리 된 괘불탱화

로 풀을 넣어 붙인다. 이때에도 열을 가하면서 누르고 잘 다듬어 접착 표시가 나지 않게 하여야 한다. 주의해야 할 점은 풀이 표면에 묻어 번쩍거리는 것이 보여서는 안 된다.<그림 38>

10-2-9. 마무리 작업

천간과 지간 보수는 가능한 한 기존에 사용하던 재료를 사용하는 것이 바람직한데, 이 천간과 지간 작업은 족자 작업 중 제일 중요한 부분을 차지한다.

최근에는 현미경과 같은 과학적 장비로 재료의 성질을 파악하여 동일 재료를 보수 재료로 사용하고 있다. 천간과 지간을 달면 불화의 배접작업은 전부 끝나고 최종적으로 불화를 해충으로부터 손상되는 것을 방지하기 위하여 훈증소독을 실시하여야 한다. 훈증에 관련해서는 다음과 같은 훈증소독시방서가 있다.

훈증소독시방서

탱화의 충해를 방지하고 안전한 보존을 위한 살충·살균 훈증소독을 시행함에 있어 다음 사항을 준수하고 효과적으로 시행하도록 한다.

1) 일반사항

㉮ 훈증소독은 문화재청에 등록된 문화재수리업(보존과학)자가 시행하도록 한다.

㉯ 훈증소독에 사용되는 약제는 국립문화재연구소에서 추천 권장하는 약제로 문화재의 재질에 약해를 주지 않고 살충력, 살균력, 침투력, 안전성 등이 우수한 훈증가스를 사용한다.

㉰ 훈증소독시에는 제반 위해 방지규정을 준수 안전 대책을 강구하여 안전사고 예방에 만전을 기한다.

2) 훈증제 및 훈증제 소독 기준

㉮ 훈증약제는 E.O훈증제(Ethylene Oxide 15% + HFC134a 85%)인 Hygen-A를 사용하며 사용량의 산정은 대상시설물의 내부 용적을 실측하여 산출한 훈증용적에 120gr/m^3을 기준 투약량으로 산정한다.

㉯ 훈증소독 시간은 투약시 내부온도를 기준으로 하여 25℃이상에서 24시간, 20~25℃에서 48시간, 20℃이하에서는 72시간을 유지하도록 한다.

3) 훈증 준비작업

㉮ 포장 훈증처리시 밀폐자재는 두께 0.2mm이상의 비닐, 밀폐형 특수테이프 등을 사용하여 훈증대상 시설물을 완전하게 포장 밀폐한다.

㉯ 훈증약제는 비중이 무거우므로 밀폐된 시설물 내부에 방폭형 Fan을 설치하여 약제의 확산 및 농도의 균일화를 촉진시킨다.

㉰ 외부에는 경고문을 설치하여 사람의 접근을 통제한다.

훈 증 소 독 시 방 서 (문화재청 기준 참조)

목조 건조물 복원(보수) 및 신축용 목재, 상량문 등 유기질 문화재의 충, 균해 등 생물학적 피해를 방지하고 장기적인 보존을 위한 살충, 살균 훈증소독을 시행함에 있어 다음 사항을 준수하여 안전하고 효과적으로 시행하도록 한다.

1. 일반사항

1.1. 훈증소독은 문화재보호법 제18조의 규정에 의거 문화재청에 등록된 문화재수리업(보존과학)자가 시행하도록 한다.

1.2. 공동수급이 가능하며, 비영리 법인 입찰 참여가 가능하다.

1.3. 훈증소독시에는 농약관리법과 관련된 위해규정을 준수하고 후속적으로 발생될 수 있는 사고에 대비한 안전대책을 강구하여 사고예방에 만전을 기한다.

1.4. 공사 중 주의사항

- ○ 훈증소독 작업자는 복장을 단정히 하고 문화재 관리지역의 시설물 보호에 유의하고 관람객에게 피해를 주는 행위를 금해야 한다.
- ○ 훈증소독 작업 시에는 안전관리 대책을 수립하고 훈증소독 장비 및 구급약품(장비 포함)을 항상 비치한다.
- ○ 훈증소독 대상인 보관시설 주위의 가연성 물질과 전기누전에 의한 화재예방에 철저를 기해야 한다.
- ○ 훈증시설물 외부에는 경고문(내용 : 훈증실시중 출입금지)과 경계줄을 설치하여 관계자 이외의 사람과 동물의 접근을 통제한다.
- ○ 훈증소독 완료 시에는 장비를 정리정돈하고 주변청소를 깨끗이 한다.

2. 훈증제 및 훈증소독 기준

2.1. 훈증소독에 사용되는 약제는 문화재 재질에 영향을 주지 않고, 살충·살균력, 침투성, 안전성 등이 우수한 훈증약제를 사용한다.

2.2. 훈증약제는 Hygen-A[Ethylene Oxide wt 15% + HFC134a wt 85%]를 사용하며 밀폐하거나 포장하는 공간의 용적과 훈증소독처리기준에 따라 산정한다.〈표 4〉

〈표 4〉 훈증소독처리기준

훈증처리시간	온도기준	훈증목적	단위약량	사용약제	유지해야할 EO농도
○24시간훈증 ○48시간훈증 ○72시간훈증	25~30℃ 20~25℃ 15~20℃	살충·살균	300~600g/m³	Hygen-A (E.O.+ HFC134a)	1.0% (120g/m³)

주) ① 투약은 분할하여 실시하며, 초기투약량은 200g/m³이하로 한다.
② 온도가 15℃ 이하이거나 상대습도가 40% 이하에서의 훈증처리는 충분한 효과를 얻지 못한다.
③ 피훈증물의 양이 많거나 가스흡착이 많은 재질일 경우 투약량을 조절한다.
① ④ 훈증기간동안 살충살균소독일 경우 EO가스농도를 1%이상 유지하여야 한다.

3. 훈증 준비 작업

3.1. 훈증처리는 처리목적 및 처리대상의 보관시설 상태에 따라 밀폐훈증 또는 포장훈증으로 구분하여 준비작업을 실시한다. 본 사업에서는 포장훈증으로 진행하였다.

◎ 포장훈증

1) 동산문화재 수량에 비해 건물 전체 소독이 낭비 요인이 있어 유물만 소독하는 것이 효율적인 경우에 적용한다.
2) 포장자재는 두께 0.2mm 이상의 염화비닐, 특수테이프 등을 사용하여 훈증대상 유물을 완전하게 포장한다.

3.2. 농도측정용 호스를 설치하여 외부에서 정기적으로 훈증 중 가스농도를 측정한다.

3.3. 훈증효과 확인용 시료로 공시충 또는 멸균반응지를 훈증시설물 내부에 설치하여 훈증완료 후 훈증효과를 확인할 수 있도록 한다.

3.4. 훈증시설물 외부에는 경고문, 경계줄을 설치하여 인축의 접근을 통제한다.

4. 훈증실시

4.1. 훈증약제 투약전에 피복 및 밀폐부위를 면밀히 점검하고 밀폐상태를 확인한 후 약제를 투약하며 훈증소독 동안 일정한 농도를 유지하도록 약량을 분할하여 투약한다.

4.2. 투약은 분할하여 실시하며, 초기투약량은 200g/m³이하로 한다. 훈증기간동안 살충살균소독일 경우 EO가스농도를 1%이상 유지하여야 한다.

4.3. 혼합가스는 액화상태이므로 간열기화기를 이용하여 투약하며, 작업자는 유기가스용 정화통이 장착된 방독면을 필히 착용한다.

4.4. 훈증소독 중에는 EO가스검지관 163을 이용하여 정기적으로 내부의 가스농도를 측정한다. 측정농도가 기준농도 이하로 낮을 경우에는 보충투약을 실시한다.

4.5. 훈증소독 중에는 약제의 누출을 방지하기 위하여 가스누출 검지기를 이용하여 정기적으로 점검하고 가스 누출시에는 즉시 밀폐보완작업을 실시한다.

4.6. 훈증소독 직후부터 배기가 완료될 때까지 작업 관련자가 현장을 관리하면서 훈증가스 누출 및 안전에 만전을 기한다.

5. 가스배기 작업

5.1. 훈증 종료 후에는 팬(Fan)과 덕트(Duct)를 이용하여 가스를 안전한 공간으로 배출한다. 특히 훈증가스의 배출시 주변의 풍향, 인축의 유무 및 주위의 작업상황 등을 고려해서 안전을 확인하고 개방한다.

5.2. 배출작업자는 반드시 유기가스용 정화통이 장착된 방독면을 착용한다.

5.3. 잔류가스농도는 EO가스검지관 163L을 이용하여 측정하며 허용농도 1ppm 이하임을 확인 하고 훈증소독 작업을 종료한다.

6. 훈증효과 확인

6.1. 살충효과확인은 공시충(밤빛쌀도둑 또는 쌀바구미)을 사용하며 훈증처리 전 시료병을 훈증대상 시설물 내부에 상중하로 3조 이상 설치하고 훈증완료 후 수거하여 상온에서 2~3일간 관찰하여 살충효과를 판정한다.

6.2. 살균효과확인은 멸균반응지(Sterilizing Indicator Paper)를 사용하며 훈증처리 전 훈증대상시설물 내부에 설치하고 훈증완료 후 수거하여 반응시약의 색상 변화상태를 확인하여 살균효과를 판정한다.

7. 포장

훈증 후 상량문을 말기위한 임시 축은 제거하고, 봉안 위치에 맞게 상량문을 말아서 산소제거제와 함께 진공포장한다.

8. 행정사항

8.1. 훈증소독 완료 후 훈증가스 농도측정표, 훈증효과 판정서 및 공사사진을 첨부하여 훈증 실시 보고서(표지 문화재청 명기)를 작성, 제출한다.

8.2. 발주청이 요구하는 경우 공사일지 등 공사관련 서류를 제출토록 한다.

제 7 장

의류문화재의 보존과학

1. 의류문화재 보존처리의 중요성

복식 관련 유물은 전래유물과 출토 유물로 나눌 수 있다. 전래유물은 여러 세대를 거쳐 전해진 것으로 본래의 색이나 형태가 비교적 잘 유지되어 전해진다. 그러나 출토 유물은 최근 전국적인 도로 확장과 도시 개발 등에 의하여 예전에 마을 주변에 형성되었던 분묘들을 이장하는 과정에서 출토되는 것으로 오래 시간 동안 땅속에 매장되면서 색의 변화와 열화가 심하게 나타난다. 이러한 발견은 당시의 복식 연구에 귀중한 자료임에도 불구하고 예측 불허의 상태에서 발견되므로 빠른 보존처리가 필요하다. 특히, 전통적으로 복식에 사용된 섬유는 천연 섬유가 주종을 이루고 있으며 이를 구분하면 식물성 섬유(면, 삼베, 모시)와 동물성 섬유(견)로 제작된 복식류 등을 총칭하여 나타내고 있다. 이러한 종류의 유물들은 출토와 함께 공기와 만나면서 급격히 열화되는 현상이 나타나게 된다. 섬유 유물은 유기물질이므로 땅 속에서 오랜 시간 동안 시신과 함께 매우 심하게 부패되고 분해된 상태로 출토되기 때문에 완전한 형태로 발굴되기는 거의 불가능하다. 비교적 손상되지 않은 상태에서 출토되었을지라도 관(棺) 내에서 물리적, 화학적인 열화과정을 거쳐 공기 중에 급격히 노출되면서 빠르게 산화작용을 겪게 된다. 이는 곧바로 직물 손상의 원인이 된다.

한편, 아주 작은 조각일지라도 섬유의 재질이나 염색 상태를 조사하거나 섬유 조직을 관찰하는 것은 보존을 위하여 매우 중요한 일이다. 유물이 존재한 유적의 구조, 제작연대, 문화적 배경을 추정하는데 중요한 자료가 된다. 혹시 철제품이나 청동기 제품(고려시대 청동거울은 섬유로 포장하여 매장했기 때문에 섬유 흔적이 발견됨)의 표면에 부착되어 발굴될 경우는 섬유와 제품의 연관성을 추정하는데 중요한 단서가 된다. 따라서 발굴지에서 이러한 섬유 시편이 발견될 경우는 신중하게 다루어 중요한 자료의 손실을 막아야 한다. 특히 재질 조사 후에는 유물의 보존처리나 없어진 부분의 수복에 중요한 정보를 제공하게 된다. 이러한 복식 유물 문화재를 보다 시각적으로 좋은 상태로 후손들에게 물려주기 위해서는 보존처리를 해야 한다. 이를 위해 중요한 것은 먼저, 유물상태를 정확하게 파악하고 보존처리법을 찾는 것이고, 두 번째는 유물이 손상되지 않는 세척법과 보수작업을 하는 것이다. 끝으로 보존처리된 유물을 보존에 적절한 환경을 유지하면서 전시하는 것이다. 특히, 복식유물은 연소 및 충해, 부패 및 죽은 자의 옷은 장례시 소각하는 습관으로 인하여 선래품으로 남기기가 어렵기 때문에 우리 선조들의 생활사의 하나인 복식 부분에 대한 지속적인 연구와 보존처리 방법은 연구되어야 할 중요한 과제이다.

2. 섬유의 종류별 특징

섬유는 크게 천연, 인조 섬유로 구분하며, 천연섬유는 다시 식물성, 동물성으로 구분한다. 식물성 섬유에는 면, 마가 있고, 동물성 섬유에는 견, 모 등이 있다. 전통 섬유는 천연섬유를 사용하였으므로 이 글에서는 천연섬유에 대해서만 다룬다.

보존처리 방법에 있어서도 섬유류 문화재는 그 주성분이 셀룰로오스(Cellulose)냐 동물성이냐에 따라 처리 약품과 처리 방법에 차이가 있다. 섬유질 유물 중 식물성 섬유는 중성세제를 사용하여 물세척을 하며, 동물성 섬유는 유기약품에 의한 세척으로 오염물을 제거하고 취약한 부분은 부분적으로 보강처리하여 손상된 상태의 유물을 원형으로 회복시키는 처리를 하면 된다. 또한 섬유의 형태 연구를 위한 섬유의 분자 구조 파악도 중요하다.

섬유의 분자 구조 분석에 의하면, 섬유의 화학적 조성은 탄소, 수소, 산소를 주성분으로 하고 질소, 황 등과 같은 추가 원소로 구성되어 있다. 예를 들어, 탄소, 수소, 산소 원자들이 모여 다당류인 글루코오스(Glucose) 분자로 구성되고, 글루코오스 분자 수백 수천 개가 선상으로 연결되어 셀룰로오스 분자를 형성된다. 셀룰로오스 분자 수십 개가 집속되어 미셀(Micell)을 형성하고, 미셀 수십 개가 집속하여 마이크로피브릴(Micro Fibril)을 구성한다. 마이크로피브릴 수백 개가 집속하여 피브릴(Fibril)을 만들고, 피브릴 수십 개가 집속하여 라멜라(Lamella)를 이룬다. 라멜라 수십 개가 집속하여 면섬유 1가닥을 이루며, 면섬유 1가닥은 7억 5천만 개의 셀룰로오스분자로 구성된다.

화학적 조성으로 섬유를 구분하자면, 식물성 섬유는 기본구성 단위가 글루코오스로 구성원소는 탄소, 수소, 산소이며, 동물성 섬유는 기본구성 단위가 아미노산(Amino Acid)이며, 구성원소는 탄소, 수소, 산소, 질소이며 소량의 황으로 구성되어 불에 태우면 머리카락 타는 냄새가 나 구별할 수 있다. 이러한 천연섬유는 동물 · 식물 · 광물로부터 직접 얻을 수 있는 섬유로서 종이처럼 직조하지 않은 채 바로 사용할 수도 있고, 먼저 실로 만든 다음 그 실을 엮어 직물을 만들기도 한다. 직물은 씨실과 날실을 교차하여 짠 것을 말한다.

천연섬유는 물성적 특징에 따라서 식물성 섬유와 동물성 섬유 그리고 광물성 섬유로 나뉜다. 식물성 섬유에는 면, 마가 속하고, 이들 섬유는 화학적으로 보면 모두 셀룰로오스로 되어 있어 셀룰로오스계 섬유라고 한다. 동물성 섬유에는 견, 모가 있고, 화학적 성분이 단백질이므로 단백질계 섬유라고 한다. 광물성 천연섬유에는 암석섬유(금, 은, 구리 석면 등)가 속한다.

2-1. 식물성 섬유

천연섬유 가운데 가장 대표적인 섬유이다. 식물성 섬유는 셀룰로오스라고 부르는 천연고분자로 이루어진 섬유이며, 여기에는 면, 모시, 대마(삼베) 등이 있다.

식물성 섬유는 아래의 표와 같이 씨섬유, 껍질섬유, 잎섬유, 과실섬유 등으로 나뉜다.〈표 1〉

〈표 1〉 식물성 섬유의 구분

구 분	종 류
씨섬유(Seed Hair Fiber)	면(목화, Cotton, Gossypium), 케이폭(Kapok)
껍질섬유(bast fiber)	아마(Flax), 황마(Jute), 모시(Ramie), 대마(Hemp), 케나프(Kenaf)
잎섬유(Leaf Fiber)	아바카(abaca), 사이살(sisal), 피나(Pina), 헤나킨(Henequen)
과실섬유(Fruit Fiber)	코이어(Coir)
기타	스패니쉬모스(Spanish Moss)

식물성 섬유는 타 섬유에 비해 강도(Strength)가 높은 반면 신도(Elongation)가 낮다. 초기탄성률이 커서 뻣뻣한 감이 있고 탄성 회복률이 작아서 신축성이 적다. 따라서 복식으로 만들어졌을 경우에 구김이 잘 가고 잘 펴지지 않는 특징을 나타낸다. 또한 열을 가하면 용융되지 않고 황변이 생기며, 500℃ 정도에서 종이 타는 냄새를 내면서 연소되는 특징을 갖는다. 직접 불꽃에 접촉하면 쉽게 연소되는 단점도 있다. 고온 살균시 형태변화와 강도, 신도 등 역학적 성능이 감소되지 않는다. 또한 흡습, 흡수성이 높아 쾌적한 느낌을 주고 내의 의류 소재에 적합하며, 젖은 다음 건조될 때까지 시간이 길게 걸리며 수분을 흡수하면 팽유(Swelling)된다. 전기전도(Electrical Conduction)성이 높기 때문에 정전기가 발생하지 않는다. 이러한 종류의 섬유류는 화학약품에 대한 안정성이 우수하고 특히 알칼리성 약품에 잘 견딘다. 그러나 산성에는 약하다. 그리고 전

반적으로 비중(specific Gravity)이 높기 때문에 무거운 느낌을 주며, 빛에 장시간 노출될 경우 다른 섬유에 비해 쉽게 약해지지 않는다.

2-2. 동물성 섬유

동물성 섬유에는 양과 같은 동물의 털을 이용하는 모(毛)섬유와 누에고치에서 얻는 견섬유가 있다. 양모와 견섬유는 주성분이 단백질(Protein)로 구성되어 있으며 그 기본성분은 아미노산(Amino Acid)이다. 인간의 세포 조성 물질과 유사하여 가장 친화성이 있는 섬유이다. 따라서 복식유물의 출토품 중 동물성 섬유가 출토되는 경우가 많으며 대부분은 누에고치를 이용한 견직물이 동반 유물로서도 발굴되는 사례가 있다.〈표 2〉

〈표 2〉 동물성 섬유의 구분

<table>
<tr><th colspan="3">구 분</th><th>종 류</th></tr>
<tr><td rowspan="6">동물헤어
(Animal Hair)
섬유</td><td colspan="2">일반섬유</td><td>Wool(Sheep)</td></tr>
<tr><td rowspan="4">특수섬유</td><td>낙타섬유(Camel)류</td><td>Aplpaca, Huarizo, Vincuna, Llama</td></tr>
<tr><td>염소(Goat)류</td><td>Cashmere, Mohair, Qiviut, Cashgora</td></tr>
<tr><td>털(Fur)섬유</td><td>Beaver, Fox, Mink, Chinchilla, Rabbit</td></tr>
<tr><td>기타</td><td>Horse Hair, Cow Hair</td></tr>
<tr><td colspan="2">압출하여 만들어지는 섬유</td><td>견(Silk)</td></tr>
<tr><td colspan="3">재생단백질 섬유</td><td></td></tr>
<tr><td colspan="3">동물단백질 섬유</td><td>Milk 단백, Chinon</td></tr>
<tr><td colspan="3">식물단백질 섬유(현재 생산되지 않고 있음.)</td><td>Peaunt, Corn, Soybean</td></tr>
</table>

동물성 섬유 중 견섬유를 제외하면 강도가 1g/d 정도로 식물성 섬유에 비해 낮고, 물에 젖을 경우 강도는 더욱 낮아지므로 출토품의 경우는 세탁시 주의가 요구된다. 신도는 20~30%로 식물성 섬유보다 2~3배 이상 되며 신장 후 회복성이 우수하고 압축탄성회복도 우수하다. 구김이 잘 생기지 않으며, 생긴 구김도 잘 펴지는 성질이 있다.

동물성 섬유는 질소성분을 포함하고 있어서 불에 쉽게 타지 않는다. 그러나 열에는 민감하게 반응하며 건열(Dry Heat) 상태에서 손상되기 쉽다. 구조적으로는 섬유 가운데 가장 많은 수분을 흡수하고 흡수 과정에서 많은 흡수열을 발생하기 때문에 보온성이 우수하다. 그리고 산에는 강하지만 알칼리에는 약해서, 보존처리시 염소계 표백제에 매우 약하나 과산화수소계 표백제에는 강한 성질을 갖는 점에 주의가 필요하다. 특히, 햇빛에 노출하면 황변이 되고 충해를 입기 쉽기 때문에 전시할 경우는 정기적인 방충과 자외선 차단 램프에서 전시하여야 한다.

3. 섬유의 장·단점 및 구조

섬유의 구조와 그것이 갖고 있는 장점과 단점을 파악하는 것은 문화재 보존에 중요한 부분에 해당된다. 섬유의 이러한 특징 분석은 섬유문화재가 출토되거나 전래되는 복식류들이 해충이나 열화에 의하여 훼손되어 복원을 하지 않으면 안 되는 경우에 필요하다. 이러한 섬유의 구조를 파악하여 현미경으로 예비조사한 후 동일 한 섬유의 간격이나 굵기를 맞추는 처리가 필요하기 때문이다.〈표 3〉

〈표 3〉 천연섬유의 장단점

구 분			장 점	단 점
천연섬유	식물성섬유	면	• 섬유에 천연 꼬임이 있고 포합력이 큼. • 섬유는 가늘고 비교적 길다. • 적당한 탄력이 있고 촉감이 좋음. • 섬유는 중공으로 되어있고 가벼우며 보온력이 풍부함. • 흡습성에 뛰어나고 물을 흡수하면 더 한층 강해짐. • 각종 염료를 사용할 수 있으므로 여러가지 색상으로 염색할 수 있음. • 약품처리 특히 알칼리에 강함.	• 주름이 잘 생김. • 수분에 의해 수축이 많이 됨. • 장시간 일광에 노출하면 황변을 일으키며 탈화가 일어남. • 곰팡이가 생기기 쉬움.
		저마 (삼베)	• 섬유는 굵고 길다. • 강력이 천연섬유 중에서 가장 강함. • 색은 백색이고 견과 같은 광택이 있음. • 깔깔한 감이 있고 강편성이 있음. • 흡수, 방습, 발산성이 우수함. • 냉감이 있음.	• 신축성이 나쁨. • 세탁에 의해 줄어듦. • 구김이 잘 생김.
		아마 (모시)	• 섬유는 가늘고 짧음. • 강력은 저마 다음으로 강함. • 색은 아마 특유의 황갈색을 가짐. • 태는 소프트하고 나긋나긋함. • 흡수, 방습, 발산성은 저마 다음임. • 저마 다음으로 냉감이 있음.	

구 분		장 점	단 점
동물성섬유	모	• 섬유에는 권축(Crimp)이 있고 탄력성이 우수함. • 표면의 스케일(Scale)로 인한 축융성과 뛰어난 신축성을 지님. • 구김살이 잘 가지 않음. • 흡습성이 좋고 여분의 수분은 즉시 발산함. • 촉감이 부드러움. • 산에 비교적 강함. • 실이나 직물은 부품(Bulky)성이 있고 보온성이 있음. • 염색하기 쉽고 물이 빠지지 않음. • 알칼리에 약함.	• 표면의 비늘 때문에 액체 힘을 가하면 펠트화 됨. • 누런색으로 변함. • 충해에 약함.
	견	• 천연섬유 중에서 가장 가늘고 긴 섬유임. (Fibrion 1개의 굵기 : 1데니어 약 1000m) • 강도는 나일론과 폴리에스테르와 같음. • 내열성은 최고이며, 신장도는 양모에 비해 비슷함. • 보온성이 좋음. • 가볍고 부드러움. • 마 다음으로 강편성이 있음. • 잔결이 있어 깊은 맛의 외관과 풍부한 감촉이 있음. • 단면이 부정형이어서 빛의 난반사에 의해 뛰어난 광택이 있음.	• 내광성이 나쁘고 누런색으로 변함. • 알칼리에 약함.

3-1. 면(棉)섬유의 구조

면섬유는 전래품이나 출토품에서 많이 차지하며, 길이가 짧은 단섬유로, 하나의 세포로 이루어져 있다. 섬유의 구성성분은 셀룰로오스로 가는 실 같은 모양의 피브릴(섬유 안에 존재하는 가는 섬유질)이 나선형으로 겹겹이 겹쳐져 있다. 이 나선형의 구조가 면섬유의 측면에 특이한 모습을 형성해 준다. 면섬유의 측면은 마치 리본 같은 꼬임구조를 보인다. 이런 꼬임은 다래가 터져 면섬유가 공기 중에 노출될 때 수분이 증발하면서 생기는 것으로 세포층을 이루고 있는 나선형 피브릴이 꼬임을 형성하게 된다. 미세하게 얽혀있는 셀룰로오스의 피브릴들은 면의 중공(中空, Lumen) 구조를 이루고, 이 구조가 면이 보온성 있는 섬유가 되도록 한다.

3-2. 마섬유의 구조

마(麻)섬유는 복식보다는 그것을 고정하는 끈이나 이음재료로 많이 출토된다. 마섬유의 조직을 살펴보면 표피, 피층, 형성층, 목질부, 고갱이로 구성되어 있으며 섬유는 Pectin, Lignin 등으로 접착되어져 있다. 원통형 또는 편평한 띠모양으로 되어있고 마디가 있으며 천연꼬임은 없다.

3-3. 양모(羊毛)의 구조

양모는 양을 사육함으로써 제작할 수 있는 섬유로 우리나라에서는 보온재로 사용해 왔으나 복식유물인 천으로 직조되어 출토되는 사례가 극히 적다. 양모의 표면은 비늘(Scale) 상태로 되어있고, 내부는 2층(A Cortex와 B Cortex)으로 구성되어 있으며 천연의 권축(Crimp, Waveness, Curliness)을 형성하고 있다. 특히 양모를 사용한 유물들은 유목민들이 생활하는 지역인 중국의 신강자치구의 트루판 박물관에 많이 전시되어 있는 것을 볼 수 있다.

3-4. 견(絹)의 구조

견은 누에고치에서 채취하는 섬유로 구조는 필라멘트 형상이며, 명주라고 부른다. 견의 단면은 반원형 또는 삼각형으로 되어 있으며 안쪽일수록 가늘고 편평하게 되어있다. 또한 측면은 곳곳에 마디가 있다. 이러한 견은 복식문화재에서 쉽게 출토되는 재료로 조선시대에는 사대부들이나 계급이 높은 양반들의 점유물로 고급 섬유 재료로 많이 사용되어왔다. 현재 복식 유물이 출토되는 대부분의 분묘는 회곽으로 회는 사대부의 전유물이었다.

4. 섬유의 성질[1]

4-1. 거시적 특징

눈으로 볼 수 있는 섬유의 외부형태로 굵기, 길이, 단면, 표면 형태 등이 있다. 그리고 섬유의 역학적 성질, 광학적 성질, 마찰 특성 등 물리적인 성질에 직접적인 영향을 미친다.〈표 4〉

1 박병기, 『섬유공학의 이해』, 시그마프레스, 2000.
권상오 외, 『공예 재료와 기법』, 태학원, 1999.

〈표 4〉 섬유의 거시적 구조와 성질과의 관계

거시적 구조의 요소	성 질
섬유길이	• 연신성(드래프트성), 가방성 • 실(제품)의 강도 • 잔털의 크기
굵 기	• 방적성 • 실의 균제성(均濟性) • 직물의 태(드레이프성)
섬유의 강력	• 방적성, 가방성 • 혼방물에서의 섬유의 분포 • 굴곡 및 굽힘특성 • 실 및 직물의 광택
섬유의 강성(剛性)	• 방적성 • 실의 굴곡 및 굽힘 특성 • 섬유의 태(드레이프성)
섬유단면형상	• 굴곡 및 굽힘성 • 광택 • 섬유의 충진성(보온성, 벌크성)
섬유축방향의 형상(크림프)	• 실 및 직물의 태(드레이프성) • 방적성
섬유표면의 형태(철 등)	• 펠트성(felt성) • 직물의 태, 방적성 ※ 1데니어는 길이 450미터인 실의 무게가 0.05그램일 때의 굵기로, 무게가 두 배이면 2데니어임.

※ 드레이프성~ 천이 아래로 자연스럽게 흘러내리는 성질

4-1-1. 굵기

섬유의 단면은 원형 또는 타원형이며 단면의 지름은 밀리미터(mm)나, 미크론(㎛) 단위를 쓰고, 섬유의 굵기를 공업적으로 표시할 때는 데니어(denier)나 텍스(tex)를 쓴다.〈표 5〉

〈표 5〉 섬유의 굵기에 따른 구분

구 분	정 의
번수(면사)	1파운드의 실의 길이가 840야드의 몇 배인가로 측정(수치가 클수록 가는 실)
데니어	실 9,000m의 무게가 몇 g인가로 측정(수치가 클수록 굵은 실)
텍스	실 1,000m의 무게가 몇 g인가로 측정(수치가 클수록 굵은 실)

$$L(\mu m) = 11.9 \times \sqrt{(D/d)}$$

$$\text{섬유의 지름} = 11.9 \times \sqrt{(\text{데니어}/\text{비중})}$$

4-1-2. 길이

섬유의 길이는 방적성에 큰 영향을 주는데 단섬유로 만든 직물의 경우 장섬유로 만든 직물에 비해 부품성(Bulkiness)이 크고, 함기성(옷감이 공기를 얼마나 품는가)이 많고, 촉감이 부드럽고 통기성이 높다. 따라서 천연에서 얻는 것을 단섬유라 하는데, 의류용 섬유는 단섬유가 적합하다. 예외적으로 천연에서 얻는 것 중 누에에서 얻는 실크사, 견사는 장섬유이다.

보통 2.5~3.8cm 이하의 길이를 가지는 것을 단섬유라 한다. 스테이플 파이버(Staple Fiber)는 섬유를 제조할 때 단섬유로 절단하여 솜 모양으로 정제한 것으로 '한정된 길이를 가진 섬유'의 개념으로 사용된다.

천연섬유 중 목화(면)와 양모, 마는 단섬유뿐으로 평균 길이를 예로 들면, 마의 평균길이는 3cm, 아마는 30~60cm, 모시는 12~250cm이다.

장섬유는 보통 필라멘트(Filament)라고도 한다. 대표적인 장섬유는 길이가 1,000m 이상이나 되는 누에고치에서 얻는 생사이다.

4-1-3. 단면형태

섬유는 다양한 단면형태를 가진다.

보존처리 할 때 섬유 조직을 현미경으로 관찰해 보면, 아래 표와 같은 모양을 관찰 할 수가 있다.

〈표 6〉 섬유의 종류별 단면의 형태

구 분	단 면 형 태
면(棉)	타원
양모(羊毛)	원형
견(絹)	삼각형에 가까운 단면
레이온, 아크릴, 아세테이트	톱니와 같은 단면구조

단면형태의 차이는 다양한 특징으로 나타난다. 단면형태에 따라 섬유의 광택, 압축탄성, 촉감, 마찰특성 등 물리적인 성질이 달라진다. 원단면 섬유는 삼각단면 섬유에 비해 유연하다. 그것은 굽힘 강성 및 마찰계수가 달라지기 때문에 촉감의 차이를 보이는 것이다. 삼각형의 견 섬유는 빛이 반사율이 커서 광택이 증가한다. 빛의 반사율이 변하고 표면적이 변하기 때문에 광택이 변하게 되는 것이다. 또 투수성의 차이, 탄성의 차이를 보인다.〈표 6〉

4-1-4. 권축(Crimp)

섬유가 입체적으로 굴곡되어 있는 상태를 말한다. 면, 양모섬유 경우 권축이 형성되어 있다. 양모의 표면은 스케일층이라고 하는 물고기 비늘과 같은 표피층으로 구성되어 있는 권축(crimp)을 형성하여 탄성을 갖게 한다. 권축이 있으면 섬유의 포합력(Cohensiveness, 실에서 여러 섬유가 서로 달라붙는 성질)이 향상되기 때문에 방적이 잘되고 부품성(Bulkiness, 무게에 비해 부피가 커 보임)이 증가하며, 공기함유량이 많아져 보온성이 좋아진다. 이런 이유로 인조섬유도 제조공정에서 권축을 부여하기도 한다.

4-1-5. 표면구조

섬유는 표면구조에 따라 마찰 특성이 달라지고 빛의 반사특성이 달라진다. 따라서 섬유의 종류에 따라 각기 고유 표면구조를 가지고 있다. 이것을 알기 위하여 전자현미경(SAM)이나 실체현미경으로 관찰하면 섬유의 고유 구조를 확인할 수가 있다. 예를 들어 양모는 물고기 비늘과 유사한 스케일(Scale)로 덥혀 있고, 면은 섬유 축 방향으로 비틀린 꼬임 구조를 갖는다.

4-2. 미시적 특징

4-2-1. 힘에 의한 성질

섬유는 힘을 가하면 강력(=절단하중), 신도, 탄성, 내구성 등과 같은 섬유만의 고유의 성질을 나타내게 된다. 따라서 복식문화재의 보존처리를 위한 예비조사에서 미시적인 특징을 분석하면 유물 제작 당시의 섬유제작 기술을 이해하는데 도움을 준다.

1) 강력과 신도

섬유를 늘려서 끊어지게 되는 힘을 절단하중, 또는 강력이라 한다. 강력에는 인장, 굴곡, 마찰에 대한 강력이 있는데, 대표적인 것은 인장강력이다. 신도는 섬유를 늘려서 끊어지게 될 때까지 늘어나는 길이를 원래 길이에 대한 백분율로 계산한 것이다.

섬유의 강력과 신도는 흡습 정도에 따라 차이가 심하여, 표준상태 온도 20±2℃, R.H. 65±2%에서 대기 중에 방치했을 때 자연적으로 흡수하는 수분율에 의해 결정된다.

2) 탄성

탄성은 외부로부터 섬유에 힘을 가하여 늘어난 상태에서 외부의 힘을 제거하면 다시 원래의 길이로 줄어드는 성질이다. 물리적으로 섬유에 힘을 가했을 때 변형이 시작되는 시점이 같다. 다시 말해 신장 변형에 저항하는 정도라 할 수 있겠다.

탄성을 비교, 표시 할 때는 탄성도와 탄성률이 사용된다. 초기 탄성률은 의류제품의 형태와 밀접한 관계가 있는데 이 수치가 너무 높거나(형태 변화가 거의 없음) 낮으면(쉽게 형태가 변함) 의복의 형태가 제대로 나지 않는다.

3) 내구성

(1) 마모강도(마모수명)

섬유에 일정한 하중이 걸린 상태에서 반복되는 마찰에 견디는 능력이다. 마모강도는 인장강도와 어느 정도 상관관계가 있지만 섬유의 표면구조, 단면형태, 탄성에 따라 달라진다.

보통 합성이 천연보다 마모강도가 매우 높은데, 이는 재질 종류와 평활성(평평하고 미끄럽게)과 밀접한 관계가 있다. 섬유 표면이 평평하고 미끄러운 것이 마모강도가 크다. 마모강도는 반복적인 마찰을 받아 절단될 때까지의 마찰횟수로 나타낸다.

(2) 굽힘 강도

섬유가 접혔다 펴지는 힘을 반복적으로 받을 경우 접혀지는 부분이 절단될 때까지의 반복횟수를 굽힘 강도라 한다.

천연섬유 가운데 양모, 나일론 섬유는 매우 높은 굽힘강도를 보여준다. 일반적으로 신도가 적을수록 급격하게 감소한다. 섬유의 굵기와 굽힘 강도에는 상관관계가 없다.

피로수명이라고도 하는 굽힘강도 측정은 직선상의 섬유를 직각으로 접어주는 힘을 반복적으로 가하여 측정한다.

(3) 강인성

섬유의 역학적인·내구성을 의미하는 용어로 섬유가 끊어질 때까지 소비된 에너지이다. 섬유의 신도가 커서 잘 늘어나는 섬유류는 강도가 높은 강인성을 나타낸다.

충격강도와 연관지어 생각할 수 있는데 나일론, 견섬유는 순간적으로 큰 힘을 받게 되는 낙하

산과 같은 용도에 적합할 수 있다.

⑷ 굽힘강성과 비틀림 강성

굽힘강성은 섬유를 굽히는데 필요한 힘을 말하고, 비틀림 강성은 섬유를 직각방향으로 굽히는데 필요한 힘, 즉 꼬임을 주는데 소요되는 힘을 말한다.

섬유의 강성은 직물의 드레이프(Drape)성 및 촉감과 관계가 깊고, 두 종류 이상의 섬유를 혼합하여 실을 만들 경우 두 섬유의 강성 차이가 크면 혼방 불균일성을 일으키는 요인이 된다.

4-2-2. 열에 의한 성질

섬유는 섬유제조단계(원사, 실, 제직, 염색가공, 봉제)에서 열을 받게 될 뿐만 아니라, 섬유제품의 사용단계에서도 열을 받게 된다. 열을 받으면 변형을 일으키게 되는데 천연은 인조에 비해 비교적 쉽게 변형을 일으키지 않는다.

1) 보온성

섬유를 의류용 소재로 사용할 때 보온성이란 체온유지와 관련된 중요한 성질이다.

의복의 보온성은 섬유자체의 열전도성, 공기함유량, 섬유의 흡수율 등에 의하여 영향을 받는다. 섬유의 보온성은 근본적으로 섬유의 열전도성과 밀접한 관계를 가지고 있다.

섬유의 열전도성은 공기에 비해 2~3배 크기 때문에 의복의 보온성은 섬유 자체의 열전도성보다 공기 함유량에 큰 영향을 받게 된다. 직물 편물 등 섬유집합체의 경우 공기 함유량이 의복의 보온성에 큰 영향을 준다고 판단된다.

섬유흡수열은 특히 수분흡수성이 큰 양모나 견과 같은 천연섬유류의 경우 보온성이 뛰어난데, 예를 들면 더운 곳으로부터 추운 곳으로 옮겨가면 섬유가 공기 중의 수분을 흡수하면서 발열하기 때문에 급격한 온도 변화를 막아주고 쾌적한 상태를 유지해 준다.

2) 내열성

섬유 및 그 제품은 염색가공 처리시 외부로부터 열을 받을 때 견디는 내열성이 있어야 한다. 천연섬유는 강하나 인조섬유는 약하다. 일반적으로 피복용 섬유는 100℃ 이하에서 변화가 없어야 하며 150℃의 열에 대해서도 안정해야 한다.

3) 열가소성(Thermo Plasticity)과 열고정성(Heat Setability)

열가소성이란 섬유에 열을 가하여 형태를 자유자재로 변형시킬 수 있다는 의미이며 열고정성과 동일하다. 이 열가소성 성질을 이용하여 의복의 형태를 고정시킬 수 있다. 대부분의 염유에 물리적인 방법으로 열처리하는 일시 고정하는 방법과 약제에 의한 화학적 영구고정 하는 방법을 실시하는데 합성섬유에 대해서는 열고정 방법이 더 널리 이용된다. 출토 복식류 중에서 면, 마 등 식물성 섬유는 가소성이 적고, 견, 양모 등은 비교적 크게 나타난다.

4) 열수축(Thermal Shirinkage)

섬유에 열을 가하면 수축이 일어나는데 합성섬유의 경우 열수축은 섬유의 방사, 연신공정, 호부(Sizing)공정, 텍스쳐 가공, 염색가공 과정에서 장력이 가해지기 때문에 발생한다.

섬유가 열을 받으면 배향된 내부응력이 이완되면서 분자쇄가 비결정 상태로 이행됨과 동시에 분자쇄의 배향이 무질서하게 변하면서 수축된다.

4-2-3. 물에 의한 성질

1) 흡습 및 흡수

공기 중의 수분을 흡수하는 현상이 흡습이고 이 성질을 흡습성(Hygroscopicity)이라 한다. 물속에 침수시켜 물을 흡수하는 것을 흡수성(Absorbency)이라 한다.

구조적으로 섬유 내부에 미세한 구멍이 많을수록, 비결정영역이 많을수록 흡습량이 많다. 양모, 견 등은 흡습성이 많고 나일론의 경우도 마찬가지다. 일반적으로 단백질 섬유가 흡습성이 가장 크고 식물성 섬유가 그 다음이다. 재생섬유인 레이온의 흡습성이 면, 마섬유보다 높은 것은 결정화도가 낮고 미세구멍이 많기 때문이다. 섬유의 흡습성은 섬유 자체의 성질뿐만 아니라 직물, 편물의 조직이나 마무리 가공의 종류에 따라서도 변한다.

2) 팽윤(Swelling)

섬유가 물과 같은 액체 물질을 흡수하면 부피가 팽창된다. 팽윤을 나타내는 팽윤도는 지름으로 재는 방법, 무게 증가에 의한 방법, 단면적에 의한 방법, 부피증가에 의한 방법이 있는데 이중 가장 정확한 것은 부피증가에 의한 방법이다.

4-2-4. 기타 성질

기타로는 빛에 관한 성질, 전기 관한 성질, 물리적 성질, 화학적 성질, 환경대응 성질 등이 있다.

5. 직물의 조직

실의 종류는 방적사와 필라멘트사(Filament Fiber) 등 크게 두 종류로 구분된다. 방적사는 견을 제외한 천염섬유와 합성섬유 중 필라멘트사를 단섬유로 잘라 방적공정에서 천연섬유와 유사하게 만든 스테이플(Staple) 섬유이다. 필라멘트사는 한 올의 모노 필라멘트(Mono-filament) 섬유와 여러 올의 멀티 필라멘트(Multi-filament) 섬유로 구성되어 있다. 소재의 특성은 실을 구성하고 있는 섬유의 종류와 합수, 꼬임 그리고 가공에 따라 영향을 받는다.

직물의 조직은 여러 실들이 일정한 규칙에 따라 서로 얽혀 이루어졌다. 직물의 길이 방향을 경사(經絲)라 하고, 경사에 직각이 되게 짜여 있는 방향을 위사(緯絲)라 한다.

경사는 꼬임이 많고 강도가 높아야 하며 늘어나지 않아야 한다. 그러나 위사는 경사에 비해 꼬임이 적거나 굵은 실 혹은 장식사 등을 사용하여 신축성이 크다. 경사와 위사가 서로 교차되는 점을 조직점이라 하며 조직점이 많을수록 단단한 직조이다. 직물은 경사에 위사가 짜이는 조직에 따라 소재의 특성과 표면에 많은 영향을 받는다. 또한 이러한 조직 형태에 따라 용도와 봉제성 역시 결정된다.

직물의 짜임은 실의 꼬임에 의하여 형성되는데, 실을 꼬는 것은 실의 강력과 형태를 유지하기 위해서 필요하다. 꼬임의 방향에는 S꼬임(우연)과 Z꼬임(좌연)이 있다. 꼬임의 방향은 직물 표면의 광택, 마찰계수 등과 관련이 있다. 꼬임의 수는 실의 강도, 촉감, 광택에 영향을 준다. 즉 꼬임이 적으면 부드럽고 부푼 실이 되지만, 꼬임수가 많아짐에 따라 실은 딱딱하고 까실까실해지고 광택도 줄어든다. 직물은 경사와 위사를 직각으로 교차시켜서 만드는데, 이들 경사와 위사를 교차시키는 방법을 직물의 조직이라고 한다. 기본적인 제직 방법으로는 다음의 3가지가 있다.

평직(Plain Weave)이라 함은 경사와 위사가 교차하여 조합된 가장 간단한 제직 방법이다. 경사와 위사의 교차가 특히 많기 때문에 슬립(직물의 올이 미어지는 것)이 잘 생기지 않는 것이 장점이다. 특히, 박지직물을 만들 때는 평직이 많이 사용된다.〈그림 1〉

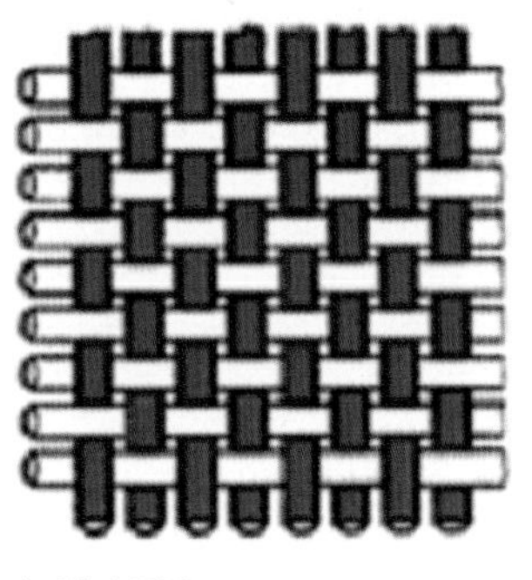
〈그림 1〉 평직

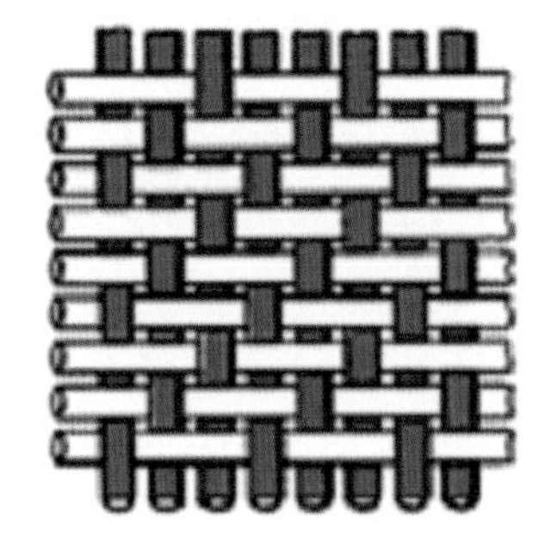
〈그림 2〉 능직

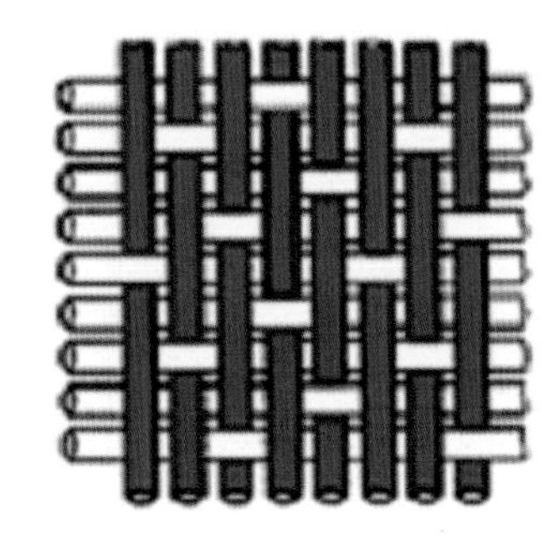
〈그림 3〉 주자직

능직(Twill Weave)은 경사와 위사가 각각 2올 또는 그 이상 건너서 교차시키는 제직방법이다. 천의 표면은 이랑과 같은 근이 엇선으로 경사지게 달리고 있는 듯 보인다. 평직보다 광택이 있다. 보다 두꺼운 후지 직물로 제직하고, 손 촉감이 소프트하고 주름이 생기기 어려운 것이 특징이다.〈그림 2〉

주자직(Satin Weave)은 능직보다 경사나 위사를 더욱 많이 부출시켜 교차를 적게 한 제직 방법이다. 경사를 부출한 것을 경주자, 위사를 부출한 것을 위주자라고 한다. 특히, 평직이나 능직보다 광택이 많고 미끌림도 좋으며, 손촉감도 소프트하다. 단, 실의 교차가 적기 때문에 강도 측면에서 다소 약점이 있다. 그 때문에 가는 실로써 올이 치밀한 직물에 사용된다.〈그림 3〉

이외에도 위의 3조직을 변화시킨 변화직 등이 있다.

6. 전통직물[2]

전통적으로 우리나라에서 사용되는 천연섬유인 삼베, 모시, 무명 등의 식물성 섬유와 주, 사, 단과 같은 견직물이 전통직물로 사용되어 왔다. 전통직물은 오랫동안 민족의 복식과 생활용품의 재료로 사용되어 온 옷감을 포함한 개념인 직물을 일컫는다. 세계 각 지역의 전통직물은 그 지역에서 생산되는 섬유, 풍토, 생활문화, 정치, 경제, 타 지역과의 교류를 비롯한 여러가지 여건

2 민길자, 『전통옷감』, 대원사, 1998.

에 의하여 기원, 발전, 변화되어 왔다. 따라서 각기 독특한 지역적 특성을 지니게 마련이다.

역사적으로는 신석기 시대 유적지인 서포항 주거지에서 다양한 형태의 가락바퀴가 출토되었으며 궁산리 패총에서도 가락바퀴와 마사(麻絲)가 감긴 뼈바늘이 발견되었다. 다른 유적지에서도 다량의 가락바퀴와 짐승뼈를 갈아 만든 북도 출토되었으므로 한반도에서는 이미 신석기 시대부터 직물생산이 시작되었음을 알 수 있다. 또한, 중국의 사서인 『삼국지(三國志)』, 『한서(漢書)』, 『진서(晋書)』 등의 문헌에 의하면 기원 직후에 이미 삼한과 예(濊) 등 한반도 전역에서 종마(種麻)와 양잠하는 법을 알았고 마포와 면포, 겸포와 같은 마직물과 견직물도 생산하였음을 알 수 있다. 또 부여에서도 이미 증, 수, 금, 계를 착용했다고 하므로 일찍이 고급견직물은 물론 계와 같은 모직물까지 사용했음을 알 수 있다. 부족국가시대의 유물로는 길림성 유적지 및 대동강 유역의 정백동, 석암리, 오야리 유적지에서 마포, 겸, 칠사(漆紗), 라, 사, 견 등의 직물편이 발견되었다.

우리나라에서 오늘날까지 제직되어 한복 재료로 사용되는 전통 직물은 대마 직물인 베(마포), 저마 직물인 모시(저포), 면직물인 무명(목면), 견직물인 명주와 각종 주(紬), 사(紗), 라(羅), 능(綾), 금(錦), 단(緞) 등이 있다.

베와 모시는 섬세하고 청아함, 무명은 질박하고 담소함, 명주는 단아하고 온려함으로 한국의 전통적인 미의 특성을 나름대로 전승하며 제직되었는데, 이것들은 한국인들이 가장 장구한 기간을 이어 사용하여 온 전통 직물이다.

전통직물 중 견직물은 가장 다양한 품종으로 나타나며 이는 대부분 조직의 특성에 따라 분류한다. 문헌기록과 유품을 통하여 조사된 바에 의하면, 우리나라 전통 견직물의 품종에는 백(帛), 견(絹, 絹布), 증(繒), 주(紬), 호(縞), 환(紈), 기(綺), 능(綾), 단(緞), 사(紗), 라(羅), 금(錦), 직금(織金), 융(絨) 등이 있다. 백(帛)과 증(繒)은 고대에는 견사로 짜여진 모든 견직물의 총칭하는 말로 사용되었다.

모섬유로는 구유, 탑등, 모담, 전 등의 깔개류와 계, 갈 등의 모직물 품종 등을 만들었다. 인피섬유직물에는 저포(모시)와 마포(베)가 있으며, 산지와 용도, 특성 등에 따라 다양하게 명명되었다. 면직물은 백첩포, 목면, 면포, 목 등이 문헌에 기록되어 있으며, 일반적으로는 무명이라고 한다. 인피섬유직물과 면직물은 경사꼬임조직으로 제직된 일부의 직물을 제외하고는 거의 평조직으로 제직되었으며 섬세도에 따라 구분되었다. 같은 품종의 직물이 경우에도 재질, 색, 문양, 후처리(정련, 도련), 용도, 산지, 특성 등에 따라 다양하게 수식되며 수없이 많은 종류로 나누어진다.

문헌 중에 보이는 직물의 명명 방법은 다양하나 가장 일반적으로 사용된 기본적인 명명법은 색과 문양을 앞에 수식하여 색, 문양, 품종을 순서대로 표기하는 것이다. 직물을 분류하는 가장 기본적인 방법은 직물의 짜임 즉, 조직구조에 따라 분류하고 명명하는 것이다. 이들 직물의 제직 직기로 예로부터 사용되어 온 수직기인 베틀이 사용되고 있다. 그러나 명주를 제외한 각종 주(노방주, 문주), 사(숙고사, 진주사, 관사, 국사, 갑사, 생고사), 라(민항라, 문항라), 능(문릉), 금과 직금(織金), 단과 직금단 등은 예로부터 이들 직물을 제직하던 수직기가 전승되지 못하였기 때문에 동력직기로 제직되고 있다.

특히 직금, 금단에 해당하는 직물은 편금사로 문죽(紋竹)을 사용하여 무늬금사를 타위(打緯)하며 예로부터 사용하였을 화루(花樓)의 문직 기구로 된 직기로 제직한 직금과 금단의 전통적 특성은 전연 전승되지 못한 상태이다. 각종 사, 라, 능과, 금사가 직입되지 않은 금단은 전통적인 수직기가 아닌 동력 직기로 제직하여도 그 직물의 전통적인 특성에 별다른 무리가 가지 않는다. 베나 모시 같은 전승 직물이지만 재래의 베틀로 짠 무명과 명주의 경우 인간문화재에 의하여 그 기능은 이어지고 있지만 수요 욕구는 많지 않아 단지 기능을 잇는 정도에 그치고 있다. 무명과 명주가 변화된 생활양식과 생활 감정에 적합하게 적응되지 못한 때문이다. 그러나 동력직기로 제직한 명주, 생명주는 여러 가지 색으로 침염, 날염되거나 자수를 놓아서 사용되기도 한다. 베틀로 짜는, 명주, 생명주도 잘 짜고 생산량도 늘려 간다면 동력직기로 제직한 것과는 다른 제직 특성이 있어 수요가 증가될 가능성은 충분하다. 옛 직물 제직 기능이 무형문화재로 지정되어 전승될지라도 개인에서 개인으로 이어지는 것보다는 그 기능이 널리 확산되고 생산과 수요가 늘어 전통 산업의 일익이 될 때 더욱 가치가 있는 것이다.〈표 7〉

〈표 7〉 전통직물을 세탁할 때의 특징

구 분	세탁에 관련된 특징
대마(삼베)	• 산화제에 약하므로 표백에 의한 강력저하가 심하다. 또한 세탁을 자주하면 펙틴질이 제거되기 때문에 세포 간 결합이 약화되고 유연화된다.
저마(모시)	• 고온고압 하에 알칼리 처리가 과다할 때는 섬유가 취약해진다.
견(명주)	• 산화·생사를 온탕 중에 넣어 두면 팽윤하여 부드럽게 되며, 건조하면 원상태로 복귀되지만 촉감 및 광택이 나빠진다. • 견은 Al, Cr, Sn, Fe, Cu, Pb 등의 금속염류를 용액으로부터 흡수하여 고착하는 성질이 있다. • 때가 묻었을 때는 수세나 드라이클리닝으로 쉽게 제거할 수 있다. • 곰팡이나 좀(Moths)에 대한 저항성이 있고, 땀에 의해 상해를 받는다. • 결점은 고가인 것과 자외선에 취화도가 큰 것 등이다.철을 주성분으로 한다.

7. 마직물

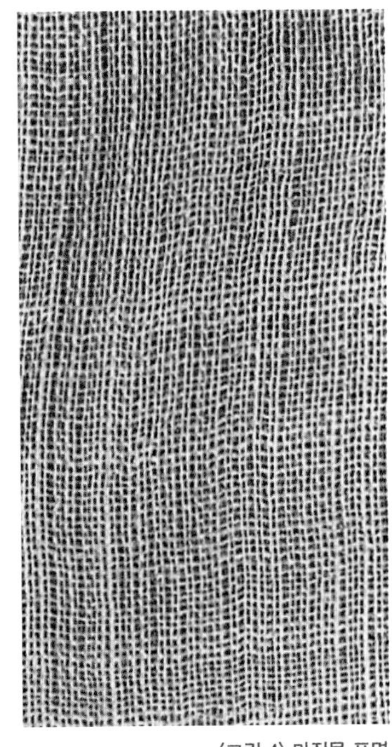
〈그림 4〉 마직물 표면

고대로부터 대마(삼베)와 저마(모시)가 자라는 지리적 여건 때문에 문헌상 국가성립 이전부터 사용하였으며, 삼국시대에 이르러 제직기술이 발달되어 세포(細布)가 대량으로 생산되었다.

인피섬유직물 중 대마와 저마직물은 신석기 시대 직물 발달 이후 우리나라와 중국에서 거의 평직으로 제직되어 일반인으로부터 왕가에 이르기까지 사용되었는데, 이 직물의 우열은 승수로써 구별되었다. 특히 신라 후기에는 30승 저삼단, 30종포, 40종포 등 극도로 섬세한 직물 들이 제직되어 당나라와의 조공무역뿐만 아니라 각종 다양한 용도로 널리 쓰였다. 특히 저마포와 대마포로 구분하여 짰으며, 실의 밀도가 얼마인가에 따라 마포의 등급을 메겼는데, 왕족이나 귀족은 등급이 높은 저마포(모시)를 사용하였고, 서민은 등급이 낮은 대마포(삼베)로 옷을 지어 입었다고 한다. 고려시대에는 마직기술이 발달하여 문저포, 사저포 등 섬세문직포가 제직되었고 쌀과 함께 세공과 화폐 기능을 가지고 있었다. 고문헌 상에 기록되어 전해진 우리나라 고대 포직물이 상당히 고승수인 것은 사실이나 실제로 오늘날까지 그 고승수의 포직물이 인피섬유직물의 제직기술상 어느 정도로 평가되어야 하는 것인지에 대하여는 조사, 연구되고 있지 않다.〈그림 4〉

7-1. 대마(삼베)

삼베는 삼 껍질의 안쪽에 있는 인피섬유(靭皮纖維)에서 뽑은 실로 짠 직물이다. 삼베의 역사는 매우 길어 한민족이 한반도로 이주할 때 가지고 온 것으로 짐작되며, 이미 삼국시대의 칠공품이나 신발(금속제) 등에도 쓰였다. 『삼국지』 중 "위지동이전"에는 삼베의 사용이 기록되어 있고, 『삼국사기』에도 중추행사로 신라 경주(慶州)에서 베짜기 경쟁을 하였다고 기록되어 있다. 이를 토대로 우리나라에서 면(綿)이 일반화되기 전에는 삼베가 가장 많이 사용되었음을 알 수 있다.

마직물은 고려, 조선을 거치면서 여름철 옷감으로 애용되었고 현재 대표적 마직물은 곡성(谷城)의 돌실나이와 안동포(安東布)인데, 이들은 각각 중요무형문화재로 지정되어 있다. 삼베는 수분을 빨리 흡수하고 배출하며 자외선 차단능력을 갖추고 있고, 곰팡이균을 억제하는 항균성과 항독성이 있어 우리 민족이 애용하던 재료 중의 하나였다.

대마포는 고려시대에도 베라고 하였으며 오늘날까지도 일반적으로 대마포라고 하지 않고 베 또는 삼베라고 부른다. 우리나라에서 생산된 대마의 인피는 품질이 좋아서 아주 섬세하게 쪼개지므로 극세사를 만들 수 있는데, 여인들의 손길이 섬세해 중국, 일본, 인도 등지보다 더 섬세한 마포를 제직할 수 있었다. 포는 정세도로 그 품질을 가늠하는데, 정세도는 포폭 사이에 정경된 경사재의 수에 의해 가늠된다. 곧 한 포폭 사이에 80올의 경사가 정경되었을 때를 1승이라고 하며 승수가 커질수록 섬세하다.

7-2. 모시

모시는 모시풀의 인피(靭皮)에서 얻은 섬유로 만든 직물로 저마포, 저포라고 한다. 한국에서 모시풀은 정읍(井邑)·고창(高敞) 지방에서 많이 재배하며 금강(錦江) 일대의 청양(青陽)·보령(保寧)에서도 재배가 성행했다. 그러나 청양·보령의 모시는 올이 굵어 실용적인 것으로 이용되고 세(細)모시는 주로 한산(韓山)에서 생산되고 있다. 한산의 세모시는 예부터 명산(名産)으로 꼽혀 왔고 모시 짜는 기능이 무형문화재 제14호로 지정되어 있다.〈그림 5〉

우리나라에서 저마직물이 문헌상에 대마직물과 구별되어 기록된 것은 통일신라 헌안왕 4년(860)과 경문왕 9년(869)으로 30승 저삼단 40필을 당나라에 보냈다는 기록이 있다. 또한 흰 빛깔의 모시인 백저포는 고려시대 무역품 가운데 중요한 자리를 차지하였다. 『선화봉사 고려도경』을 보면 백저로 지은 백저포는 상하귀천 없이 모두 착용할 정도로 애용되었다고 한다. 왕은 연거시에 백저포에 조건을 착용하고 농부나 상인, 귀부인들도 백저포를 착용했다는 기록이 있다.

〈그림 5〉 모직물 표면

고려시대의 모시는 문헌 기록뿐만 아니라 유품에도 많이 있어 동국대학교 박물관의 문주사 금동여래좌상의 복장 유물(1346) 가운데 12승 생모시의 모시포와 해인사 금동비로자나불 복장 유물 가운데에도 12승이 넘는 생모시 적삼 등이 있다. 모시는 통풍이 잘 되어 시원하며, 가볍고 깔깔하고 산뜻하여 여름철 옷감으로 쓰인다.

8. 면직물

면은 일찍이 인도에서 수공업화하여 기원전·후에 페르시아와 그 주변지역, 동남아시아 여러 지역으로 전파되었다. 중국인들이 인도, 동남아시아, 서아시아, 중앙아시아 등을 여행하면서 남긴 견문록에 이 지역의 면직물을 지칭하여 백첩포라고 하고 있는데, 이러한 사실이 『삼국사기』, 『한원(翰苑)』 등에 나타나 있다. 면직물로 발견된 유물은 B.C.3,000년 전 고대 인도의 인더스강에서 출토된 금속기에 붙어있는 면직물이 가장 오래된 사례이다.

우리나라에서 면직물의 기원은 일반적으로 고려 후기 문익점에 의한 것이라고 알려져 있다(1326). 그런데 『한원』의 고구려 기사에 '조백첩포(造白疊布)'라는 기록이 있는데, 이 백첩포는 면직물의 이름이다. 또 『삼국사기』에 40승 백첩포를 경문왕 때 당나라에 보냈다는 기록이 있는데 이것도 역시 면직물 이름이다. 『구당서』에서는 "파리국의 남자는 고패포(고패포)를 입는데 섬세한 것은 백첩이라 하고 거친 것은 고패라고 한다"고 하였다. 고패는 면직물의 옛 이름이고 백첩은 중국인들이 인도, 동남아시아, 중앙아시아 지역의 면직물을 부르는 이름이다. 결국 우리나라에서는 문익점의 면종자 반입 이전에 면직물을 제직한 셈인데 섬유의 출처는 알 수가 없다. 다만 지금으로부터 2000여 년 전 인도면은 동남아시아 각 지역과 오늘날 중국의 남부 지역 민남, 강남 지역에 들어와 있었으며 당시에 우리나라와 동남아시아, 중국의 남부 지역과는 해상 교통이 이루어졌던 역사적 증거가 많으니 면의 유통이 있었으리라고 가정해 볼 수 있다.

우리나라에서 가장 많이 사용된 면직물은 무명, 광목, 옥양목이다. 각종 고문헌에는 우리나라의 면직물이 면포(綿布), 목(목, 옥양목, 관목, 청목, 홍목, 흑목) 등으로 기록되어 있으며, 무명이라는 기록도 있다.〈그림 6〉

문익점의 장인 정천익이 목화 재배에 성공하고 그 뒤 호승(胡僧) 홍원(弘願)에게 직조기술을 배워 가비에게 한필의 직물을 짜게 하여 면직물 재직을 시작한 뒤 10년도 못되어 이 직물이 전국으로 퍼지게 되었는데, 공양왕 3년(1391)에는 백성에게 값비싼 비단 대신 무명을 쓰라는 영을

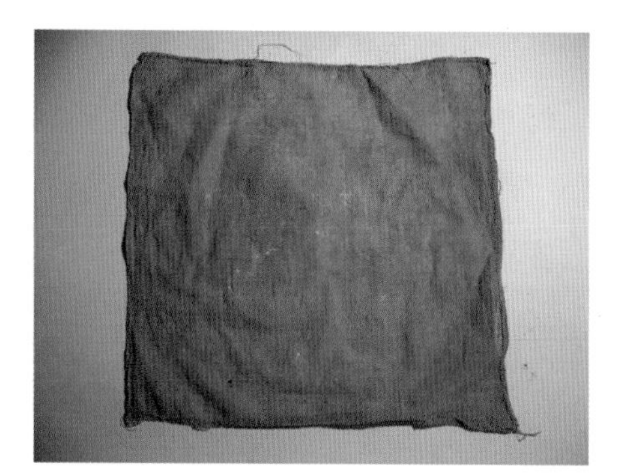

〈그림 6〉 면직문 기러기보

내렸다는 『고려사절요』의 기록이 있다.

조선시대 태종 1년(1401)에는 백성 상하가 다 무명옷을 입었다는 『태종실록』의 기록도 전한다. 조선시대(태조연간)에는 면직물이 일본으로 수출되는 품목에 들어있고, 세종 즉위년(1418)에는 1,539필이던 것이 차차 늘어 세종 5년(1423)에는 2,640필의 면포가 일본에 수출되었다는 『세종실록』의 기록이 있다. 조선시대 면포는 당시 일본에서는 고가의 사치품이었다고 한다. 그런데 19세기에 이르러 영국의 산업혁명 결과 기계직 면포를 대량생산하게 되면서 그 면포가 우리나라에 수입되기에 이른다.

1917년에는 부산에 조선방직주식회사가, 1919년에는 영등포에 경성 방직주식회사가 설립되었다. 이리하여 폭이 넓은 역직기의 면직물이 많아짐에 따라 베틀로 농가에서 자급자족하던 무명의 제직은 점점 쇠퇴하기에 이른다.

표백 면포를 우리나라에서는 '상목'이라고 하였는데 이것은 서양목(西洋木)의 준말로 '서쪽의 나라에서 들어온 면포'라는 뜻이 된다. 얼마 전까지만 해도 우리나라에서는 광목이 많이 생산, 판매되었는데 광목은 우리나라 베틀로 잔 소폭의 무명과 비교하여 폭이 넓은 평직으로 짠 면포인데서 유래한 이름이다. 면방직 공장이 설립되어 광목과 옥양목이 대량 생산됨에 따라 우리나라 수직 무명의 제직은 점점 줄게 되어 근래에는 거의 없어지다시피 되었다.

무명은 짧은 섬유를 모아 이어 실을 자아 베틀에서 짜낸 것이므로 자동직기로 짜낸 광목, 옥양목에 비하여 표면의 변화가 풍부하다. 우리나라 사람들의 일상 옷감에 아주 적합하였으며, 이불, 요, 베겟잇으로 사용하였을 때 광목, 옥양목보다 온화하고 푸근하다. 광목, 옥양목도 근대적인 직물이었다. 특히, 흰 옥양목은 손질을 잘하여 적삼, 치마, 바지 등 옷을 지어 입었는데 오늘날에는 자취를 감추어 가고 있다. 무명, 광목, 옥양목은 흰 것 그대로도 사용하였으나 염색을 하여도 많이 사용하였다.

나주 샛골나이가 무명 길쌈으로 중요무형문화재로 지정되어 있다. 샛골은 전남 나주군 다시면 신풍리의 지명이며, 나이는 길쌈이란 뜻이다. 무명은 닷새에서 열닷새까지 짰으며 아홉새만 넘으면 고급이라 하여 주로 남성용 외출복으로 쓰였다.

9. 견직물

견직물은 누에의 고치에서 풀어낸 실로 제직한 직물이다. 우리나라에서 사용 제직한 견직물은 주(紬), 사(紗), 라(羅), 능(綾), 금(錦), 단(緞), 곡(穀), 겸, 시, 초 등과 각종 천연 염료로 침염된 직물, 힐염된 문양 직물, 그림이 그려진 회(繪) 등이 일반적인 종류였으며, 백(帛), 견(絹), 수(繡), 금니(金泥) 등 견직물과 관계된 종류도 다양하였다.

이들 가운데 오늘날까지 제직되어 사용되고 있는 것은 주, 사, 라, 능, 단, 금 등이다. 이들 가운데 주(紬)만이 명주로 명명되어 재래의 베틀 즉 수직기로 극소량이 제직되고 있고 나머지는 현대화된 직기로 대량 생산될 뿐 전통적인 직기로 제직되는 것은 전혀 없는 상태이다.

누에의 품종은 원산지, 화성(化性), 면성(眠性) 등과 사육시기, 색, 반문 등에 따라 여러 가지로 분류된다. 원산지에 따라 중국종, 일본종, 구주종, 동남아시아종 등으로 분류된다. 화성으로는 1화성, 2화성잠으로 보통 분류되고 다화성잠도 있다. 면성으로는 3면잠, 4면잠, 5면잠 등이 있는데 상고시대 우리나라의 것은 3면잠이라고 한다. 면성은 누에가 유충기에 뽕잎을 먹지 않고 잠을 잔 뒤 변태하는 시기를 말하는 것인데 잠을 자는 횟수에 따라 분류한 것이다. 보통 일반적으로 4면잠이 많이 사용되고 있으며, 3면잠은 4면잠에 비해 견사(繭絲)가 가는 것이 특징이다.

9-1. 주(紬)

『삼국사기』에 신라의 복제금제 의복재료품목 중 표의, 내의, 반비, 고대, 말 등 재료의 허용품목으로 기록되어 있을 뿐 아니라, 고려시대, 조선시대로 이어져 전반적인 의복재료로 사용되었던 견의 평직이다. 주는 많은 종류로 분류되어 각기 용도를 달리하여 널리 사용되었음이 각종 문헌 기록상에 나타나 있다. 그리고 우리나라에서 사용되고 제직된 주의 종류가 수없이 많았다는 것이 기록되어 있다.

주 중에서 조하주, 어아주는 신라와 고구려에서 공물품으로 중국에 많이 보내졌던 것이며, 고려시대에는 면주(綿紬)가 공물품으로 많이 사용되었으며 황주, 자주, 조주 등이 의복과 생활 용품으로 사용되었다

우리나라에서는 주가 극세직으로 만들어져 특산토속직물로 제직된 것으로 나타난다. 특히 조

하주와 어아주는 중국지역에서는 산출되지 않는 것이며, 우리나라의 특산 중 특산인 것으로 생각되는데 이것은 경사 또는 위사에 소백한 견사를 사용하여 제직함으로써 세의 표면에 안개가 서린 듯한 모습인 것으로 생각된다.

거의 모든 주는 견사의 단순한 평조직 직물로 보는데, 오늘날에는 이 많은 주의 명칭이 다 없어지고 다만 명주로 명명된 한 종만이 재래식 베틀과 자동직기로 제직되고 있다.

오늘날 명주는 가을, 겨울의 한복감으로 많이 쓰이고, 색명주는 여름 한복감에 사용하며 생견의 명주만을 생명주라고 한다. 문주는 얇고 보드라운 촉감이며 얌전한 감각이 있어 남녀의 한복감으로 많이 사용된다.

9-2. 초

초에 대한 옛 기록을 종합하면 견직물에 대한 통칭으로 사용된 것 같다. 생견 직물, 연견 직물, 각색의 염색 직물, 쌍올로 제직된 결실한 직물, 소사·은조사와 같은 사직물 또 문직물인 경우 등 다양한 견직물의 호칭으로 사용된 것 같은데 확실하지는 않다.

우리나라에서는 삼국시대에 사용기록이 많다. 『삼국유사』에 신라 아달라왕 4년에 연오랑, 세오녀가 일본으로 건너가서 왕과 왕비가 된 후 신라는 갑자기 일, 월이 빛을 잃었는데 세오녀가 초를 제직하여 신라에 보내 하늘에 제사를 지내니 일, 월이 전과같이 되어 그 초를 귀하게여겨 어고에 소장하여 국보로 삼았으며, 이 어고를 '유비고'라고 하였다는 기록이 있어 우리나라에서 일찍이 초를 제직하였으며 귀히 여긴 견직물임이었음이 나타난다. 그리고 유비고는 우리나라의 직물 박물관이었음도 알 수 있다.

초에 대하여는 『삼국사기』, 『고려사』, 『궁중발기』 등 많은 문헌에 기록되어 삼국시대부터 조선시대까지 오랫동안 사용된 것을 알 수 있다.

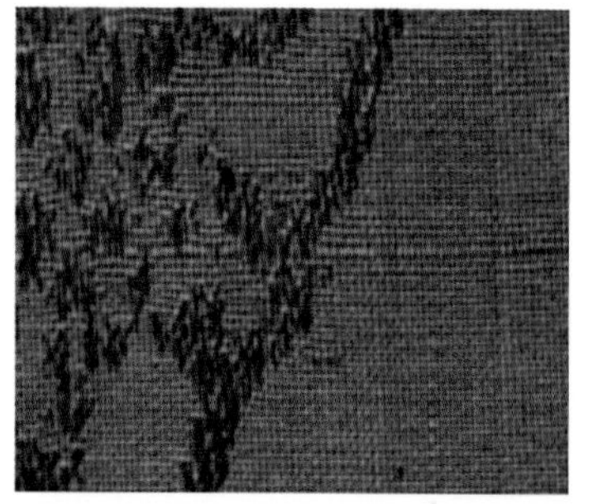
〈그림 7〉 초

영초는 영초단이라고 하였는데, 문은 주자 조직이고 지는 평지의 두꺼운 직물이라고 하였다. 세문영초는 문양이 세(細)한 것이라고 하였으며 생초는 경은 생사, 위는 생사급 연사 교직의 익직물이라고 하였다. 나방초는 경사, 위사의 색이 다른 연려 즉, 숙항라와 같은 것이라고 하였다. 초는 오늘날에는 이름조차 없어진 듯 하지만 근년까지도 영초가 고

급직물로 귀하게 사용되었고 유물도 꽤 남아있다.〈그림 7〉

9-3. 사(紗)

견직물의 하나로 사의 조직바탕에 평직 또는 사문직으로 여러 가지 문양을 넣어 운치 있게 짜며 여름옷을 만드는데 쓰인다. 우리나라 전통직물 가운데 가장 종류가 많은 것이 사(紗)이다. 조선시대까지 각종 문헌에 기록된 사는 사, 소사, 주사, 광사, 은조사, 숙고사, 생고사, 공가, 저우사, 문사, 갑사〈그림 8〉, 생수갑사, 길상사, 생슈사, 슈사, 도뉴사, 도리사, 별문사 등등이다. 문헌에는 많은 사 종류가 나오는데, 오늘날까지 제직되어 사용되고 있는 것은 관사, 국사, 숙고사〈그림 9〉, 진주사, 갑사, 순인, 생고자, 은조사 정도이다. 『재물보』에 의하면 사는 경증(輕繒) 곧 가벼운 견이라고 하였는데, 비단 중에서도 가벼운 것이라는 뜻이다.

〈그림 8〉 갑사 기러기보

〈그림 9〉 숙고사

사에 대한 직물 조직학적 용어는 우리나라, 중국, 일본이 각기 다른데 우리나라에서는 경사가 좌우로 회전하여 꼬이는 동사적 표현을 '익경된다' 하고 중국에서는 '교경'이라고 한다. 고려시대 불복장 가운데 경사가 2올, 3올, 4올이 일조가 되어 일정하게 서로 익경되며 만든 저구에 위사가 타위되어 조직된 직물이 다양하게 발견, 조사되었다.

9-4. 라(羅)

라는 문헌에 의하면 삼국시대와 고려시대에 왕의 공복을 비롯한 백관복에서 군대에 이르기까지 널리 사용된 매우 중요한 직물이었으며 장막이나 깃발, 덮개 등에도 널리 사용되었다. 통일신라시대에 라, 혜라, 포방라, 야초라, 월라가 각종 복식에 금

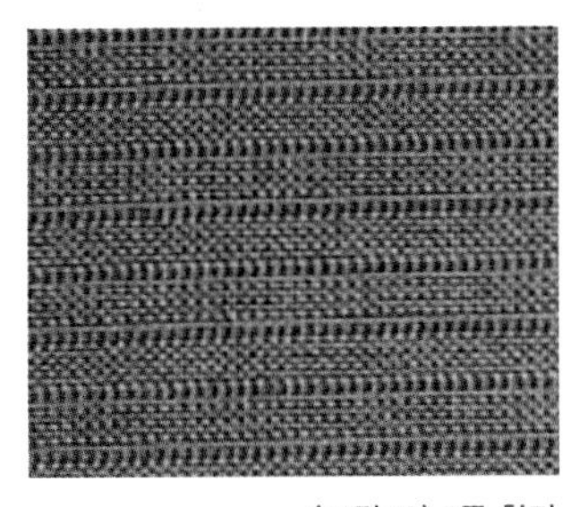
〈그림 10〉 7족 항라

지된 품목으로 되어 있다.

라는 사(紗)와 같이 경사가 익경되어 제조된 옷감으로 경사 4올이 일조가 되어 익경된 것을 말한다. 문헌에는 '라는 새그물과 같은 것'이라고 하였다. 민길자는 2경이 익경된 것은 사(紗), 3경 · 4경이 익경된 것은 라(羅)로 분류하였다.〈그림 10〉

9-5. 능(綾)

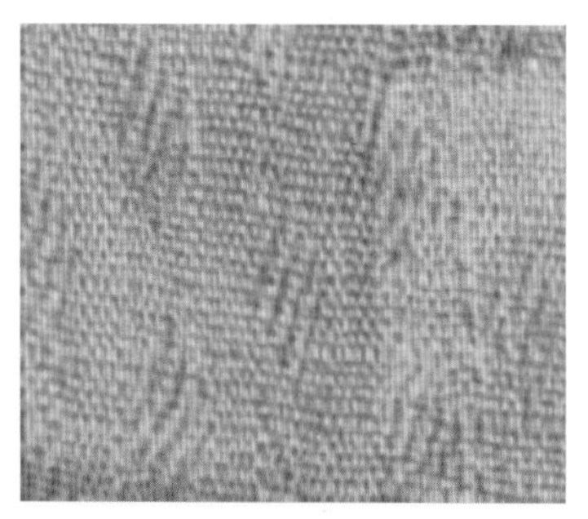

〈그림 11〉 능

능은 삼국시대부터 문헌에 나타난다. 날실 2올에 씨실 1올이 만나는 교차점이 일정한 사선방향을 이루기 때문에 일반적으로 사문조직이라고 부르는데 능은 기나 포, 면보다 가늘고 치밀한 직물로 수문조직 바탕에 사문, 혹은 경사나 위사를 띄운 부문변화조직으로 무늬를 만든 직물이라고 생각된다. 능은 동향능(同向綾)과 이향능(異向綾)으로 구분되는데, 동향능은 사향이 같고 조직순환단위가 다른 경위사문조직으로 바탕과 무늬를 구분하여 표현하는 것이며, 이향능은 사향이 상반되고 순환단위가 같은 경위사문조직으로 무늬와 바탕을 제직하는 것이다. 능은 삼국시대에 이미 내의, 고 등의 의복과 수레장식 등에 널리 사용되었으며 고려시대에는 복식의 재료 뿐 아니라 벽, 침구, 방석 등의 실내장식용으로도 사용되었다. 『동문선』에 능을 제직한 기록이 있으며 색능, 생능을 송에 공물로 보내기도 하였으니 당시 능의 생산이 상당히 활발하였다고 생각된다.〈그림 11〉

조선시대에는 『경국대전』과 『육전조례』의 기록에 능라장이라는 능을 제직한 공장의 언급이 있었으나 조선시대 단의 발달로 인해 차츰 절멸한 것으로 본다. 고려시대로부터 조선시대까지 사용되었던 능에는 문릉이 많은데, 능지문릉, 평지문릉, 평지부문릉, 능지부문릉, 혼합문릉, 기타 이색릉 등이 있다. 오늘날에도 한복감 가운데는 능지, 능문의 전통 직물은 보이지 않는다. 능지, 능문의 얇은 비단은 한복의 태도 아름답게 나고 광택도 조직의 특성상 은은하고 조촐하게 나서 참으로 아름다운데 언제부터 어찌하여 이와 같은 전통 직물이 절멸되었는지 궁금하다.

9-6. 기(綺)

기는 무늬가 있는 비단이며 금과도 같지 않고 능과도 같지 않은 것으로 각종 고문헌의 기록을 통하여 나타난다. 평조직과 능조직이 조합된 것도 기로 분류한다. 통일신라 때에는 기전을 두어 제직할 정도로 중요한 견직물이었으며, 고려시대에도 『동문선』에 색사로 기를 짜서 귀인들이 의복을 만들었다는 기록이 있다. 또한 『고려사』, 『고려사절요』, 『동국통감』 등의 문헌에는 수차에 걸쳐 왕이 하사한 기록과 또는 왕에게 진상하거나 교역품, 장식품, 의복에 사용된 기록 등을 볼 수 있다. 그러나 조선시대에 와서는 기의 기록을 찾기 어렵다.

중국의 하정(夏鼎)에서는 은허에서 발견된 평조직에 능조직으로 능형문을 조직한 직물 흔적을 기의 흔적이라 말한다. 또 남송에서는 기는 평조직이고 문은 4매경능직으로 된 직물이라 하였으니 기의 개념은 평지릉문의 직물인 셈이다. 문헌기록과 중국, 일본의 출토 유물을 종합하면 기는 초기 발달된 직물로 무늬가 있는 견직물인데, 금보다 부드럽고 얇아 일상 의복의 겉감 및 안감으로 많이 사용되었다. 또한 금은 색사로 무늬를 만드는 반면 기는 주로 바탕과 같은 색의 실로 짜고 조직에 변화를 주어 무늬를 표현한 것이다. 조직법은 지극히 초기적 단계로 바탕을 평직으로 하고 무늬부분은 사문 혹은 불규칙한 부분으로 표현하고 있다. 기를 기초로 해서 능이 발전되었다고 한다. 두 직물은 유사한데 기는 불규칙한 조직으로 얇고 부드러우며 능은 좀더 규칙적이고 치밀하다.

9-7. 단(緞)

단은 주자 조직으로 제직된 직물로서 주자 조직은 직물 조직 가운데 가장 늦게 태어난 것이다. 날실과 씨실 각각 5올이 단위가 되어 교차하기 때문에 교차점이 적어서 튼튼하지 않으나 직물의 표면이 매끄럽고 광택이 있다. 단의 조직은 수자직으로 경사, 위사를 규칙적으로 넓게 띄우면서 무늬를 표현하는 것으로 조직점이 적다. 현재 수자직이나 주자직이라고 부르는 직물이며, 직물의 삼원조직 중에서 가장 늦게 발달한 것이다. 문헌에는 단, 단자, 저사라는 용어로 많이 쓰였다. 조선시대에 들어서 제작이 활발하였던 직물이다.

단의 최초 기록은 고려초기 혜종(945) 때에 진에 공물로 보낸 기록이다. 고려후기에 갈수록 단의 기록이 늘어나지만 조선시대에 비해서는 매우 적은 편이다. 명칭은 색이나 무늬에 따라 불렀으며 의료 및 공물, 교역, 하사, 진상용으로 사용되었다.

고려시대와 조선시대에는 색과 무늬의 상태가 직물명으로 형용되어 있어 단의 명칭 수는 한도 끝도 없다. 그러나 오늘날에는 공단, 양단으로 간략화되어 명명하고 있다. 양단은 구한말 개항을 통해 영국에서 들어온 단의 명칭이었다. 우리나라에서 현재 제직되고 있는 단은 단색 문단류가 가장 많고 다음으로 금단류와 직금단류가 있다. 단은 주자 조직으로 제직되는 것이므로 평직, 능직으로 제직된 직물보다 광택이 좋아 화려하다. 단이 출현하게 되면서 평직, 능직으로 제직된 금, 능의 제직이 쇠퇴하기도 하였다.

① 공단(貢緞, 公緞) : 공단은 직문되지 않은 경주자 직물이다. 공단은 광택이 화려하나 단조롭다. 두껍고 무늬가 없으며 광택이 있는데 삼원조직 중 수자직으로 경, 위사가 각 5올 이상으로 된 조직 단위를 이룬다.

② 단색문단(單色紋段) : 같은 색의 경사와 위사를 사용하여 무늬를 제직한 단이다. 단색문단의 조직은 대부분 지는 경주자직이고 문은 위주자직이다. 문단은 광택이 나서 밝아 보이고, 반면 문은 광택이 덜 나고 어둡게 보인다. 그래서 중국에서는 암화단(暗花緞)이라고 한다. 오늘날에는 단도양단이라 하고 있다. 조선시대와 같이 색과 무늬를 형용하여 단의 이름을 지어 부르는 것도 좋은 방법인 듯하다.

③ 이색문단(二色紋緞) : 경사와 위사의 색을 다르게 써서 지는 경주자, 무늬는 위주자로 제직한 문단이다.

④ 중직문단(重織紋緞) : 북을 3개 또는 그 이상 써서 각기 다른 색을 북에 넣어 무늬의 색을 2가지, 3가지 또는 그 이상으로 다채하게 제직하면 위사가 중첩되어 제직한다. 이것이 중직문단이다.

9-8. 금(錦)

금은 다채한 색사 또는 금은사를 사용하여 제직한 문직물(figured fabric)의 일종으로 평직 또는 능직으로 제직된 문직물이다. 금은 직물의 표면이 주자 조직으로 제직된 문단과는 달리 평직 또는 능직으로 제직된 문직물이다. 금은 문단이 제직되기 이전에 제직된 문직물이며 문단이 제직된 이후로는 점차 쇠퇴하였다.

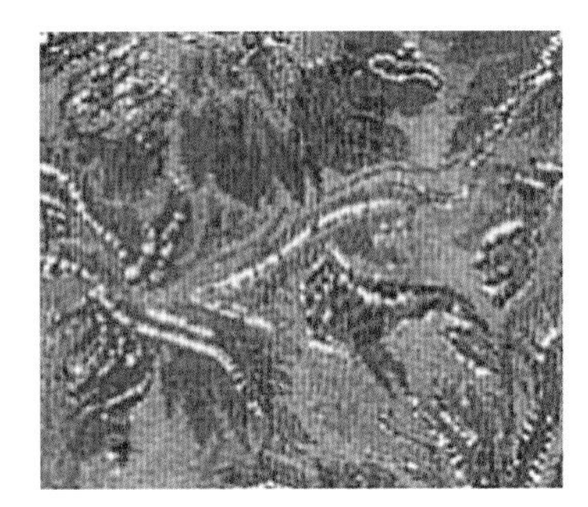
〈그림 12〉 금

고려의 금 유품을 통하여 볼 때 전형적인 금보다는 직금이 많이 사용되었다. 직금은 문위사에 금사[片金絲·撚金絲]를 사용하여 직문한 문직물이며 금란이라고도 하는데 은사와 동사가 직입된 것도 있다. 그 외에 고려에서는 모사로 짠 계금이 송나라에 나가는 공예품 재료의 직물로 화려하게 제직되기도 하였다. 직금의 제직 양식은 평지에 금사로 직문한 것, 능지에 금사로 직문한 것과 주자지에 금사로 직문한 것이 대표적이다. 라와 사에도 금사가 직입된 것이 있다.

금은 견직물 중 그 제직방법이 매우 복잡하여 시대의 흐름에 따라 점점 제직상의 발달된 양상을 보이며 그 종류도 다양해진다. 제직방법에 따라 경금, 위금, 직금금, 중금, 개기 등으로 구분되어진다. 제직기술상 경금이 위금보다 앞선 것이다.〈그림 12〉

경금은 2~3색의 경사를 번갈아 사용하여 무늬를 나타내는 초기방법으로 당 이전까지 많이 사용되었다. 위금은 당부터 사용된 제직법으로 단색의 경사에 여러 색의 위사로 문양을 제직하는 방법이다. 여러 색의 위사를 사용하기 위해 북의 색을 바꾸는 것은 경사의 색을 바꾸거나 경사를 덧붙이는 것보다 훨씬 편하기 때문에 경금이 문양이 작고 변화가 없는 것에 반하여 위금은 크고 다양한 문양을 만들 수 있었다.

직성금은 평직 혹은 사문으로 짜여진 바탕조직에 채색위사를 사용하여 평문 혹은 사문의 무늬를 넣는 이중조직을 형성하고 있다. 중금은 송대에 시작되어 매우 성행한 것으로 위삼중으로 무늬를 만드는 중위직금이다. 개직은 쌍층금이라고도 하며 명·청대에 유행한 제직법이다. 표리를 평직으로 하여 두 층을 만들어 연결시키는 제직법으로 겉과 안이 양색이 된다. 중국에서는 자백금이라고 호칭하였다. 현대의 경위이중평직으로 된 양면직물과 유사하다.

9-9. 곡

곡은 축면 직물에 대한 고대인들의 총칭으로 오늘날의 조오젯과 같다. 고려시대 곡의 기록은 『고려사』, 『증보문헌비고』에 하사품이나 교역품으로 사용되었다고 되어있으며, 『동문선』에도 곡을 제직한 기록이 있다. 그러나 다른 견직물처럼 일반화된 것은 아니며 조선시대에 와서는 곡의 기록을 찾아볼 수 없다. 견사를 강연하여 평직으로 제직함으로써 견의 광택이 없어져 버린 것이 이 직물의 특성으로 이러한 것이 오히려 소박한 느낌을 준다.

9-10. 금박직물

금박직물은 직물 위에 접착제를 묻힌 금박판으로 무늬를 찍고 그 위에 금박지를 덮고 눌러 두드려서 금박의 무늬를 낸 직물이다. 우리나라에서는 견직물에 주로 금박을 하였다. 이와 같은 직물은 서아시아에서 기원된 것인데 인도의 금사·라사가 금박의 일종이다. 정확히 금박이 시작된 연대는 알 수 없으나 백제 무녕왕비의 관에서 나무로 만들어 금박을 붙인 두침(頭枕)이 발견되어 국립공주박물관에 보관되어 있다. 또한 우리나라 사찰에서 금물을 입힌 불상이나 단청의 무늬, 궁궐의 현판, 환약을 싸는데 금박이 이용된 것으로 보아 그 역사가 오래된 것을 알 수 있다. 직물에서의 금 장식은 이미 통일신라 선덕여왕 때 금사직(金絲織)으로 가사(袈裟)가 제작됐던 것으로 알려져 있으며, 그 후 궁중왕실에서 왕가의 권위를 표현하고, 각 신분의 높고 낮음을 알 수 있도록 문양을 달리하여 금사직(金絲織)을 한 의복들이 나타난다. 고려시대에는 소금이라는 명칭으로 많이 나타나는데, 홍라소금으로 된 의복 등을 송에 보낸 기록이 있다. 조선시대에도 금박직물을 소금이라 하였고 궁중의 가례 때 많이 사용된 기록이 있다.

금박판의 문양은 대부분 배나무로 조각하는데, 무늬가 꼭 단독으로 구성되어 있는 것은 아니며, 같은 무늬가 대칭으로 되어 쌍을 이루기도 하고, 동물문과 길상문, 길상어문과 기하문이 복합되어 이루어지기도 하는 등 다양한 구성을 보인다. 또한, 길상어문과 기하문은 여러 형태의 변형된 모양을 하고 있다.

금사직(金絲織)이란 금직(金織)이라고도 하며, 금실로 무늬를 꾸미는 것을 말하는 것으로 의복에 금박하는 것은 왕실에 한정되어 있었으며, 금박 일은 궁궐 안에서만 할 수 있었다.

일제시대를 거치면서 옷에 금박을 하는 것이 일본으로 전파되어 일본 전통의상인 기모노에도 금박을 하기 시작했다. 일본은 판화 형태의 우리나라 금박과는 달리 그림을 직접 그려서 금박을 하는 경우가 많다. 사용하는 금박지의 경우 순금(純金)과 향금(금 80%, 은 20%의 합금)에 중점을 둔 우리 것과는 달리, 가금(假金)과 이에 색소를 첨가해 다양한 색으로 화려한 금박 장식을 한다. 일제시대 이후로 순금박지와 함께 가금(假金, 구리 80% 아연 20%의 합금)박지, 은박지(알루미늄박)로 작업을 하게 되었다. 가금은 순금과 색상을 구별하기 힘들 정도로 품질이 좋으나, 습기에 민감하다. 가금박지의 조각을 불꽃으로 가열할 경우 순금박지는 변하지 않고 색상을 영구히 유지하는데 반해 즉시 검게 변하는 성질이 있으며, 보관하는 시간이 경과함(10~20년)에 따라 색상이 점차 검게 변하는 특징이 있다.

10. 모직물

모제품은 모의 축융포와 모직물로 크게 구분된다. 옛 우리나라의 모제품에 대한 각종 문헌에는 축융포는 전(氈), 모직물은 계라고 기록되어 있다. 우리나라는 일찍이 서아시아로부터 중앙아시아를 거쳐 동전(東傳)된 서아시아의 양과 양모, 그리고 관련 제품들이 전파되었으며 제직기술도 전수되어 발전되었다. 오늘날 중국의 신강(新疆)에서는 많은 모의 평직, 능직, 문직물 등이 발견되고 있다.

우리나라에서는 고조선시대의 유적인 중국 동북 길림성 연길현의 성성초(星星哨) 유적에서 죽은 사람의 얼굴을 가린 평직 모직물이 발견되어 일찍이 모직물이 사용된 사실을 알 수 있다. 이 시대 이후의 증거로는 『삼국지』에 부여인들이 외국에 나갈 때 계를 입었다는 기록이 있다.

삼국시대에는 오늘날의 카펫, 러그에 해당되는 제품으로 신라에서 구유, 백제에서는 답등이 제조되었다. 신라의 구유는 당나라로, 백제의 답등은 일본으로 보내졌다. 또 신라에서는 오늘날의 축융 카펫과 같은 화전을 제조하여 일본으로 보냈는데, 현재까지 정창원에 보존되어 있다.

통일신라시대에는 공장으로서 모전이 있었고 흥덕왕의 복식 금제에는 계가 각종 복식의 사용금지 품목으로 되어 있어 그 시대에 계가 많이 사용되었던 반증이 되기도 한다.

고려시대에는 『고려사』에 요에서 2,000마리의 양이 들어왔다는 사실이 기록되어 있고, 그리고 『동국통감』에도 의종 23년(1168)에 금나라에서 들여온 2,000마리의 양 가운데 뿔이 넷 있는 양 한 마리가 섞여 있었다는 기록 등이 있다. 이를 토대로 북방으로부터 양이 들어온 사실을 알 수 있다. 또한 고려 숙종 6년에 여진의 전공이 들어왔다는 사실이 『고려사』에 기록되어있다. 『고려도경』에도 여진의 투항자가 공기가 많고 염색도 잘 하며 계를 짠다고 기록되어 있어 북방 민족에 의하여 양이 들어오고 모제품의 제직기술도 발전하였다는 사실을 알 수 있다. 이와 같이 고려에서는 화려한 모직물이 많이 생산되어 사용되었으며 송나라에도 보낼 정도로 품질이 좋았다고 한다.

조선시대 『경국대전』을 보면 전장이 있었고, 『육전조례』에도 공전, 공조에 영조사가 있어 피혁전계 등을 제조한 사실이 나타나 있다. 또 경상도, 전라도 감영에서 양을 사육하여 양모를 바치게 한 사실도 전하고 있어 양을 기르고 계, 전을 제조했음을 알 수 있다.

11. 복식 유물의 보존처리

이제까지 의류문화재는 실제 사용되어 전래된 것이 대부분이었으므로 문화재적 가치보다는 민속자료적 가치로 접근해 왔다. 전래된 복식유물들은 대체적으로 원래의 형태를 유지하고 있다. 하지만 그 중에도 세월이 흐름에 따라 반복적으로 사용되는 부분 즉 깃이나 어깨, 옷자락이 마모되어 실밥이 풀어지거나 솔기가 끊어진 부분이 나타나게 된다. 만약 이렇게 천이 찢어지거나 실이 약해진 상태로 의걸이에 걸어 전시 하게 되면 천의 무게 때문에 손상 정도는 점점 심각해진다. 그러므로 신속히 수리하여 그 상태를 유지하면서 전시해야 한다. 복식의 종류는 매우 다양하여 각각의 소재와 그 특징에 따라 손상부위에 대한 수리방식도 달라진다. 또 그 작품의 손상도와 전시 방식에 따라서도 수리방법이 달라질 수 있다.

일부의 전래되는 것을 제외한 대부분의 복식은 대부분 분묘에서 출토되며, 개발이나 새로운 장소로 묘의 이장에 의해 드러난다. 극히 드물기는 하지만 불상 복장(腹藏) 유물 중에서 고려시대 복식이나 염직물이 발견되기도 한다. 대부분의 복식 유물은 조선시대 묘에서 출토가 되는데, 주자가례에 따라 목곽 안에 목관을 넣고 속옷부터 겉옷까지 넣는 이유로, 여러 종류의 옷들이 발견되게 된다. 이러한 유물들이 발견되는 분묘는 목곽 주위를 두껍게 석회를 발라 밀봉하는 회곽묘로서 비교적 온전한 상태로 출토된다.

『태종실록』 태종 8년 7월 9일의 기사에 의하면, 태상왕 태조의 능실을 석실로 만들 것을 요청하는 상서문에서, "문공가례(文公家禮) 작회격(作灰隔)의 주(注)에 이르기를, 회(灰)는 나무뿌리를 막고 물과 개미를 방지한다. 석회는 모래를 얻으면 단단해지고 흙을 얻으면 들러붙어서, 여러 해가 되면 굳어져서 전석(塼石)이 되어 개미와 도적이 모두 가까이 오지 못한다" 하였고, 부주(附注)에 이르기를, "숯가루와 사회(沙灰)를 혈의 밑바닥과 사방을 서로 접하여 평평하게 쌓은

〈그림 13〉 발굴된 목각[3]

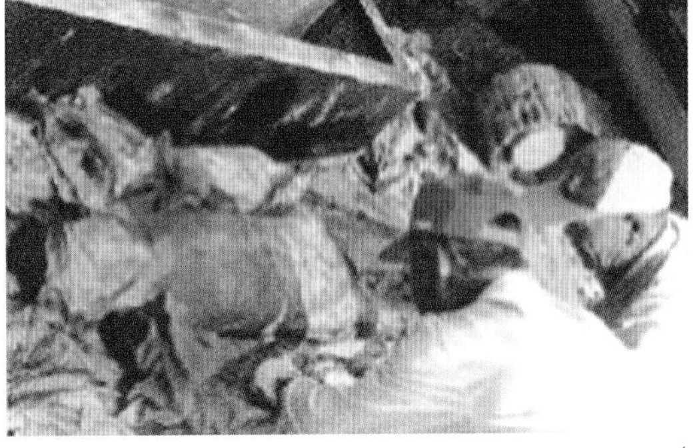

〈그림 14〉 관 내에서 출토된 미라와 복식유물[4]

다음 석곽을 그 위에 안치한다" 하였으니 이것으로 보면 돌을 사용하여 곽(槨)을 만드는 것이 예전에도 있었다. 또, "회(沙灰)로 격지(隔地)를 만들어서 오랜 뒤에 전석(塼石)이 되면, 이것도 또한 석실(石室)이 된다는 뜻이다" 라고 언급하고 있는데, 시신의 훼손을 막기 위해 회곽묘를 사용한 것으로 보인다. 특히, 회는 당시로서는 구하기 어려워 국가에 공을 세운 사람들에게 왕의 하사품에 포함되기도 할 정도로 귀하게 다루었다. 따라서 회곽묘에서 출토되는 복식유물의 주인들도 명문가의 사대부 이상의 계층에서 속하는 인물들이다.

섬유나 복식 형태 등이 양호하게 출토되는 이유는 일반적으로 회곽으로 인해 외부 공기가 차단되고 나무뿌리 등이 침입할 수 없어 관 내부는 거의 진공상태로 안정하게 유지되었기 때문이다. 이렇게 회곽에 의해 외부와 차단된 밀폐된 환경이 형성되면, 관 내에 존재하는 산화제(산소)가 호기성 미생물의 분해활동에 의해 점점 그 농도가 감소하고, 산소의 부족은 호기성 미생물의 활동과 산화제의 생성을 억제한다. 이와 함께 혐기성 미생물의 농도와 환원제의 생산을 증가시키며, 환원제는 적절한 미생물의 생성을 억제하여 결국에는 관 내에서는 환원제의 농도가 평형에 이른다. 이와 같은 화학적 평형은 존재하는 환원제의 정도 즉 산화환원전위(Oxidation/Reduction Potential, RedoxPotential, Eh)로써 평가한다. 미생물의 활동과 Eh와는 밀접한 관련이 있어, 300mV의 경우에는 산화상태로 분자상의 산소가 존재하기 때문에, 산소를 필요로 하는 호기성 미생물이 활동한다. 그러나 300mV의 경우에는 환원상태이기 때문에 산소가 없어도 생육할 수 있는 호기성 미생물이 활동하게 된다. 따라서 유적의 Eh가 100~400mV의 범위에서 유기질 유물이 가장 잘 보존되고 있다는 연구 결과들로부터 출토복식의 보존과 관내의 Eh 간에는

3, 4 「남오성묘 출토복식」, p.43, 국립민속박물관 사진 인용.

밀접한 관련이 있음을 알 수 있다.

또 하나 관(棺) 내의 유물 보존환경으로써 고려할 것은 pH이다. 일반적으로 셀룰로오스 섬유는 산성환경에서, 단백질 섬유는 알칼리 환경에서 변화가 심하게 나타난다. 또 단백질 섬유가 산성환경에 장기간 노출되면 변화가 일어난다고 알려져 있다. 관의 내부로 빗물이나 토양 내 습기가 유입되면서 토양 내의 광물질과 생석회 등에 의한 산성이나 알칼리성 영향, 그리고 유기질의 분해에 의한 산성화 등 여러가지 요인이 복합적으로 작용하여 관 내의 pH가 결정되며 유물의 보존에 영향을 미치는 것으로 추정하고 있다.

최근 들어 매장되었던 출토복식의 발견이 빈번해지면서 이에 대한 보존처리 과정이 요구되고 있다. 유물 발굴 후 이루어지는 보존처리 과정이 얼마나 신속하고, 과학적인 방법으로 행해지는가에 따라 출토 유물에 관한 연구 진행 여부가 판가름 나게 된다. 출토복식은 대부분 젖은 상태로 출토되므로 보관문제, 오염물질의 클리닝, 손상 부분의 복원 등이 요구된다.

출토 복식류는 예비조사를 실시하여 섬유의 성질이나 열화 정도를 측정하고 판단하여 보존처리함으로써 당시의 섬유 기술을 알 수 있게 되고, 해당 시대의 출토 복식을 기초로 앞선 시대의 복식과 이후 시대의 복식의 변화와 특징들을 유추해 볼 수 있다. 또한 장례 관습의 변화와 복식의 변천 및 직물의 사용과 문양 변화 등에 많은 자료를 제공해 준다. 아울러 미라의 형성과정이나 복식유물의 재료학적, 구조학적 메커니즘을 규명하고 과학적인 현상들을 종합하면 효과적인 복식 문화재의 보존처리가 가능해 진다.[5]

11-1. 출토 복식의 응급처리

복식 유물이 발굴에 의해 드러난 경우, 밀폐된 매장 공간에서 산소와 차단되어 있다가 출토와 함께 갑자기 노출되기 때문에 훼손되는 경우가 있다. 바로 현장에서 유물의 상태나 종류 등을 확인하는 것은 산화 등으로 인해 열화될 우려가 있으므로, 출토된 유물을 검정색 비닐 팩을 이용하여 포장한 후 그대로 처리실로 옮기는 것이 가장 좋은 방법이다.

또한 출토 당시에는 미라의 상태로 된 시신과 유기물 등이 여러 오염물과 뒤섞여 있으므로 젖어있는 복식이 급히 건조되는 것을 막고, 자연광에 의한 탈색 및 산화를 막기 위해서는 현장에

5 오준석, 『섬유문화재의 분석과 보존처리(이론과 실제)』, 한국복식학회, 2008, pp.211~231 참조.

서 한 벌씩 분리하지 않고 덩어리째 수습하는 것이 바람직하다. 특히 산화를 막으면서 충분한 시간을 갖고 염습의 순서와 상태를 확인할 수 있도록 응급처치를 한 후에 보존처리실로 이동하여 작업하는 것이 중요하다.

출토복식의 수습은 일반 고고학적인 학술발굴처럼 계획적으로 이루어지지 않고, 토지의 형질변경에 의한 분묘의 이동이나 발굴 중에 돌발적으로 발생하는 경우가 대부분이다. 따라서 현장에서 무리하게 확인하는 것은 약화된 복식을 손상시키거나, 중요한 정보를 잃게 될 수도 있으므로 가능하면 연구실 내에서 작업하는 것이 좋은 방법이다.

11-2. 예비조사

검정색 팩으로 포장되어 보존처리실로 운반된 유물들은 유물의 원형을 확인하기 위하여 복식유물의 종류와 대상물의 파손 부위와 구체적 손상 형태, 대상물의 오염성분의 분석과 오염 정도, 충균에 의한 생물학적 손상 정도 등을 확인한다. 예비조사에서는 현장조사의 기록을 토대로 손상의 원인을 알아두어야 한다. 그리고 유물을 사진 촬영하여 보존처리 전의 상태를 기록으로 남긴다.

사진촬영은 현장에서 유물을 수습할 때의 모습부터 세척 전후의 유물의 형태와 오염 정도를 비교할 수 있을 만큼 전반적으로 실시하여야 한다. 예비조사에는 사진촬영과 현미경사진, 세척정, 보수 전후의 상태 및 보수부위별 크기와 보수방법에 관한 기록 및 사진, 유물의 바느질법과 구성법 및 크기에 대한 치수 정리과정 등이 포함된다.

복식유물의 보존처리는 시간이 경과해서 열화된 경우, 사용에 의해서 손상된 경우, 전시 중에 탈색이나 변형에 의한 손상 등이 있을 경우에 실시한다. 구체적인 보존처리 방법을 결정하기 위해서는 먼저, 섬유의 화학적 조성과 섬유, 실, 직물의 물리적인 특성을 파악하여야 한다. 직물의 물리적인 특징에는 경·위사, S 또는 Z 등의 꼬임 방향(연사의 경우), 평직·능직·주자직 등의 직조형태 그리고 경·위사의 밀도 등이 있다. 그리고 염료의 종류와 특성, 보존되어야 할 가공제, 특수처리물, 표면처리제의 종류, 오염물의 성분과 특성, 유물에 적절한 세척용수의 선택, 첨가제와 세척보조제의 종류, 처리시 세척용수의 온도, 유물에 부하되는 물리적인 힘의 정도, 유물의 처리시간, 채색, 금박, 금속사, 자수 등과 같은 염색물질과 함께 사용된 장식물 등을 확인한 후 적절한 세척방법 및 보존처리 방법을 정한다.

유물을 세척하기 전에 섬유의 종류와 특징을 감별하고 섬유의 화학적 구성을 파악하여 세탁 용수나 첨가제의 사용이나 각종 오염을 적절히 처리하도록 한다.

〈표 8〉 유물에 사용되는 섬유 종류와 특징

구 분	종 류	특 징
식물성 섬유	• 명주	• 강한 산에서는 파괴되며, 알칼리에서는 강한 성질을 가진다. • 물을 빨리 빨아들여 팽윤한다. 드라이크리닝은 덜 효과적이고, 염소표백은 가능하다. • 불 속에서는 종이 타는 냄새가 나며 타고 부드러운 회색재가 남는다.
동물성 섬유	• 대마(삼베 안동포) • 저마(모시) • 견	• 수분을 빨아들이고 물에 젖으면 팽윤되어 성형화될 수 있으나 드라이 크리닝 용액에서는 이런 위험도가 없으며 형태 안정성이 우수하다. • 이들은 산성기와 염기성기를 모두 갖고 있으므로 산성 염료와 염기성 염료와의 친화력이 높은 반면 직접염료와는 그렇지 못하다. 매염염료, 배트염료와의 친화력과 세탁견뢰도가 우수한 편이다. • 태우면 고기타는 냄새가 나며 소화될 때 불꽃이 진행되지 않으므로 자기소화성 섬유라고 하고 부서지기 쉬운 검은 비드형의 재가 남는다.
광물성 섬유	• 금·은·구리 • 기타금속	• 유물에서는 쉽게 관찰되지 않으나 금속사 자수나 금속박판의 형태로 도포되어 발견된다.

출토 복식 유물로 발견되는 섬유의 종류는 크게 식물성이 아니면 동물성 섬유로 국한되어 있다.〈표 8〉 그러므로 가장 먼저 연소법을 이용해 식물성인지 동물성 섬유인지 구분한 후, 현미경이나 SEM을 이용하여 섬유의 조직을 관찰하면 섬유의 종류와 열화 정도 오염도 등을 파악할 수 있게 된다. 주사전자 현미경을 이용한 섬유형태의 관찰 방법은 섬유의 측면과 측면 형상을 관찰하는데 중요하다. 이 방법으로는 극소량의 시료를 채취해야하기 때문에 완전한 비파괴분석은 아니지만 많은 정보를 얻을 수 있다는 장점이 있다.

또한 광학현미경 및 CCD카메라로 섬유형태를 관찰하기 위해서는 소량의 섬유 시료를 채취하여 파라핀 등으로 고정시킨 후, 예리한 칼로 섬유 단면을 잘라서 저배율 현미경으로 관찰하여 섬유의 형상을 그려 놓는다. 특히 섬유의 재질에 대한 판정을 위해 약간의 시료를 채취하게 되는데, 눈에 띄지 않는 소매의 안쪽이나 안으로 접힌 속 부분에서 소량 채취하고, 만약 채취가 어려운 경우의 섬유류는 육안으로 실시하는 것도 하나의 방법이다. CCD는 의학용 카메라로 광학현미경보다 초점심도가 깊어서 입체적 구조를 관찰하는데 적당하다. 이와 같이 섬유의 종류를 구체적으로 파악하기 위한 분류 방법을 정리하면 아래와 같다.〈표 9〉

〈표 9〉 섬유 분류법

섬유 분류	내 용
육안관찰법	• 섬유의 길이형태는 Filament 혹은 Staple, 섬유다발로 구분한다. 면, 마, 모는 항상 Staple 섬유이고, 섬유다발의 형태로 된 섬유는 대마, 저마가 있다. 그 외에 섬유의 색, 광택, 태(態), 재질, 촉감 등으로 구분이 가능하다.
연소법	• 섬유의 화학적 조성이 내열성, 내연성에 영향을 미쳐 종류를 구분할 수 있다. • 각 시료에서 적당한 올을 풀어 연소시켜 연소시의 거동·냄새·연소 후 재료의 상태를 검토한다. 연소법에 의한 식별은 간단히 시험할 수 있는 방법이지만 비슷한 재질(셀룰로오스의 면, 마 단백질의 견, 양모 등의 섬유)을 태울 때는 같은 형상으로 탄다는 단점이 있어 식물성 섬유인지 동물성 섬유인지 합성섬유인지만 확인 가능하다. + 식물성 섬유(면, 마) - 모든 식물성 섬유는 종이 타는 냄새가 나며 빨간 불꽃을 일으켜 급속히 타고 하얀 재를 남긴다. + 동물성 섬유(견, 모) - 동물성 섬유는 사람의 머리카락 타는 냄새가 난다. 그리고 재는 부스러지기 쉬운 흑색의 가루로 남는다. 식물성 섬유보다 천천히 연소된다. 〈시험법〉 1) 제일 먼저 모든 시료에 시도한다. 2) 섬유 소량(실의 경우 2cm 내외)을 핀셋으로 집는다. 3) 불꽃 가까이 가져가 가열될 때의 변화(내열성 : 녹음, 오그라듦, 줄어듦)를 관찰한다. 4) 섬유의 일부를 불꽃 속에 넣고 타는 모습(예 : 잘 탄다, 녹으면서 탄다 등)과 냄새(예 : 종이 타는 냄새, 셀러리 냄새, 머리카락 타는 냄새, 식초냄새 등)를 관찰한다. 5) 타고 있는 섬유를 불꽃 밖으로 꺼냈을 때(내연성, 자기소화성) 타는 상태(예 : 계속 탄다, 저절로 꺼진다)와 불이 꺼진 다음 남은 재의 형태(예 : 부드러운 재, 검은 재, 굳은 덩어리, 쉽게 부서지는 불규칙한 덩어리)를 검토한다. 6) 결과를 정확히 관찰하기 위해 몇 차례 반복한다. 7) 위의 실험결과로 셀룰로오스 섬유(면, 마, 레이온), 단백질 섬유(양모, 견), 열가소성 합성섬유(나일론, 폴리에스테르, 아크릴, 폴리프로필렌, 스판덱스, 아세테이트), 무기섬유(유리섬유)의 군으로 판정해 놓는다.
현미경법, SEM법	• 섬유의 형태를 확인한다. 섬유의 형태학적인 특징(표면이나 단면)을 통해 섬유를 식별한다. 특히 다른 식별법에서 식별할 수 없는 수모섬유의 특징을 스케일이나 단면의 차이를 통해 구분할 수 있다. 〈시험법〉 1) 연소시험법으로 확정적인 판정이 불가능했던 천연섬유들(면, 마, 양모 등)의 독특한 형태를 관찰, 판정한다. 2) 섬유의 측면형 관찰 ① 슬라이드 글라스 위에 물을 한 방울 떨어뜨린다. ② 완전히 분해한 몇 가닥의 단섬유를 슬라이드 글라스 위의 물 위에 평행으로 놓는다. ③ Cover Glass로 덮고 기포를 제거한다. 3) 섬유의 단면형을 관찰하고, 표준 그림과 비교하여 섬유명을 판정한다.
적외선 분석법	• 시료를 적당량 취하여 분쇄한 후 KBr pellet을 만들어 적외선분광기에서 각각의 적외선흡수 스펙트럼을 구해 기존의 스펙트럼과 비교하여 흡수 피크와 진동수로 확인한다.
용해법 (섬유의 내약품성)	• 섬유마다 그 화학적 조성에 따라 여러 약품에 대한 용해도가 다른 성질을 이용하는 섬유 감별법이다. 이 방법은 비슷한 재질의 섬유(셀룰로오스의 면, 마)가 같은 용해거동을 보이므로 정밀한 식별을 할 수 없다는 단점이 있다. 특히 연소시험법이나 현미경법으로 확정적인 판정이 불가능했던 합성섬유들(Acetate, Nylon, Polyester, Acrylic, Polypropylene, Spandex)의 감별에 결정적인 도움을 준다. 〈시험법〉 1) 시험관에 소량의 시료(0.1g)를 넣는다. 2) 2ml의 시약을 넣고, 규정된 온도에서 규정된 시간 교반한다. 3) 관련 표와 비교하여 판정한다.

섬유 분류	내 용
착색법	• 섬유의 염색성으로 확인한다. 〈시험법〉 1) Mutifiber Fabric과 염색하고자 하는 시료를 적당한 크기로 각각 자른다. 2) 얼룩방지를 위해 착색 전 시료를 더운물에 담가둔다. 3) 두 종류의 TIS 착색료로 각각 0.25g/100ml의 용액을 만든다. 4) TIS 착색용액을 끓인 후, 두 종류의 다섬도포와 시료를 함께 넣고 5분간 자주 저으면서 끓인다. 5) 시료를 건져 물로 헹구고 자연건조시킨다. 6) 이미 섬유의 종류를 알고 있는 표준착색견본과 미지시료의 색상을 비교하여 미지시료의 섬유종류를 판정한다.
비중법	• 비중(밀도)은 섬유의 단위체적에 대한 무게를 나타내는 것으로, 액체보다 비중이 무거운 섬유는 가라앉고 가벼운 섬유는 뜨는 원리를 이용한 방법이다. 이와 같은 비중법을 이용한 섬유 식별에는 한계가 있어 좀더 정확한 방법으로 밀도구배관을 이용하여 섬유를 식별하기도 한다. 알려진 여러 가지 액체를 섞어 세분화된 밀도의 액체를 조제하여 밀도순으로 액체를 눈금이 있는 밀도구배관에 주입한다. 섬유를 밀도구배관에 넣어 특정 밀도에서 뜰 때 이 밀도값이 섬유의 밀도값이며, 알려진 섬유의 밀도값과 비교하여 섬유를 식별한다.

11-3. 유물 세척 방법

복식 문화재는 매장시에 다양한 유기물이나 무기물의 오염에 노출되어 있었기 때문에 섬유의 조성뿐 아니라 오염의 종류에 따라서도 세척방법이 달라진다. 따라서 유물의 종류와 오염의 종류 정도에 따라 건식세척, 습식세척, 유기용제에 의한 세척방법 중에서 오염물의 제거방법을 선택한다.〈표 10〉

〈표 10〉 세척 방법 및 제거되는 오염의 종류

구 분	특 징
건식 세척	• 먼지, 모래, 흙 종류, 섬유 린트, 섬유 조각들은 흔들거나 솔질, 털어서 제거할 수 있다. 이들은 세척력이 매우 작으며 진공으로 오염물질을 빨아들이거나 불어서 제거시킬 수가 있다. 물에서 오염물질이 젖을 경우 더 작은 입자로 분리되어 재오염되면 제거가 더욱 힘들게 되므로 진공청소가 가능하다면 물에 적시기 전 세척의 처음 단계에서 적용하는 것이 효과적이다.
습식세척	물로 세척이 가능한 것은 아래와 같다. • 수용성 오염, 오염 제거시 알칼리 물질의 도움이 필요한 것들, 산에 의해 잘 제거가 되는 것들, 효소에 의한 제거가 요구되는 성분들, 표백·산화가 가능한 오염, 환원에 의해 변색될 수 있는 것들, 착염제에 의해 녹기 쉬운 것들, 물로는 아니지만 세제에 의해 유화되거나 용해 가능한 불용성 성분들
유기용매에 의한 세척	• 물에서는 녹거나 연화되지 않지만 비수용성 용액에서는 침해를 받는 오염물들이 있다. 기름·지방·왁스·타르·수지·일종의 부착제들, 고무·검·바니스·페인트, 고분자 물질과 플라스틱 등이 이에 속한다. 천연 유지의 대부분은 물속에서 알칼리에 의해 비누화 될 수 있고, 비누와 세제에 의해 유화될 수 있지만 좀 더 효과적이고 안전하게 드라이크리닝 용제에서 세척할 수 있다.

한편, 출토복식은 회곽으로 둘러싸인 관 내로 스며든 토양 내의 습기나 빗물 등에 의해 수침상태로 발견되는 경우가 보통이다. 이와 같이 수침상태의 염습의와 보공품관(棺)의 여백을 채우는 물건인 으로 구성된 출토복식은 대량으로 출토되기 때문에 순차적인 세척을 위해서는 안정된 상태의 수습이 필요하다. 만약, 유물을 세척하기 전에 겉감이나 안감이 없어져 솜이 그대로 노출되어 출토된 유물은 유실될 위험이 있는 부분에 나이론 망을 덧대어 유실방지 처리를 한 후 세척작업을 한다. 그동안 국내에서는 출토복식의 세척을 위해서 세척 전에 응달이나 실내에서 거풍(擧風)[6]하여 건조상태로 보관하면서 순차적으로 세척을 실시하는 것이 보편적인 방법이었다. 그러나 그늘에서 거풍을 하더라도 그늘에 포함된 자외선에 의해 유물이 손상을 받을 가능성이 매우 크며, 거풍에 의한 건조 후 다시 습식세척 및 건조라는 과정을 반복하게 되면 물에 의한 섬유 구조의 변화가 가속화되고, 건조과정 중 물의 높은 표면장력 및 단섬유 간 물의 모세관 현상에 의해 섬유가 스트레스를 받음으로써 손상이 일어나기 쉬워진다.

따라서 다량의 출토복식을 동시 다발적으로 세척작업을 실시 하기에는 어려움이 있기 때문에 장기간 보관 하면서 미생물의 번식을 억제시키고, 건습상태의 반복을 막기 위하여 출토복식을 수침상태 그대로 미생물의 번식을 억제할 수 있는 온도인 5℃ 이하에서 냉장보관하는 방법을 사용하는 것이 바람직하다. 냉장보관을 할 때에는 진공포장용 폴리에틸렌 백에 유물을 넣고 진공청소기로 비닐 백 내의 공기를 뺀 후 밀봉하여 보관하는 방법을 사용하면 편리하다.

보존처리에서 가역성은 매우 중요하다. 그러나 세척이 비가역적인 과정이라고 하더라도 세척의 이점이 결점을 상쇄하기에 충분하기 때문에 흔히 실시되고 있는 방법이다. 특히 무덤에서 발굴된 섬유류 유물의 경우, 유물이나 인체에 해로운 오염물질의 세척은 유물의 장기간 보존성을 향상시키고 오염물질이나 주름에 의해 가려진 유물의 특성을 드러내는데 효과적이다. 그런데 한편으로는 세척이 섬유류 유물이 가진 오염이나 주름에 의한 역사적, 문화적, 기술적인 가치를 손상시키거나 섬유 자체를 손상시키는 바람직하지 않은 방법이 되기도 한다. 따라서 최소한의 간섭이라는 보존의 윤리성은 보존의 중요한 기준인 가역성을 대체할 수 있다.

시신으로부터 단백질이나 지방의 분해 및 섬유의 분해에 의해 생성된 수용성과 지용성 오염물질에 의해 오염된 출토복식의 경우, 오염물질을 그대로 방치하면 분해물질에 의해 유물이 지속적으로 손상될 위험이 있다. 또한 오염물질의 비산(飛散)에 의해 유물 보존처리자의 건강상 문

6 오랫동안 먼지와 습기 속에 방치되어 있던 옷감에 바람을 쐬어주는 것을 말함.

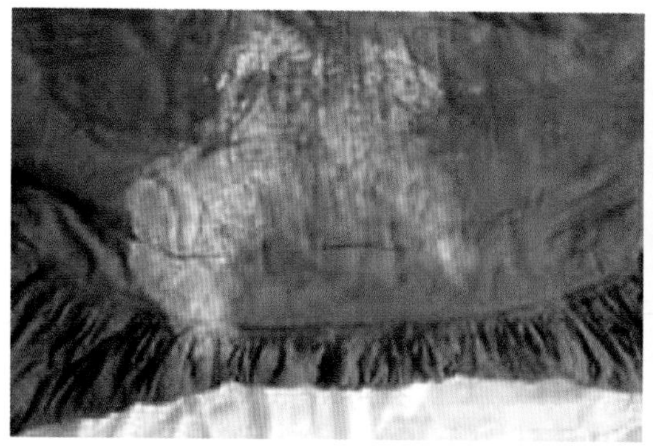

〈그림 17〉 세척 전

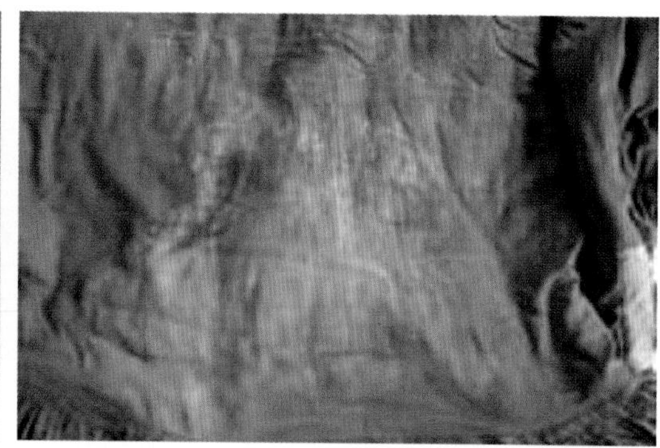

〈그림 18〉 세척 후

〈그림 19〉 오염 부분

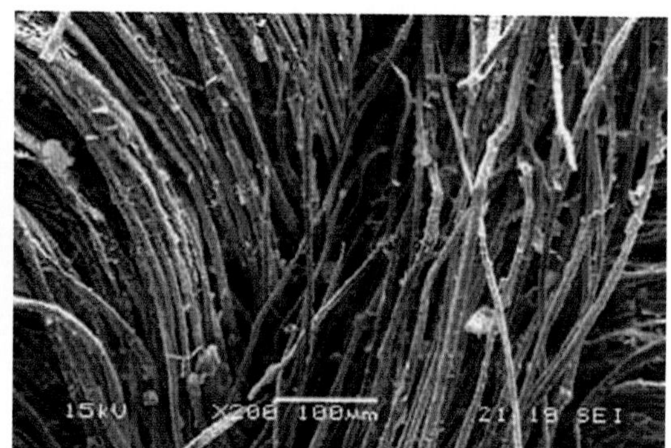

〈그림 20〉 세척 후 모습

제가 발생될 수 있다. 따라서 습식세척이나 용제세척(건식세척)의 여러 단점에도 불구하고 최소한의 간섭이라는 입장에서 오염물질의 제거는 불가피한 과정이 된다.〈그림 17, 18 19, 20〉

만약 출토복식에 글씨나 문양, 표시 등이 그려져 있다면 안료의 고착 정도에 따라 저농도의 Paraloid B-72 용액으로 강화를 실시한 후 세척을 실시한다. 일반적으로 식물성 섬유들은 물을 이용한 습식세척을 실시하고, 견직물과 한지로 배접된 복식들, 금사가 들어간 경우는 건식 세척을 실시한다. 오염물이 심하게 부착 되었거나 솜을 넣은 누비 복식들은 습식세척과 건식세척법을 병행하면 이상적이다(경기도박물관 심수륜묘 출토복식 사진 인용).

1차 세척 후 오염의 제거가 미흡하다고 생각되는 복식들은 음이온 계면 활성제인 LAS(dodecylbenzenesulfonate, 동경화성) 1g/L, 재오염방지제 및 경수연화제로서 CMC(carboxy-methylcellulose, 동경화성), EDTA 각각 0.5g/L를 넣고 물에 잠길 정도의 욕비에서 세척한다.

상온에서 헹굼이 완료될 때까지 세척에 걸리는 시간은 한 겹으로 된 직물인 경우는 약 30분

정도, 누비직물일 경우는 약 1시간 정도 전 후를 넘지 않도록 하고 섬유를 가볍게 누르는 정도로 힘을 가하여 세척을 실시한다. LAS계 계면활성제와 EDTA는 수용성이 크므로 물에 잘 녹지만 CMC(계면 활성제가 마이셀을 형성하는 최저 농도[critical micelle concentration])는 물 속에서 잘 녹지 않으므로 미지근한 물에 녹인 후 세척용수에 첨가한다.

견직물은 오염도에 따라서 습식세척과 건식세척을 병행하는데, 습식세척에는 비이온계 계면활성제인 TritonX 100 (동경화성) 1g/L, 경수연화제 NTA 0.5g/L, 재오염방지제 PVP 분자량 15,000짜리 0.05g/L를 사용해 물에 잠길 정도의 욕비로 상온에서 30분 이내에 헹굼까지 완료하며, Triton X와 NTA, PVP는 물에 잘 안 녹으므로 더운물에 녹여서 첨가한다. 건식세척은 n-hexane을 용제로 하여 천이 잠길 만큼의 용제에 1g/L의 Dry Soap(Dyanite, Adco Co. USA)을 첨가하여 2회 실시한 후 새 용제로 2회 헹구고 자연건조시킨다. 모든 세척 과정은 오염정도에 따라 최소 2회 이상에서 5회까지 실시한다.

11-3-1. 건식세척(표면세척)

1) 진공세척

일반적으로 보존처리한 후 전시 공간에 전시된 복식유물의 먼지를 제거하기 위해서 진공세척을 사용한다. 이 방법은 섬유의 피해를 주지 않으면서 처리하는 방법으로 건식세척법인 표면세척은 모든 섬유에 권장되는 방법이다. 그러나 옷걸이를 만들어 전시되어 있는 섬유유물들은 경우에 따라서는 세척이 필요한 경우도 생긴다. 한편 수평으로 전시된 직물 즉, 섬유유물들은 먼지가 많이 부착되므로 좀 더 잦은 진공세척이 필요하다. 방법으로는 섬유 표면에 Monofilament(단섬유 : 나일론 따위의 합성 섬유처럼 꼬임이 없는)로 만든 Screen을 깔고 먼지를 안전하게 모을 수 있는 작은 노즐이 부착된 소형진공 청소기를 이용하는 것이다. 이 스크린은 매우 작고 촘촘한 망으로 되어 있어 복식이나 직물류는 진공 내로 빨려 들어가지 않고 먼지만 망을 통해 청소기의 노즐 안으로 흡입되게 된다. 섬유 위에 견고하게 장착되도록 스크린은 유물에 맞게 제작할 수 있는데, 일반적으로 90×90cm 이내의 크기로 만드는 것이 이동하기에 편리하다. 스크린을 만들 때는 모서리 끝이 날카로우므로 테이프를 잘 감아서 나무틀에 고정시킨다. 이런 틀은 작고 부서진 천 조각들을 세척할 때 지지대로도 사용가능하다.

2) 솔질

건식 세척 방법으로 솔을 이용하게 되는데, 솔의 사용 방법과 솔의 재료나 힘의 정도에 따라 섬유유물에 피해를 줄 수 있는데, 솔은 먼지를 제거하기보다는 정전기로 달라 붙기 때문에 족제비털로 만든 솔을 이용하여 먼지를 모은 후 진공으로 빨아들이는 방법이 효과적이다.

11-3-2. 습식세척

습식세척에 사용하는 물은 천연섬유의 산성 분해물질과 황색의 분해 생성 물질을 모두 용해시킬 정도로 강력한 물질이다. 또한 고분자 물질인 섬유 속에서 합성수지나 합성 고무 따위의 고체에 첨가하여 가공성을 향상시키거나 유연성을 높이기 위하여 쓰는 물질로 가소제(可塑劑)로 작용을 하여, 섬유의 유리전이온도(Glass Transition Temperature, Tg, 섬유의 고분자가 얼어 있는 유리상태에서 탄성상태로 변하는 온도)를 저하시켜 상온에서도 탄성상태로 변하게 한다. 이 탄성상태에서는 주름이 섬유의 점탄성적인 특성에 의해 없어지고 응력완화가 일어난다. 그리고 직물의 유연성과 부드러움이 증가하고 동일 종류의 반복되는 단위들이 길게 이어지는 분자쇄의 재배향(再配向, reorientation)이 쉬워져 원래의 상태로 회복되기 쉽다. 그러나 습식세척을 할 때에는 염료가 배어나오거나 색상이나 치수의 변화가 일어나는 단점도 있으니 주의가 필요하다. 물은 유기용제와는 달리 세척 할 때 가소제로써 작용하여 섬유 분자쇄의 재배향에 의한 결정화도를 상승시켜 섬유의 형태를 변화시키기 때문에, 세척 후 직물의 촉감이 거칠어지는 원인이 되는 등 유물의 물리적인 변화를 수반한다.

〈그림 21〉 세척액에 예침하는 모습[7]

세척이나 오염물질의 제거에 있어 첫 번째 단계는 오염물질과 섬유의 계면 간의 물의 확산이다. 이러한 확산은 계면활성제나 비누를 첨가함으로써, 계면활성제가 물의 표면장력을 감소시키기 때문에 이루어진다. 계면활성제나 비누는 비극성 하이드로카본(Hydrocarbon)으로 이루어진다. 양이온 계면활성제는 일반적으로 유연제, 정전기를 방지하기 위한 대전

7 「남오성묘 출토복식」 p.65, 국립민속박물관 사진 인용.

방지제(Electrification, 帶電防止劑)로 사용되며, 세척에는 비이온계면활성제와 음이온계면활성제가 사용되고 있다.〈그림 21〉

물세척 전에는 우선 섬유의 종류, 염료의 특성, 직조법, 안감의 유무 등을 확인한다. 오래 되어 열화가 심한 섬유류 유물은 물을 흡수하였을 경우 기계적 성질이 더욱 저하되고 세척과정에서 유물이 엉키므로 손상이 심해진다. 이런 경우는 손상을 방지하기 위하여 폴리에스터 망을 제작하여 유물을 폴리에스터 망 안에 넣고 움직이지 않게 한 후 세척하면 세척시 손상을 막을 수 있다. 세척망으로 감쌌더라도 엉킬 수 있으므로 주의하여 세척한다. 세척 후에 스테인레스 망 위에 유물을 올려놓고 위에서 물을 흘리면서 세제 거품이 완전히 제거될 때까지 헹굼작업을 한다. 이 때 pH를 측정하면서 중성임을 확인한다. 그리고 물에서 건져 옷의 형태를 교정하기가 어려우므로 망을 제거한 후 물로 헹구면서 형태를 교정하면 효과적이다. 유물의 열화 정도에 따라 세척과 헹굼을 오래 하면 섬유의 분해물질이 과도하게 제거된다. 따라서 유물의 중량감소와 함께 섬유의 구조가 붕괴될 우려가 있으므로 유물에 남아있는 오염물질의 완전한 제거보다는 빠른 세척과 헹굼에 더 유의한다. 헹굴 때에 사용하는 물은 반드시 연수를 사용해야 한다.

〈그림 22〉 습식세척 모습

헹굼이 끝난 유물을 건조할 때에는 셀룰로오스로 만든 압지(壓紙)를 이용하여 유물에 남아있는 과량의 물을 흡수시킨 후, 나일론 망 위에 올려놓고 그늘에서 자연통풍을 이용하여 2~3일간 건조한다. 그늘에서 건조할 때에도 간접광이라도 태양광의 자외선에 의한 손상을 막도록 설치된 건조장에서 건조해야 한다.〈그림 22〉

11-3-3. 드라이크리닝

최근에 드라이크리닝 방법을 많이 사용하는데, 사용되는 용제에 따라 2가지로 나눌 수 있다.

1) 석유계 용제

석유계 용제가 영업용 세탁에 많이 사용되고 있는데, 하나는 원유의 분별 증류에 의해 얻어진 여러 가지 용매들의 복합 용제이며, 발화 온도가 60℃로 널리 쓰이고 있다. 또 다른 하나는

Stoddard 용제로 발화 온도 38℃타입으로 60℃ 타입보다 일찍 사용되었으나 지금은 거의 사용하지 않는다. 석유계 용제는 원유의 크래킹 과정에서 생성된 여러가지 유기용제들의 혼합물로 만들어 졌기 때문에 값이 싸고 독성이 비교적 낮으며 섬유제품에 해가 없기 때문에 널리 사용되고 있지만 발화점과 인화점의 온도가 낮고 휘발성이 강하므로 취급에 주의해야 한다.

2) 합성유기용제

염소, 불소로 치환시켜 만든 유기용제로 불연성이므로 사용도가 커지고 있으나 독성이 매우 강한 물질들이다. 대부분의 물질들이 인체에 유해한 유독성 물질들이므로 취급시 매우 주의가 필요하며 사용한 용매는 반드시 회수 처리해야 한다. 석유계와 마찬가지로 물과 기름을 섞는 차지법이라는 기술을 사용하는데 이 기술의 숙련도에 따라 드라이크리닝의 품질이 결정이 되므로 영업용 세탁소에서는 견·모직물과 같은 고급 직물들의 세척에 사용하고 있다.

11-4. 형태보수 및 복원 방법

출토복식에서 나타나는 파손은 유물 출토시 현장에서 발굴자는 보존처리자가 함께 일련의 모든 작업들이 진행되지 못할 경우에 일어난다. 그로인해 응급처치가 부족 할 경우, 열화에 의한 손상이나 전래품의 보관 중에 충해나 생물학적 피해를 입은 경우도 발생한다. 또한 복식유물이 온전한 형태에서 전시되고 교육 자료로 활용되기 위해서는 형태 보수가 되어야만 한다. 형태보수는 현미경이나 X-ray 등에 의해 출토 된 섬유 종류와 구조를 파악한 후 동일한 종류의 섬유로 파손된 유물의 바탕 천 또는 바느질 실로 사용하여야 한다. 그리고 이를 기초로 보수용 안감을 제작하고 보수용 재료를 선택한 후, 파손 부위에 적합한 바느질을 하여 마무리한다.

11-4-1. 형태보수용 재료의 제작법

보수용 직물의 형태는 보수할 유물의 경사와 위사의 밀도와 섬도(fineness, 纖度)인 섬유 및 실의 굵기, 꼬임 등의 물리적 특성과 유사한 직물을 선택하고, 자외선으로 열화시켜 유물보다 약한 상태로 만들어 형태보수 부분이 육안으로 관찰했을 때 지나치게 이질감을 주지 않도록 만들어 사용한다. 자외선으로 열화시키는 방법은 UV-C램프를 부착한 형광등으로 적절한 거리에서 노출시간을 조절하여 빛으로 시료를 비추면 된다. 램프와 시료와의 거리가 가깝고 노출시간이 길수록 강도와 신도가 감소하므로 적절한 조절이 필요하다.

색깔이 있는 유물의 보수용 재료의 선택은 천연염료는 출토복식의 색에 맞추어 선택한다. 천염염색은 염료의 재료별, 농도별, 온도별, 시간별 등의 다양한 조건으로 사전실험을 행한 후 결정한다. 그리고 보수한 후 유물에 대한 피해를 줄이기 위해서는 예방하기 위해 염색직물의 pH를 확인하고 중성으로 보정하여 사용한다.

11-4-2. 형태고정 및 보정법

세척과정에서 형태 교정을 거친 복식 유물일지라도 구김과 무질서한 접힘, 파손 등으로 일그러지거나 왜곡된 형태가 많다. 그러므로 보수 전 형태보정은 바느질 하기 전에 필수적인 과정에 속한다.

인체에 유해한 박테리아 등과 같은 미생물이나 보존처리 약품에 의해 보존처리 작업자에게 건강상 해로움을 줄 수도 있다는 점에서 마스크나 고무장갑 등을 꼭 착용하는 것이 좋다.

형태를 고정하기 위하여 부분적인 형태 보정을 할 경우에는 작업대 위에 유물을 평평하게 놓고 전체적인 옷 형태를 잡는다. 그리고 유물 표면에서 15~25cm 떨어진 높이에서 스프레이를 이용하여 증류수를 분무한 후, 수분이 섬유조직에 흡수되어 축축해진 상태가 되면 손 다듬질을 한다. 보통 젖은 상태에서 섬유의 인장강도는 증가하지만 출토복식과 같이 열화된 섬유는 인장강도가 감소하므로 습식처리할 때에는 특히 조심스럽게 유물을 취급하여야 한다. 전체적인 형태보정을 할 때에는 복식의 형태에 따라 바느질 선, 소매 선 등을 중심으로 손 다듬질을 한다.

손 다듬질 과정의 올바른 방법은 다음과 같다. 대상물의 상태에 따라 손가락 또는 손바닥에 적당한 힘을 가하여 형태를 펴 줄 때 특정부분을 심하게 누르거나 당겨서도 안 된다. 좌우 또는 상하로 쓸어내리거나 두드리면 찢어지거나 섬유 조직의 구성형태가 변형되므로 주의가 요구된다. 직물과 손바닥은 직각의 상태에서 적당히 힘을 실어 정지된 상태로 살짝 누르면서 주름을 펴주는 것이 올바른 방법이다. 잘못된 방법으로 손 다듬질을 할 경우, 보풀이 일어나는 원인이 되기도 하고, 재질의 물리적 손상과 같은 또 다른 섬유의 손상원인으로 작용될 수 있다. 취급시 유의할 부분은 한복은 어깨선과 가슴선(섶), 목의 형태, 소매선(배래선), 옆선 등과 같은 꺾인 솔기선의 형태보정이다. 솔기선의 꺾어진 면을 그대로 눌러 행하는 형태잡기는 지양되어야 하며, 솔기선을 각지지 않게 양쪽을 평평하게 펼친 상태에서 접힌 부분을 펴서 자연스럽게 형태를 보정하는 것이 좋다.

유물의 상태가 전체적으로 많이 손상된 유물의 형태보정을 위해서는 옷의 안쪽에 얇게 비치는 레이온 시트지를 사용하여 옷의 크기에 맞게 유물을 보강하고, 중성 필름을 유물의 안쪽과 뒤판에 받쳐주어 힘을 고르게 받도록 한다.

11-4-3. 형태보수에 사용되는 바느질법

보수를 위한 바느질법은 파손부위와 파손상태에 따라 두 가지로 구분된다. 즉, 솔기부분과 솔기를 제외한 부분이 그것인데, 이들 유물의 파손형태는 직선형의 '__'자형, 'ㄱ'자형 등과 곡선형의 'ㅇ'형 등 다양하다.

바느질을 할 때는 출토복식의 솔기처리법, 바느질법, 땀 크기 등을 고려하여 한다. 일반적으로 보수로 인한 유물의 손상은 바늘과 실의 정교함, 보수한 바탕천의 두께, 바느질하는 사람의 능력에 따라 좌우된다. 바느질에 사용하는 실은 보수할 대상물에 사용된 본래의 실과 유사한 실을 사용한다.

한편 섬유 유물의 보수에서 보견의 역할은 안감으로 낡은 섬유 직물을 지탱하기 위해서는 매우 중요한 재료이다. 보견은 자신의 무게뿐만 아니라 추가적으로 안감의 무게를 견뎌야만 하는 일이 발생할 수도 있다는 점에서 보호 효과는 크지만 직물 보강의 효과가 없다는 문제점을 안고 있다.

11-4-4. 세척효과를 확인하는 법

세척효과는 세척 전후 오염물질의 제거 정도는 직물 표면의 색도, 명도, 탁도를 통해 평가한다. 세척 효과는 전자주사현미경을 이용하여 세척 전에 촬영한 시료의 사진과 세척 후에 촬영한 시료의 사진을 비교하면서 세척이 잘 이루어졌는지 확인하면 된다. 아울러 세척 전후의 색도, 명도, 탁도는 Colormeter를 이용하여 세탁 전의 측정치와 세척 후의 측정치를 CIE 표색계인 CIE-Lab으로 표시하면서 비교 분석하면 된다.

11-5. 보관 및 전시

모든 섬유들은 유기질의 특성상 직물로 만들어지는 순간부터 열화가 시작되는데, 열화의 가장 큰 원인으로는 빛을 들 수 있다. 가시광선뿐만 아니라 낮 시간의 UV복사와 형광등에서 나오는 빛까지도 염료를 퇴화시킨다. 그리고 공기 중의 오염물질이나 습기, 먼지에 의해서도 생물학 피해나 화학적 피해가 일어나 약해진다.

출토복식은 천연섬유들로 이루어져 있어서, 이중 식물성 섬유들은 파장이 400nm 부근의 의한 자외선으로 영향이 심한 광산화 열화(光酸化劣化)에 의해 셀룰로오스의 산화가 진행된다. 동물성 섬유들은 자외선에 의해서 단백질이 분해되어 티로신과 트립토판의 분열이 진행되고 두개의 아미노산이 서로 결합하여 다이펩티드가 될 때, 물이 빠져나가면서 펩티드 결합(아마이드 결합)이 형성되면서 분열을 초래한다. 그로 인해 섬유의 유연성이 떨어지고 딱딱해지며 변색과 부서짐, 강도저화와 같은 화학적, 물리적 변화를 가져온다.

보존처리가 완료 되면 보관 환경이 중요한데, 우선 수장 온도는 20±2℃, 상대습도는 50±5%를 유지하고, 조도는 50lux로 하여 보호하도록 한다. 그리고 복식유물은 보존성이 좋고 품질이 보장된 중성지 또는 약알칼리성인 포장재로 감싸야 한다. 취급시에는 항상 손을 깨끗이 씻고 물기가 없는 상태에서 작업을 하여야 한다.

일반적으로 수분, 먼지, 빛, 곤충, 잘못된 취급에 의한 손상으로부터 유물을 보존하기 위해서 복식유물을 서랍과 같은 수납공간에 접어서 보관하는 경우가 많은데, 잘못된 보관은 오히려 유물의 손상을 가속화시킨다. 복식유물은 에스칼 필름에 넣고 질소 충진 포장을 하여 섬유의 산화를 방지하고 미생물의 번식을 억제시켜야 한다.

특히, 복식 유물은 사용하던 당시 그대로 전래되어 보관 전시 되는 경우도 있지만, 최근 들어 산업화와 개발에 따른 조선시대 묘들의 이장(移葬)으로 출토 복식이 출토되고 있다. 이렇게 땅에 매장되었다 출토 된 복식 유물들은 염습 상태로 출토되며 긴급하게 보존처리가 필요하기 때문에 보존처리 기술의 발달을 갖게 되었다. 이러한 출토 된 복식 유물들은 상례와 장례문화를 이해할 수 있을 뿐 아니라 당시 시대의 생활사를 이해 할 수 있는 중요한 유물로 중요민속자료로 지정되어 전시되고 있다. 그 뿐만 아니라 1998년 안동시 택지개발지구에서 고성이씨 이응태 묘에서 출토 된 무덤에서 복식과 "원이 어머니의 편지"로 우리에게 더 알려진 아내의 편지가 안동시 문화콘텐츠로 활용되고 있다. 이처럼 다양한 활용이 가능한 의류문화재의 보존과 보존처리에 대한 보존과학의 발달은 앞으로도 관심 있게 연구되어져야 한다고 판단된다.

한편, 광주시립민속박물관에 소장되어 있는 장흥 임씨묘 출토 복식(중요민속자료 제112호)은 임진왜란때 의병장이었던 의병장 김덕령 장군의 조카며느리 묘에서 출토된 23점으로 중·서민층의 장례풍습과 복식문화를 이해하게 한다. 광주시립박물관에는 장흥 임씨묘와 비슷한 시기에

〈그림 23〉 보존처리 된 저고리와 모자 여주 이씨 선영 출토(공주대 박물관)

사용되었던 의병장 고경명의 할아버지인 고운의 묘에서 출토 된 복식(중요민속자료 제239호)도 전하고 있다. 또한 단국대학교 석주선 기념관에서 소장하는 이언충묘 출토 복식(중요민속자료 제243호)은 7종류의 24점이 출토되었는데, 이언충은 세종 때 영의정을 지낸 이직선생의 6대손으로 명종때 대사헌인 종2품의 관직을 지낸 분이다. 그 밖에도 문경에서는 문경 평산신씨묘 출토복식(중요민속자료 제254호)이 발견되었고, 문경최진일가묘 출토복식(중요민속자료 제259호)에서는 우리나라에서 가장 오래 된 "중치마 자락"이 출토되었다. 그 밖에도 많은 복식 유물들이 지정문화재로 등록되는 경우가 늘어나고 있으므로 보존에 대한 관심도 높아져야할 것이다.〈그림 23〉

의류보존처리는 그 특성상 현존하는 수도 적을뿐더러 계속적인 관찰과 유물에 따라 보존처리 방법도 차이가 나므로 전문성이 요구된다. 특히 섬유문화재에 대한 보존처리자들의 관심을 넓혀 과학적인 보존처리법이 활성화되어야 한다.

이러한 유물들은 조선시대 회격묘(관 주변을 석회로 마감 한 묘)에서 출토되는데, 회격묘는 밀봉된 공간으로 보존되기 때문에 온전히 미라의 형태로 출토되게 된다.

11-5-1. 평면보관법

평면보관은 섬유 자체 무게에 의한 압력으로부터 자유롭게 하기 때문에 대부분의 섬유 유물에 이상적인 보관형태이다. 우리나라의 복식은 평복 형태이기 때문에 대부분 2차원의 평면 형태로 보관을 할 때에는 평면 보관이 권장된다. 보관을 할 때에는 가능한 한 펼쳐서 보관하는 것이 좋으며, 접어서 보관할 때에는 최소한으로 접어서 보관하는 것이 장기간 보관에 따른 접힌 부분의 섬유 손상을 피할 수 있다.

먼저 보관할 오동나무 상자의 바닥에 물세척한 표백하지 않은 광목을 깐다. 그리고 옷의 형태에 따라 바닥에 문서용 중성 티슈를 깔고 옷을 올려놓은 후, 마찰에 의한 섬유의 손상을 방지하기 위하여 안감에 중성 티슈를 끼워 넣고, 옷의 표면에도 중성 티슈를 덮는다. 그리고 보관할 오동나무 상자의 크기에 맞게 소매나 몸판 등에 중성 티슈를 말아서 만든 말대를 끼워 넣어, 접히는 각도를 최대한 크게 하여 접었을 때 섬유의 꺾임을 최소화한다. 이렇게 포장이 끝난 유물은 오동나무 상자에 넣고, 상자의 옆면에 보관 유물의 사진과 명칭 등 인식에 관련된 사항을 부착한 인식 꼬리표를 달고, 물세척한 표백하지 않은 광목을 덮어 보관 및 처리를 완료한다. 이상적인 보관상자로는 유물을 가능한 한 적게 접을 수 있는 함 이면서 한복은 얇고 평평한 보관함이 좋다.

11-5-2. 긴 직물의 보관방법

두루마리 형태의 길고 평평한 직물의 경우, 접히는 부분에서 직물이 스트레스를 받아 손상을 받기 쉬우므로 말대에 말아서 보관한다. 말대의 직경은 가능한 한 큰 것을 사용하여 장기간 경과 후 폈을 때 되말림 현상이나 꺾임 현상을 방지하도록 한다. 방법으로는 우선 직물의 폭보다 긴 직경 3인치의 종이말대를 준비하고 문서용 중성티슈와 폴리에스터 필름으로 감싼 후 직물을 주름이나 접힘이 없도록 펼친다. 그리고 직물 위에 중성티슈를 올려놓고 느슨하게 만 후 중성지로 포장을 하고 면 테이프로 묶은 후 인식용 꼬리표를 달고 보관처리를 한다.

11-5-3. 보존처리 후 복원이 어려운 섬유 조각의 보관

완전히 분해되어 복원이 어려운 조각의 경우는 중성의 뮤지엄 보드 위에 문서용 중성 티슈를 깔고 조각을 올려놓고 인식 꼬리표를 넣은 후 중성 티슈로 덮는다. 그리고 뮤지엄 보드띠를 덮어 직물 조각을 덮은 중성티슈를 고정하여 완료한다. 특히, 오동나무 상자 외부에 보관된 유물의 사진을 붙이고 명칭이나 종류 특징 등을 기록해두면 상자를 개봉하지 않고도 필요할 때 보관유물을 쉽게 찾을 수 있다.

제 8 장

전적문화재의 보존과학

1. 지류문화재 보존과학의 중요성

예로부터 지류문화재에는 천연섬유가 사용되어 왔다. 천연섬유는 동물·식물·광물로부터 직접 얻을 수 있는 섬유로, 이들 섬유를 화학적으로 보면 모두 셀룰로오스(Cellulose)로 되어 있어 셀룰로오스 계 섬유라고 한다. 종이처럼 직조하지 않은 채 바로 사용할 수도 있고, 종이를 실처럼 가늘게 꼬아서 만든 다음 그 실을 엮어 직물을 만들어 사용할 수도 있다. 종이류인 지류는 식물성 섬유를 원료로 하며, 인쇄, 필기, 포장 등에 사용할 수 있도록 셀룰로오스 섬유가 망상구조를 이루어 시트의 형태로 된 것을 말한다. 직물은 씨실과 날실을 교차하여 짠 것을 말한다.

유기물 문화재 중 종이와 섬유는 매우 비슷한 구성을 갖고 있다. 엄밀한 의미에서 종이 문화재는 섬유 문화재에 포함된다. 종이 역시 식물성 섬유로 이루어졌는데, 다만 직물 문화재와 같이 직조된 것이 아니라 식물성 섬유가 물속에서 수소결합하여 형태를 이룬 '부직(不織)'의 상태인 것이다. 이렇듯 섬유는 '부직'의 상태인 종이 이외에, 직조되어 직물(織物)의 형태로도 사용되는데, 우리가 입고 있는 복식류와 그림의 바탕재료로 사용되는 회화류가 그 예이다.

섬유로 이루어진 문화재는 섬유의 종류에 따라 그 종류가 달라진다. 특히 서화류의 경우에는 지류와 직물이 복합해서 사용된 경우가 많다. 지류문화재의 대부분인 전적류나 고문서는 식물성 섬유로만 이루어졌다고 볼 수 있고, 복식이나 서화류의 경우, 식물성 섬유와 동물성 섬유가 혼용된 형태로 나타난다.

섬유류 문화재는 처리 방법의 과정은 이물질을 제거하고 보수, 보강하는 방법으로 이루어지나 그 주성분이 셀룰로오스냐 동물성이냐 그리고 어떤 형식으로 이루어진 문화재인지, 열화 정도는 어느 정도인지에 따라 보존처리 방법과 약간씩 달라진다.

특히, 전적류는 그 속에 기록되어 있는 내용이 대단히 중요한 자료가 되는 경우가 많다. 따라서 보존처리도 중요하지만 보관은 더더욱 중요하다. 현재 유네스코에 등재된 기록문화의 정수라 할 수 있는 『조선왕조실록』(정족산본·국보 제151호)은 심각하게 훼손된 상태이다. 국립문화재연구소는 조선왕조실록 1,229책 중 약 10%인 131권의 훼손상태가 심각하다고 밝혔다. 그런데 손상 정도가 심한 131권의 대부분이 밀랍본(蜜臘本)이며, 이 밀랍본은 우리나라는 물론 세계적으로도 희귀본이라고 한다.

이러한 상황에 대하여 최근 국가기록원에서는 성남서고를 만들어 국가에 중요 문서나 기록들을 보관한다는 계획을 세우고 지류문화재 보존에 필요한 시설을 만드는 모습을 보여주기도 했다. 이러한 예들은 지류문화재 보존의 중요성을 상기시켜 주는 사례들일 것이다.

2. 전적(典籍)문화재의 보존과학

전적이란 넓은 의미로는 문자나 기호 등에 의해 전달되는 모든 기록정보를 말하며, 좁은 의미로는 기록정보 가운데 각 학문분야에 있어 학술적 혹은 예술적 가치가 있는 기록 자료를 뜻한다. 따라서 전적문화재는 우리 선조들이 남긴 기록 자료들 중에서 역사적, 예술적, 학술적 가치가 있는 것을 통칭한다고 할 수 있다.

전적의 재질은 바탕 재료인 종이 또는 비단, 목판 등과 서화 재료인 먹, 물감 등으로 크게 나눌 수 있다. 이러한 재질로 인해 보존·보관상 가장 문제가 되는 점은 먹색 또는 색채 퇴색, 바탕 재료인 종이, 비단, 목판 등의 노화현상과 곰팡이, 좀, 벌레의 균해(충해)이다. 먹색 또는 색채의 퇴색 원인은 공기 중 오염성분, 바람, 습기 또는 햇빛의 노출 등이며 이를 방지하기 위해서 자외선에 의한 불필요한 노출을 피하여야 한다.

이 장에서는 대부분 전적문화재의 바탕재료인 종이를 중심으로 다루어 나갈 것이다.〈그림 1, 2〉

〈그림 1〉 필사본의 예

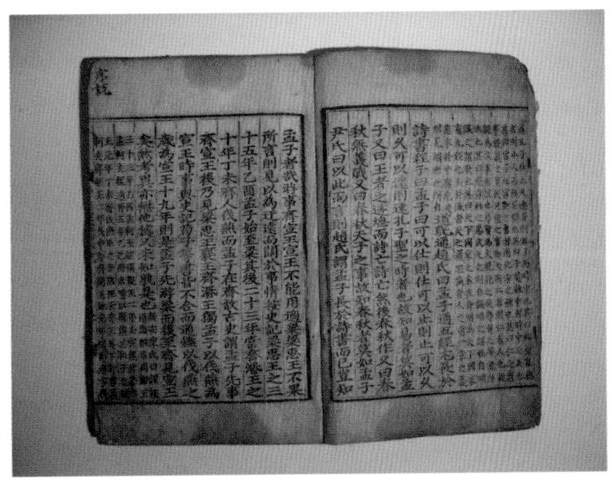

〈그림 2〉 인쇄본의 예

2-1. 전적문화재의 정의와 종류

〈그림 3〉 목판

우리나라에는 삼국시대 이래로 역사적 가치를 지닌 전적문화재들이 많이 남아 있으며, 전적(典籍), 고문서(古文書), 서적(書籍) 등으로 구분하여 전해지고 있다.

이 중 전적은 책(冊)을 의미하는데, 직접 붓으로 써서 엮은 사본(寫本)과 목판〈그림 3〉 및 활자로 찍어서 만든 인쇄본(印刷本)의 두 가지로 분류한다. 일반적으로 사본은 고본(稿本)과 전사본(傳寫本), 사경(寫經), 일기 등으로 나누어지며, 인쇄본은 목판본(木版本)과 활자본(活字本)으로 구분 짓는다. 고문서는 일정한 목적을 표현하기 위해 전달한 글과 도장, 수결(手決)이 담겨져 있는 것을 말하며, 1차적

〈그림 4〉 권자본(두루마리)

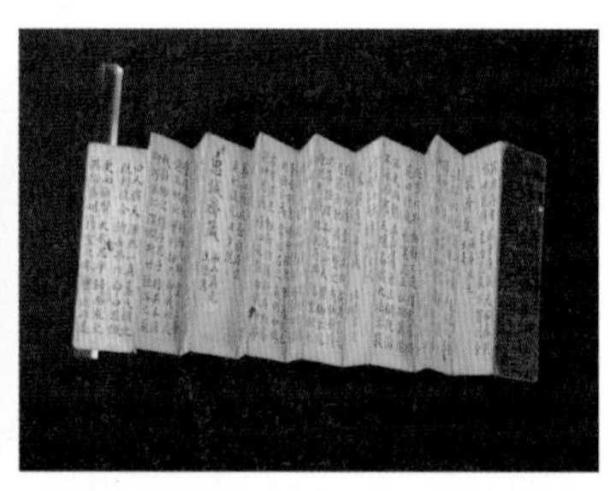
〈그림 5〉 절첩장

〈그림 6〉 호접장

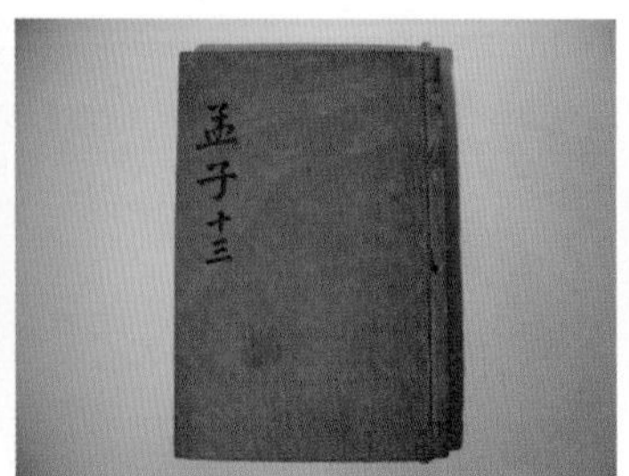

〈그림 7〉 선장본

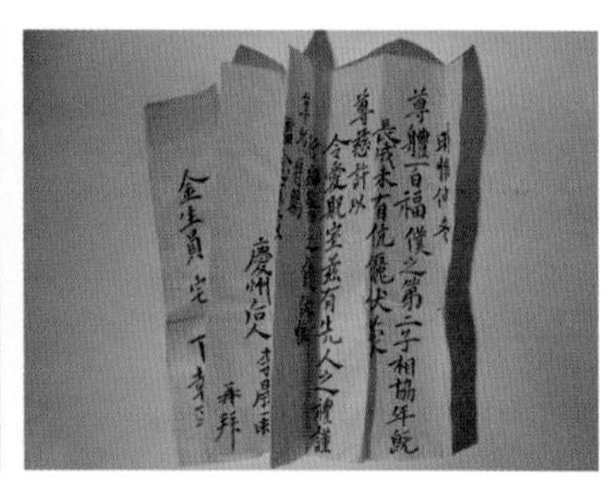
〈그림 8〉 수진본

인 사료로서 가치를 지니고 있다. 주로 공문서가 많은데, 사문서, 외교문서 등이 이에 해당한다. 서적은 필자가 직접 글로써 예술과 사상을 표현한 것으로 서화(書畵), 시문(詩文), 서간(書簡) 등이 포함된다. 고려시대까지의 서적은 거의 금석유물로 전해지고 있다.

전적문화재는 장정형태에 따라 선장(線裝), 첩장(帖裝), 권자장(卷子裝), 낱장, 포배장(包背裝), 호접장(蝴蝶裝), 양장 등으로 나누어진다. 조선시대의 서적은 주로 선장본이었으며 권자본(두루마리 형태)과 선풍장본은 주로 사경, 고려시대 전기의 서적, 조선시대의 고문서류 등에서 볼 수 있다. 그리고 호접장본과 포배장본은 고려시대 말기와 조선시대 초기의 판본에서 볼 수 있다.〈그림 4, 5, 6, 7, 8〉

2-2. 전적문화재에 사용된 재료의 종류

기록에 사용된 재료는 크게 죽간·목독, 비단, 종이 등으로 나눌 수 있는데, 그 중 종이는 가장 오래된 기록재료로 사용되어 왔다. 일반적으로 죽간과 목독의 경우 상고로부터 3~4세기까지, 비단은 기원전 4~5세기부터 5~6세기까지 사용되었으며, 종이는 2세기부터 현재까지 사용되고 있다.

2-2-1. 한지의 특징

종이의 원료가 되는 한지는 닥나무 껍질로 만든 순수한 한국 종이를 말한다. 닥나무로 만든 종이를 일본에서는 화지(和紙), 중국에서는 당지(唐紙), 서양에서는 양지(洋紙)로 구분하여 칭하고 있다.

종이의 크기는 시대에 따라서 조금씩 변화하고 있으나 사용하는 사람과 용도에 따라 두께나 크기 등이 결정된다. 구조적 성질을 판단할 때 평량, 두께, 밀도, 방향성 등을 파악한다. 평량($1m^2$의 중량)은 물리적 광학적 성실에 중요한 영향을 미친다. 종이는 균일한 두께를 유지하는 것이 좋고, 두께에 따라 종이의 품질이 결정된다. 밀도는 섬유 간 결합력을 크게 좌우하며, 지합은 제지할 때 섬유나 기타 첨가제 등이 종이를 형성할 때 얼마나 균일하게 분포되었는지를 판단하는 지표로, 외관에 영향을 미친다. 종이는 내부응력을 가지고 있어 함수율이나 주변 상대습도에 따라 종이의 치수변화가 일어난다.

2-2-2. 먹의 종류와 특징

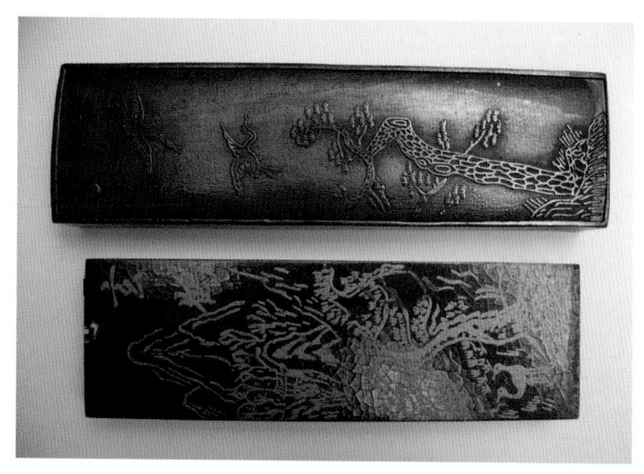

〈그림 9〉 흑먹 송연먹

우리가 지금 쓰고 있는 형태와 비슷한 먹은 한대(漢代)에 들어와서 소나무의 그을음으로 처음 만들어졌다. 먹은 기름(동식물)이나 소나무를 태운 그을음에 아교를 첨가한 후 고루 섞어 일정한 모양의 틀에 넣어 말리는 과정을 거쳐 만들어진다.〈그림 9〉

먹은 먹빛이나 재료에 따라 분류할 수 있다.

〈표 1〉 먹의 분류법

분 류		내 용
먹빛에 따른 분류	흑먹	통상적으로 서예용으로 사용되는 검은색 먹이다.
	청먹	산수화와 사군자용으로 사용되는 회색에 가까운 먹이다.
	주먹	글씨 교정 및 전각 제작시 인고할 때 사용한다.
재료에 따른 분류	송연먹	노송(老松)을 태워 나온 그을음에 아교와 기타 약품을 섞어 만든다. 먹은 그을음의 고운 정도와 아교의 질 등에 따라 좋고 나쁨이 결정되며, 송연묵은 오랜 세월이 지나면 청홍색을 띠는 것이 특색이다.
	유연먹	식물의 씨를 태워서 만든 것으로 가격이 상당히 비싸 궁궐에서, 혹은 고관대작만이 썼다고 한다. 주로 태종유의 그을음으로 제조해서 입자가 미세하여 먹물이 곱기 때문에 까만 유연먹의 먹색은 안정감을 나타낸다. 유연먹은 진하게 갈면 갈수록 검고 확실한 광택을 나타낸다.
	양연먹	카본 블랙이나 경유, 등유 등을 써서 만든 것으로 우리나라에서 쓰는 대개의 먹이 바로 이 먹이다.
	주먹	석각을 하거나 전각을 할 때 쓰인다.

2-3. 전적 문화재의 손상원인

전적 문화재의 기본재료는 셀룰로오스로 구성된 종이이다. 셀룰로오스는 빛이나 화학물질 등의 물리화학적인 요인이나 곤충, 미생물 등에 의해 손상되기 쉬운 재료이며, 손상된 후 계속 방치하게 되면 원형소멸이나 문화재로서의 가치를 상실하게 된다. 그러므로 손상되었을 경우에는 빠른 시기 안에 먼저 각 재질의 취약점과 현 상태를 파악하여 과학적이고 합리적인 보존조치를 하여야 한다.

일반적으로 종이의 수명에 영향을 주는 요인으로는 주로 환경적 요인(물리, 화학, 생물적 요인)과 제지기술적인 요인(원료처리방법, 제지시 첨가약품의 종류 등)으로 구분된다. 물리적인 환경요인에는 온도, 습도, 먼지 등이 있고, 화학적인 원인으로는 빛과 대기 중의 오염물질이 있다. 생물학적 요인으로는 쥐와 같은 동물과 해충, 미생물(곰팡이, 세균) 등이 있다. 특히, 그 시대의 사회적 상황이나 기술사적인 배경이 초기 종이의 질 즉 수명을 좌우하는 중요한 요인이 된다. 그러나 실제로는 여러 가지 원인들이 복합적으로 작용해 손상이 일어난다.

2-3-1. 물리적 원인

물리적 원인에 의한 손상은 파괴에 가깝다. 자주 접거나 말게 되면 구김에 의한 주름이 많이 생기게 되고, 특정 부분에 지속적으로 물리적인 힘이 가해져 찢어지거나 꺾임 현상들이 발생한다. 종이가 찢어지거나 온습도의 변화로 일어나는 종이의 팽창수축, 책을 비스듬히 세워 보관할 때의 변형 등의 손상을 일으키는 물리적 원인으로 볼 수 있다.〈그림 10〉 전적문화재는 온도와 습도에 영향을 많이 받는다. 온도가 높을수록 물질 간의 화학 반응이 촉진되어 재질의 강도

〈그림 10〉 훼손 고문서

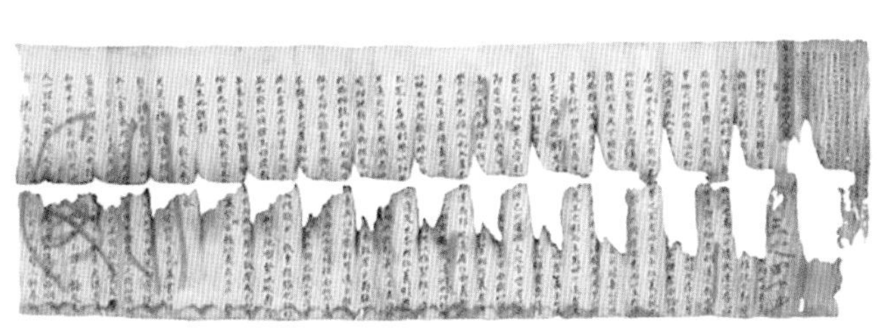

〈그림 11〉 훼손 고문서

〈그림 12〉 구김에 의한 손상

〈그림 13〉 습기에 의한 얼룩

〈그림 14〉 해충에 의한 손상

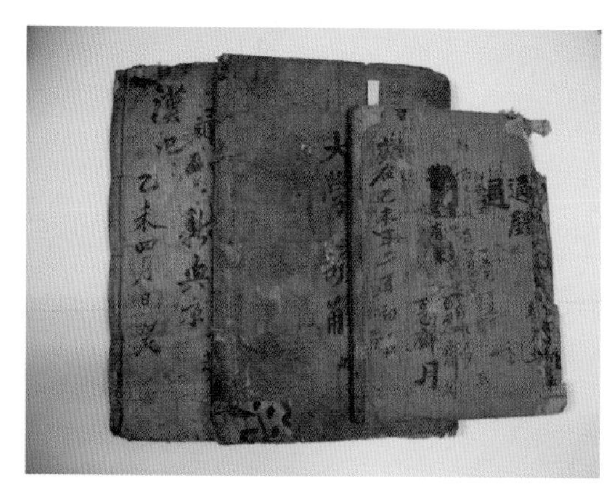

〈그림 15〉 훼손 고서　물리적 원인

〈그림 16〉 훼손 고서　물리적 원인

는 떨어진다. 특히, 지류로 이루어진 전적문화재는 기본적으로 수분을 포함하고 있으므로 온도가 지류의 조직을 약화시키는 중요한 원인이 될 수 있다.〈그림 11, 12, 13, 14〉

수분은 물체의 공극에 들어가 팽창 등을 일으켜 구조를 변하게 하거나 성분을 부분적으로 용출시킨다. 또한 물체의 표층과 반응하여 가수분해를 일으키며 공기 중의 CO_2, SO_2, NO_2 등을 용해하여 물체 표면을 침식시킨다. 지류로 된 유물은 대부분 수분이 증발하게 되면 다시 외부로부터 흡수하고, 반대로 과량이 존재하게 되면 방습하여 외부의 습도와 평형을 이루려고 하는 성질이 있다. 또 상대습도가 65% 이상이면 지질의 함수율은 10% 이상이 되어 미생물이 발생할 수 있는 조건이 되기도 하므로 습도 조절은 중요하다. 습도가 변할 때, 종이가 약화되어 부스러지고, 색이 변하며, 물의 번짐 흔적이 발생된다. 그리고 종이가 휘고 주름이 잡히며 서로 붙는 현상이 발생하게 된다.〈그림 15, 16〉

2-3-2. 화학적 원인

종이의 화학적 손상은 주로 그것을 구성하고 있는 물질이 화학반응을 일으켜 발생된다. 일반적으로 산, 종이의 종류, 공기오염인자에 의한 화학반응에 의해 종이의 구성물질인 셀룰로오스나 헤미셀룰로오스, 리그닌이 변화 및 분해되는 것이 화학적 손상이다.

1) 산에 의한 손상

일반적으로 종이에 생성된 산은 환경의 상대습도에 대해 다른 손상을 나타낸다. 산은 건조한 환경에서는 탈수제로 작용을 하여 종이를 서서히 태워버린다. 그리고 습한 환경에서는 산가수

분해의 요인으로 작용한다.〈그림 17〉

〈그림 17〉 종이의 화학적 손상

산은 종이 중의 수분과 결합하여 산가수분해를 일으켜 종이분자를 붕괴시킨다. 가수분해는 셀룰로오스 사슬의 무분별한 절단에 의한 사슬 길이의 감소를 가져오며, 그 진행 정도는 산성도에 따라 달라진다. 셀룰로오스와 헤미셀룰로오스의 열화 생성물은 열화가 더욱 쉽게 일어나도록 하며 종이의 산성도를 증가시킨다. 일반적으로 정상온도에서 종이의 산성도는 셀룰로오스의 가수분해를 촉진하나 알칼리 가수분해는 펄프화 공정 등 몇몇 특수한 조건에서만 일어난다. 셀룰로오스의 화학적 분해는 주로 탄수화물을 다른 기(group)와 결합시키는 공유결합의 한 유형으로 글루코시드 결합에 의해 나타나는 가수분해인데, 글루코시드 결합의 반응성은 -OH기, -CO기, -COOH기 등 작용기가 도입되면 더욱 증가되는 경향이 있다.

종이를 손상시키는 산은 서양에서 종이를 만들 때 경화나 방부를 위해 사용하던 첨가물 중 명반이나 황산알루미늄에서 유래되며, 이것들이 종이에 산을 생성시켜 지질을 산성화시키는 원인이 된다. 또, 대기 오염물질 중 이산화황, 질소산화물, 광화학스모그(Oxidant)가 산성을 띄는 물질로 종이와 반응해 산을 생성한다. 특히 아황산가스는 종이 중의 수분과 반응하여 황산을 생성하고, 종이 중의 철, 망간의 존재에 따라 촉진된다. 이산화질소는 물과 반응하여 아질산을 만든다. 그리고 이러한 산은 전이하므로, 손상된 서적을 수복할 때 산성지나 리그닌 등이 많이 포함된 종이를 복원재로 사용하면 원래 서적의 종이에 착색되거나 손상을 유발하게 되므로 조심하여야 한다.

이미 산성지로 보존처리가 된 서적의 유물은 탈산처리를 통해 중화를 하거나, 보관조건을 정비하여 손상의 진행을 늦추는 등의 대책을 취할 수밖에 없다. 또는 중화 후 남아 있는 알칼리 물질이 종이 내부에 잔류하면 앞으로 내부적으로 발생하는 산이나 외부(대기 중의 오염물질 등)로부터 침입할 우려가 있는 산을 중화시켜 보존성을 향상시킬 수 있다.

2) 빛에 의한 손상

지류문화재는 대부분 자연광에 노출되어 있기 때문에 빛에 의한 색상의 변화 피해를 입는다.

문화재에 영향을 주는 빛의 파장 중에서 자외선이 특히 악영향을 미친다. 종이의 재질을 약화시키는 것은 물론 리그닌과 광화학 반응하여 탈색과 변색을 일으키고, 셀룰로오스의 결합을 파괴하여 부스러지게 만든다. 또, 열선인 적외선이 문화재에 흡수되면 그 영향으로 대상물의 표면 온도가 상승하고 또 일부는 전시 공간 등의 온도를 상승시켜 상대습도의 변화를 초래하여 균열, 박락, 비틀림과 같은 형상 변경 등의 물리적인 손상이 일어나게 된다.〈그림 18〉

〈그림 18〉 빛에 의한 손상

3) 대기 중의 화학물질에 의한 손상

대기 물질 중 산소와 이산화탄소가 문화재의 손상을 촉진시키는 물질이다. 이 외에 대기오염물질로 황산화물, 질소산화물, 오존, 황화수소, 암모니아, 염분, 매연 및 분진을 들 수 있다. 공기의 화학적 영향은 주로 산화·환원에 의한 변질, 산성·알칼리성 물질에 의한 영향 등이다. 또한 실내 전시 시설을 꾸미면서 사용되는 접착제로부터 파생되는 포름알데히드 등의 휘발성 유기화합물(Volatile Organic Compounds : VOC)이 악취나 인체에 알레르기 증상을 일으킬 뿐만 아니라 회화 작품의 안료 변색을 일으킨다.

2-3-3. 생물학적 요인[1]

전적류를 만드는 재료는 유기물이므로 생물의 피해를 많이 받는다. 이와 같은 생물학적인 요인으로는 곰팡이 등 미생물에 의한 것과 여러 종류의 벌레(바퀴벌레, 좀, 흰개미, 책 다드미, 딱정벌레 등) 및 동물(쥐 등)에 의한 피해를 들 수 있다.〈그림 19〉

생물이나 미생물 등과 같이 살아있는 생명체에 의한 피해가 진행되면 배설물 등에 의해 자료의 화학적 구조를 변형시키고 고유의 색감 등 자료의 재질이 약화되거나 오염되어 변색된다. 곰팡이, 해충 등에 의한 재질 파괴 및 손상, 미생물과 곤충 등의

〈그림 19〉 설치류 피해

1 정용재, 『지류문화재의 보존관리』, 2004보존과학기초연수교육, 국립문화재연구소, 2004.

분비물로 인한 얼룩, 오염 물질에 의해 색소 침착 등은 전적문화재의 판독을 어렵게 만든다. 특히 홍수나 누수 피해를 입은 서적이나 문서는 사상균이 번식하여 괴상화를 초래한다. 또한 종이 표면에 갈색, 흑색 또는 붉은 빛을 띤 얼룩점이 발생하고, 시간이 경과하면서 다룰 때 조각파편이나 가루가 떨어진다. 종이 표면에 작고 검은 구멍과 같은 천공도 발생된다.

1) 미생물에 의한 영향

종이에 발생하는 미생물에는 곰팡이와 세균이 있지만 실제 피해를 주는 것은 대부분이 곰팡이(진균류)이다. 곰팡이(진균류)의 종류는 알려져 있는 것만 해도 약 100여 종에 이르고 있다.

미생물에 의한 전적류의 변질 원인으로는 제지원료에 잠복하고 있던 곰팡이와 세균이 고온고습의 생육하기 쉬운 조건이 되기까지 수 년 이상 붙어 있는 경우와 공기 중이나 먼지에 포함되어 있는 미생물이 종이에 부착하여 활동을 시작하는 경우가 있다. 박물관이나 미술관 등에서 미생물에 의한 손상은 주로 공기 중에 부유하고 있는 곰팡이 균에 의한 영향이 대부분을 차지한다.

지류유물이 빛이 닿지 않고 환기가 되지 않고 다습한 환경에 놓이게 되면 곰팡이가 급속하게 번식을 개시한다. 곰팡이가 발생하고 번식하기 위해서는 적당한 온습도와 양분이 되는 물질, 거기에 모체가 되는 포자 등의 존재가 필요하다. 양분이 될 가능성이 있는 것은 자료에 사용되고 있는 종이나 풀, 아교, 가죽 등이며, 또 열람할 때 부착되는 손의 땀이나 오염물 등도 양분이 된다. 일반적으로 미생물이 생육하는 데는 환경의 상대습도가 65% 이상이고, 종이의 함수율이 10% 이상인 것이 필요하다고 한다.

곰팡이에 의한 지류의 손상은 번식하기 위해서 분비하는 가수분해효소로 지질(紙質)을 분해하여 먹이를 취함으로써 이루어진다. 곰팡이의 발생은 표면의 오염에 의한 미관상의 손상뿐만 아니라 경우에 따라서 곤충을 유입시키는 원인이 되기도 한다.

일반적으로 박물관에서는 벽면이나 전적류를 꽂아 놓는 책장 등 자료가 있는 주변에서 결로나 누수가 일어나 곰팡이가 발생된다. 장마철에는 젖은 시료를 실내에서 건조하여도 상대습도가 높기 때문에 건조시키기가 어렵고, 기온도 비교적 높으므로 곰팡이가 자주 발생한다. 이러한 경우 건조를 빠르게 하기 위해서 제습장치를 사용한다든지 실내공기가 정체되지 않도록 송풍한다든지 하는 것이 좋다. 또한 곰팡이가 발생되어 있는 것은 1차적으로 다른 유물로부터 분리하고 부드러운 붓을 이용하여 곰팡이를 털어내야 하며, 70% 에틸 알콜을 면봉이나 탈지면에 묻혀 제거할 수가 있다. 가장 위험한 것은 곰팡이가 발생된 상태를 장기간 방치해 두는 것이다. 이러한 경우에는 착색오염이나 종이의 가수분해로 손상되어 원상태로의 회복이 불가능하므로 조기에 조치하는 것이 바람직하다.

2) 곤충에 의한 영향

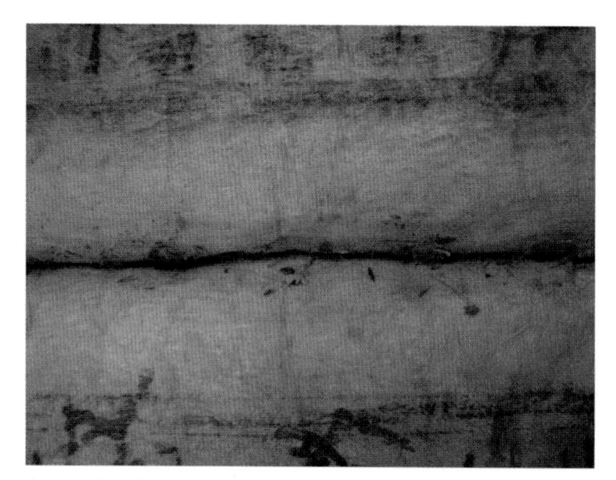
〈그림 20〉 곤충 피해

종이를 잠식하거나 오염시키는 해충은 확인된 것만으로도 약 70여 종에 이른다. 고서적의 최대 해충은 권연벌레(Deathwatch beetle)이며, 그 다음이 책좀(Book Worm, Silver Fish)이라고 보고되었다. 최근에는 바퀴벌레(Cockroach)의 피해가 많이 대두되는 것으로 보고 되고 있다.〈그림 20〉

권연벌레는 지류유물 내부를 관통하여 터널 상의 식흔(Ankertrass)을 만든다. 또 피해가 진행되면 식흔 부분이 접합해버려 책이 펼쳐지지 않는 경우가 있다. 책좀은 서적 해충의 대표적인 것으로 알려져 있지만 실제로는 서적의 풀이 부착된 부분을 표면적으로 가해할 뿐 내부를 가해하는 것은 아니다. 그리고 바퀴벌레의 경우는 배설물에 의한 오염이 가장 심하다. 지류유물을 해충으로부터 지키는 방법은 적정한 온습도 관리, 전시관 내의 먼지나 티끌의 제거 및 청소, 정기적인 점검으로 조기에 충해를 발견하는 것이다. 그리고 지류유물의 충해는 그 지역의 온습도 및 주변환경과 밀접한 관계가 있으므로 현재 세계적으로 각 박물관의 실정에 맞는 종합충해대책(Iegrated Pest Mnagement : IPM)을 프로그래밍하고 실천하는 것을 권장하고 있다.

2-4. 보존처리 과정[2]

전적문화재는 출토되는 경우가 거의 없고, 출토된다 해도 의류와 함께 출토되는 서찰 정도가

2 정용재, 『지류문화재의 보존관리』, 2004보존과학기초연수교육, 국립문화재연구소, 2004.

대부분이다. 간혹 불상의 복장이나 탑의 사리함에서 불경이 종이를 이어 붙이고 똑같은 크기로 접어 앞뒷면에 보호용 표지를 붙여 만든 장정형태인 절첩장이나 권자본 형태로 출토되고 있기는 하다. 이러한 유물은 열화되어 만지기만 해도 부서질 정도의 심각한 경우가 대부분이다. 그러나 보존처리하게 되는 대부분의 지류유물은 전래유물인 경우가 대부분이다. 서책과 같은 유물은 자주 사용하므로 사용 중에 열화되거나 손상되는 경우가 많아 전래되는 중에 보수 보강을 한 경우가 많다. 따라서 이러한 서화류의 보존처리 전에 유물의 상태, 재료 및 형태를 먼저 파악한 후 적절한 보존처리법을 선택하는 것이 무엇보다도 중요하다.

대개 보존처리가 적용될 부분은 손상된 부분, 손상되어 망실된 부분, 곰팡이에 의해 부식 된 부분, 벌레에 의해 훼손된 부분, 통풍 등 보관미흡으로 인해 부식된 부분, 부적절한 재료의 사용과 유물 취급시 부주의로 인해 파손된 부분을 보완하고 보존처리하게 된다.

보존처리시 물리적 복원처리법으로는 구겨진 곳 펴기, 배접, 클리닝을 실시한다. 화학적 보존처리법으로는 소독과 탈산처리 등을 이용한다. 그리고 보존처리 후에는 중성지로 파일박스 등의 보존용기에 넣어 항온항습이 되는 곳에 보관한다. 특히, 많은 지류문화재를 소장하고 있는 자료실에서는 중성지로 만든 파일 박스제작기를 갖추는 것도 바람직하다.

2-4-1. 예비조사

문서를 보존처리하기 전에 외형적인 손상과 보존 상태를 파악한다. 전적류는 제목이나 내용을 파악하는 것이 중요하지만, 낱장의 한지로 이루어졌는지, 배접이 되었는지, 결손부분이 있는지, 곰팡이나 좀벌레 등에 의한 손상이 있는지를 조사하고, 유물의 크기 등을 기록하는 예비조사 단계가 반드시 우선되어야 한다. 이러한 조사를 토대로 세척, 배접, 방법을 세우는 것은 물론탈산처리 등 물리·화학적 보존처리 실시 여부를 판단하여 보존처리에 대한 계획을 세우게 된다.

보존처리 방법을 결정할 때 닥섬유로 이루어진 한지가 어느 정도의 탄력과 강도를 유지하고 있다면 가능한 배접을 피하도록 하고 간단한 클리닝으로 표면 이물질을 제거하여 물 배접을 한다. 결손부분에 있어서는 유물과 같은 재질의 한지를 이용하여 보수한다. 클리닝 작업을 실시할 때는 먹, 채색 상태를 확인한다. 이와 같이 문서 손상의 형태 파악을 하고 처리하는 것은 자료를 관리하는 전문가도 같이 보존하는 대책을 함께 생각하는 것이 바람직하다.

종이는 특성상 습기가 많은 곳에 장기간 방치하여 생긴 열화의 결과, 종이의 강도가 떨어지고 직접 종이에 손이 닿으면 종이가 찢어져 글자 부분이 부서지는 경우가 있다. 그러므로 자료가 손상을 입었을 때는 먼저 어떤 형태의 손상을 입었는가를 파악하는 것이 중요하다.

손상의 정도를 진단해서 수복방법을 결정할 때는 수복(修復) 후 자료의 취급방법과 보관방법도 고려하는 것이 필수적이다. 말려 있거나 겹쳐 붙은 자료를 전개할 경우 제일 먼저 사진촬영을 정확히 해야 된다. 다음으로 진단과 동시에 자료의 현상기록을 실시한다. 현상기록 방법은 자료의 제목, 자료의 크기와 양(몇 페이지, 몇 권), 제본 형식과 형태 등의 기록은 최소한의 기록이지만 보존을 위한 중요한 기록이 된다. 카드 형식으로 되어 있는 기록표를 준비하고 자료에 대한 모든 정보를 기록한다. 카드에는 비고란도 만들어 수복 중에 수집된 자료나 작업자가 아니면 알 수 없는 부분까지 기록한다.

2-4-2. 과학적 분석법

1) 산성도측정법

파괴적인 방법으로 한국산업규격 KSM 7053에 의한 냉수추출법과 온수추출법에 의한 측정법이 있으며, 비파괴적인 방법으로는 평판유리전극이 부착된 수소이온농도측정기(pH-meter)로 종이표면의 산성도를 측정한다.

2) 백색도 측정법

백색도는 빛에 대한 정반사도를 측정하여 종이의 흰 정도를 객관적으로 나타내는 것이다. 측정방법으로는 확산조명방식에 의한 백색도 시험방법(ISO 백색도)과 헌터(Hunter) 백색도 방식이 있다. 백색도의 척도로 쓰이는 것이 빛의 반사율인데 가시광선을 100% 반사하는 물질인 산화마그네슘(MgO)의 표준판을 기준으로 흰색(White) 정도를 100으로 표준시료로 삼아 상대 비교치를 이용하게 된다. 측정 원리는 일정량의 빛을 종이표면에 비춰, 이때 반사하는 빛의 상대 비율을 백색도로 표현한다. 이 측정법은 연구시료의 반사율이나 굴절률과 같이 시료가 빛에 의해서 받을 수 있는 영향을 평가하는데 사용하는 측정법이다.

3) 함수율 측정법

종이는 흡습성(吸濕性) 재료로 생산할 때 수분을 함유하고 있으며, 놓여있는 환경에 따라 함수율이 달라진다. 오랜 시간 전시를 하게 되면 함수율이 떨어지게 되고 이로 인해 열화가 촉진되어 강도가 낮아지게 된다. 따라서 상태 파악을 위하여 보존처리 전에 대상 유물의 함수율을 측정한다. KS에서 권장하는 함수율 측정 방법은 습도 65±2%, 온도 20±2℃에서 일정 시간 전(前) 처리한 시료에 대하여 시험하도록 되어 있다.

4) 두께 및 밀도 측정

지류의 두께와 밀도는 물질의 단위 부피의 질량을 말한다. 그리고 밀도 측정은 종이 측정용 마이크로미터기로 측정하고 밀도는 다음 식으로 구한다.

$$D(g/cm^2) = W/T \times 1000$$

D : density (g/cm^2)

W : basis weight (g/m^2)

T : thickness (mm)

5) 내절강도

보존처리 대상 지류의 재질 경화와 이완 등으로 인한 물리적 상태를 파악하고 유물의 상태 파악 및 노화도를 측정하기 위해서 내절강도를 측정한다. 내절강도(folding endurance)는 KSM 7065에 의거하여 쇼퍼경도계(Schopper hardness tester) 시험기를 이용하여 시험한다. 실험은 0.5kg 하중 하에서 내절강도기로 측정하는 것이 바람직하다.

6) 적외선촬영법

먼지, 그을음, 칠에 덮여진 자료 표면의 문자와 그림의 초안(草案: 초벌로 쓴 것)을 관찰하는데 이용된다. 목간, 칠지문서(漆紙文書), 토기조각의 묵서(墨書)와 건물의 벽과 기둥의 판독하기 어려운 문자나 그림 등의 판독에 사용한다. 전적류나 화화에 묵서가 보이지 않는 경우 적외선 촬영을 통해 그 내용을 확인할 수 있다.

적외선 필름으로 촬영하는 방법(0.7~0.95의 파장을 검출)과 적외선 카메라로 촬영하는 방법(가시광~2.2㎛ 정도까지의 파장을 검출)이 있다. 장파장(長波長) 쪽은 투과력이 강하므로, 적외선 카메라로 촬영하는 후자의 방법이 검출능력이 높을 뿐만 아니라, 모니터 상으로도 그대로 관찰이 가능하므로 유용성 또한 높다. 적외선 카메라의 경우는 화상처리장치(畵像處理裝置)에 의해서 관찰한 상을 선명하게 할 수도 있다.

2-4-3. 습도조절-출토물의 경우

종이는 주변 환경에 매우 민감하며, 종이로 된 출토 유물의 경우 특히 급격한 건조로 인해 부스러질 수 있으므로 자체 수분 함유율을 유지하도록 환경을 유지할 필요가 있다. 그러나 급격한 온·습도 변화로 유물에 손상이 있을 수 있으므로 유물 처리에 적당한 상대습도가 되도록 반밀폐 공간을 만들어 천천히 적응시킨다.

2-4-4. 방충방부처리

곰팡이나 벌레에 의한 피해가 많은 전적의 경우는 처리에 들어가기 앞서서 훈증처리를 하여 더 이상의 손상이 없도록 해야 한다.

방충방부를 위해 과거부터 현재까지 사용하는 방법에는 아래와 같은 방법이 있다.

① 포쇄

포쇄는 서책이나 옷 등의 습기를 햇볕과 바람에 말리는 건조행위를 말하며 책의 거풍(擧風:바람을 쐬는 것)은 햇빛, 공기오염 접촉으로 훼손 가능성이 있어 하지 않는다. 대신 자료소독기를 이용하여 소독 후 먼지곰팡이 제거 후 바람을 쐬어준다.

② 좀예방

좀예방을 위해 서고를 건립할 때 서고의 건립이 동서향으로 건축된다면 좀벌레가 생기므로 남향으로 설립하도록 한다. 좀예방으로 나프탈렌을 사용하는데, 설치가 간편하고 금전적으로 경제적인 방법이다. 그러나 냄새가 좋지 않고, 근무자에게 해롭다.

③ 서가는 약품처리된 소나무 통판이나 오동나무를 사용해 만든다

④ 훈증처리법[3]

유기질 유물을 생물학적 피해로부터 안전하게 보호하기 위하여 현재 널리 사용되고 있는 방법은 화학가스에 의한 살충, 살균 소독법이다. 주로 메틸브로마이드(Methyle Bromide) : 에틸옥사이드(Ethyle Oxide)를 86 : 14의 비율로 사용하는데, 이 혼합가스는 속효성과 안정성에서뿐만 아니라 잔류성이 거의 없다고 알려져 있어 널리 이용되고 있다. 살충효과확인을 위한 공시충으로 쌀바구미를 이용해 상온에서 2~3일간 확인한다. 살균효과 확인을 위한 공시균으로는 검은곰팡

---

3 박성희·윤혜은·심유진, 「감압훈증에 의한 채색지류의 물리적 변화」, 『박물관보존과학』 11, 국립중앙박물관, 1999.

이를 이용하여 온도 25℃, 5~7일간 배양하고 효과를 확인한다.

처리 대상과 상황에 따라 밀폐훈증, 피복훈증, 감압훈증 등의 방법이 있으며, 이 중에서도 감압훈증은 유물을 수납한 밀폐공간을 감압함으로써 가스 침투력이 높아져 더 좋은 훈증효과를 기대할 수 있고 필요시 언제라도 훈증 소독할 수 있다는 점에서 매우 유용하다. 그러나 감압훈증고를 따로 시설하여야 하고, 제한된 크기의 훈증고 내에 수납가능한 유물만 소독이 가능하며, 압력, 온도, 습도변화에 의한 일부 유물의 재질변형 우려가 있다고 알려져 있다.〈그림 21〉

〈그림 21〉 감압훈증고(국립중앙박물관)

위의 방법 중에는 훼손 가능성이나 근무자에 해롭거나 실시하기 어려운 단점도 있어 사용되지 않는 방법도 있다. 2005년부터는 유기질 문화재 보존에 쓰이던 훈증가스가 사용이 규제됨에 따라 대체 소독약품이 필요하여 무독성인 천연약제를 이용하는 상시 소독방법이 실시 고려되고 있다.

문화재청에서는 지류 및 섬유질 문화재 재질에 영향을 주지 않고 인체에 해가 없으며 환경오염의 우려가 없는 강력한 방충방균제 'BOZONE'을 개발하여 사용하고 있다. 외국의 바이오미스트테크놀로지에서 개발한 천연방충제인 아키퍼와 천연허브 추출물로 만든 에어닥터는 상시 소독을 할 수 있는 무독성의 방충방균제로 밀폐훈증법과 병용해 사용한다.

2-4-5. 해체

고문서의 경우, 우선 제본 끈을 풀어 앞 뒤 표지를 분리한 다음 각 장을 연결하고 있는 종이못(紙丁)을 제거하고 낱장으로 해체한다. 이때 처리 후 다시 제본할 수 있도록 각 장의 순서와 상태를 정확히 기록한다.

2-4-6. 클리닝 및 결손부위 보강

1) 클리닝

낱장으로 분리된 작품은 보조지 사이에 끼우고 경사진 작업대에 놓고, 증류수로 클리닝한다. 이 과정을 통해 화면 전체의 변·퇴색은 물론 부분적인 오염과 얼룩을 완화시키고, 작품지(화지)

의 탄력성과 유연성도 어느 정도 회복가능하다.

문서류는 과거에 보수가 이루어진 부분이 많다. 보수방법에는 여러 가지 경우가 있으나 특히 보수지를 결손부보다 크게 보강하고 두꺼운 종이를 이용하여 배접을 한 경우, 유물의 유연성이 떨어지고 보수 부분에 손상이 생기고 배접지로 인한 크랙이 발생하므로 이런 경우에 과거에 보수된 부분과 두껍게 배접된 배접지를 제거한다.

보수 및 보존처리 작업은 여러 단계를 거치게 되는데, 여기서 중요한 과정은 보존처리를 할 수 있도록 각 부분을 해체하는 것으로 유물에 표장(表裝)된 종이나 천 등을 분리시키는 작업이다. 또한 배접지 제거는 유물의 손상 정도와 기법 등에 따라 다르게 실시해야 한다. 유물의 바탕과 채색에 영향을 주는 것과 보완처리된 것은 제거하지 않는다. 특히 보수시 박락이 발생하는 유물 등은 별도의 방법으로 보완처리한다.

유물의 파손된 부분과 이상이 생긴 부분의 바탕과 채색, 형태의 변화를 파악하고 점검하여 이를 우선 보완처리하고 불순물 및 먼지 등을 제거한다. 먼지나 때, 기름 등에도 여러 종류가 있으므로 그 종류가 무엇인지에 따라 적절한 물리적 세척과정을 밟는다.

클리닝은 재질과 손상 상태에 따라 크게 건식과 습식클리닝의 두 가지로 나눈다. 건식클리닝은 표면의 이물질이나 먼지를 부드러운 붓으로 털어주거나 지우개가루를 만들어 골고루 가볍게 문질러 내는 방법이다. 습식클리닝은 작품 밑에 흡수지를 깔고 위에서 증류수를 분무하여 이물질을 제거하거나 증류수에 담그는 방법이다.

클리닝은 유물의 상태에 따라서 다르며, 여러 가지 물리적 방법의 응용이 필요하다. 또한 화학적 변화도 고려하여 처리방법을 신중히 고려한다.

2) 위치 바로잡기 및 부분 강화

만약 유물이 조각조각 분리된 것이라면 그 위치를 바로 잡는다. 이때 구겨지고 말려 올라간 조각들을 바로잡기 위해서는 부분적으로 습기가 필요하므로, GORE TEX[4]를 이용하여 최소량의 습도를 이용하여 종이의 위치를 바로잡고 배열한다.

위·아래를 레이욘지를 지지체로 하여 부분적으로 여과수, 우뭇가사리풀을 이용하여 보강한다.

---

4 미국의 W. L. GORE & Associate 社에 의해 개발된 '연신다공질Polytetrafluoroethylene'의 상품명이다. 이 막은

3) 결손부 보강 및 배접

〈그림 22〉 배접

결손부의 보수는 지류문화재의 보존처리에 있어 가장 고도의 기술을 요구하는 작업이다. 찢어지거나 충해 등에 의해 결손된 유물을 그대로 두고 계속 사용할 경우 그 결손 부분과 유물의 경계 부분에서 지속적으로 손상이 진행된다. 이를 방지하기 위해 결손 부분에 유물과 같은 재질의 보수지를 강도와 두께까지 비슷하게 맞추어 보수하여 보수 부분과 유물이 한 장의 두께가 되도록 한다. 짜깁기용은 종이의 강도뿐만 아니라 미관적인 면에서도 충분히 고려하여야 한다. 원 바탕의 색상과 섬유질의 종류가 비슷해야 하며, 연결 부분이 겹치지 말아야 하고 두께 또한 일정하게 마감되어야 한다.〈그림 22〉

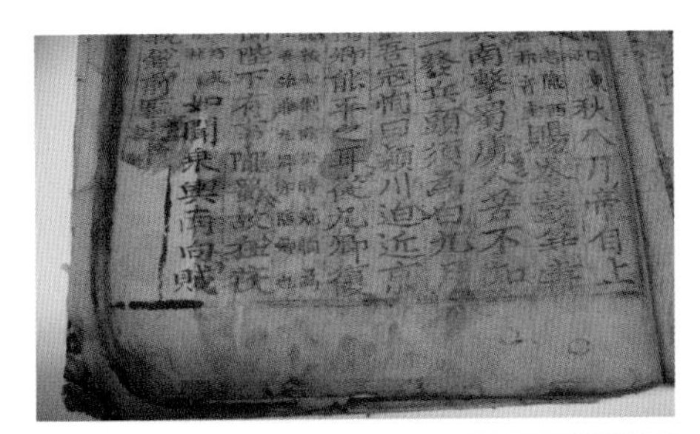

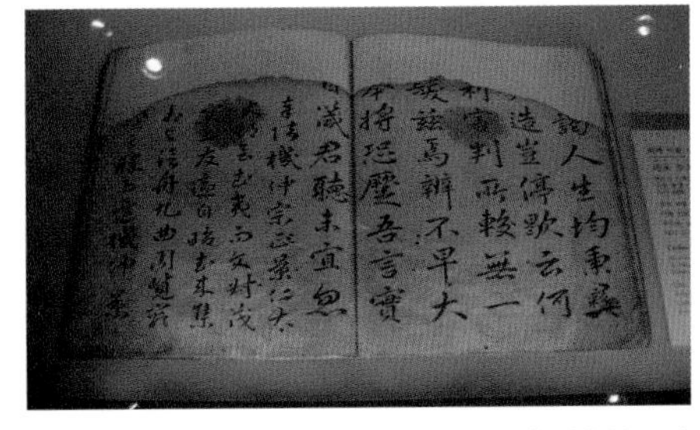

〈그림 23〉 결손부 보강

결손 부분을 보강한 유물이 열화 정도가 심하여 유물 자체의 유연성과 힘을 잃었을 경우는 유물보다 얇은 한지를 소맥전분풀을 이용하여 배접한다. 그러나 유물의 지질이 현재 상태로도 충분한 강도를 가질 경우는 유물의 지질을 그대로 유지하기 위하여 배접은 가능한 피하고 보조지를 이용하여 물 배접한 후 건조한다.〈그림 23〉

결실된 부분을 보수하기 위한 보수지는 유물의 재질, 두께 등을 고려하여 그와 유사한 재질, 두께의 것을 선택한다. 유물은 오랜 시간을 거치게 되면서 자연적인 노화로 인하여 그 색이 변하게 되므로 변색된 곳의 보수지도 자연염색을 이용하여 색맞춤을 해준다. 보수지의 색맞춤을 위하여 오리나무열매(탄산칼륨, pH 9 매염)를 염색의 매개를 이루는 매염으로 사용 한다.

액체상태의 물은 투과시키지 않으나 기체상태의 수증기는 투과시키는 성질이 있어 스포츠웨어 등에 사용되고 있으며, 최근 수분에 예민한 문화재 보존처리용으로 상품이 개발되어 이용되고 있다.

4) Leaf-casting(결손부 보강법)

위와 같이 결손부분의 크기에 맞추어 종이를 잘라 하나씩 메우며 처리하는 작업은 대단한 끈기가 요구되며 능률도 오르지 않는 문제점이 있다. 이것을 보완하기 위해 부득이 종이 전체를 물속에 넣는 리프캐스팅(Leaf-Casting)법에 의한 수리가 최근 많이 행해지게 되었다.

리프캐스팅이란 물 흐름의 원리를 응용한 것으로 벌레가 먹거나 구멍난 부분에 원래의 재질과 물성이 비슷한 섬유를 흘려 기계적으로 균일하게 훼손되어 결손된 부분을 메우는 방법이다. 먼저 수조를 준비하고 물을 채운 후, 수리작품을 이 안에 고정시킨다. 종이 섬유를 물에 풀어 준 후, 기기의 수위를 변화시켜 물의 흐름을 유도한다. 이때 종이섬유와 물이 혼합된 용액을 아래로 빨아들이면서 펄프를 손상된 부분에 보강되도록 하는 것이다.

이 방법은 원본의 변형을 최소화하면서 훼손된 부분의 복원과 동시에 세척도 가능하여 자료의 산성화 정도를 낮추어 화학적으로 탈산처리 효과도 얻을 수 있다. 이 방법은 간단하며, 비용과 복원에 걸리는 시간이 많이 절감된다는 장점을 가지고 있어 전적이나 고문서 등의 수리에 효과적으로 이용되고 있다.

5) 탈산처리

종이의 주성분은 셀룰로오스로 중성 및 알칼리성(pH 7~9) 에서 매우 안정하지만 산성(pH 4~5) 에서는 불안정하여 셀룰로오스 분자결합이 쉽게 분해된다. 이로 인한 분자량의 감소는 종이의 결합력을 저하시키고, 종이의 강도를 떨어지게 한다. 또, 종이의 경우 20~30년이 지나면 자연상태에서도 산성화가 진행되므로 산성지를 중성화시키는 탈산처리 방법을 실시한다.〈그림 24, 25〉

공공기관의 기록물 관리에 관한 법률 시행령 개정안 제 30조(기록물의 보존처리)에서는 "보존기간이 30년 이상인 종이류 기록물 중 산성화 농도가 pH 6.5 이하인 기록물에 대하여는 서고에 입고 전 탈산 처리를 실시함을 원칙으로 한다"고 명시되어 있다.

탈산처리를 하게 되면, 종이의 내구 강도, 내절강도, 인열강도(시료에 칼자국을 내어 당길 때에 찢어지는 데 대해 저항하는 재료의 강도), pH가 증가하며, 알칼리성분이 잔류하여 대기 중의 산성 유해기체를 흡수하여 중화하는 완충 기능을 보유하게 되므로 보존성이 향상되는 효과를 볼 수 있다.

탈산처리에는 Bookkeeper법, BPA법, DEZ(Diethyl Zinc)법, 웨이트(Wei'to)법, FMC 법 등이 있다.

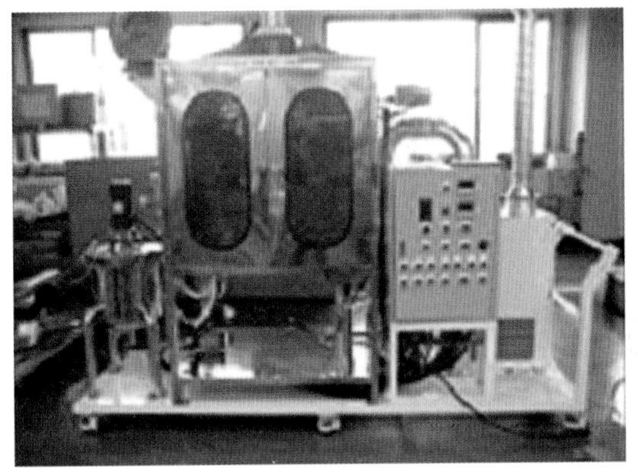

〈그림 24〉 소형 탈산처리 장치

〈그림 25〉 대형 탈산처리 장치

〈표 2〉 여러 가지 탈산처리 방법

처리방법	원 리	특 징
Book-keeper법	산화마그네슘(MgO)을 미세분말로 만들어 프레온 또는 용매에 분산시켜 제조한 후, 탈산처리제를 종이표면에 고르게 분무하여 미세입자로 된 산화마그세슘을 종이 내부에 침투시키는 방법	탈산처리기체인 에탄올아민류가 침투성이 매우 높고 저장 또는 탈산처리과정에서 안정성이 높다. 기록물 소재에 영향을 미치지 않아 작업 전에 선별이 불필요함. 장치, 시설, 약품 등 처리비용이 저렴
DEZ (Diethyl Zinc)법	미국 의회도서관이 처음 개발 탈산제로 다이아틸아연 가스를 사용 석유 에테르 용액에 공기를 통하면 과산화물($C_2H_5ZnOOC_2H_5$를 생성한다. 이것은 가열하면 폭발한다.)	기체 사용으로 서적 내부까지 용이하게 침투하므로 서적 해체 불필요 서적이나 문서 소재에 거의 영향을 주지 않아, 사전 선별 불필요 탈산처리제가 반응성이 높아 공기 중에 발화(1985, 1986년 화재사고) 처리장치의 개발 및 설치비용이 막대하며, 시스템 운전시 경험 필요
웨이트 (Wei' to)법	Richard Smith가 개발한 비수성 용액에 의한 탈산법 탈산제로 마그네슘(Mg)의 유기화합물을 사용 용제로서 알콜, 매제로서 프레온을 사용	프레온에 의한 환경오염문제로 대체가 필요 알콜 사용으로 잉크나 수지 등을 사용하는 자료는 사전 선별 필요
FMC 법	미국 FMC에서 발표한 탈산법 탈산제로 마그네슘의 유기화합물을 용제로 사용	환경에 영향이 적은 물질로의 대체가 가능 웨이트법과 유사하지만 용제로 알콜을 사용하지 않음. 열화된 종이를 강화하는 효과도 있다고 함.

간단한 탈산처리는 오늘날 종이의 약화를 억제하는 효과를 나타내지만 이미 열화되어 버린 종이의 강도를 되돌릴 수는 없다. 그래서 열화되어 버린 자료를 보존하기 위해 보통 탈산처리 후에 다시 종이의 강화처리를 하게 된다. 하지만 이 경우, 자료의 현재 상태를 가능한 한 그대로

남겨 둔다고 하는 수복의 전제에 맞지 않기 때문에 약화가 심각하게 진행된 자료에 대해서만 행하고 있다. 그러나 자료의 탈산처리를 하지 않으면 강화 효과가 나아질지 혹은 약화를 촉진하게 될지에 대해 주의해야 한다.[5]〈표 2〉

2-4-7. 건조

배접된 유물에 가볍게 수분을 주어가며 건조판에 건조시킨다.

2-4-8. 보관

전통적으로 자연을 이용하여 전적류를 보존하는 건물을 지어 보관하는 것이 좋으며, 바람과 햇빛을 이용하여 습기를 제거하는 포쇄라는 방법을 이용해 전적류의 손상을 방지하는 것도 필요하다. 그리고 두꺼운 종이로 만든 포갑으로 싸서 오동나무로 만든 상자에 넣어 보관한다. 현대에는 전적문화재를 보존처리하고, 그것에서 그치는 것이 아니라 보존처리 후의 상태를 유지하기 위해 공조시스템 등의 과학적인 방법과 중성지 등을 이용한 포장으로 더 이상의 손상 및 변화를 방지하는 방법을 사용한다.

현재는 전적문화재의 원형을 보존하는 방법뿐 아니라 디지털 기술을 적용하는 국내외 사례가 증가하고 있으며, 국립문화재연구소에서는 2006년 12월 국가지정 중요 전적문화재 원문 데이터베이스(DB)를 구축하여 그 내용을 기록하고 있다.

〈그림 26〉 평창 오대산 사고 복원 전경

건물에 의한 보관 방법 중 조선시대에 실록을 보관하는 사고가 대표적인 사례이다.〈그림 26〉 이 사고 중 하나가 1997년 10월에는 유네스코 세계 기록 유산으로 『조선왕조실록』이 등재되면서 복원되었다. 『조선왕조실록』은 규장각에 소장된 정족산본 이외에 국가기록원(태백산본), 북한(적상산본) 등에 모두 3부가 전해오고 있는데, 이 중 정족산본은 임진왜란

5 稲葉政滿(동경예술대학 미술학부 보존과학실), 「미술작품에 사용되는 종이의 劣化와 保存」, 『현대미술관연구』 제3집, 국립현대미술관, 1992.

때 병화를 입지 않은 조선 최고의 실록으로 문화재적 가치가 가장 크다. 『조선왕조실록』은 조선 전기에는 춘추관, 충주, 전주, 성주의 사고(史庫)에, 조선 후기에는 태백산, 오대산, 묘향산, 마리산, 정족산, 적상산의 사고 그리고 일제강점기에는 장서각에 보관하였다가 현재는 서울대학교의 규장각에 소장되어 있다. 이 실록을 보관하던 사고는 현재 대부분 소실되어 복원 중이거나 복원된 상태에 있다(1991년 전주 사고지(경기전 내부에 설치) 복원, 1992년 오대산 사고 복원, 1999년 정족산 사고 복원, 1992년 적상산 사고 이전 복원, 2007년 태백산 사고 복원 무산). 이와 같이 꾸준히 사고(史庫) 건물에 대한 개보수 및 복원을 행하여 왔지만 실록 자체가 현재까지 유지, 보존될 수 있었던 것은 포쇄에 대한 절차가 기록되어 있는 실록 『포쇄제명』를 통해 알 수 있다.

포쇄는 일정한 월일이 정해져 있지는 않지만, 따뜻한 봄날인 3~4월과 장마가 지나고 가을의 따뜻한 볕을 볼 수 있는 8~10월에 많이 행하고 날짜는 미리 길일을 택하였다. 사고에 보관된 사서가 습기가 차거나, 좀벌레가 생기거나, 도난을 당하거나, 화재가 발생될 것을 방지하기 위해 사서를 볕에 말리고 먼지를 털어내는 포쇄를 행한 후 일정한 분량씩 궤 속에 넣어 보관하였다. 보관할 때는 우선 붉은 보자기로 싸고 다시 기름종이로 덮은 다음에 부식을 막기 위해 천궁(川芎), 창포(菖蒲) 같은 약재를 넣었다. 창포가루와 천궁은 충해를 막기 위한 것으로 한 궤짝에 3두 6승 5합 혹은 2두를 넣었고 책과 책 사이는 초왕지를 2장씩 포개었으며, 습기를 배제하기 위해서 기름먹인 종이인 유지(油紙)를 6장 붙인 푸대 9개로 책을 보호하기 위해 씌워서 상자에 담았다. 보자기도 안쪽에 싼 것은 5년마다 갈았고 표면을 싼 것은 2년마다 다시 싸서 보존에 만전을 기하였다.[6]

현재까지 남아있는 전적류를 보관하는 건물로는 국보 제52호로 지정 관리되고 있는 해인사 장판각이 있다. 경판전은 건물 내 적당한 통풍과 온도·습도조절 등의 기능을 자연적으로 해결할 수 있도록 설계되어 있고, 판가의 진열장치 등이 과학적으로 설치되어 자연환경을 최대한 이용한 보존과학적인 건물이라 할 수 있다.〈그림 27〉

현재는 현대적인 건축방법으로 지어진 박물관, 도서관 등에 서적을 보관하고 있다. 이러한 건물들은 지리적 위치, 재해, 소장 기록물의 종류 및 소장량, 배관, 공기 조화, 보안 시설, 조명을 고려하여 설계한다. 건물을 준공한 후에는 문화재에 영향을 주는 유기산, 포름알데히드의 잔류 여부를 알기 위한 ODDY 시험법을 이용하여 유해성을 검증한다. 또한 서고 내 시멘트 알칼리

6 김홍섭, 『조선시대 사고(史庫)건축의 도서보존 방법에 관한 연구』, 한국박물관건축학회, 2001.

〈그림 27〉 해인사 장각판 내부

도, 서고 내 환경(온습도, 미생물 분포)을 조사하고 검사 한 후 이용하는 것이 안전한 방법이다. 캐나다 국립기록보존소(National Archives of Canada)의 경우 건물이 완공된 후 2년 동안 공조설비를 가동하여 벽의 시멘트 독성 제거를 위해 서고 벽면을 열선으로 포장하고 가열하여 강제적으로 양생을 가속하는 과정을 반복하였다.

건물 내에는 공조설비를 비롯해 소독, 소화 등의 설비를 설치하여 서고 내의 온도, 습도가 일정하게 유지되도록 하고, 유해기체 농도, 분진 농도 등을 조절하고, 정기적으로 실내소독을 하고, 반출될 때도 소독하도록 한다.

1) 전시 및 보관

전적문화재를 보관하기 위한 최적 온도는 18~22℃이며, 상대습도는 40~50%이다. 전시를 하는 경우 먼지가 유입되거나 발생하므로 공기청정기를 필수적으로 가동하고 국부적으로 전시관용 진공청소기를 사용하여 먼지와 같은 이물질을 제거하도록 한다.

자외선에 의해 유물이 약화되고 변색되기 쉬우므로, 조명의 조도는 50룩스 이하로 규정하고, 자외선 차단 필터 등을 이용하여 유물이 자외선에 노출되지 않도록 한다. 조도는 유물 표면에서 조도계로 측정하면 현재의 조명 밝기를 알 수 있다.〈그림 28〉 창문도 필터나 블라인드로 직사광선을 막도록 하고, 냉각장치를 부착하여 조명에 의한 온도 상승을 방지하도록 한다. 또한 카메라 촬영을 저지하여 플래시 섬광으로 인한 광화학분해 반응을 방지한다.

〈그림 28〉 조도계

곰팡이나 곤충은 일반적으로 서식에 필요한 온도 및 습도가 조성되면 문화재를 분해하여 영양원으로 활용, 번식을 할 수 있다. 환경을 조절하면 생물학적인 피해 요인을 억제할 수 있다.〈표 3〉 상대습도 65% 이하에서는 미생물 활동이 제한되며, 0.1% 이하의 산소 환경에서는 곤충의 접근을 막을 수 있다. 해충을 저온에서 동사시키는 동결법은 인체하의 산소 환경에서

〈표 3〉 오염물질과 그 기준(PBV : Parts Billion Volume)

오염 물질	기 준
SO_2	5~10 PBV
NOx	5~10 PBV
O_3	5~10 PBV
입자수	3,000 이하/m^2
입자크기	0.5~5μm

는 곤충의 접근을 막을 수 있다. 해충을 저온에서 동사시키는 동결법은 인체에 무해한 방법으로 사용될 수 있다. 곤충 피해를 예방하기 위한 방충제로는 파라디클로로벤젠을 사용하고 미생물 피해를 예방하기 위한 방미제로는 티몰이나 파라포름알데히드를 사용한다. 또한 가해 생물을 방제하기 위한 처리방법은 주로 훈증법(에틸렌옥사이드와 메틸브로마이드의 혼합가스)을 사용한다.

최근에는 이러한 약제사용을 피하고 생물학적 피해의 확대를 사전에 예방함으로써 문화재의 보존에 적절한 환경을 유지하는 종합해충관리(Integrated Pest Management : IPM)란 방법을 실천하는 추세에 있다.[7]

2) 보존용품

사료전적(史料典籍)은 예로부터 사경(寫經)이나 인쇄된 전적을 질(帙)로 제책하거나 두루마리로 제작한 것을 보존용 두루마리를 만들거나 상질(箱帙)이란 용기로 제작하여 1차적으로 보호해 왔다. 건조시 습도를 방출하고 습윤할 경우에 사료를 수납한 보호상자가 온습도 조절을 하여 자료를 보호하도록 했다.

오늘날의 경우, 많은 전적이 개가식 서가에 방치되어 있으므로 보존용기를 개선하거나 보존용기로 유물을 포장하여 보관한다. 보존용기에 보존되고 있더라도 항온항습이 유지되는 수장환경에서 꺼내거나 다른 곳으로 이동시킬 경우 환경의 변화에서 문화재를 보호하기 위해 1차적인 방법의 하나로 보존용지나 보존박스 등을 사용한다.

낱장의 문서류 및 고지도 등은 접거나 말아서 보관할 때 물리적인 힘에 의한 손상이 발생하게 되므로 가능하면 펴서 보관할 수 있도록 한다. 보관시에는 중성의 Mounting Board로 매트를 제작한 후, Museum Folder를 이용하여 보관하도록 한다. 이런 보존용지나 보존박스는 먼지,

7 『동산문화재의 보존과 관리』, 국립문화재연구소, 2004.

온습도, 빛, 대기오염, 부주의한 취급으로부터 물리·화학적으로 보호하는 역할을 하여 유물을 일차적으로 보호할 수 있다. 약알칼리성 소재가 많이 사용되는데, 산성으로 변해가는 유물과 대기 중의 유해 가스를 흡수 및 중화시켜 자료를 열화시키지 않도록 하기 위해서이다.

제 9 장

토기 및 도자기의 보존과학

1. 토기와 도자기 유물 보존처리의 필요성

토기와 도자기는 선사시대부터 지금까지 만들어 사용되어 온 토기류와 남북국 시대를 기점으로 제작되기 시작한 도자기(陶磁器)류로 크게 나누어 볼 수 있다. 도자기는 도기(陶器)와 자기(磁器)라는 두 종류의 용어가 현대에 이르러 합쳐진 말이다. 도기는 질그릇을 가리키는 말로서 연질도기(토기)와 경질도기(도기)를 통칭하는 것이며, 자기는 고령토를 이용해 1,300℃ 이상에서 유약을 발라 두 번 구워낸 것을 말한다.

토기와 도자기의 주재료는 점토나 사질의 흙이며, 원료가 흔하기 때문에 일상생활에서 친근하게 사용되어왔다고 볼 수 있다. 토기는 점토로 만들어져 유약(釉藥)을 바르지 않은 것이고, 도기와 자기는 유약을 바른 것이다. 그러나 과학적 분석을 하면 도자기류는 산화 규산반토인 고령토를 이용하여 정제된 것이고, 토기류는 일반 토양을 이용한 것으로 소성온도와 유약의 시유 유무에 따라, 매장되었을 때의 보존 상태에 따라 그 취급법이나 관리의 차이가 난다.

매장상태의 도자기는 특히 각각의 재질에 따라 받는 영향이 서로 다르다. 그 예로 유약이 입혀진 석기와 자기는 매장환경에서 염기물의 영향을 거의 받지 않아 함침처리를 필요로 하지 않는다. 그러나 토기의 경우 염기물과 지하수 등 매장환경의 영향을 받는다. 따라서 유물과 매장환경을 이해하는 것은 어떻게 보존처리를 해야 할지를 알려주는 중요한 정보이다.

토기는 석기시대부터 오랜 시간 동안 사용되었기 때문에 발굴현장에서 가장 많이 접할 수 있는 유물이며, 유구의 편년을 설정하는데 결정적인 자료를 제공한다. 토기와 도자기 역시 원래의 안정한 상태로 돌아가려고 하는 물리적인 성질을 갖고 있다. 따라서 매장되었던 토기도 그 원래 재료인 흙으로 돌아가려는 성질이 있으므로 약한 상태로 존재하게 된다. 이렇게 매몰되어 있던 토기 및 도자기가 대기에 노출되면 내부에 존재하는 수분의 증발로 균열이 일어나게 된다. 또, 수분이 증발하면서 내부에 존재하던 염이 결정화되면서 염의 내부 압력으로 팽창하게 되어 파손이 일어나게 된다. 장시간 매몰되어 있는 동안 매장환경에 의한 물리적, 화학적 작용으로 인해 유물 자체의 무게를 유지할 수 없을 정도로 부식되어 지지가 필요하기도 하다. 이러한 현상은 유약을 바르지 않은 토기일수록 심하며 더욱이 연질토기의 경우는 보존처리를 하지 않으면 형상을 유지하기 어려운 경우가 많다.

수 천 년 동안 구워 사용되던 토기에 유약을 바르기 시작하면서 생겨난 자기는 고온에서 소성되어 물리화학적으로 안정하며, 온·습도의 영향을 거의 받지 않고 빛에 대해서도 안정하다. 유약은 고온·고습한 환경에 영향을 받으며, 불안정하고 물에 녹는 성분이 있고, 내부에 결정이 생기는 경우도 있으므로 갑작스럽게 온도를 변화시키거나 극단적으로 강한 빛을 비추는 것은 좋지 않다. 이럴 경우 유약 두께의 불균형으로 인해 빙렬이 생기기도 하고 산화되어 박락되기도 한다. 매장 당시에 용해성 염기물의 피해를 받거나 식물뿌리에 의해서도 훼손되는 경우도 있다.

이와 같은 물리적인 피해가 대부분이지만 화학적인 피해도 입을 수 있는데, 그러한 경우 수분에 의한 영향을 가장 많이 받는다. 아울러 산과 염기 그리고 매장상태에서의 박테리아로 인한 피해가 생기기도 한다. 또한 토양으로부터 황화납에 의해 흑화현상이 나타나기도 하며, 고분 출토품의 경우는 뼈의 인이온(P)으로 인해 화합물이 형성되기도 한다.

전래품이거나 전시품인 도자기는 시간이 흐르면서 먼지와 얼룩에 의해 영향을 받는다. 특히 전래품인 경우 사용했을 때 생긴 얼룩이나 그에 따른 생성물 등도 피해를 줄 수 있다.

토기와 도자기는 충격에 약하기 때문에 충격을 받아 금이 생기거나 파괴되지 않도록 조심스럽게 다루어야하는 유물 중 하나이다. 그리고 손상을 줄이려면 보존환경이 잘 갖추어진 안전한 보관상자나 장소에 보관하여 관리하는 것이 가장 우선적으로 이루어져야 한다. 손상된 유물들의 보존처리가 필요할 경우는 유물의 과학적인 분석 결과를 토대로 보존처리의 윤리와 원칙에 입각하여야만 한다.

2. 도자기의 분류 방법

도자기는 매우 다양하므로 분류하기가 어렵다. 그러나 흔히 제작에 사용한 점토의 종류와 소성온도에 따라 분류하고 있다. 일반적인 분류에 따르면 토기, 도기, 석기, 자기의 네 종류로 구분할 수 있다.

세계 각국에서 사용하는 용어를 보면 토기와 도기의 구별은 반드시 명확하지 않다. 도자기(Pottery, Ceramic: 영국, Keramik: 독일 등) 또는 도(陶: 중국) 등의 말은 도기와 토기를 모두 포함한 개념이다. 우리나라에서도 도자기를 도기와 자기의 두 종류의 용어를 합쳐 정의하는 학자도 있다.

도기란 흔히 질그릇으로 불리는 것으로, 도토(陶土)를 가지고 형태를 만들어 도기 가마에서 구어 낸 그릇을 말하며, 자기란 흔히 사기그릇으로 불리는 것으로, 자토(磁土)를 가지고 형태를 만들어 자기가마에서 구워낸 그릇을 말한다.

질그릇으로서의 '도기'는 현재 토기와 도기로 나뉘어 쓰이고 있지만, 토기라는 명칭은 20세기에 들어와 일제강점기 일본인에 의해 쓰이기 시작한 용어이다. 삼국시대부터 오늘에 이르기까지 널리 쓰인 말은 도기였다. 따라서 도기 안에 토기가 포함되는 개념이라고 볼 수 있다.

2-1. 점토의 종류와 소성온도에 따른 분류

토기란 점토를 재료로 하여 형태 즉 기물(器物)을 만들고 불로 구운 다공질의 용기라고 정의할 수 있다. 점토를 재료로 한 도기도 있지만 도기는 유약을 발라서 표면을 유리질로 만든다는 점에서 다르다. 자기는 고령토를 재료로 높은 온도(1,200~1,300℃)에서 구워내어 그릇 벽 전체가 유리화하여 다공성이 상실되어 있다. 토기의 소성온도는 바탕흙에 포함되어 있는 광물이 녹기 시작하지 않을 정도인 1,000℃ 미만(600~800℃)의 것이 많다. 이와 같이 선사시대부터 불을 이용할 수 있는 기술이 발달함에 따라 연질토기에서부터 경질토기를 거쳐 현재에는 옹기와 같은 다양한 토기류들이 만들어지고 있다.〈표 1〉

〈표 1〉 태토의 종류와 소성온도에 따른 분류

오염 물질	태 토	소성온도 (℃)	유약 유무	특 징
토기 (Clay Ware)	점토	600~800	×	표면색은 적갈색이며 손톱으로 그어질 정도로 강도가 약하다. 미세한 구멍이 많아 흡수율이 커서 물을 넣으면 물이 스며들어 밖으로 번져 나온다. 신석기 시대 토기
도기 (Earthen Ware)	점토	800~1,000	△	토기보다는 굳으나 쇠칼 같은 것으로 자국을 낼 수 있고, 물이 조금 스며들기는 하나 몸체가 비교적 단단하다. 다공질 소지를 가지며 두드리면 탁음을 내고 투광성도 거의 없다. 청동기 시대의 민무늬토기
석기 (Stone Ware)	저급점토 (불순물을 많이 함유)	1,000 이상	○	태토 속에 포함된 장석이 녹아 유리질로 변해 태토 속으로 흘러들어가 그릇의 몸체가 돌처럼 단단해진 것이다. 그래서 석기는 때리면 쇠붙이 소리가 나고 물이 기벽에 스며들지 않는다. 태토의 빛깔은 청회색이며 기계적 강도, 즉 충격강도가 자기보다는 못하지만 도기보다는 높다. 삼국시대와 통일신라시대의 경질토기

오염 물질	태 토	소성온도 (℃)	유약 유무	특 징
자기 (Porcelain)	고령토	1,200~ 1,300	○	태토의 유리질화가 더욱 촉진되어 강도가 매우 높고 흡수율이 0.5%를 밑돌고, 기벽이 광선에 비치면 비칠 정도의 반투명체로 된 것이다. 태토의 빛깔은 백색이다. 고려시대와 조선시대의 청자, 백자, 분청사기 등

2-2. 외국의 도자기와 토기에 대한 개념

외국에서는 토기와 도자기에 대한 구분을 Pottery, Earthenware, Stoneware, Porcelain, Ceramics의 5가지 개념으로 정리한다. 우리나라에서 발간되는 박물관 도록이나 학술 논문 등에 사용하는 유물 설명의 영문 표기를 살펴보면 이들 5가지 단어가 혼동되어 사용되고 있다. 엄밀히 구분하자면 아래 표와 같이 정의 할 수 있다.〈표 2〉

〈표 2〉 외국에서 구분하는 정의

구 분		정 의
Pottery	토기, 도기	Pottery는 모든 흙으로 된 기물에 해당하는 용어로 인류가 만들어낸 최초의 점토로 된 기물을 의미한다. 담을 수 있는 Vessel(대접), Plate(접시), Bowel(공기) 등을 포함한다.
Earthen Ware	도기	대개 소성된 기물의 다공성이 5%를 넘은 것을 말한다.
Stone Ware	석기	석기는 견고하게 유리화된 도자기로서 1,200℃ 내외의 고온에서 태토와 유약이 밀착되게 소성된 기물을 말한다.
Porcelain	자기	백색의 반투명한 기물로 거칠고 흡수성이 있는 도기(Earthenware)와 구별되며, 석기보다 질감이 곱고 반투명한 차이점이 있다.
Ceramics	도자기	열에 의해 내구성 있게 만들어진 그릇을 의미함. 20세기에 등장한 용어. 흙으로 된 모든 제품을 의미함.

2-3. 국내에서 도자기와 토기에 대한 개념

한국의 전통도자기를 분류하면 도기와 자기로 구분할 수 있다. 도기는 선사시대의 소성 온도는 낮고 운모성분이 많이 함유된 토기에서부터 청동기시대에 무문토기, 홍도, 흑도 같은 채색토기와 원삼국시대의 연질토기, 삼국시대와 통일신라 후기의 회청색 경질토기, 고려시대의 토기, 조선시대의 질그릇에 이르기까지 그릇표면에 유약을 시유하지 않은 그릇들이 모두 포함한다.

대체로 이들 도기의 제작은 성형에서부터 번조에 이르기까지 비교적 단순한 과정을 통하여 이루어지는 반면, 청자, 백자, 분청사기 등과 같은 자기는 초벌구이를 한 그릇 표면에 유약을 씌우고 가마 안에서 1,200℃ 이상의 고온으로 산화나 환원염으로 재벌구이로 번조해야만 완성되는 고도의 제조기술이 필요하다. 이처럼 도기와 자기는 유약의 유무와 태토, 번조온도, 가마 구조가 서로 다르게 만들어진다. 더욱이 고려시대 청자의 경우는 재벌구이를 함으로써 중국의 송나라시대 청자와는 제작기법에서부터 차이가 있어서 우리의 고유 기법을 탄생시키게 되는 결과도 낳았다.〈표 3〉

표 3. 국내에서 구분하는 정의

구 분		정 의
옹기	도기	우리나라 도자에서 볼 수 있는 점력이 강한 적점토를 반죽하여 성형한 후 한 번의 소성으로 마치는 도자류 용기를 지칭하며, 유약을 바른 상태로 구워내는 일부 질그릇, 푸레그릇을 비롯해 생소지에 유약을 바른 후 단벌 소성하는 도기류를 모두 포함한다.
질그릇	토기, 와기	유약을 바르지 않고 단벌소성으로 완성한 그릇을 말한다. 우리말로 점토를 '질'이라 한다. 따라서 질그릇은 '질'로 만든 그릇이라는 의미를 가지고 있다. 질그릇의 소성 온도는 600~1,200℃인데 주로 600~800℃ 사이의 저온에서 소성하며 소성 중 연기를 피워 검댕이를 입혀 짙은 회색의 기물을 만든다.
푸레그릇 (푸레독)		질그릇 종류 중 특수한 용도의 푸레그릇은 900~1,000℃의 비교적 고온으로 구운 질그릇을 의미한다. 소성 중 가마 안에 소금을 투척하여 소성 후 기물은 황색을 띄게 되며 표면은 유약을 입힌 듯한 윤택을 갖게 된다.
오지(옻그릇 또는 칠그릇)		오지는 옹기와 자기의 중간적 특성을 지닌 기물로 자기의 제작방법과 같이 방법으로 소성 하나, 태토의 표면이 거칠고 소성 후 기물의 색깔이 옹기와 흡사한 특징을 가지고 있다.
자기	자기	일반적으로 청자, 백자, 분청사기 등을 말하며, 초벌온도 700~800℃, 유약을 바른 후 1,250~1,300℃ 정도로 재벌 소성하여 완성한다.

3. 토기와 도자기의 제작 방법

태토를 가지고 용도별 크기에 적당히 성형을 한 다음 가마에서 구어내면 하나의 토기가 탄생한다. 그러나 도자기를 형성하기 위해서는 뼈대가 되는 태토를 성형하여 유약을 바르고 가마에 넣어 굽는 4가지 단계의 작업이 필요하다.

3-1. 태토(胎土)

도자기의 원료가 되는 것으로 주로 점착성을 가진 미세한 입자의 집합체이고 일명 고령토라고 부르며, 주로 규소, 알루미늄, 철 등으로 구성된 2차 점토를 말한다.

3-2. 성형(成型)

태토를 빚어서 기물을 만드는 방법으로 이른 시기에는 손빚음법(수타법; 手捺法)으로 하거나, 흙타래를 가는 끈 모양으로 만들어 그것을 나선형으로 감아올리는 서리기법(권상법; 卷上法, Coiling Method)과 굵은 타래고리를 1단씩 쌓아올리는 테쌓기법(윤적법; 輪積法, Ring Method)을 사용하였다. 이러한 코일링 기법은 제작도구가 필요 없는 단순하고 손쉬운 기법이며 토우나 토기를 제작하는데 적합하다.

또, 목형이나 초벌구이 한 것을 형틀로 이용하여 같은 모양의 그릇을 대량으로 만들었으며, 보다 더 대량으로 그릇을 만들 때에는 회전판 위에 흙을 올려놓고 물레를 회전시키면서 그릇을 빚는 물레성형법이 보편적으로 많이 사용되었다.

3-3. 유약(釉藥)

자기의 표면에 덧씌운 얇은 유리질막을 말하며, 바탕의 흡수성을 없애고 도자기 자체의 강도를 높이며 광택과 색깔을 나타내게 하여 아름답게 만드는 효과가 있다.

3-4. 가마

도자기를 구워내는 번조단계에서는 가마의 설치가 중요하다. 번조는 산소공급의 많고 적음에 따라 두 가지로 갈라지는데, 산소가 많은 상태에서 타는 붉은색의 불꽃은 산화염, 산소가 부족한 상태에서 타는 파란 불꽃은 환원염이라고 부른다. 선사시대에는 지표에 구덩이를 파고 노천에서 토기를 구웠기 때문에 산소공급이 많아 산화염이 되어 붉은색 토기가 많이 제작되었다. 또한 가마의 제작 기술의 발달과 더불어 가마 내부의 공기 소통을 제한하는 기술이 발달하면서 불을 지피는 동안에 산소의 양을 조절하여 환원염으로 만들기도 하였다. 이때 불과 공기는 태토와 유약에 함유된 철분까지 끌어내어 탄산가스로 만드는 환원작용을 하기 때문에, 전체적으로 철분은 청흑색의 산화제1철(FeO)이 되어 토기 빛은 회흑색이 되며 청자는 아름다운 비색을 얻게 된다.

가마의 종류에는 승염식 가마, 도염식 가마, 터널식 가마, 횡염식 가마, 오름 가마(등요) 등이 있는데, 일반적으로 우리는 전통적으로 오름 가마 형식을 갖는 소위 등요 방법으로 도자기를 구워 왔다.

4. 토기와 도자기의 손상 원인

토기유물은 대부분 연질이기 때문에 고분이나 생활 유적에 매장되면서 토압이나 누수, 그리고 주변 흙 등과 같이 매장환경에 의해 손상이 일어난다. 도자기의 경우는 점토 표면에 유약이라는 불투수성 재료를 바르고 소성 온도도 높게 제조되기 때문에 매장환경에서보다는 출토 후 보관 중에 손상되는 경우가 대부분이다. 이러한 손상에 대한 원인으로 물리적인 손상과 화학적인 손상으로 구분하여 볼 수가 있다.

물리적인 손상으로는 자연적인 손상과 보존처리 중에 발생되는 인위적인 손상으로 세분하여 나눌 수 있다. 자연적인 손상으로는 제조 과정에서 찌그러지거나 균열이 발생하여 생긴 손상과 매장환경에서 토압에 의하여 부서지거나 전시 중이나 운반과정에서 취급 부주의로 인해 파손되는 경우도 있다. 이러한 충격에 의한 손상을 방지하기 위해서 최근 박물관에서는 지진에 의해 넘어지지 않도록 고정하는 방법이 개발되어 사용되고 있다. 또한 매장 중에 태토의 기공 사이로 토양에 있던 가용성 염분이 흡수되어 전시 중에 균열이 일어나는 원인이 되기도 한다. 또한 매장 중 동파나 발굴의 미숙, 그리고 식물의 뿌리에 의한 손상이 있다.

보존처리 중에 발생되는 인위적인 손상으로는 이물질을 제거하기 위해서 사용하는 나이프나 과도한 세척으로 손상되는 경우가 발생된다. 또한 보존처리 방법이나 보존처리 약품의 선택이 잘못되어 나타나는 처리 미숙이 손상의 많은 원인이 된다.

화학적인 손상도 자연적인 손상과 보존처리 중에 발생되는 인위적인 손상으로 세분하여 나눌 수 있다. 자연적인 손상은 연질토기와 같이 저온에서 제작된 토기류에 많이 나타나는 현상으로 물기에 약화되어 손상된다. 매장된 토기의 대부분은 지하수와 접촉하게 되어 있는데, 이때 산성분에 의해 오염된다. 그리고 도자기가 출토되는 경우 표면의 유약이 손상되어 출토되는 경우가 많은데, 이것은 염기가 유리구조로 여과되어 실리카 성분을 콜로이드 상태로 용해시켜 손상되는 경우이다. 같이 매장되어 있던 생물체의 부패에 의하여 혐기성 박테리아가 황화염을 황화수소로 바꾸면서 검은 색의 황화납을 생성하여 검게 표면이 변하는 손상도 있다.

보존처리 중에 발생되는 인위적인 손상으로는 보존처리 약품에 포함되어 있는 산 성분에 의해서도 미약하지만 손상이 생길 수 있고, 공업용 세척제 사용 중 납 성분에 의해 손상이 일어날 수도 있다. 따라서 보존처리자는 인위적인 손상이 생기지 않도록 각별히 주의해야 한다.

5. 우리나라의 도자기 보존처리 역사

우리나라의 도자기 수리가 언제 시작되었는지 정확한 시기는 알 수 없다. 하지만 『산림경제(山林經濟)』 및 『규합총서(閨閤叢書)』, 『조선의 소반·조선도자명고(朝鮮陶磁名考)』 등에 나타난 것을 보면 아주 오래 전부터 수리가 진행되었을 것이라고 추정할 수 있다.〈표 4〉

〈표 4〉 도자기 관련 문헌의 종류와 내용

구분	방법	정의
산림경제	기와와 돌을 붙이는 법	느릅나무의 흰 껍질(楡白皮)을 질게 풀처럼 짓찧어 기와와 돌을 붙이는데 사용하면 아주 효력이 있다(증류본초). 백교향(白膠香; 단풍나무 진) 진품 1냥, 황랍(黃蠟)·역청(瀝靑; 소나무 진) 각 1전, 향유(香油) 1적(滴)에 부서진 돌로 색깔이 같은 것을 갈아 찧어 가루로 만들어서 섞어 고약을 만들어서 뜨겁게 하여 붙이는데, 이것이 곧 보석(補石)하는 신교(神膠)이다. 만약 산석이 잘라진 것을 붙이려면 돌가루를 버리고 합분(蛤粉; 조개가루)을 더 넣어 섞어 말려서 붙인다(거가필용).
	자기 붙이는 법	자기는 계자백(鷄子白; 계란의 흰자)에 백반(白礬)가루를 섞어서 자기를 붙이면 매우 단단하다(증류본초).
규합총서	그릇 세척법	유리그릇은 장을 끓여 씻으면 때가 지고, 상아(象牙)가 오래되어 누르거든 두부찌꺼기에 담가 문지르면 도로 희어지고, 그릇이 불타서 검은 것은 다시 불에 쬐어 문질러 모래와 돌이 없는 땅에 묻었다가 내면 옛날과 같아진다.

구 분	방 법	정 의
규합총서	사시그릇 붙이는 법	사그릇(沙器) 깨어진 것을 달걀흰자 위에 백반가루를 섞어 붙이면 좋고 깨어진 사기를 먼저 불에 쬐고, 달걀흰자 위에 석회(石灰), 대왐(白咬)풀가루를 섞어 붙인 후, 노끈으로 동여 불에 쬐어 말리면 뜻대로 쓰되 다만 닭국(鷄湯) 담는 것을 피한다.
	사기그릇, 질그릇 붙이는 법	파를 땅에 심은 채 두고, 그 잎 뾰족한 부리를 문지르고, 대가리 흰 지렁이를 넣어, 끝을 매어 봉하여 두면 하룻밤 뒤에는 다 녹아 물로 변하고, 그 즙(汁)으로 사그릇, 질그릇을 다 붙일 수 있다.
	벼룻돌 및 질그릇 붙이는 법	밀가루를 고운 수건에 쳐서 생옻(生漆) 맑은 것과 합하여 깨진 벼룻돌(硯)과 질그릇을 다 붙인다.
	독그릇 붙이는 법	독그릇(도깨그릇)이 깨어진 데 풀무의 쇠똥을 초에 개어 막으면 좋고, 토란(土卵)을 반은 설고 반은 익혀(半生半熟) 꽤 문지르면 새지 않는다.
	도자기 채화 하는 법	우리나라는 화기(火器)를 만드나, 다만 회회청(回回靑)만 쓰고 채화(彩畵)를 못하므로, 청강석(靑剛石) 가루로 그려 구우면 스스로 오색(伍色)이 된다.
	독과 항아리 붙이는 법	독과 항아리가 깨어져 새는데, 먼저 대비로 정히 쓸고 뜨거운 햇빛에 십분(十分)쯤 말리고 숯불을 피워 위에 놓아 그릇 몸이 끓은 후에 좋은 역청(瀝靑)가루를 새는데 놓아라. 녹아 즙이 흘러 틈과 안에 가득하도록 다시 숯불로 약간 쬐어 바르면 다시는 놓으면 새지 않는다.
	질그릇에 그림 그리는 법	모양 좋은 질그릇에 먹칠을 진하게 하고 아교에 분을 개어 포도를 치거나 풀이나 꽃(草花)을 그리고 하엽(荷葉)이나 야청(鴉靑)을 칠하고 채화(彩畵)를 하여 들기름(荏子油)에 무명석(無名石)과 백반(白礬)을 조금 넣고 숯불로 끓여 동유(桐油)를 만들어 위에 고루 칠하여 말려 걸으면 화로류(火爐類)는 왜물(倭物)같고, 매우 빛나고 좋다.
조선의 소반·조선 도자명고	자기 붙이는 법	계란 흰자에 백반가루(白礬; 명반을 구워서 만든 가루)를 섞어서 붙이면 매우 단단하다. 칠을 맑게 하는 것으로 세라(細羅)를 쓰는데, 세라에 밀가루를 약간 섞어 자기를 붙이면 잘 굳고, 자기와 부서진 벼룻돌을 붙이면 매우 단단하다. 세간에서 말하기를 땅에 직접 심은 파의 잎 속에 목이 흰 큰 지렁이를 넣어 파 잎을 봉하고 하루가 지난 뒤 이것을 펼쳐 보면 완전히 물로 변해 있다. 이 맑은 물을 취하여 자기를 붙이면 흔적이 나지 않고 매우 견고하다.
	자기를 보수하는 법	먼저 자기를 달여 뜨겁게 만들고 계란 흰자를 석회와 섞어 사용하면 자기가 매우 단단하다. 또한 백급(白咬咬; 대왐풀의 뿌리)과 석회 각 한잔을 물에 섞어서 사용하기도 한다. 그리고 백급 가루, 계란 흰자를 사용하여 자기를 단단하게 하고 끈으로 묶어 불 위에 뜨겁게 쬐어 사용한다. 닭 끓인 것을 담는 일은 피한다.
	시기 독항아리에 구멍 뚫는 법	쑥뜸을 사용하는데 쑥 심지를 작게 만들어 항아리에 대고 송곳을 찔러 구멍을 만든다.
	독항아리 보수하는법	항아리에 균열이 간 것을 붙이려면 먼저 대나무 마디를 사용하여 안정시키고 여름에 강하게 내리쬐는 볕에 말린다. 역청(瀝靑; 소나무 진)을 불에 녹여 발라서 붙이고, 다시 불로 약간 뜨겁게 만든 다음에 벌려서 칠한다. 물이 스며들어서 새는 데는 유탄(油炭; 유리를 끼울 때나 나무의 구멍을 메우는데 씀)으로 족하다. 독항아리가 부서진 것을 메우려면 쇠 부스러기와 초(醋)를 섞어서 사용하여 붙인다. 그 위에 쇠 녹이 생기면 즉시 물이 새므로 토란을 불에 구워 반생반숙(半生半熟)하여 문지른다.

구분	방법	정의
	기와와 돌을 붙이는 법	유백피(楡白皮)를 질게 풀처럼 짓찧어 기와와 돌을 붙이는데 사용하면 아주 효력이 있다. 백교향(白膠香) 진품 1냥, 황랍(黃蠟), 역청 각 1전, 향유(香油) 한 방울에 색깔이 같은 부서진 돌을 찾아 찧어 가루로 만들어서 섞어 고약을 만들어서 뜨겁게 하여 붙이는데, 이것이 곧 보석(補石)이라고 하는 신교(神膠)이다. 만약 산석이 잘라진 것을 붙이려면 돌가루를 빼고 나머지 가루들을 더 넣어 섞어 말려서 붙인다.

6. 토기·도자기의 과학적 분석 및 보존처리 방법

금속이나 목재 등으로 제작된 유물의 보존처리는 전통적으로 그 유물을 제작하였을 때 사용하였던 물질과 같은 재질을 과학적으로 분석하고 성분을 파악하여 동일한 재료를 사용하는 것을 원칙으로 한다. 또한 잘못된 보존처리 방법으로 유물이 손상된 상태가 아닌 경우는 처리기법도 기존에 사용한 제작기법과 유사한 방법을 사용하는 것이 바람직하다. 그러나 도자기의 경우 수리·복원할 때 원재료와 다른 다양한 물질들을 사용하고 있으며, 처리 방법도 제작기법과는 전혀 다른 방법들이 많이 사용되고 있다.

최근에는 대부분 화학용 접착제로 수리를 하지만 과거에 사용된 토기나 도자기 수리복원에 사용된 물질을 분석하여 보존처리에 동일한 재료를 사용하려고 하면 사용되어진 물질들이 대부분 자연에서 얻어지는 유기물들이 분해되기 때문에 어느 정도 시간이 지나면 분석이 힘들어지는 현상이 나타난다. 또한 전통적으로 사용된 보존 기법들이 기록으로 남아 있는 경우가 많지 않아 과거에 사용되었던 물질을 정확하게 파악하기가 매우 어려운 것이 현실이다. 그러나 토기나 도자기를 수리·복원함에 있어 과거에 사용된 물질을 알아내기 위한 과학적 분석은 보존처리를 실시하기 전에 예비조사 단계에서 이루어져야 한다. 유물의 구입 후 상태 파악이나 올바른 보존처리 계획의 수립이 필요한 경우는 X-ray 촬영을 실시하여 보수나 균열 등 인위적인 변화가 있었는지 알아 두는 것도 유물의 관리를 위해서 해야 할 사전 조사 방법 중 하나이다.

6-1. 예비조사

유물을 현재 상태 그대로 유지하거나 손상이 심하여 복원하는 것이 유물을 이해하는 데 효과적일 경우에는 유물에 대한 과학적 분석과 보존처리를 실시하게 된다. 무생물인 유물이라 할지라도 사람에게 응급처치를 하고 치료를 하는 것처럼 조심스럽게 다루어야 한다. 유물을 안전하게 다루기 위해서는 치료 목록을 만들고 기록하는 것이 필요한데, 이를 유물카드 작성이라고 한다. 유물카드는 보존처리에 앞서 고고미술사적 해석과 보존처리 방안 등, 전반적인 유물의 정보를 기록하기 위해 작성한다. 내용으로는 발굴된 유물의 경우, 역사학적이나 고고학적인 유물의 종류와 명칭, 발굴 관련 자료 및 실측 등과 미술사적인 제작기법, 장식기법 등을 기록한다. 전체적인 상태, 세부적인 조사, 물리화학적인 피해요인 등과 보존처리 과정을 덧붙여 기록하는데, 전반적인 작업 과정과 약품명, 작업 방법 등을 글과 사진촬영 등을 이용하여 정보를 기록한다. 만약 기증과 같은 전래품이거나 박물관에 전시된 유물일 경우, 박물관 유입 후 관리상태 등을 덧붙여 기록하는데, 이때 토기와 도자기는 X-ray 촬영이나 CT 조사, 그리고 자외선 분석을 하여 이전에 복원 및 수리하였던 부분을 확인하고 사용된 재료 등을 파악하는 것이 중요하므로 보존처리자는 이를 염두에 두어 두어야 한다.

6-2. 자연과학적 분석

토기나 도자기를 보존처리하기에 앞서 처리에 필요한 구조적인 정보나 내부균열, 세부문양, 시문방법, 복원범위(전세품일 경우), 제작기법, 소성온도, 태토성분, 연료산지, 절대연도 등을 알아내야 한다. 이러한 사항들을 파악하기 위해 토기나 도자기에 대한 자연과학적인 분석 방법으로 X-선촬영법, 형광X-선분석법, 편광(偏光)현미경, 열(熱)루미너선스 연대측정 등을 사용하고 있다. 이러한 기기들의 특징은 파괴적 분석법과 비파괴적 분석법으로 나뉘며, 기기의 특징은 다음과 같다.

〈표 5〉 분석 기기별 특징

분석 기기명	특 징
X-선촬영 및 CT조사	구조적인 정보나 내부균열, 세부문양, 시문방법, 복원흔적을 확인
형광X-선분석법	성분분석(태토의 광물조성), 재료산지 추정 등
편광현미경	태토나 유약에 포함 된 광물조성 성분 분석
熱루미너선스 연대측정	소성 유물의 절대연도 측정
시차주사열량 - 시차	열분석기 소성온도

6-2-1. 비파괴 조사법

1) X-선투과촬영(X-ray 촬영)

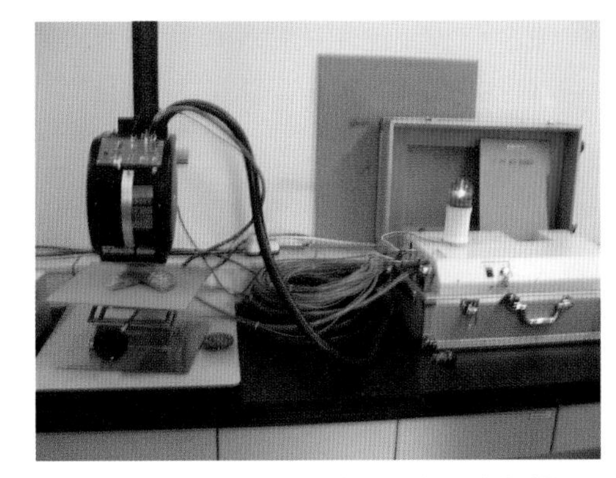
〈그림 1〉 휴대용 XRF

X-선투과촬영은 문화재에 아무런 손상이나 변화를 주지 않는 방법으로 육안으로 확인할 수 없는 내부구조, 문양 및 명문 등을 관찰하고 제작기술을 확인할 수 있어 금속, 도·토기, 석기, 목재, 벽화, 회화 등 모든 문화재에 폭넓게 적용할 수 있다.〈그림 1〉

최근에는 육안으로는 수리 부분의 판독이 어려울 정도로 보수나 수리가 되는 실정이다. 따라서 정밀 관찰이 요구되는 경우는 X-선투과촬영을 이용하면 수리·복원된 부분을 찾고, 균열을 찾는데 유용하다.

2) 컴퓨터 단층 촬영(CT 촬영 조사)

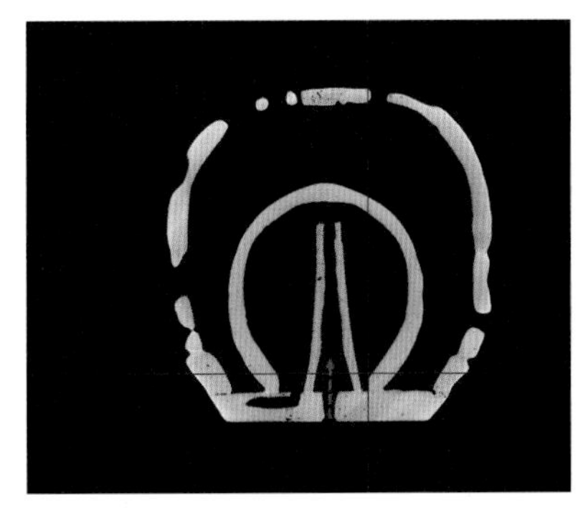
〈그림 2〉 CT 촬영된 모습(국립중앙박물관 자료인용)

컴퓨터 단층촬영은 CT(Computed Tomography)라고 하는데 tomography란 말은 단면을 뜻하는 연결형 'tomo-'와 사진술을 뜻하는 'graphy'가 결합된 말이다. 즉, 일반 촬영으로 나타낼 수 없는 사물의 단층영상을 기록하여 나타내는 장치이다.〈그림 2〉

엑스선 컴퓨터 단층촬영(X-CT) 조사 대상이 360도로 돌면서 투과된 엑스선의 단층 이미지 정보를 컴퓨터로 재구성하여 3차원 형상 데이터로 나타낸다. 주로 의료, 자동차와 전자 산업, 과학 분야 등에서 비파괴 조사·분석에 이용되는 기술이다. 문화재 분야에서는 내부 구조의 복잡한 형태를 자르거나 추출하는 시각화를 통해 유물을 보다 직관적으로 조사·분석하는데 쓰이며, 조선시대 연적이나 인물상 등의 내부구조뿐만 아니라, 도자기의 두께 및 결합 방식 등 다양한 제작방법을 조사하는데 활용되고 있다.[1]

3) 형광X-선분석법(X-ray Fluorescence Spectroscopy)

분석 대상물에 X-선을 조사하면 그 물질 고유의 2차 X-ray가 방출된다. 시료 중 함유량이 많은 원소는 형광X-선 Spectrum에서 큰 Peak 면적을 갖게 되는데 이러한 Peak 면적을 가지고 각 원소의 함유량에 대한 정보를 얻을 수 있다. 형광X-선 분석은 자기의 유약성분, 유리, 토기 및 안료분석 등의 분석에 응용되고 있다.

6-2-2. 파괴조사법

1) X-선회절분석법(X-ray Diffraction Spectroscopy : XRD)

X-선회절분석은 유물에 X-선을 조사하여 반사되는 각의 굴절유형을 통하여 유물 속에 존재하는 화합물의 상태를 분석하는 방법이다. X-선회절분석에는 정성분석, 상태분석 등이 있으며, 점토질 유물(토기, 도기, 자기)을 동정하는데 광범위하게 사용된다. 이 방법은 유물에서 시료를 채취하야만 분석이 가능하지만 동일한 방법을 취하는 형광X-선분석법(X-ray Fluorescence Spectroscopy)보다는 정확하므로 연구를 위한 자료의 확보나 시편으로 수습되는 토기나 도자기의 경우에 효과적인 방법이라 하겠다.

2) 熱루미너선스 연대측정법(Thermoluminescence Dating)

이 방법은 토기나 소성토, 소성 석재 등이 열을 받았던 연대를 직접 측정하는 방법이다. 대부분 천연광물을 가열하면 미약한 빛을 방출한다. 한 번 발광한 광물은 재가열하여도 발광하지 않지만 인위적으로 방사선을 조사해주고 재가열하면 다시 발광하는 현상을 열발광이라 한다. 열발광연대측정법은 도·토기, 기와, 가마 벽체 등 소성한 유물이나 유구 등에 포함되어 있는 석영입자 0.1mm 정도를 분리하여 표면을 수소산(hydracid)으로 에칭하여 시료 판 위에서 500℃ 정도까지 가열하면 석영에서 발광하는 미약한 형광의 강도를 측정할 수 있다. 시료에 인위적으로 방사선을 조사한 것과의 발광량을 비교하여 구하는 방법으로 연간 선량으로 나누어 주어 폐기되거나 매장된 시점의 연대를 측정하는 방법이다. 연대 결과 표기는 ○○±○년 B.P.로 표시 된다. 1회 측정하는데 사용되는 시료량은 5mg으로 토기 편으로 계산하면 3~5×5cm 정도의 크기면

1 국립중앙박물관 특별전 "빛의 과학" 2020. p.14, 110.

된다. 단 이 측정 장치는 반드시 500℃ 이상 열을 받았던 문화재에만 사용할 수 있다. 그리고 매장 후에 환경이 변한 적이 있거나 물에 수침 되었을 경우는 오차가 생기는 원인이 된다.

3) 편광현미경(Polarization Microscope)

광물의 광학적 성질을 조사하기 위한 특수 현미경으로 얇게 연마한 시료 편에 편광을 통과시켜 그 광학적 성질을 조사할 수 있다. 이 현미경으로 도자기 시편의 미소부분을 확대하거나 태토의 결정, 결정형의 판별 등을 조사할 수 있다.

4) 시차열분석(DTA; Differential Thermal Analysis)

분석시료와 표준물질(Al_2O_3)을 동일한 조건 하에서 가열 혹은 냉각시킬 때, 분석시료의 열적 변화에 따른 온도의 미세변화를 구하여 이 시차온도와 물질의 온도 간의 관계곡선을 구하는 방법이다. 점토광물·산화물·각종 염류에 대한 연구, 금속공학의 상도(Phase Diagram) 작성, 반응열이나 반응속도 측정 등에 이용된다.

6-3. 토기나 도자기의 응급처리법

6-3-1. 발굴 유물 수습 방법

발굴지에서 보존과학자가 직접 수습하게 되는 경우, 대부분의 도자기류는 장시간 동안 매장상태에서 물리적, 화학적, 물리화학적 손상원인에 의해 파손되었거나, 토기의 경우는 토양화되어 본래의 모습을 잃고 출토되는 예가 많다.〈그림 3, 4〉 따라서 출토유물을 현장에서 분리하여

〈그림 3〉 출토된 연질토기

〈그림 4〉 출토된 도자기

수습할 경우 심각한 파손의 위험이 있으므로 주변의 토양과 같이 수습하여 보존처리실로 이동해 체계적인 분리작업을 통하여 보존처리하는 것이 가장 안전하게 보존할 수 있는 방법이다. 이러한 유물들은 응급처리와 함께 토층을 함께 수습함으로써 보존처리실 내에서 시간을 갖고 조사하고 분석하면서 유물과 관련된 정보를 알아내게 된다.〈표 6〉

〈표 6〉 유물 상태별 응급처리 및 현장에서 수습하는 방법

구 분	현장에서 수습하는 방법
상태가 양호한 소형 토기	수분증발 억제를 위해 비닐 시료 봉투나 고불투과성 비닐(Escal Film)에 밀봉하거나 솜을 대고 물을 적신 거즈로 위를 덮는다. 또는 빠른 시간 내에 보존처리를 실시한다. 주변의 파편이나 육안으로 판별이 불가능한 유물로 추정되는 경우 가능한 한 일괄적으로 수습해 하나의 비닐봉투에 넣어 보관하여 보존처리할 때 최대한의 형태를 유지한다.
파손이 심한 소형 토기	일반적인 수습방법으로 실시할 때는 더 큰 파손의 우려 있으므로 파손부분과 부식이 심한 부분을 강화한다(강화제로는 저농도의 수용성 Emulsion계 수지 또는 Paraloid B-72 5% 용액 사용한다. 강화제 선택시, 차후 보존처리할 때 제거가 용이하고 표면의 광택발생 및 탁색의 위험이 적은 강화제 사용한다). 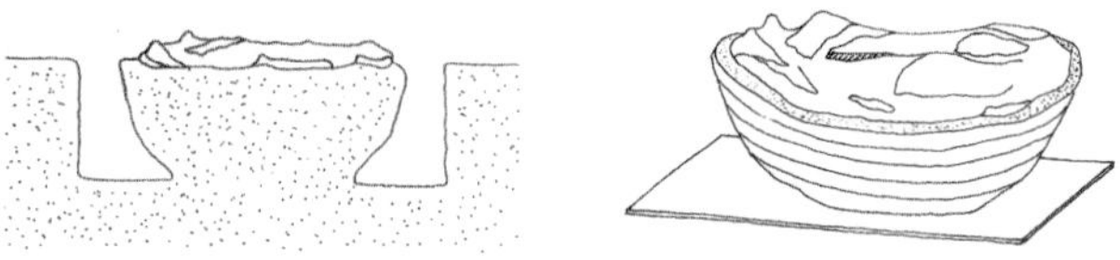 수습과정
흙 속의 완전한 형태의 토기	육안관찰시 손상이 없어 보이나 종종 미세균열이 형성되어 있고, 재질이 약해 수습할 때 파손의 위험이 있다. 1차적으로 Crepe 붕대를 이용해 수습한 후, 2차적으로 접착력이 있는 테이프로 감싼다. 수습된 토기는 운반 도중 충격에 의한 손상방지를 위해 완충제인 폴리우레탄 폼이나 폴리에틸렌 폼을 이용해 바닥 및 빈 공간을 채운다. 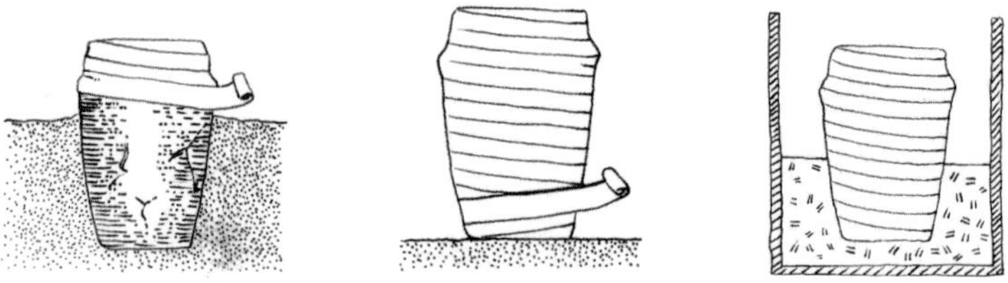 수습과정
습기로 축축한 토기류	수분 증발로 인해 부스러지기 쉬우므로 출토 직후 세척을 금지한다.

〈그림 5〉 유구 이동을 위한 포장

〈그림 6〉 응급조치 후 충진

중요한 유물들은 관련 분야의 경험이 많은 사람에게서 자문을 구하고 유물수습 기술에 관한 문헌을 참고하여 체계적으로 유물수습이 이루어지도록 한다. 유물수습시에 일어날 수 있는 일기 변화나 발굴 유구 등의 안전에 대한 사전계획도 철저히 세우고, 가능하면 단기간에 유물을 수습하는 것이 좋다.〈그림 5〉 이때에도 유물을 수습하기 전의 주변현황과 유물에 대한 자세한 형상을 촬영하고 필요에 따라서 프리핸드로 드로잉하는 형식으로 기록해 두면 보존처리에 도움이 된다. 유물이 수습되면, 유물이 담긴 상자의 외부에 위, 아래 등 방향, 기준선, 방위, 내용물의 상세한 정도, 취급시 주의사항 등의 정보를 기록하고 보존처리실로 옮긴다.〈그림 6〉

6-3-2. 보존처리 사례

1) 토기의 보존처리 사례

토기 보존처리의 경우, 발굴시 출토되는 양이 많고 소위 접착제 재료를 주변에서 쉽게 구할 수 있기 때문에 비전문가들이 보존처리를 하는 일이 많았다. 따라서 처리 재료 선택이 잘못되거나 방법이 미숙하여 오히려 유물에 손상을 입히고 있는 경우도 종종 발견되고 있다. 대표적인 예는 열화된 연질토기의 접합 후 접합면이 아닌 본래 토기부분의 파손이다.

지금까지 알려진 토기의 접착 및 복원에는 옻칠, 아교, 점토, 순간접착제, 세메다인-C, 실리콘 수지, 공업용 접착제, 시멘트, 석고, 지점토, 폴리에스테르 수지, 아크릴 수지, 에폭시계, 우레탄계 접착제 등이 있으며, 충진제로는 흙, 마이크로 바룬, 탈크, 산화티타늄, 규조토, 고령토 등이 사용되고 있다.

(1) 순간접착제 등으로 접합한 토기

〈그림 7〉 순간접착제 접착

순간접착제나 세메다인-C, 공업용 본드, 실리콘 수지 등으로 파손된 부분을 접합하는 경우는 간단히 처리할 수 있다는 장점을 갖고 있다. 그러나 이들 접착제로 접합한 토기는 일정기간이 경과하면 접착제의 접착력이 떨어져 재차 파손 되거나 파손될 우려가 있다. 특히 토기의 경우는 〈그림 6〉처럼 오염 원인이 되기도 한다.〈그림 7〉

(2) 순간접착제로 접합 후 석고로 복원한 토기

〈그림 8〉 석고로 복원한 토기

순간접착제로 접합 후 석고로 복원하면 재파손의 우려는 상당히 감소한다. 그러나 석고로 복원한 후 고색(古色)처리를 해야 하는데, 석고의 흰색이 토기의 붉은색이나 회청색과는 색상의 차이가 심하기 때문에 채색이 이루어지지 않으면 시각적으로 접합부가 눈에 어색할 수 있기 때문이다. 〈그림 7〉의 경우, 석고로 복원된 곳이 토기의 원래의 색상인 붉은 색과는 색상의 차이가 크게 나타나고 있다.〈그림 8〉

(3) 순간접착제와 흙 등을 혼합하여 복원한 토기

〈그림 9〉 흙과 순간접착제를 혼합하여 복원한 토기

순간접착제가 토기 표면에 묻어 표면색이 변색되었고 접착제가 건조되면서 토기 표면과 같이 위로 말리는 손상이 일어난다. 대개 선사시대 연질토기의 경우가 심한데, 순간접착제가 토기의 내부로 쉽게 흡수되어 접착제가 닿는 부분은 색상이 변하고 표면이 번쩍거리는 현상이 나타난다. 〈그림 8〉처럼 흙과 순간접착제를 혼합하여 복원한 토기의 경우는 접합하고 복원된 부분의 색상이 토기의 태토와 너무 차이가 나고, 접합면의 접착제 색상에서도 차이가 많이 나는 것을 알 수 있다.〈그림 9〉

(4) 시멘트 등으로 복원한 토기

대형 옹관과 같이 무거운 토기나 토기유물 자체의 물리적인 성질만으로는 원형을 유지하기 어려운 토기 유물을 복원할 때 주로 사용하였는데, 오랜 시간이 경과하면 토기와 접착제가 분리되어 재 파손될 수 있다.

(5) 지점토 등으로 복원한 토기

지점토로 토기를 복원하면 복원작업은 용이하나 건조되면 접착력이 약화되고 수축이 심하게 나타난다. 그러므로 원형의 형상을 그대로 복원하기가 어려우며 복원한 부분이 재차 갈라져 파손되는 경우가 빈번히 발생한다.〈그림 10〉

〈그림 10〉 지점토로 복원한 토기

(6) 다른 토기 편을 사용하여 복원한 토기

재처리 토기 중에 상당히 많이 발견되는 처리법으로 이렇게 처리된 토기의 표면은 문양이나 색깔 및 질감이 다르다. 따라서 다른 토기 편을 사용한 후에는 토기의 표면은 문양이나 색깔 및 질감을 맞추기 위하여 전체적으로 유물에 흙을 사용하여 넓게 덧칠한 경우가 많이 나타난다.〈그림 16〉

(7) 에폭시 수지로 복원한 토기

에폭시 수지(CDK-520이나 아랄다이트계 등)로 토기류를 복원하면, 재파손의 우려가 적을 뿐만 아니라 채색처리도 잘 되기 때문에 전시 중에도 시각적으로 아무 문제가 없다. 때문에 현재 대부분의 보존처리기관에서는 이 방법으로 토기의 보존처리가 이루어지고 있다.〈그림 11〉

〈그림 11〉 에폭시 수지 복원

(8) 기타

이 밖에도 접합 중 서로 맞는 파편끼리 유성펜 등으로 표시를 한 토기, 토기 표면에 접착제가 흘러내린 토기, 접착테이프 사용으로 토기 표면이 손상된 토기, 접합순서를 잘못하여 파편을 갈아내고 끼운 토기, 석고나 접착제로 표면이 심하게 오염된 토기 등이 있다.

2) 옹기의 보존처리 사례

옹기는 서민용 도구이고 현재까지 많은 수가 전래되는 전래품으로 최대한 사용할 수 있는 만큼 사용하여 처리되었기 때문에 비전문가에 의해 보존처리가 이루어진 경우가 많다. 최근, 서민적이고 구수하면서 우리생활과 항상 함께 했던 친밀감 때문에 전국적으로 옹기를 컬렉션하고 이를 전시하는 전시관과 박물관이 생겨나면서 옹기에 대한 보존처리에도 관심을 갖게 되었다.

그런데 옹기가 잘 깨지는 것을 보완하기 위해 인체에 해로운 광명단을 칠하여 만드는 옹기 제작 기술이 일제강점기 일본인들에 의해 전국적으로 전해졌다. 예전에는 그 지역의 환경과 저장 음식의 숙성을 고려하여 옹기를 만들었는데, 이로 인해 향토색은 없어지고 획일화되게 되었다. 지금은 전통 옹기를 만드는 몇 사람들이 전통 기술을 전수하고 있으며, 이들의 기술을 보존하기 위해 문화재청에서 중요무형문화재로 지정하여 기술을 보존하고 있다.

(1) 시멘트를 이용한 옹기 보존처리

구연부나 뚜껑 같이 깨지기 쉬운 부분이 결손되는 경우에 보존처리를 위해 시멘트를 사용하였다. 한때는 시멘트만큼 강력하고 쉽게 구할 수 있는 접착제가 없었지만 시멘트는 음식을 먹는 용기에 사용할 경우 인체에 해롭고 접합 부분이 열화되어 완전히 제거하기가 곤란하다는 단점이 있다.

(2) 철사 또는 끈을 사용한 옹기 보존처리

〈그림 12〉 철사를 이용한 방법

철사 또는 끈으로 사용한 방법은 구연부로부터 동체에 이르는 동안의 균열이 생기는 경우에 사용하는 보존처리 방법이었다.〈그림 12〉 옹기는 숨을 쉬도록 다공질 점토를 이용하므로 충격에 약하며, 파손되기 쉽다는 물리적인 특성이 있어 옹기가 파손되기 전에 깨지기 쉬운 부분에 미리 철사나 대나무 칡의 껍데기를 이용하여 묶어놓는 경우가 많았다.〈그림 13〉 철사 또는 끈으로 보존처리를 해놓으면 파손은 되지 않았지만 미세한 금이 나타나면 더 이상의 파손이 생기지 않도록 보강하는 역할도 한다. 그러나 이 경우는 균열 사이로 액체가 새어 나오기 때문에 간장 항아리나 물 항아리 등으로 사용하기는 곤란하다.〈그림 14〉

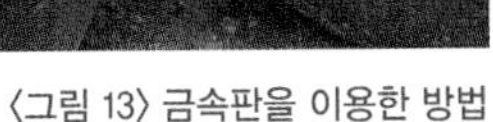

〈그림 13〉 금속판을 이용한 방법

〈그림 14〉 철판을 이용한 방법

우리 조상들은 새 옹기는 밖에다 놓고 액체를 담아 사용하다가 노화되어 누수가 생기면 실내에 들여 곡식이나 마른 음식을 보관하기도 했다.

(3) 금속판을 이용한 옹기 보존처리

이동 중 옹기와 옹기 사이의 충격으로 동체에 결손이 생기는 경우나 바닥 부분에 충격으로 결손되는 경우에 사용하는 방법이다. 이때에는 철판과 은박지, 주석, 알루미늄 등을 사용하여 보존처리를 하였다.

(4) 합성수지를 이용한 옹기 보존처리

이 방법은 위에서 설명한 3가지 방법 중 가장 현대적인 방법이다. 옹기의 가치가 급상승하면서 기형이 아름답거나 독창성이 있는 경우 혹은 명문이나 문양이 학술적인 가치가 있는 옹기의 경우 토기나 도자기처럼 수지를 이용하여 보존처리하고 있다. 토기나 도자기와 같은 별도의 재질적 특징이 없으며 잡물이 많아 약간 어두운 느낌이 있기 때문에 토기나 도자기 보존처리 중 가장 어렵다는 채색처리를 쉽게 할 수 있다는 장점이 있다.

3) 도자기의 보존처리 사례

도자기는 극히 일부 계층에서 사용하던 용기로 토기에 비하여 그리 많은 양이 전해 내려오지 않고 있다. 도자기는 발굴지에서 일부 출토되는 경우와 전래품이 많다는 점에서 출토품에 의존하는 토기와 차이가 난다. 그런데 근대 이후에 비전문가에 의해 보존처리되어 처리재료 선택이 잘못되거나 방법이 미숙하여 오히려 유물에 손상을 입히고 있는 경우가 종종 발견되고 있다.

지금까지 알려진 도자기의 접착 및 복원 재료로는 전통접착제인 옻, 아교, 점토 등이 있고, 공업용 재료인 순간접착제, 세메다인-C, 실리콘 수지, 공업용 접착제, 시멘트, 석고, 지점토, 폴리에스테르 수지, 아크릴 수지, 에폭시계 및 우레탄계 접착제 등이 있으며, 충진제로는 흙, 마이크로 바룬, 탈크, 산화티타늄, 규조토, 고령토 등이 사용된다. 이는 토기의 보존처리 재료의 경우와도 동일하다.

아교에 호분이나 구운 토분을 혼합하여 결손부를, 그 위에 금분 등으로 채색하여 복원한 다. 하지만 복원 후에 이 재료들의 수축률이 커지기 때문에 몇 차례 충진 해야 하는 단점이 있다. 옻에 구운 토분이나 초벌구이한 도자기 가루를 1 : 1의 비율로 개서 주(칠) 사이로 복원하기도 한다. 형태가 복원된 표면에는 금, 은분으로 채색하면 된다. 그러나 이 재료도 재료들의 수축률이 커져 몇 차례 충진을 해야 한다. 도자기의 결손부를 목재로 형태를 깎아 맞추고 그 위에 아교, 쉘락, 합성수지 칠 등으로 채색하는 방법도 있다.

지금처럼 좋은 합성수지가 개발되기 전까지만 해도 재료의 분리가 편리하고 사용 중 재작업이 가능한 석고를 많이 사용하여 왔다. 이때 석고를 복원하고 그대로 두는 경우도 있는데, 백자의 경우는 큰 무리가 없으나 채색 도자기들은 그 위에 금분, 합성수지 안료, 무기안료의 배합으로 복원하고 석고의 강도를 높이기 위하여 카올린이나 규조토, 그리고 탈크를 혼합하기도 한다.

4) 잘못된 보존처리의 예

(1) 토기

1) 연질토기를 순간접착제나 세메다인-C로 접합한 경우 몇 년이 지나면 접착제의 접착력이 떨어져 다시 파손되기도 하며, 처리방법의 잘못으로 인해 손상을 입기도 한다.〈그림 15〉
2) 토기 표면에 석고가 부착되어 있거나 표면 색깔과 비슷하게 채색처리를 하지 않아 시각적으로 거슬리는 경우도 있다.〈그림 16〉
3) 옹관과 같은 대형의 토기를 시멘트와 같은 물질로 조잡하게 복원하고 흙과 접착제 등을 혼합해 토기 표면에 발라놓은 경우도 있다.
4) 접착제가 토기 표면 위로 흘러내려 토기 표면을 손상시킨 경우도 있다.〈그림 17〉
5) 매직펜과 같은 각종 필기구로 서로 맞는 파편끼리 표시해 둔 것이 제거가 되지 않는 경우

〈그림 15〉 접착제에 의해 오염 된 경우

〈그림 16〉 채색의 차이가 나타난 예

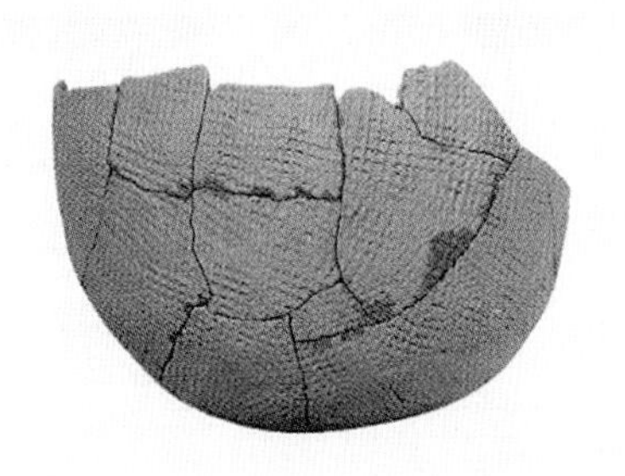

〈그림 17〉 접착제가 흘러진 경우

도 있다.

6) 접합시 접착테이프를 사용한 경우 바로 제거하지 않아 접착제 성분이 남아있거나, 청색 테이프 사용으로 토기 표면이 묻어 나와 테이프 자국이 선명하게 나타나기도 한다.

(2) 도자기

1) 결손부를 석고로 복원한 후 금분, 또는 은분 등으로 발라 복원 부분이 확연하게 구분되도록 처리한 경우. 은분으로 처리한 경우 은이 부식되어 흑갈색을 띄기도 한다.〈그림 18〉

2) 석고를 사용해 복원한 후 그 위에 에포마이카, 에폭시 등의 수지에 각종 안료를 혼합해 색맞춤 처리를 한 경우. 대부분의 복원 부분에 황변현상이 나타나며, 환경의 변화로 인해 석고와 수지의 접착력이 약해져 박락이 일어나기도 한다.〈그림 19〉

3) 에폭시 수지나 석고로 복원한 후 아크릴물감 등으로 채색처리 하고 그 위에 아크릴계 또는 에폭시 수지 등으로 유약처리를 하거나 아크릴 광택제를 사용한 경우도 있다.

4) 복원과 색맞춤, 유약처리를 동일한 재료로 사용한 경우, 에폭시 수지에 충진제를 넣고 결

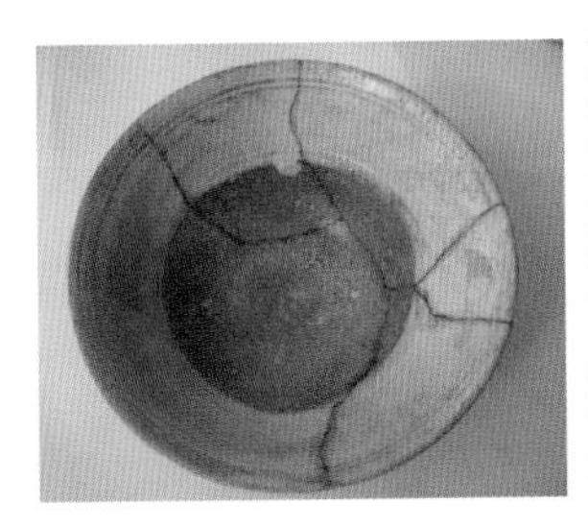

〈그림 18〉 수지 접착제 오염

〈그림 19〉 에폭시 수지에 의한 오염

〈그림 20〉 색맞춤 불량

〈그림 21〉 은분의 흑갈색 변색

손부를 복원한 후 그 위에 같은 재질의 수지를 사용해 색맞춤과 유약처리를 동시에 실시한 경우도 있다.〈그림 20, 21〉

6-3-3. 보존처리된 유물의 해체 방법

〈그림 22〉 해체된 토기

일반적으로 토기 유물이나 도자기 유물은 여러 개로 파손되어 출토되는 경우에 발굴현장에서 보고서 작업을 위해 임시 가접합하거나 유물의 위치 파악을 쉽게 하기 위해서, 또는 발굴 자문 위원회에 형태를 보여 주고 설명하기 위하여 가접합을 하게 된다. 또한 전래된 유물 중 파손되어 부분적으로 수리해 재보존처리가 필요하거나 전시관에서 전시된 토기나 도자기의 보존처리한 부분이 변형이 있을 경우 보존처리를 위해 해체하게 된다. 특히 박물관에서 수리·복원된 토기나 도자기의 경우, 유물카드를 보고 이전의 수리복원에 대한 정보 즉, 사용된 접착제 및 강화제 등과 같은 약품들의 특성을 확인하고 방법을 선택한다. 만약 정보가 없다면 각종 용제에 용해되는지 여부를 테스트하여 유물에 최소한의 손상이 없도록 한다. 기존에 가장 많이 사용하던 접착제는 세멘다인-C와 록타이드-401인데, 이러한 접착제는 아세톤을 밀폐용 용기에 넣고 유물의 상태에 따라 기화작용이나 침적을 이용하여 처리할 수 있다. 그리고 복원이나 접합이 용이하도록 해체된 파편은 일련번호를 부여해놓거나 형태를 그리면서 해체하면 복원하는데 편리하다.〈그림 22〉

해체방법으로는 기존에 수리된 용제를 파악한 후 용해되는지를 테스트하고 유물의 손상이 없는지 반드시 체크하여야 한다. 유기용제에 용해되지 않는 에폭시 수지는 뜨거운 물에 침적하여 소도구나 치과용 도구를 사용해 제거하면 된다. 파편 단면 부분에 부착된 단단한 이물질은 스팀세척기나 정밀분사가공기, 에어컴프레서를 이용하여 제거하면 된다.

6-3-4. 유물 세척 방법

※ 세척에 필요한 물품 및 도구

증류수(수돗물), Caparol, Xylene 등 유기용제, Paraloid B-72, Ethyl Alcohol, 과산화수소수,

염산, 솜, 거즈, 분무기, 칫솔 등 각종 브러시, 면봉, 산업용 종이와이퍼, 밀폐용기, 각종 소도구, 초음파세척기, 정밀분사 가공기, 스팀 세척기, 에어컴프레서 등을 사용하는데, 이때 필요한 도구들을 잘 정리하면서 사용해야 작업 능률을 높일 수 있다.〈그림 23〉

〈그림 23〉 토기 세척 후 모습

토기에 붙은 이물질은 물 또는 알콜을 이용하여 세척한다. 표면 손상(토기의 무늬나 기호, 글자 등)의 우려가 있을 때에는 이물질을 제거하지 말고 그대로 둔다.〈표 7〉

〈표 7〉 유물 상태별 처리법

구 분	처 리 법
태도가 매우 약하고, 젖어있는 연질토기	큰 흙덩이 정도만 제거한 후, 밀폐용기에 넣거나 물을 적신 거즈로 감싼 솜 등으로 덮어 습기가 마르지 않도록 한다. 토기의 이물질은 저농도의 Paraloid B-72를 이용해 강화한 후, 토기를 서서히 건조시키면서 부드러운 솔로 제거한다. 물이나 알콜에 오래 침적하면 손실되는 경우가 있으므로 유의한다.
비교적 단단한 토기	표면에 부착된 이물질을 부드러운 솔로 털어준다. 파편의 깨진 단면에 부착된 이물질은 각종 도구를 사용해 가능하면 전부 제거한다.
염분이 많은 지역에서 출토된 토기	거즈로 감싼 다음 흐르는 물에 침적시켜 염분을 녹여내면서 제거한다.
바다에서 인양된 도자기	흐르는 물에 2~4주 정도 침적시켜 염분을 제거한다. 물의 온도는 40~50℃가 효과적이며, 제거되지 않은 패각류는 0.6~0.8N의 염산용액에 침적시킨 후, 대나무 칼이나 치과용 소도구로 제거한다. 패각류를 제거한 후 염분을 제거하기 위해 중화처리를 실시하여 처리용액이 도자기 내에 남지 않도록 한다.
도자기	• 표면의 먼지 : 따뜻한 중성세제로 세척 • 기름기 : 유기용제로 제거 • 식물성 얼룩 : 염소표백 • 단백질이나 탄수화물 오염 : 효소표백 균열 내부나 빙렬 내부에 스며든 오염물은 과산화수소수를 10% 이하로 희석한 용액을 묻힌 솜 등으로 감싸 오염물을 표면으로 용출시켜 제거한다. 틈새에 부착된 미세한 먼지나 이물질은 초음파세척기를 이용하고, 화학적인 방법으로 세척한 경우 내부에 약품이 남아있지 않도록 한다.

※ **주의점**

① 학술적으로 매우 중요한 문장, 채색물질, 섬유질과 같은 유기물 및 제작기법을 알 수 있는 여러 가지 단서를 제거해 버리는 실수는 범하지 말아야 한다.

〈그림 24〉 해양 발굴 도자기 탈염 작업

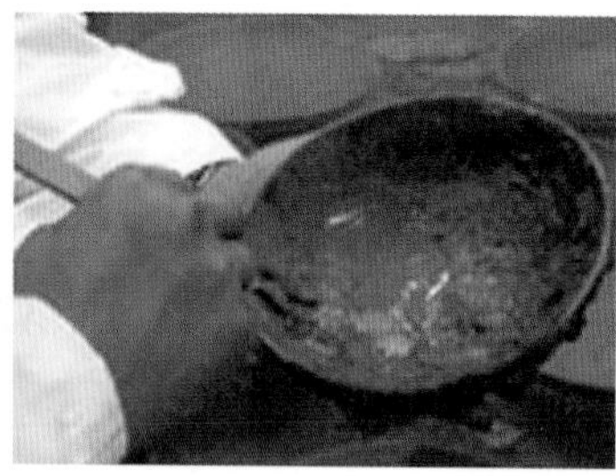

〈그림 25〉 해양 발굴 도자기 패각류 처리

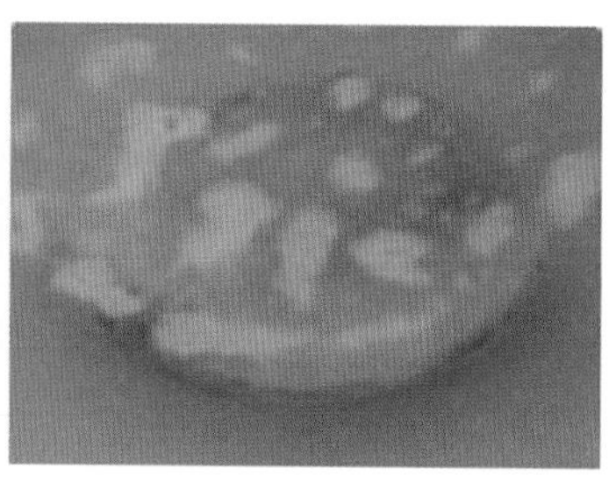

〈그림 26〉 산 중화처리

② 완전히 젖어있는 연질토기의 경우 급격한 건조가 일어나지 않도록 한다. 균열이나 휘어짐 등의 변형이 일어날 수 있다.

③ 약품 사용할 때 그 약품의 위해 여부를 먼저 테스트한 후 사용한다.

④ 세척할 때 사용하는 화학약품이나 세척액이 2차 오염을 일으키는 원인이 될 수 있으므로 항상 주의해서 세척한다.

⑤ 해양에서 출토된 도자기는 흐르는 물에 충분히 염기를 제거하여야 한다.〈그림 24〉 그리고 패각류는 대나무 칼이나 기타 용구로 제거하는데 무리한 힘을 가하면 안된다.〈그림 25〉 아울러 충분히 염기를 제거하지 않으면 유약층의 박락을 초래한다.〈그림 26〉

6-4. 강화처리

강화처리는 주로 땅 속에서 출토되고 기벽이 무른 재료로 토기류의 경우에만 실시한다. 강화제는 가역성, 침투성, 유물 상태, 이후 처리 방법, 안정성 등을 고려해 선정한다. 강화제인 카파롤 바인더를 물로 희석하여 붓을 이용하거나 스프레이를 사용해 분사하거나 유물의 두께가 두꺼운 대형 옹관 등은 함침조를 만들어 함침하는 방법 등을 이용할 수 있다.〈표 8〉

※ 사용약품 및 도구

Paraloid B-72, Caparol, Golden, 수용성 Emulsion, Xylene 등 각종 유기용제, 천연 아교나, 어교, 증류수, 진공함침기, 분무기, 붓, 각종 밀폐용기, 산업용 종이와이퍼, 면봉 등이 필요하다.

〈표 8〉 유물 종류와 상태별 강화처리법

구 분	강 화 처 리 법
연질토기나 만지기 어려울 정도로 약한 토기	2~5% 농도의 강화제를 표면에 분사한다. 강화제가 경화한 후 4~5회 반복한다.
표면이 부스러질 정도의 연질토기	기포가 올라오지 않을 때까지 1~5% 농도의 강화제에 침적한다. 표면의 경화제를 킴와이프스로 닦아낸 후 상온건조 한다.
도자기	유약이 약화되어 박락되기 쉬운 부분은 Paraloid B-72나 수용성 에멀젼 등의 강화제를 주사기에 넣어 주입한다.

※ 진공함침기를 이용한 강화 처리법

① 단시간 내에 내부 깊숙이 강화제를 침투시킬 필요가 있는 경우.

② 먼저 강화제가 들어있는 용기에 토기 편을 침적시키고 함침기에 넣어 약 700mmHg 정도까지 감압해 강화제를 토기 깊숙이 침투시킨다. 함침기 창을 통해 내부를 관찰해 기포발생이 멈추면 함침기 내에 외부공기를 주입한다. 함침기에서 꺼내어 표면에 묻은 강화제를 살짝 닦아내고 상온에서 서서히 자연건조한다.

※ 처리시 주의점

① 강화처리시 토기의 색은 약간 진하게 변색되므로 색상의 변화를 먼저 실험한 후 강화처리할 것.

② 표면에 묻은 강화제를 닦아낼 때에는 토기 표면에 묻어나오지 않도록 주의할 것.

③ 빨리 기화되는 유기용제를 사용하면 토기 표면에 수지성분이 많이 남게 되므로 사용하지 말 것.

④ 강화처리 후 강제로 건조시킬 경우 토기 내부에 침투한 수지가 밖으로 흘러나오거나 급격한 건조로 토기가 파손될 수 있으므로 상온에서 자연건조할 것.

6-5. 접합 방법

세척 후 토기나 도자기는 가접합을 하여 위치를 확인하는 것이 중요하다. 그리고 유물이 손상이 되지 않도록 종이 테이프로 복원 순서를 정해 넘버링을 하고 그 순서에 맞추어야 정확한 형태를 찾을 수 있다.〈그림 27, 28, 29〉

접합에 사용할 접착제는 접착력, 화학적인 안정성, 사용방법, 굳는 시간, 색, 가역성, 점도, 기

〈그림 27〉 연질 토기 가접합

〈그림 28〉 도자기의 가접합

타 처리사항 등을 확인하고, 테스트한 후 선정한다. 특히 연질토기와 같이 흡수성이 있는 유물은 점도가 있는 접착재를 사용하고, 도자기와 같은 경우는 순간접착재와 같이 점성이 낮은 접착재료도 가능하다.

※ 사용약품 및 도구

Cemedine-C, Cyanoacrylate, Loctite 401, Araldite(Rapid type), Polyvinyl Acetate, Caparol, Paraloid B-72, Acetone 등 유기용제, 각종 무기안료, 고정용 도구, 각종 치과용 소도구, 모래상자, 접착테이프, 이쑤시개, 면봉

〈그림 29〉 가접합 모습

먼저 가접합을 실시한 후 파편의 위치별로 기호나 부호를 연필이나 지우기 쉬운 재료로 넘버링을 한 다음 접합한다. 접합 방향은 상태에 따라 다르나 저부에서부터 시작해 구연부 쪽으로 향한다. 수십 개의 파편으로 된 도자기나 토기는 작은 파편을 큰 파편으로 만든 후 접합한다. 접합한 파편을 고정하기 위해서 접착제가 굳을 때까지 모래상자와 같은 고정용 도구로 고정한다.

도자기는 순간접착제나 세메다인-C, 아랄다이트 등 〈표 9〉에 표기한 접착제를 이용하여 접합하면 되는데, 연질토기인 경우는 토기 자체의 강도가 약하므로 먼저 토기의 파단면을 Paraloid B-72 5~10% 등으로 강화한 후 접착제로 접합해야 접착면이 재차 파손되는 것을 예방 할 수 있다.

※ 주의점

① 가(假)접합할 때 사용한 접착테이프는 빠른 시간 내에 제거할 것

② 접착제가 접합면 밖으로 흘러나오지 않게 주의할 것.

③ 접착제가 흘렀다면 굳기 전에 아세톤과 같은 유기용제로 제거할 것

④ 접합할 때 조금이라도 어긋나면 나중에는 파편 간의 틈이 많이 벌어지므로 처음부터 세심하게 접합할 것.

〈표 9〉 접착제 종류별 특징

구 분	특 징
Cemedine-c	접합 후 수축이 많이 됨.
Cyanoacrylate	수정이 가능하여 많이 쓰임.
Loctite 401	크기가 작은 도토기에 쓰이며, 순간접착제이기 때문에 빠른 작업이 필요하다.
Araldite(rapid type)	옹관이나 큰 토기의 하부 등 힘이 많이 받는 곳에 쓰임.
Polyvinyl acetate	수정이 가능하나 굳는데 시간이 오래 걸려 고정 도구가 꼭 필요하다.

6-6. 복원

결손으로 인하여 유물의 구조상 안전에 문제가 있을 경우나 전시 자료로써 활용하기 위해 복원을 실시한다.

복원제는 접착제와 혼합되어 유물과 잘 붙고, 오래 지속될 수 있어야 하고, 유물에 피해를 주지 않아야 한다. 복원 후 채색처리가 용이하여야 하고, 가역성이 있고, 화학적으로 안정해야 한다. 또, 태토와 유물 표면의 질감, 밀도, 무게, 색깔, 투명성 등 유물의 전체적인 느낌을 가장 가깝게 표현될 수 있는 재료를 써야 한다. 특히 도자기의 경우, 유약층 표현이 가능한 재질이 되어야 한다.

※ **사용약품 및 도구**

CDK-520, Araldite SV 427+HV 427, Araldite AY 103+HY 956, Araldite AW 131~137, Araldite(Rapid Type), Epo-tec 301, SN-시트, HN-시트, Tarc, 카오린, 유성점토, 석고, 유리섬유, 은박지, 알루미늄 호일, 랩, 비닐, 각종 문양을 새길 수 있는 도구

〈표 10〉 유물 상태별 복원 방법

구 분	복 원 방 법
결손 부분이 작을 때	복원 부분에 비닐로 싼 고무찰흙이나 테이프를 붙이고 그 위에 복원제를 채운다.
특이한 문양이나 형태가 있는 곳의 결손부분	자유 수지나 파리핀 판으로 틀을 뜬 후 복원제로 채운다.
구연부가 좁은 경우	토·도기 안쪽에 풍선이나 에어백을 넣어 부풀린 후 결손부를 복원제로 채운다.
복잡한 문양이 있는 토기	실라콘 라바를 사용한다. 결손부 주위의 문양을 떼어낸 후 그 문양의 거푸집을 이용해 복원한다. 시간과 노력이 많이 소요된다.
결손 보강 후 복원제를 덧씌우는 방법	에폭시 수지판이나 SN-시트, HM-시트 등으로 보강하고, 그 위에 복원제를 덧씌운다. 이 방법은 표면정리 할 필요가 없고, 토·도기와 비슷한 질감 낼 수 있으며, 복원제가 굳기 전에 채색처리를 실시할 수 있다는 장점이 있다.

※ **복원범위〈표 10〉〈그림 30〉**

① 각 파편을 접합한 흔적이 나타나지 않도록 하기 위해 토기의 내외부를 전부 메우는 방법은 보존처리 후 접착제의 접착력이 떨어지더라도 결손부를 수지가 보강해 가장 안전하게 보존관리 할 수 있다.

② 〈그림 30〉과 같이 결손 부위가 크면, 구조적인 안정을 위하여 SN시트 등으로 골격을 만드는 것이 바람직하다.

③ 내부는 각 파편이 접합된 선을 모두 메워주나, 외부는 결손된 부분만 수지로 보강해 각 파편들의 접합선이 그대로 둘 수 있다.

④ 결손부만 복원하고 내부나 외부의 접합된 파편들의 선을 그대로 두는 방법이다. 나중에 접착력이 약해져 재파손의 우려가 있다.

※ **주의사항**

① 담당자 임의대로의 복원을 금지한다.

② 복원을 하지 않았을 경우 보존상의 문제가 있거나 미적으로 눈에 거슬리는 부분은 복원한다.

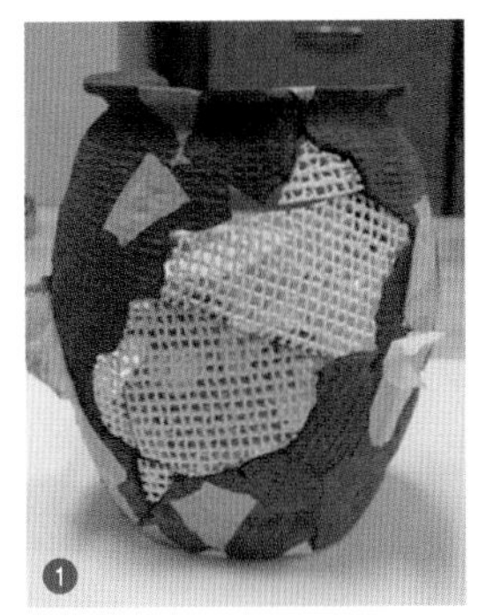

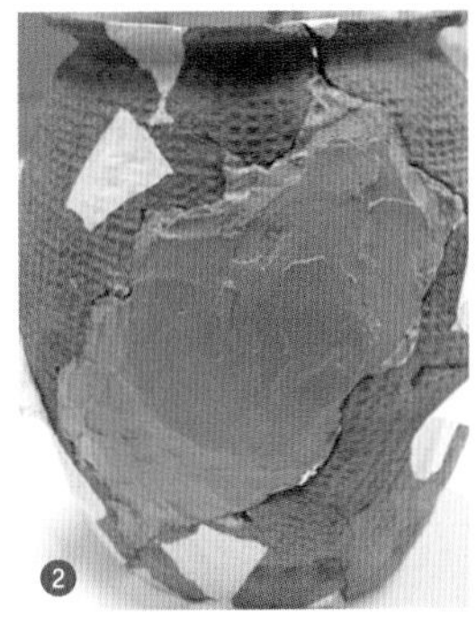

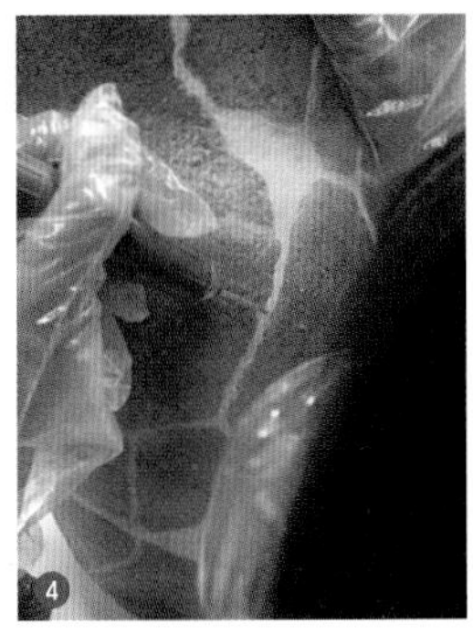

〈그림 30〉 **연질토기의 복원** ❶SN시트 보강, ❷그레이텍스로 복원, ❸사포로 갈아냄, ❹치과용 드릴로 갈아냄

③ 구연부 등이 완전히 없어진 부분을 복원할 경우, 그 유물에 관련된 각종 자료들을 사전에 철저히 조사하고 전문가와 협의를 거쳐 복원한다.

④ 접착제가 토·도기 표면에 묻거나 접착제 성분이 복원 부분 주위를 변색시키지 않도록 한다.

6-7. 채색처리

채색처리 및 유약처리에 필요한 물품으로는 아크릴 물감, 각종 무기안료, 수채화 물감, 붓 등 회화도구, 에어컴프레서, 분무기, 유기용제, 산업용 종이와이퍼, 면봉, 솜, 거즈, 아크릴 수지, 에폭시 수지 등이 있다.

토기의 경우, 토기의 기본색을 바탕에 칠한 후 특징 있는 색을 입혀가면서 완성한다. 색맞춤은 옅은 색에서 점점 진한 색으로 칠한다.

도자기의 경우, 채색처리 후 유약처리를 실시하는 방법과 채색처리와 유약처리를 동시에 하는 방법이 있다. 전자의 경우, 아크릴 물감, 수채화 물감 등 각종 물감을 사용해 복원부분을 토기와 같이 색맞춤하고, 그 위에 아크릴 수지나 에폭시계 수지를 표면에 도포해 유약효과를 낸다. 후자의 경우, 유약처리 재료로 사용되는 에폭시계 수지에 각종 무기안료나 Araldite Color로 색을 맞추어 복원 부분에 도포한다. 색변화는 없으나 한 번에 색을 맞추기 어려워 여러 번 반복해야 한다.

빙렬(氷裂)이 발생한 도자기인 경우에는 유약처리 후 날카로운 도구 칼끝으로 홈을 파서 빙렬처럼 나타내거나 붓으로 선을 그려 빙렬과 같은 효과를 낸다.

※ 색맞춤의 정도

보존처리 규범에서 색맞춤은 30cm 거리에서는 식별이 가능하게 하되 전시되었을 경우 일반 관람객은 거의 식별하지 못할 정도로 하도록 권장하고 있다. 그러나 도자기나 토기는 표면의 색깔이나 문양이 다양하고 구울 때 전체적으로 동일한 열을 받아 구워지기가 어려우므로 표면의 색깔과 표정을 표현하기가 대단히 어렵다. 따라서 이상적인 색맞춤을 하는 것은 매우 어려우므로 전문가와 협의하여 색맞춤의 정도를 결정한다.

※ 주의사항

색맞춤 재료가 주위의 도자기나 토기 표면까지 침범하지 않도록 하고, 얼룩이 생기지 않도록 해야 한다. 따라서 색맞춤을 하기 전에 기본의 도자기나 토기의 표면에는 종이테이프로 붙여놓고 복원을 하거나 색맞춤을 한 후에 모든 공정이 종료된 후 제거하면 복원하면서 발생되는 오염을 막을 수 있다. 아울러 작업중에 물감이 유물 표면에 떨어졌을 경우에는 굳기 전에 빨리 제거한다.

6-8. 유약 칠하기

일반적으로 색맞춤에 사용한 안료 만으로 유약의 효과를 표현할 수 있으나, 만약 녹유처럼 소성과정에서 자연 유약이 형성된 토기나 도자기인 경우에는 흘러내린 유약효과를 표현해야 한다. 채색 후에는 에폭시계 수지 또는 아크릴계 수용성 에멀젼 수지 등을 도포해 유약효과를 낸

〈그림 31〉 도자기의 색맞춤

〈그림 32〉 백제 토기의 색맞춤

다. 이때 내황변성 수지를 이용해야 황변현상이 일어나지 않는다.〈그림 31〉

단, 토기의 경우 복원으로도 형태나 용도를 이해할 수 있고 복원재료의 색상이 비슷한 경우에는 새로운 색맞춤을 하지 않고 전시할 수도 있다.〈그림 32〉

6-9. 마무리

보존처리 전과 후를 비교하기 위해 보존처리 후의 사진을 촬영하고, 보존처리 후의 변화 내용을 기록카드에 기록한다.〈그림 33〉

기록카드에는 이후에 있을 재처리에 대비해 사용한 약품과 보존처리방법에 대해 상세히 기록한다. 보존처리 보고서나 기록카드 작성시 보존처리 전과 후 사진을 기록하는 방법으로, 사진은 보존처리 전과 동일한 위치를 촬영하여 보존처리 후의 변화 과정을 쉽게 이해할 수 있도록 한다.

〈그림 33〉 보존처리 전과 후의 사진 토기와 분청사기

7. 도자기의 보관 및 전시

도자기는 물리화학적인 조건에 대해 비교적 안정적이다. 또한 급격한 온도변화 외에, 온·습도의 영향을 거의 받지 않고 빛에 대해서도 안정적이다. 따라서 도자기를 보관할 때, 온도는 18~22℃, 상대습도(RH)는 45%, 조도 빛의 밝기를 나타내는 단위로 lx를 사용한다.

1)는 300lx인 환경 하에 보관 전시한다. 특히 보존처리된 도자기나 토기와 같은 유물은 색맞춤과 유약처리 및 보존처리 약품으로 사용한 수지가 시간이 흐르면서 온도나 습도, 조도에 의해서 황변현상이 나타나므로 특히 신경을 써야 한다.

보관할 때에는 유물의 규격에 맞는 보관상자를 제작해 보관하는 것이 가장 좋다. 보관상자를 사용할 때에는 상자 외부에 상자 내의 유물의 형태나 주구, 손잡이 등의 돌기된 부분이 있는지의 사항을 알 수 있는 사진 및 취급시 주의사항, 보존처리 여부 등의 기록할 사항 등을 기록해 둔다. 그리고 보관상자에 도자기를 넣을 때에는 주구, 손잡이 등의 돌기된 부분은 먼저 안전하게 포장한 후 상자에 넣고 솜주머니나 에어비닐과 같은 완충제로 채워 움직이지 않도록 한다.

제10장

발굴 유구(遺構) 문화재의 보존

1. 유구의 정의

1-1. 매장문화재의 정의

서론에서 언급했듯이 문화재는 크게 지정문화재와 비지정문화재로 나뉜다. 지정문화재는 문화재보호법이나 시도문화재보호조례에 따라 지정 보호하는 문화재이며, 비지정문화재는 지정문화재 외에 지속적인 보호와 보존이 필요한 문화재를 말한다.

지정문화재는 아래의 표에서와 같이 국가지정문화재, 시도지정문화재로 구분되며, 그 종류와 가치에 따라 국보, 보물, 사적, 명승, 천연기념물, 중요무형문화재, 중요민속자료, 보호물, 보호구역으로 지정된다. 비지정문화재는 매장문화재, 일반 동산문화재의 지정되지 않은 문화재로 구분한다.〈표 1〉

〈표 1〉 지정문화재의 구분

구 분	유형문화재		민속자료	기 념 물			무형문화재
국가지정문화재	국보	보물	중요민속자료	사적	명승	천연기념물	중요무형문화재
시도지정문화재	지방무형문화재		지방민속자료	지방기념물			지방유형문화재
문화재 자료							

비지정문화재 중 매장문화재란 법 제54조에 따라 '토지, 해저 또는 건조물 등에 포장(包藏)된 문화재'라고 정의되는데, 보통 발굴에 의해 그 모습을 드러내게 된다.

고고학에서는 매장문화재를 유적, 유구, 유물로 구분한다. 유구는 하나의 유적을 구성하는 일부를 말하며, 주거지, 고분, 건물터, 요지 등 옛 사람들이 이루어 놓은 구조물 하나하나를 일컫는 말이다. 유물은 과거에 인류가 만들어 사용한 것으로 선사주거지 고분 등과 같은 유적과 유구에서 출토된다. 유적은 인류가 활동한 흔적이 남아있는 이동할 수 없는 부동산적 개념을 가지고 있다. 다시 말해 유구와 유물이 있는 곳을 말하며, 한 유적 안에서도 다양한 유구와 유물들이 나타날 수 있다.

1-2. 유구의 훼손 원인

급속한 산업화와 도시 개발 계획에 따라 다량의 문화재, 수많은 유적들이 발굴되고 있다. 그러나 대부분의 경우 개발사업에 지장을 주지 않는 범위 내에서 유물을 수습하고 보고서를 만드는 실정이다. 그러한 이유로 많은 고분유적과 생활유적들이 현장에서 기록보존 형태로 사라지고 최근에 와서 극히 일부분만 이전 및 현장 보존되고 있는 것이 현실이다. 이렇게 보존되는 유구들이라도 관리하지 않고 그대로 방치하면 훼손된다. 유구는 대부분 흙으로 이루어져 있거나 돌로 이루어져 있기 때문에 보호시설 없이 외부에 노출이 되어 있으면 붕괴나 풍화에 의해 영향을 받는다. 또, 계절에 따라 동결 및 융해가 일어나거나 곰팡이나 이끼가 발생하여 유구를 훼손하기도 한다. 게다가 습윤상태와 건조상태가 반복되는 조건에서는 흙과 돌에 스며든 물에 녹아 있는 염기가 건조시에 유구표면에 석출되고 그 결정이 유구를 파괴할 수도 있다. 주변 환경에 의한 진동과 초목의 뿌리에 의한 영향도 유구의 보존에 나쁜 영향을 미치는 요인이다.

유구의 보존을 위한 첫 번째 과제는 외부에 노출되어 전시되기 때문에 물의 영향으로부터 어떻게 유구를 보존할 것인가 하는 문제이다. 일반적인 유구에서는 물이 가장 큰 손상요인이다. 더욱이 물을 차단하는 방법이 성공했다고 하더라도 흙과 돌, 암반이 지나치게 건조되는 것에 대한 보존대책이 필요하다. 암석이 이미 열화되고 점토화되는 과정이 진행되고 있는 경우, 건조하는 것만으로도 암석은 분상되거나 붕괴되어 떨어진다. 흙으로 된 유구의 경우도 분명히 그 형태를 잃어버리게 될 것이다. 그밖에 야외에 노출되어 이전 보존 되는 석조문화재라도 수목의 뿌리에 의해 파괴되거나 진동에 의해 훼손되기도 한다. 지의류, 미생물 등에 의한 생물열화도 심각한 문제점이 되고 있다. 암석열화의 원인은 동결·융해의 반복이나 진동 등에 의한 물리적인 작용, 염류풍화나 암석의 점토화 등의 화학적인 작용, 그리고 초목의 뿌리·줄기·지의류 등에 의한 생물학적 작용으로도 보존에 어려움이 발생된다는 것을 생각해야 한다.

1-3. 유구 보존의 중요성

우리 민족은 동북아시아 문화권의 주역으로서 구석기시대부터 문화적 활동이 이루어져 전국 각지에 다양한 문화재가 분포되어 있다. 그러나 우리나라의 지형적인 특성에 의해 빈번한 침략을 받음으로 인해 파괴되고 훼손되어 지상에 보존되어 전해지는 문화재는 극히 일부이다. 간혹

전하는 문화재더라도 비교적 강한 재료로 이루어진 석조문화재나 계속적인 발굴에 의해서 수습되는 매장문화재가 대부분이다.

이와 같은 유적들에서 나온 유구들을 보존하기 위한 방법으로 먼저, 그 당시 유적이 어떻게 조성되고 시간이 흐르면서 어떻게 지형이 변했는가 하는 학술적인 자료를 수집한다. 그리고 이를 통해 유적지의 형태나 유구의 축성에 따른 토층의 층위를 파악할 수 있다. 아울러 우리 조상들의 삶의 일부를 이해할 수 있는 선사시대 주거지나 고분 유구들에 대해서도 그것을 현장 기록하고, 유구와 관련되는 사항들을 연구, 조사해야 한다. 그런데 발굴 조사된 유구는 안전한 곳에서 보존 할 수 있는 방법의 모색이 필요하지만, 유물의 수습에 의존하는 일이 많다.

도시계획이나 개발공사 등으로 인해 노출된 유적의 환경은 습윤상태에서 건조상태로 이행되기도 하고, 또는 습윤과 건조 상태가 반복되는 것과 같은 조건이 발생함으로서 현장에서 원형을 보존하기에 어려운 실정이다. 또한 유기유물을 포함한 유적의 경우, 변형을 초래하여 본래의 형태를 소실해 버리기 때문에 원래 형태대로의 보존이 어렵다. 이러한 경우는 유적을 구성하는 각종의 부재를 다시 묻어 보존하는 것이 바람직하지만, 곤란한 경우는 이것을 실내에 가지고 와서 보존할 수도 있다. 가능하다면 유구를 다시 묻지 않고, 현 위치에서 노출 전시하면서 영구적으로 안전하게 보존하는 것이 이상적이다.

그러나 산업화에 따라 고속도로나 주택개발 등과 같은 개발현장에서 파괴될 수밖에 없는 경우, 역사적인 유적들의 보호 및 보존을 위해서는 파괴지에서 전사하여 안전한 장소로 이전 복원해야 한다. 이미 발굴 조사된 고분 성곽 및 주거지 기초 공법 등에 사용된 판축 시설과 선사 주거지, 도자기 가마터 등을 발굴 당시의 상황에서 이전하여 박물관이나 역사 전시관 등의 내·외부 전시 공간에 이전 복원 전시하게 되면, 발굴 후에도 유적지의 실물을 쉽게 접할 수 있으며 계속적인 연구조사가 가능하게 된다.

이와 같은 관점에서 유적을 보존하고 정비하는 것은 일반인에게 유적의 내용을 정확히 인식시키고, 후손에게 남겨주기 위해 필요하다. 따라서 학술적·역사적인 가치를 지닌 것을 파손하는 일 없이 현재 상태대로 보호할 수 있는 유적 환경을 만들어야겠다.

1995년 8월 15일, 보존이냐 철거냐 논란을 빚어왔던 조선총독부 건물의 철거가 시작되어, 현재 원형은 남아있지 않고 첨탑 등 일부 부재를 천안독립기념관 야외전시장 등에 전시 보관하고 있다. 그런데 철거가 너무 성급히 이루어진 것이 문제였다.〈그림 1〉

현재 근대유물도 문화재로 보존하는 법률이 있어서 20C 이후 건축문화재들이 보호되고 있다.

〈그림 1〉 조선총독부 건물의 과거와 현재

〈그림 2〉 바미얀 석굴 불상 파괴와 파괴 전 모습

하지만 조선총독부 건물 부재는 〈그림 1〉과 같이 원형을 알아 볼 수 없을 정도로 흉한 모습으로 전시되어 있다. 일부러 폐허가 된 것처럼 흩어놨다고 하지만 일제강점기의 아시아를 대표하던 건축물을 보존하여 수치스러운 역사를 되새기도록 하는 것도 우리의 역할이다.

최근 아프카니스탄 힌두쿠시 산맥의 계곡의 바위산에 있는 세계문화유산에 등록된 바미얀 감실 석굴의 거대한 불상이 폭탄으로 파괴시켜 형태를 알아 볼 수 없게 만들었던 일이 있었다. 2001년 탈레반 정부가 물라 모하메드의 명령에 따라 이슬람교에 대한 모독이라는 종교적 이유에서 라고 한다. 현재 ECOMOS에서 이를 재복원하고 있다. 그러나 한번 사라진 문화재의 모양은 재현될 수 있으나 조상들의 얼과 기술, 그리고 정신은 재복원할 수 없기 때문에 문화유산은 우리 땅에 남아있는 하나의 역사 표상으로서 보존되어야함이 마땅하다.〈그림 2〉

2. 유구전사 및 토층전사의 정의

유적의 현장 보존이 어려운 경우에는 유구 전체를 다른 곳으로 옮길 수도 있으나 유구를 옮길 수 없는 상황에서는 그대로 복제하여 옮겨야하는데, 이 방법을 유구전사(遺構轉寫)라고 한다. 또한 유구전사로 복제된 유구를 다른 곳에 옮겨 전시하는 것을 이전복원(移轉復原)이라고 한다. 유구전사 외에 세월이 흐르면서 유적이 어떻게 지형적인 변화를 겪었는지 유구의 퇴적단면을 직접 분리·복원하여 유물의 매장상태를 알아볼 수 있도록 한 토층전사(土層轉寫)가 있다.

2-1. 유구전사 방법

고대의 문화 유적은 대부분 흙과 돌을 소재로 하여 만들어졌다. 특히, 주거지, 가마터 및 고분 등은 흙이 대부분이다. 이러한 유적을 아무런 보존조치를 하지 않고 방치한다면 언젠가는 그 형태가 붕괴될 것이다. 발굴된 유적을 보존하고자 보호각을 설치한다고 해도 유구로서의 형태를 유지하기 위해서는 흙이나 돌을 강화시키거나 지하수를 차단하여 보존해야 한다.

한편, 흙의 물성적인 특징을 살펴보면, 수분의 함수량에 따라 액상·소성상·고체상 등으로 변하면서 유구의 변형을 일으킨다. 그러므로 토양으로 구성된 유구를 보존하기 위해서는 흙이 건조됨에 따라 변화되는 것을 어떻게 방지할 것인지, 또는 액상·소성상·고체상일지라도 그 상태를 변화시키지 않도록 대책을 마련하는 것이 매우 중요하다. 유구에 포함된 함수량의 조절도 그 중 하나이다. 예를 들면 유구 바로 밑의 지하수위를 줄이고 차단하는 방법은 예전부터 시행되고 있는 방법이다. 그러나 앞으로 가장 기대되는 유구 보존 대책은 흙에 함유된 수분량을 조절하여 영구보존하는 일이다. 즉, 흙의 현 상태를 변화시키지 않고 소성상의 수전유구, 반고체상의 주거지, 두드려서 단단해진 고체상의 건물유구 등을 있는 그대로 보존하고 복원하는 것이다.

이러한 유구의 현실적인 보존방법은 함유수분을 차단하고 흙을 변화시키지 않고 건조하여 이것을 경화시키는 방법이다. 토양의 흙을 강화하는 방법은 오래전부터 시도되고 있다. 가장 많이 이용되는 것은 수화 반응에 의해서 경화되는 규산소다($Na_2O \cdot SiO_2$)이다. 그러나 내구성이 결핍되고, 항구적인 경화제가 아니라는 점에서 유구 보존처리에 반드시 적합한 재료라고 말할 수 없다. 최근에는 합성수지를 이용하여 흙 자체를 경화시키거나 형틀을 제작하기도 한다. 이외에도 파손된 부분의 보수나 부분적으로 결손된 부분을 복원할 때 각종 충진제(마이크로바룬, 탈크, 유리섬유 등)와 흙을 혼합하여 사용한다. 유구를 구성하는 또 하나의 주된 소재인 돌에 대한 보존은 암석의 기질을 강화하는 것으로 선택하여야 한다. 그 외에 손상되었거나 부러진 부분의 접합과 수리복원 등이 필요하다.

일반적으로 주거지 유적의 평면 형태는 저장공, 바닥 노지(爐址) 등으로 구성되어 있다. 흙으로 된 주거지 유구는 저장공의 형태, 연소한 흙과 탄 찌꺼기가 남은 노지 등 미묘하게 다른 색의 흙을 잘 보존하면서 옥외에 노출한 상태대로 보존하는 것은 매우 어렵다. 또한 도자기 요지는 고온 소성되었기 때문에 벽이나 바닥이 대단히 단단하고 구조적으로도 안정되어 있는 것이 적지 않다. 그러나 옥외에 노출되면 붕괴를 피할 수 없다. 유구의 형태를 유지하려면 보호각을 설치한 후에 합성수지 등을 이용하여 한층 더 경화시키고 풍우와 직사광선을 피할 수 있는 조치를 해야 한다.

그래도 여전히 붕괴 위험이 있는데, 그것은 지하수의 침입에 의한 영향 때문이다. 지하수는 이끼나 곰팡이를 유발하여 유구를 훼손시켜 전시를 어렵게 하거나 유구의 표면에 염류를 석출시키는 원인이 된다. 그러므로 지하수의 움직임을 잘 관측하고 이것을 차단하거나 피하게 하는 등의 수단을 강구해야 한다. 보존대책으로 배수용의 집수구와 파이프를 유구의 아래 면에 삽입하고 지하수를 유구 밖으로 유도할 수 있는 조치를 강구해야 한다. 또는 유구 주위의 물을 막는 차단벽을 설치하여 지하수가 유구면에 영향을 미치지 않게 하는 보존처리를 해야 한다.

유적 즉, 선사 주거지, 토층, 고분 유적, 생활 유구 등을 안전하게 만들어 영구히 보존하기 위해 국내·외에서 실시되어 온 유구 전사·이전 방법에는 일반적으로 네 가지 방법이 있다.

첫째, 비교적 유적이 대형인 경우에 적용하는 방법으로 유구 표면을 경화시킨 후 그 위에 FRP 수지를 이용하여 형틀을 떠서 전사하는 '형틀유구전사법'이다. 단 요철이 심하거나 중요한 부분의 유구는 현장의 작업 조건에 따라서 실리콘루버나 석고 등을 이용하기도 한다. 이 방법은 주거지나 요지 등에 이용된다.

둘째, 유구 표면의 토층 2~5cm를 경화시킨 후 배접하고 일정한 크기로 분할하여 떼어낸 후 떼어낸 뒷면을 다시 경화시키고, 경화된 뒷면 토층을 보존할 수 있는 보호틀을 제작하는 것으로 'Epoxy계 합성수지 유구전사법'이다. 일명 잔디를 입히는 것과 같다고 하여 잔디떼기식 전사방법이라고 한다. 이 전사 방법은 요철이 적은 주거지 등에 이용되는데, 고가의 비용과 많은 작업 시간을 필요로 한다는 단점이 있다.

셋째, 유구 전체의 흙을 일정한 깊이로 완벽하게 경화시킨 다음 유구 주변(둘레)을 발포성 우레탄폼으로 충진시킨 후 일정한 크기로 분할하여 유구 전체를 옮기는 '발포성우레탄폼 유구전사법'이 있다. 이러한 복원 방법은 비교적 규모가 적은 소형의 노지, 요지 등에 적합하다.

넷째, 다양한 크기의 돌로 축조된 석곽묘의 경우, 돌의 무게가 무겁고 전체를 운반하기 곤란하므로 돌 하나하나를 정밀 실측 또는 기록하면서 해체하여 이전 복원하는 '해체분리 이전법'이 있다.

특히, 유구의 전사·복원은 야외에서 약품을 이용하여 작업을 실시하기 때문에 계절적인 영향을 많이 받는다. 전사 시점이 동절기나 장마철에 이루어지게 되면 지면의 동결이나 전사 재료의 화학적인 특징 등과 같은 내·외부적인 요인으로 인하여 작업이 어렵게 된다. 따라서 임시 보호

〈표 2〉 유구전사 순서

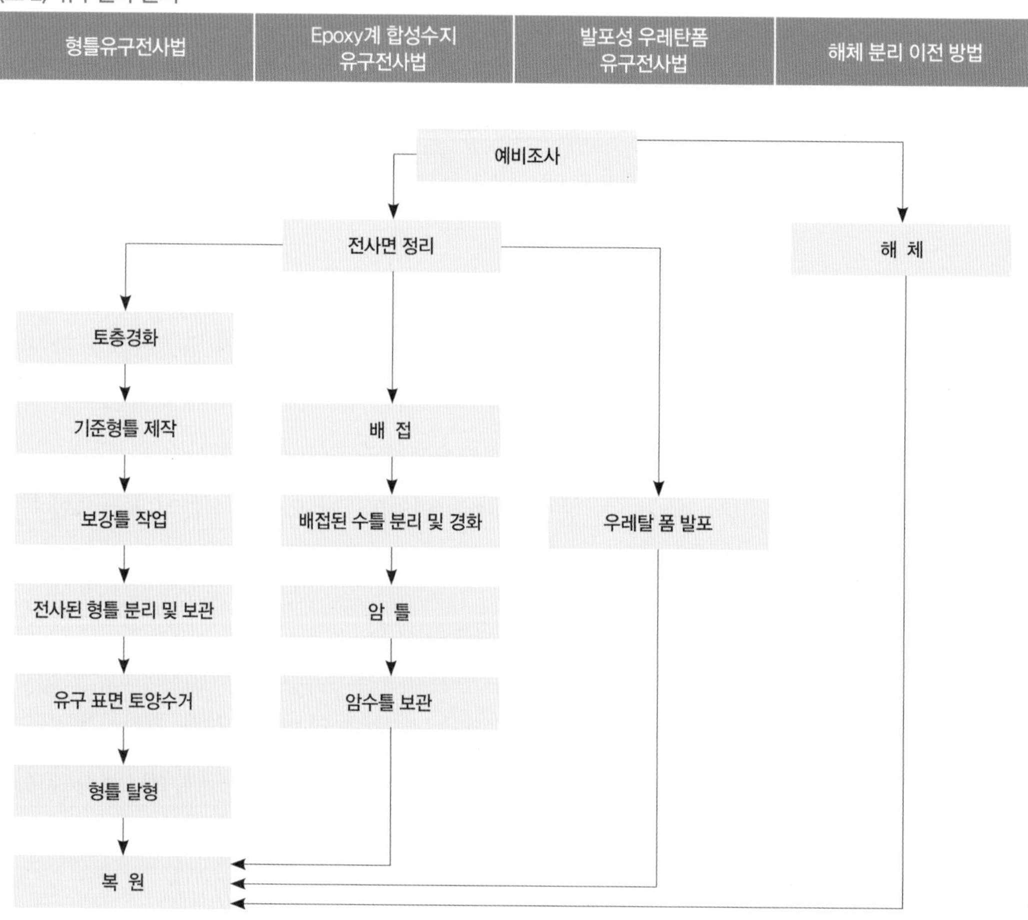

각을 설치하여 작업을 실시하는 경우가 있으나 동절기에는 가급적 전사·복원 계획을 세우지 않는 것이 좋다. 만약 실시하더라도 빠른 전사 및 보존 조치가 요구된다.

유구를 이전 복원하여 전시할 때, 복원의 범위는 전문적인 지식을 토대로 정해야 한다. 예를 들어, 주거지의 바닥면만을 전시하는 것으로는 일반인이 건물의 구조나 규모를 구체적으로 판단하는 것이 쉽지 않다. 그렇지만 근거 없는 복원은 오해를 초래할 염려가 있어 신중을 기해야 한다. 예를 들어, 주거지에는 보통 바닥면만 남아 있기 때문에 건물의 구조나 양식은 알 수 없다. 따라서 유구를 보존하여 전시하려면 어떠한 방법으로 알기 쉽게 나타낼 것인지를 정해야하는데, 이것은 보존과 전시의 가장 큰 과제이기도 하다. 복원을 하기 곤란한 유구에 대해서는 문화재 안내판을 이용하여 유구가 출토된 위치와 어떻게 해서 문화재적인 가치가 있는지, 그리고 동반 출토 유물은 무엇이 발견되었는지를 자세하게 기록해 두는 것도 하나의 방법이라 할 수 있겠다.〈표 2〉

2-1-1. 형틀유구전사법

형틀유구전사법은 표면의 토층을 경화시킨 후 실리콘루버(Silicon Lubber)와 같은 이형제를 이용하여 유구 전체의 형틀을 만들고 재차 수지를 이용한 경화제로 경화시켜 만드는 전사 방법이다. 이전 대상의 유구가 정리되면〈그림 3〉 우선 발굴도면과 일치하는가를 확인하여 대상 유구가 변화없이 원형을 유지할 수 있도록 한다.

〈그림 3〉 유구정리

이 방법에서 사용하는 실리콘루버는 연질이므로 떼어진 형틀로 사용할 수 없고 유구 형틀을 제작하는 과정을 용이하게 하기 위하여 이형제로 사용하게 된다. 그러므로 유구의 형틀을 원형대로 유지·보존하기 위해서는 실리콘 형틀표층에 형태를 보존해 주기 위한 FRP(Fiber Reinforced Plastic) 보강틀로 보강해주어야 한다.〈그림 4〉

〈그림 4〉 실리콘 형틀작업

실리콘루버는 가격이 비싸므로 대형 주거지

〈그림 5〉 탈형을 위한 프렌치 설치

와 같이 규모가 큰 경우는 경제적인 부담이 크기 때문에 왁스와 같은 이형제로 도포하여 분리하는 방법을 사용하는 것도 바람직하다. 만약 실리콘루버를 이형제로 사용하려면 유구보다는 복제를 위한 정밀한 문화재인 불상과 동경 등의 작업에 사용하는 것이 효율적이라고 볼 수 있다. 복원할 때, 유구의 내부 공간과 동일한 위치에 있는 토층을 구획별로 실측 도면에 표시하면서 최소 5cm 깊이까지 일정한 깊이로 흙을 파서 형틀과 함께 이전 보관하면 전사 당시의 유구 모습과 동일하게 복원할 수가 있다.〈그림 5〉

이 형틀전사법의 특징은 전사된 형틀을 장기간 보존할 수 있을 뿐만 아니라 대형의 유구도 원형을 변형시키지 않고 복원할 수 있다는 것이다. 또한 주혈(柱穴)이나 노지(爐址) 부분과 같이 요철이 심한 경우에는 석고나 포록(Porrok)으로 부분적인 틀을 별도로 제작하지만 이 방법에서는 별도로 구획된 요철의 형틀 제작 없이 한 번의 작업으로 유구를 완벽하게 전사할 수 있어서 시간과 노력이 절약된다.

유구의 복원 장소가 정해진 경우라도 발굴 당시의 유적과 동일한 방향과 지형의 형태를 만들어 복원 전시하는 것이 관람자들의 이해를 도울 수 있다. 예를 들자면 청동기시대에는 조명시설도 없고, 자연 환경에 적응하면서 살아야했기 때문에 우리 선조들은 일조량과 배수가 잘되는 위치를 선택하는 지혜를 발휘했다. 이 같은 선조들의 지혜가 느껴지도록 주거지의 방향성을 정하여 지형형태를 만들고 복원하는 것이 훌륭한 복원일 것이다.

1) 예비 조사 및 전사면 정리

유구의 이전 작업은 발굴이 종료된 후 문화재위원회에서 결정하는 사항으로 발굴 후 적게는 1개월, 길게는 1년 가까이 지난 후에 실시되는 것이 일반적인 추세이다. 유구를 보존처리하지 않고 임시로 비닐을 덮어 보호할 경우, 시간이 경과되면서 유구가 풍화를 겪기 때문에 변화가 생기게 된다. 그러므로 이전을 하는 보존처리자는 반드시 발굴기관에서 제작한 실측 도면을 참조해 현재의 상태를 파악해야 하며, 제거된 부분과 복원해야 되는 부분을 발굴 담당자에게 필히 검토를 받아 발굴 당시의 축조방법을 확인해야 한다. 이때, 현장을 사진 촬영하여 유구의 정확한 상태를 기록한다. 유구 내부에 석재가 남아있는 경우 정확한 위치를 기록하고 고유번호를 부여한 후 석재가 충격을 받아 훼손되지 않도록 Air Vinyl 등으로 포장한다. 또한 이전(移轉)을 실시하려는 유구면에 습기가 있으면 전사틀 작업 진행에 사용하는 합성수지가 경화되지 않아 작업을 진행할 수 없게 된다. 따라서 유구표면은 정리함와 동시에 습기를 제거시켜야한 한다. 나무나 풀뿌리들이 유구면에 잘게 도출되어 있는 경우는 전사면을 고르는 작업을 할 때 전지가위나 트롤로 발굴 당시의 모습대로 복원하고 정리해야 한다. 만약 이러한 뿌리들을 제거하지 않으면 약품처리시 전사면과 고착되어 탈형 작업에 어려움을 겪게 된다.

2) 토층 경화

유구의 전사·이전을 위해서 가장 고려할 부분이 지질학적 조사를 통하여 토양의 성분, 재질, 결정입도, 강도 및 주변 환경 등을 파악하는 것이다. 이 요소들을 정확히 파악하여야 경화처리에 사용될 약품의 종류와 혼합 농도 등을 결정할 수 있다.

일반적으로 전사 작업시 토층 경화제로 사용되는 약품으로는 수용성 경화제의 Primal MC-76 용제와 초산 비닐계의 P.V.Ac(Polyvinyl Acetate) 또는 Isocyanate PSNY6 용제, 아크릴계의 Paraloide B-72를 트리클로로에틸렌(Trichloroethylene)이나 톨루엔(Toluene)에 용해시킨 용제가 있다.

이러한 약품 가운데 수용성 경화제인 Primal MC-76 용제는 경화시간이 비교적 많이 소요되나 경화처리된 토층의 강도가 우수하고, 색상의 변질이 거의 없어 우수한 경화제라 할 수 있다. 그러나 동절기에는 건조시간이 많이 소요되는 단점이 있다. 초산 비닐계의 P.V.Ac는 농도가 20%일 때는 수지의 점도가 낮아 지면으로의 침투가 강해지고 전사면의 두께가 1cm 이상 떨어지므로 처음에는 20% 용액을 도포하고 두 번째는 10% 용액을 도포하는 것이 적당하다. 이 방법을 이용한 사례로 서울 송파구 암사동 선사시대 주거지 전사 등 다수가 발표되고 있다.

유구의 토층을 경화처리하기 위해서는 유구의 환경, 토양의 지질학적 특징의 분석이 요구되고, 그 특징이 분석되면 위에서 소개한 3가지 경화제 중에서 선택하게 된다. 경화제가 선택되면 토양의 성질을 고려해 경화제의 농도를 각각 다르게 희석하여 유구 외부의 토층 표면에서 실험을 한다. 결과를 주시한 후 유구의 토층에 적당한 농도를 결정하여 반복해서 침투시키는 방법을 이용한다. 만약 한 번에 충분한 양의 경화제를 침투시키기가 어려우면 경화제의 농도를 올리면서 점차적으로 시간을 갖고 침투시키는 것이 토층 깊숙이 주입시키는데 효과가 있다.

〈그림 6〉 서울 우면동 쇄기층 토층 경화 장면

표면 토층을 경화시키는 동안 비가 오거나 동절기를 맞이하여 지면이 얼어붙는 경우, 토층의 완전한 경화처리를 위하여 10여 년 전만 해도 유럽에서 많이 사용하는 Primal MC-76수용성 경화제를 사용하였다. Primal MC-76 수용성 경화제를 사용하는 토층 표면의 경화처리는 기상의 변화에 영향을 받지 않는 보호시설을 만들어야한다. 이때 30여 회 정도 반복하여 토층을 경화처리하게 되므로 유구 전사면의 토층을 충분히 경화시키는 데는 약 10일 정도가 소요된다. 합성수지를 사용하여 경화처리를 할 경우 고강도의 표면층을 얻을 수 있다는 등의 장점을 가지고 있으나 후속작업 과정에서 합성수지를 제거해야 하는 어려움이 있을 뿐만 아니라 완전제거가 되지 않을 경우 유구 색상의 변화를 초래할 위험이 있다. 그러므로 많은 시간이 걸리더라도 자연건조 방법으로 유구를 경화시켜야 한다.〈그림 6〉

자연경화를 위해 사용할 수 있는 방법으로 먼저, 유구 면보다 깊게 배수로를 설정하여 지하수의 유입을 막음과 동시에 중력 방향으로 물의 흐름을 유도하여 유구 내부의 수분이 빠져나가도록 한다. 그리고 비닐하우스 등을 이용하여 빗물 혹은 눈 등에 의한 수분의 유입을 차단한다. 비닐하우스 내부는 태양광에 의해 건조가 진행되므로 통풍에만 신경을 쓴다면 유구의 수분 제거는 어렵지 않게 이루어질 것이다.

3) 기준 형틀 제작

전사면 토층이 일정한 깊이까지 경화되면 유구 전체의 형틀을 실리콘루버(Silicon Lubber) 등을 이용하여 만들 수 있다. 실리콘을 이용한 유구 모양의 형틀작업을 위해서는 먼저, 실리콘이 연질이므로 유구 내의 무거운 석재 등을 수습하여야 한다.

〈그림 7〉 전사틀 완료

경화 처리된 유구 전체를 실리콘 형틀로 만들고, 토층과 실리콘 형틀이 잘 분리될 수 있도록 토층을 충분히 자연건조한다. 유구에 발라진 실리콘 형틀은 1차 속틀에 해당한다. 1차 속틀을 만들고 그 위에 실리콘 형틀을 안전하게 보호하기 위해서 2차로 FRP 보강틀 작업을 실시한다.〈그림 7〉

4) 보강틀 작업

실리콘 KE-1402에 경화제를 섞어 1차적으로 만들어진 실리콘 형틀은 유연성과 가연성이 있으므로 형틀 모형을 그대로 유지할 수 없다. 따라서 그 표면 위에 2차로 FRP를 이용한 보강틀 작업을 해야 한다. FRP작업을 하기 위해서 먼저, 속틀에 해당하는 실리콘 형틀과 보강틀인 FRP가 잘 분리될 수 있도록 1차 실리콘 형틀을 충분히 건조한다. 실리콘 형틀 위에 적층용 불포화에스테르 수지(Unsaturated Polyester Resin) FH-102HS와 경화제 D-SS를 이용하여 FRP 작업을 실시한다. FRP 보강틀 작업은 수지를 1회 도포한 후 바로 천으로 짜여진 유리섬유(Glass Wool)를 충진제로 깔고 부드러운 양모솔로 유리섬유 위를 가볍게 두드려 수지와 충진제가 일체화되도록 접착한다. 유리섬유 충진제 위를 적층용 불포화에스테르수지 FH-102HS와 경화제 D-SS를 이용하여 2회 발라준다. 경화표면의 균일한 경도를 유지하기 위하여 유리섬유를 1차 처리시 깔았던 방향인 격자 방향으로 깔고, 2차로 충분한 양의 수지를 도포한다.

위와 같은 방법으로 강도와 하중을 고려하여 그 형틀이 장기간 유지될 수 있도록 3, 4차 반복 작업을 실시하여 실리콘 형틀이 완전하게 고정되도록 충분히 경화시킨다. 충분한 경화를 위해

〈그림 8〉 형틀분리

48시간 자연건조한다. 그리고 대형 유구는 절단하여 이동을 해야 할 경우가 생기거나 자체적으로 지나치게 무거운 경우에 유구의 형태를 유지하기 위하여 일정한 간격으로 골격을 만드는 것도 필요하다.〈그림 8〉

이상의 작업은 경화제의 악취와 유리섬유가 인체에 주는 피해를 막기 위하여 방독면과 실험복을 갖추고 고무장화와 고무장갑으로 완벽하게 몸을 보호하고 실시해야 한다.

5) 전사된 형틀의 분리와 보관

〈그림 9〉 필요한 토양제거

유구의 전사된 FRP 형틀은 이전·복원하기 위하여 유구로부터 분리시켜야 한다. 이전할 때 전사된 유구의 구조와 하중에 견디고, 변형이 되지 않도록 가능한 한 일정한 크기로 구획을 정하고 전사면 전체 구조의 구획을 정할 때에는 유구의 특성, 벽면 및 요철부를 고려하여 결정한다. 나중에 복원시 분리면이 혼동되지 않도록 펜으로 방향과 접촉면을 표시한다. 발굴도면을 근거로 구획하여 작성된 전사면 도면, 복원을 위해 작성한 실측 도면에 자세히 기록한다. 일정한 크기로 구획된 선을 따라서 다이아몬드 드휠을 이용하여 절단하고 조심스럽게 형틀을 분리한다. 이때 속틀인 실리콘형틀도 똑같은 크기로 절단하여야 분리된다.〈그림 9〉

유구에서 형틀을 분리시킨 후 표면에 붙은 흙을 제거하고 평평한 곳으로 이동한다. 구멍과 절단면 등 이동시 파손의 위험이 있는 곳은 토이론으로 보호하고 형틀 전체를 완충 효과가 있는 보온 덮개로 보장·보관한다.

6) 유구 표면의 토양 수거

유구 전체의 형틀작업이 끝나면 형틀을 분리하기 위해 사용한 구획된 번호에 맞추어 표면의 흙을 일정한 깊이로 파서 포대에 담고 각 구역의 번호를 포대의 표면에 적어 복원시에 같은 위치의 흙을 사용할 수 있도록 한다. 노지와 같이 불에 의해 색깔이 변형된 부분의 흙은 별도의 자루에 고유번호와 위치를 표시하고 담는다.

유구에서 수거된 표면층의 흙은 원래의 모습으로 복원하는데 이용되므로, 충분히 수거하여 완벽한 이전 복원 상태를 유지할 수 있도록 한다.

7) 형틀의 탈형(脫型) 작업

실리콘루버를 이용한 1차 전사작업과 불포화에스테르 수지 FH-102HS와 경화제 D-SS를 이용하여 FRP 작업한 2차 작업만으로는 유구를 복원할 수가 없다. 왜냐하면 유구의 위치나 방향이 반대 방향으로 나타나게 되기 때문이다.

전사작업을 통해 제작된 형틀을 뒤집어 일정량의 이탈촉진제(離脫促進劑)를 바른 후 폴리에스테르 수지와 유리섬유를 적층(積層)처리한다. 이때 수지의 경화를 촉진하기 위한 경화제를 함께 처리하면 경화되는 시간을 조절할 수 있다. 충분한 시간이 경과한 후 실리콘 형틀과 FRP 보강틀을 분리하는 작업을 시행하는데, 이를 탈형작업이라 한다.

경화촉진제와 경화제를 사용할 때 주의할 것은 이를 동시에 첨가해서는 안 된다는 것이다. 경화촉진제를 일정량 수지와 함께 섞은 후 사용할 때마다 경화제를 필요량 섞어야 한다.

탈형작업은 사용된 이탈촉진제의 질에 따라 작업 효율성의 차이가 심하므로 양질의 이탈촉진제를 사용하는 것이 바람직하다. 또한 주공과 토기저장 구덩이 등의 요철 부위나 방형 모서리 등의 굴곡이 심한 부분은 탈형할 때 필요 이상의 작용력으로 파손의 위험이 있으므로 먼저 형틀에서 분리한 후 탈형한다(보통 탈형의 어려움이 크므로 전사 작업을 진행할 때부터 요철부분은 석고나 실리콘 등을 이용하여 별도의 작업을 진행한다). 또한 표면 경화가 완전 경화시의 70% 정도에 달할 때 탈형이 가능하지만 그 정도의 경화 상태에서 탈형할 때는 적당한 지지대를 사용하여 제품의 변형을 방지하여야 한다.

8) 복원

유적을 복원할 부지는 유구의 성격을 충분히 고려한 곳에 위치하여야 한다. 문화재는 역사와 자연과의 관계에서 형성되어 왔다는 점에 유의하여 환경과의 조화를 생각해야하며, 유구의 본질과 속성을 이해할 수 있는 현장성이 극대화된 자리를 선정해야 한다.

제작이 완료된 유구의 형틀을 안착하기 위해서는 발굴도면을 참고하여 일정한 깊이만큼 성토한 후 터다지기 작업을 해야 한다. 다짐작업이 완료된 후 원지에 형틀의 상에 따라 굴곡면을 조절, 형틀이 고정될 수 있도록 한다. 이때 분할된 면을 접합하는 작업을 동시에 진행 하는데, 접합제는 형틀제작 작업에 사용한 수지와 동일한 것을 사용하여야 한다.

유구 형틀의 표면에는 전사시 합성수지에 의해 채취된 원래 유구의 흙이 약간 붙어있지만 이것만으로는 유구 표면의 질감을 얻을 수 없다. 따라서 전사할 때 구역별로 따로 채취한 흙을 접착제를 이용하여 처리해줌으로써 유구 본래의 모습을 완성할 수 있다. 이때 사용하는 접착제 역시 형틀 제작에 사용한 동일의 수지여야 하며 기온과 습도에 따라 첨가제와 경화제의 양을 조절하여 사용한다.

2-1-2. Epoxy계 합성수지 유구 전사법(잔디떼기식 유구 전사법)

유구 토층 표면을 경화시키기 위하여 1차로 유구 표면을 메틸 알콜에 P.V.Ac를 용해시켜 경화시키는 방법이다. 유구의 표면처리용으로 특수 제작된 에폭시계 합성수지인 Araldite DFR 108과 DFH 108을 유구 표면에 거즈를 놓고 3~5번 정도 가로 세로 방향으로 배적하면서 용제를 붓과 솔 등으로 두드리면서 경화시킨다. 그리고 한지에 밀풀을 접착제로 사용하여 경화된 토층을 보호한다. 이 방법은 토층 경화 후 분리 이동이 편리하도록 일정 크기로 분할하고, 경화된 토층을 분리하여 뒷면을 다시 한번 표층 경화 방법으로 경화시키는 것이다.

경화된 토층의 뒷면은 열경화성 수지를 이용하여 전사면을 보호하는 보호틀을 제작하는데 이를 암틀이라고 한다. 수틀을 뒤집은 상태에서 토층 위에 거즈와 유리섬유(Glass Wool)를 깔고 불포화 폴리에스테르 수지(Unsaturated Polyester Resin)인 적층용 에프마이카나 포이락 등을 이용하여 FRP 작업을 하게 되면 암틀이 제작된다. 유구 표면의 토층을 경화시킨 형틀을 수틀이라고 부르는데, 이때 에폭시계 합성수지로 전사된 수틀과 암틀을 결합하여 이동하고 복원 장소의 전사면에 잔디를 입히는 것처럼 복원하는 방법이라 해서 일명 잔디떼기식 유구 전사법이라고 한다. 한편, 유구의 요철부가 심할 경우에는 전사면이 불안정하므로 FRP로 보강된 암틀을 재차 보강하기 위해서 포록이나 고급 석고를 사용하여 보호틀을 만든다.

전사된 유구를 정해진 장소에 복원하는 방법은 우선, 복원장소에 전사 당시의 유구와 똑같은 형태로 유구 주변을 정리하고, 보관 상자에 보관되었던 유구의 수틀을 복원 장소에 놓고, 토층 위에 배접된 거즈를 메틸 알콜이나 메틸 에틸케톤 용액으로 용해시킨다. 그러면 배접된 거즈가 떨어져 원래의 토층이 나타나게 된다. 만약 제거 후에도 전사면에 붙어있는 P.V.Ac의 수지분은 메틸 알콜을 몇 번이고 반복하여 도포하면서 용해시키면 된다. 그리고 일정한 크기로 전사된 전사면을 전사 이전시에 만든 전사면 실측 도면의 번호 순서에 따라 수틀을 맞추어 주면 원형을 복원할 수 있다.

이 전사 방법은 사용되는 토층경화제의 경화 기간이 3년 정도밖에 안 되므로 전사된 형틀을 보존 유지할 수 없다는 단점이 있다. 따라서 이 방법은 단기일 내에 복원 계획이 있는 경우에만 사용된다. 또한 토질이 사질토이거나 동절기에 실시되는 경우는 토층의 자연경화가 어려우므로 이 방법이 사용된다.

1) 예비 조사 및 전사면 정리

유구의 정확한 상태를 기록하기 위해 실측과 레벨(Level) 측정을 실시하고 실측도면에 표시하여 원형 복원시 유구의 형태가 변형될 소지를 줄인다. 또한 전체적인 사진촬영과 부분 사진촬영으로 예비조사를 마무리한 후 유구 표면을 정리하고, 일부 변형된 유구면은 트롤, 전자가위, 칼 및 붓 등으로 세밀하게 정리할 수 있다.

2) 토층 경화 및 배접

유구전사를 위해서 가장 중요한 부분은 전사면 토층을 일정한 깊이로 경화시키는 것이다.경화처리에서 주의할 것은 토양의 성분, 재질, 입도와 주변환경 등이 중요한 변수로 작용한다는 것이다.

일반적으로 사용되는 경화처리제에는 다음과 같은 세 종류의 약품이 있다. 첫째, 아크릴계의 Paraloide-B72를 트리클로로에틸렌(Trichlorethylene)이나 톨루엔에 용해시킨 용제를 사용한다. 둘째, 초산비닐계의 P.V.Ac 또는 이소시아네이트 PSNY6 용제를 사용한다. 셋째, 수용성경화제의 Primal MC-76 용제로 토층을 경화처리한다.

수용성경화제인 프라이말은 경화시간은 비교적 많이 소요되나 경화처리한 토층의 강도가 우수하고 색상의 변질이 없는 경화제이다. 하지만 동절기에 토층경화제로서 수용성용제를 사용하면 건조시간이 많이 소요된다는 단점이 있다.

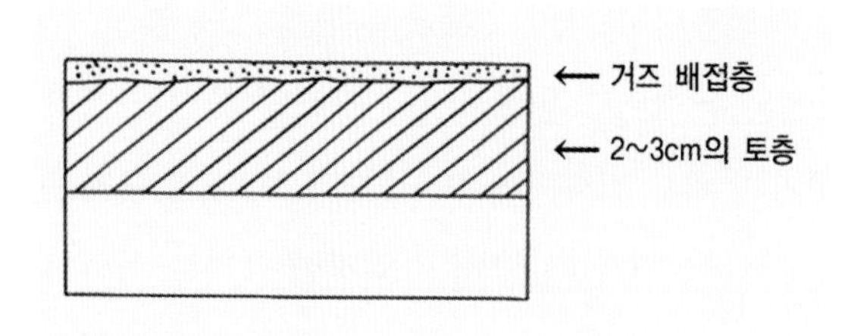

〈그림 10〉 유구전사면 토층

유구의 구조와 형태, 토양재질과 처리자의 경험에 의해서 경화제를 선택하고, 토양성분을 고려해 경화제의 농도를 각각 다르게 희석하여 유구 내부에 반복해서 침투시키는 방법을 이용한다. 만일 한번에 충분한 양의 경화제를 침투시키기 어려운 경우에는 경화제의 농도를 저농도에서 고농도로 올리면서 침투시키는 것이 토층 깊숙이 주입할 수 있어 좋다. 단, 여기서 특별히 주의할 점은 아크릴 수지나 P.V.Ac 수지는 처리농도가 10% 이상이 되면 표면에 광택이 나타날 염려가 있고, 이소시아네이트 수지는 8% 이상이 되면 처리된 표면이 자색으로 변할 우려가 있다는 것이다.

토층표면의 경화처리는 에어컴프레서를 이용하여 스프레이건으로 수차례 반복하여 분사하면서 경화처리한다. 또한 건축용 주사기를 이용하여 내부 깊이 주입시켜 경화처리한다. 이러한 방법으로 2~5cm 깊이로 충분히 여러 차례 경화시킨다.〈그림 10〉

유구 전사시 원형이 변형되지 않고 완벽하게 이전하기 위해서 유구 전사면의 기둥 구멍과 저장공 등 요철이 심한 부분은 기둥 구멍이나 저장공 등을 경화처리한 후 실리콘루버나 석고와 포록 등을 이용하여 원형 그대로 형틀을 만든다.

유구전사면 토층표면을 경화처리하고 배접하여 일정한 크기로 잔디처럼 떼어내기 위해서는 배접을 잘 하여야 한다. 또한 전사된 토층을 원형으로 복원하기 위해서는 배접에 사용되는 거즈, 한지와 접착제가 잘 떨어져야하므로 일반적으로 배접에 사용하는 접착제는 밀풀일 경우에는 한지를 이용하고, P.V.Ac는 거즈로 배접한다. 이 두 가지 접착제 중 바람직한 배접방법은 밀풀로 한지를 배접하는 것이다. 이렇게 하는 것이 차후 복원시 토층에 배접된 한지를 분리하기가 쉽다.

배접은 유구 전체의 토층표면을 경화처리한 후에 접착용제가 건조되기 전 그 위에 거즈 한 겹을 붙이고 거즈에 용제를 재차 바르면서 한다. 거즈를 토층 표면에 바를 때는 요철 부분이나 기둥구멍 등에 유의하면서 토층 표면에 고르게 부착될 수 있도록 배접하여야 한다.

3) 배접된 수틀 분리 및 경화처리

경화처리 후 배접이 완료된 다음에는 전사면이 하중에 견딜 수 있고 전사면의 구조가 변하지 않을 정도의 크기로 일정 구획을 정한 다음 구획된 선을 따라 절단된 수틀을 조심스럽게 떠낸다. 이러한 방법을 일명 잔디떼기식이라고 한다.

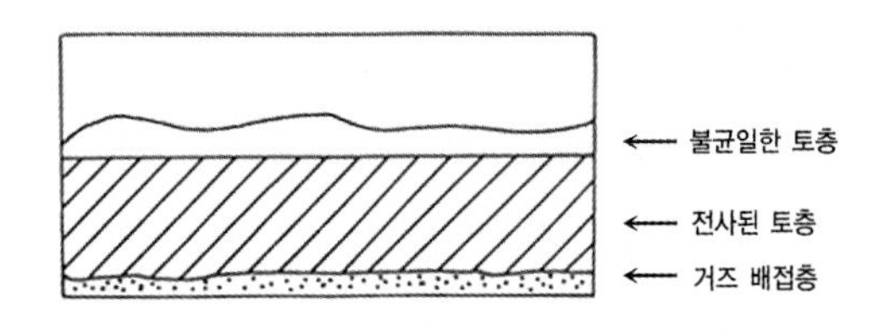

〈그림 11〉 떼어낸 수를 뒷면 정리 및 경화처리

유구 전사면 전체의 구획을 정할 때에는 유구의 특성과 벽면 및 요철부를 고려하여 예비조사에서 작성한 도면에 일정한 크기의 방안선을 치고 구획된 전사면이 혼동되지 않도록 펜으로 방향표시를 한다. 그 다음으로 유구의 구획된 선을 따라서 다이아몬드 휠을 이용하여 절단한다. 절단된 전사면 하나하나를 떼어낼 때는 토층이 가능한 많이 떨어질 수 있도록 조심스럽게 힘을 주어 일정한 두께를 유지하도록 하면서 유구의 바닥을 떼어낸다. 떼어낸 전사면을 '수틀'이라 한다.〈그림 11〉

일정한 크기로 떼어낸 수틀은 다시 뒤집어서 불균일하게 붙어 있는 유구면의 흙과 요철부분을 균일하게 정리한다. 일정한 두께로 정리된 수틀의 뒷면 흙은 맨 처음과 같은 방법을 이용하여 재차 경화시킨다.

수틀의 뒷면을 경화시킬 때는 에어컴프레서에 연결된 분무기를 이용하면 빠른 시간에 경화시킬 수 있다.

4) 암틀제작

이동과 보관시 변형되지 않고 원형을 유지하기 위해서 유구의 전사토층이 2~5cm의 흙이 붙어있는 상태로 경화처리된 수틀과 동일한 크기로 보호틀을 만들어 결합시킨 후에 원래의 상태를 뒤집어서 복원할 때까지 보관한다.

일반적인 암틀의 제작방법에는 다음과 같은 세 가지 방법이 있다. 첫째, 에폭시계의 합성수지인 아랄다이트를 이용하여 보강하는 방법으로 이를 FRP 작업이라 한다. 둘째, 불포화폴리에스테르 수지인 에프마이카를 이용하는 방법이다. 셋째, FRP 작업 후에 보강이 더 필요할 경우에는 포록이나 석고로 틀을 뜨는 방법이 있다.

암틀제작을 위해 먼저, 경화된 수틀의 뒷면에 똑같은 크기로 거즈와 유리섬유를 올려놓고, 열

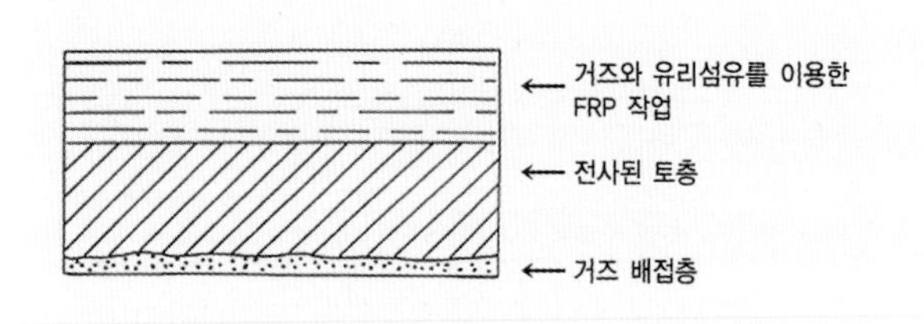

〈그림 12〉 전사된 수틀을 보호하기 위해 FRP로 암틀제작

경화성 수지를 발라 FRP 틀을 만든다. 이 FRP는 전사된 유구의 수틀이 변형되지 않도록 하기 위해서 제작하는 것인데, 이를 편의상 '암틀'이라고 한다.

수틀 뒷면이 경화된 상태에서 바로 그 위에 암틀을 제작하고 다시 역으로 뒤집으면 된다. 요철이 심하고 수틀의 크기가 기형인 경우에는 암틀이 힘을 받을 수 있도록 포록과 석고를 사용하여 암틀을 제작한다.〈그림 12〉

5) 암·수틀의 보관

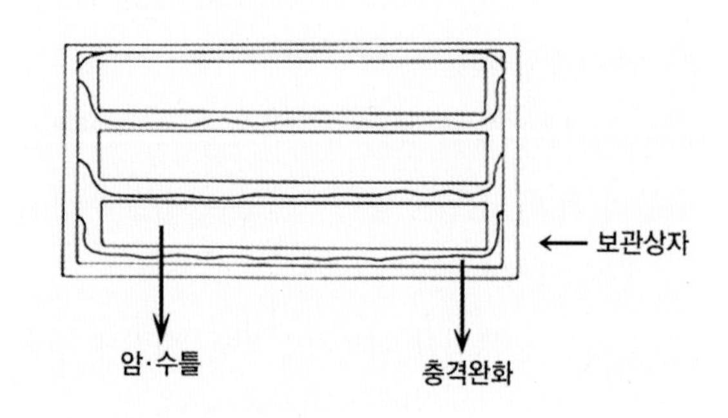

〈그림 13〉 암·수틀을 결합하여 보관상자에 보관

일정한 크기로 전사된 암·수틀을 결합한 상태로 제 3의 장소로 복원할 때까지 보관상자에 안전하게 보관하게 되는데 다음과 같은 방법을 이용한다.

전사된 유구를 안전하게 보존하기 위해서는 암·수틀을 결합하여 이동이 가능한 무게의 보관 상자에 보관하여야 한다. 상자는 현장에서 알맞은 크기로 제작하고, 암·수틀을 결합시킨 상태로 상자 속에 고정하기 위해 빈 공간의 여백을 발포성 우레탄폼, 토이론 톱밥, 한지, 비닐 등을 이용하여 채워준다. 전사된 유구는 실외전시나 박물관 내부에 복원할 때까지 안전하게 보관된다. 단, 전사에 사용된 약품의 내구연한이 3~5년이기 때문에 전사된 유구는 장기간 방치하여서는 안 된다.〈그림 13〉

6) 유구의 복원

전사된 유구를 복원하기 위해 먼저, 종전의 유구와 똑같은 형태로 복원장소 주변을 정리한다. 수틀 위에 배접된 거즈를 메틸 알콜 용액으로 녹여내면 배접된 거즈가 떨어져 원래의 토층이 들

〈그림 14〉 조선시대 주거지 복원

〈그림 15〉 청동기시대 주거지 복원

어나게 된다. 일정한 크기로 전사된 전사면에 잔디를 입히는 것처럼 순서에 따라 수틀을 맞추어 주면 원형으로 복원할 수 있다.

〈그림 14, 15〉는 주거지를 이전 복원한 모습으로 이렇게 복원된 유구는 관람자에게 교육적 목적으로 전시되는 것이므로 유구 설명판을 반드시 설치하여야 한다.

2-1-3. 발포성 우레탄폼(Poly Urethane Form) 충진에 의한 유구전사법

우레탄을 이용한 유구 전사 방법을 이용하면 유구를 발굴 당시의 원래 상태로 가장 안전하게 이전·복원할 수 있다. 이 전사 방법은 소형의 유구를 보존하는데 적합하나 규모가 큰 유구를 전사 이전하기에는 불합리한 방법이다. 이 전사방법은 먼저 전사하고자 하는 유구 전체를 토층 경화제로 완벽하게 경화시킨 후 유구 전체를 발포성 우레탄폼(Poly Urethane Form)으로 보강하고 포장한 후에 형틀과 유구를 분리하지 않고 복원장소로 그대로 운반하여 복원하는 것이다.

발포성 우레탄 수지는 발포성이 강한 액체로서 주제와 경화제를 중량비 1 : 1로 혼합하면 약 3분 정도 경과 후부터 발포되어 스티로폼과 같은 형태로 되면서 빈 공간을 채워주기 때문에 유구가 세장(細長)한 부분이라도 완벽하게 충진할 수 있다. 또한 중량이 가벼워서 이전하는데 편리하며 경화된 후에도 간단한 절단도구로 잘라내거나 깎아낼 수 있다는 장점이 있다. 이 방법에 사용되는 우레탄 수지는 폴리우레탄과 이산화탄소로 되어 있는 다포성 물질을 말한다. 발포체의 밀도는 수지성분의 비율에 따라 여러 가지 차이가 있으나 출토 유물의 파손이 우려되는 경우는 발굴 현장의 수거용으로 0.03g/cm³이 가장 적당하다. 사용 방법은 먼저, 상기 성분을 1 : 1 중량비로 혼합하면 즉시 발포가 시작되어 약 30배 정도의 체적이 증가하고, 발포 후 3분 정도면 완전히 경화된다. 단, 발포배율이나 경화시간 및 발포속도 등은 처리하는 장소의 온도나 교반 과정에 따라서 약간씩 차이가 나타난다.

발포성 우레탄폼을 발포할 때 주의할 점은 다음과 같다. 발열성이 강하므로 한 번에 사용되는 수지의 양을 1kg 이하로 사용해야 하며, 또한 탄사가스 등을 발생시키므로 밀폐된 공간에서의 전사 작업은 삼가고, 개방된 공간에서 사용하는 것이 좋다. 기상 조건이 나쁠 경우를 대비하여 부득이 밀폐된 공간에서 작업을 할 경우에는 환기를 잘 시키도록 하고 약품이 직접 피부에 묻지 않도록 주의해야 한다.

1) 정리 및 예비조사

발굴조사 후에 보존된 유구는 표면에 그대로 노출되어 있을 경우 자연적, 물리적 영향에 의해 변형될 수 있기 때문에 보호를 위해 유구를 비닐로 덮고 샌드백으로 눌러놓는다.

실측과 사진촬영을 통해 유구의 정확한 상태를 기록한 후 유구 표면을 정리한다. 이 방법은 유구를 통째로 들어내는 방법이므로 유구 바깥의 흙을 제거하여 유구 전체가 노출되어야 한다.〈그림 16〉

2) 토층 경화

일반적으로 전사(轉寫) 작업시에 토층경화제로 사용되는 약품으로는 수용성 경화제의 Primal MC-76 용제와 초산 비닐계의 P.V.Ac(Polyvinyl Acetate) 또는 Isocyanate PSNY6 용제, 아크릴계의 Paraloide B-72를 트리클로로에틸렌(Trichloroethylene)이나 톨루엔(toluene)에 용해시킨 용제가 있다.

토양의 성질을 고려하여 선택된 경화제는 농도를 각각 다르게 희석하여 유구 외부의 토층 표면에서 실험을 한다. 결과를 주시한 후 유구의 토층에 적당한 농도를 결정하여 반복해서 침투시키는 방법을 이용한다. 만약 한 번에 충분한 양의 경화제를 침투시키기가 어려우면 경화제의 농도를 올리면서 점차적으로 시간을 찾고 침투시키는 것이 토층 깊숙이 주입시키는데 효과가 있다.

토층경화제를 이용하여 색상이 변하지 않도록 경화처리한다. 수지가 완전히 경화되면 한지나 킴와이프스 등을 이용해 유구 전체를 감싸준다.

〈그림 16〉 외곽토사 제거

〈그림 17〉 우레탄폼 충진

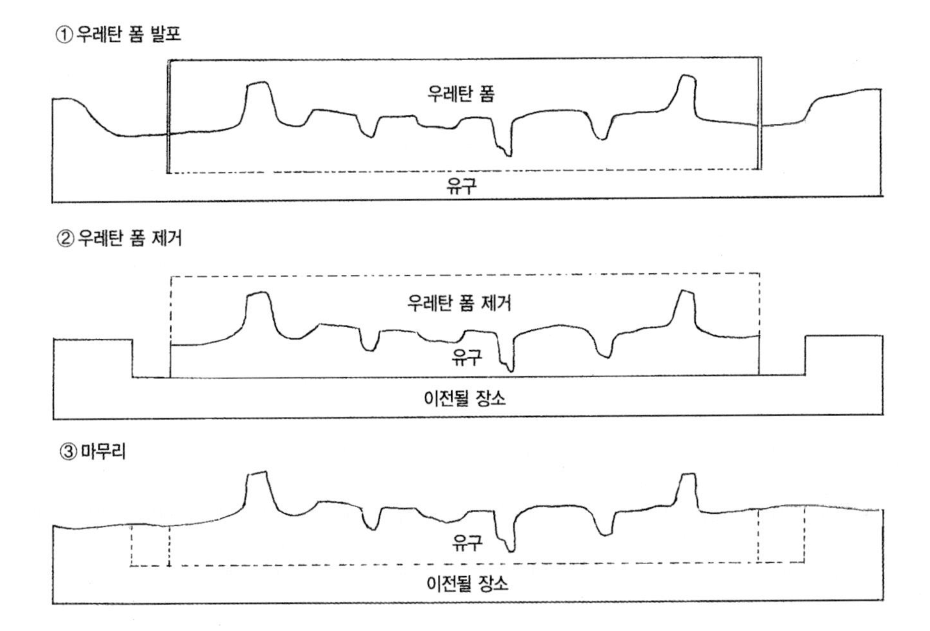

〈그림 18〉 발포성 우레탄폼 유구전사법 모식도

3) 우레탄폼 발포

우선, 유구 전체가 감싸질 수 있도록 여유 있게 박스를 만든다. 유구가 박스의 중앙에 위치하도록 제작된 박스를 유구에 씌운다. 우레탄폼을 발포하고 경화가 끝나면 유구의 바닥면을 조심스럽게 파내어 분리하여 뒤집은 후, 바닥면에도 우레탄폼을 발포하고 마무리한다.〈그림 17〉

〈그림 18〉에는 우레탐 폼 유구전시법의 모식도로 유구를 이동하는 원리를 그림으로 설명하고 있다.

4) 유구의 복원

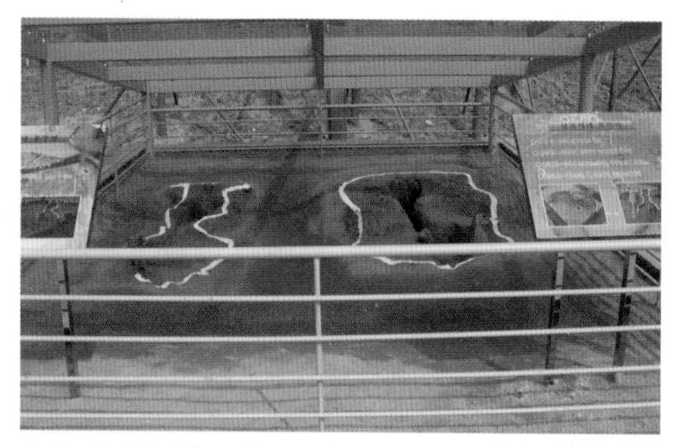
〈그림 19〉 삼국시대 소성유구 복원(용인 죽전)

바닥면의 우레탄폼을 조심스럽게 제거하여 바닥면을 찾아내고, 이전할 위치에 레벨(Level)을 맞추어 고정시킨다. 나머지 윗면의 우레탄폼을 제거하고 주위에 흙을 채워 넣어 높이를 맞추고 주변을 정리하여 마무리한다. 반드시 이러한 소성유구(가마터, 화덕자리 등)는 보호각이 필요하다. 또한 문화재 안내판도 필요하다. 아울러 보호각의 모습은 유구의 용도에 따라 이미지를 연상하는 모습으로 형태를 만들면 관람자에게 이해를 전달하기 용이하다.〈그림 19〉

2-1-4. 해체 분리 이전 방법

해체 분리 이전 방법은 유구의 자체 무게가 무거울 경우에 일반적으로 사용한다. 대상은 다양한 형태와 모양을 가진 자연석으로 축조된 석관묘(石槨墓)나 성벽(城壁) 및 다리 유적 등이다. 가벼운 소재의 유구라면 우레탄폼 충진식 유구전사 방법을 사용하는 경우도 있으나, 자체의 무게가 클 경우에는 운반이 곤란하므로 하나하나의 부재를 정밀 실측하고 유구가 있었던 위치를 기록하면서 해체 분리하여 이전·복원하는 방법을 실시한다. 최근 건물의 해체 복원 예로는 경복궁과 광화문이 있다.

해체 분리 이전 방법은 우선, 발굴 보고서를 근거로 현장을 정리하고 전사에 앞서 이전 복원용 실측도와 평면도 및 단면도를 그려 유구의 형상을 정확히 파악하여야 한다. 또한 각각의 유구의 평면도와 단면도에 따라 사용된 부재에 고유 번호나 부호를 기록해야 원형을 잃지 않고 이전할 수 있다. 그리고 손상을 막기 위해 토이론이나 보온덮개와 같은 완충제를 사용하여 유물을 수습하고 안전한 보관상자에 보관하면 된다.

1) 예비조사 및 해체

해체 이전방법에서 가장 중요한 것은 해체의 각 과정별로 정확하게 기록을 남기는 것이다. 해체작업은 축조의 역순으로 진행하되 각 과정별로 복원시 정확한 위치에 찾아 넣을 수 있도록 석재 하나하나에 고유넘버를 부여하고 도면에 기록하여 해체 도면을 작성한다. 또한 암석의 풍화 정도나 종류별로 약품의 강도 조정을 해야 하기 때문에 암석의 성질을 분석해두면 보존처리 시 약품을 선택하는데 효과적이다.〈그림 20, 21, 22〉

〈그림 20〉 부재에 고유넘버를 부여

석재가 절단되었거나 풍화가 진행되어 있는 상태라면 적절한 보존처리가 필요하다. 풍화가 진행되었을 경우에는 합성수지를 이용해 경화처리하거나 심한 석재의 경우는 복제품을 이용해 대체할 수 있다. 이때 복제품을 만드는 방법에는 주변에 파괴되어 버려진 석재들을 이용하는 방법과 새로운 돌을 깎아 맞추어 보존하는 방법이 있는데, 후자의 경우는 반드시 돌의 표면 색깔이 다른 것을 선택하여 보수된 부분을 선별해주어야 한다. 복제품을 만드는 것은 박물관과 같이 일반 전시 공간에 전시될 경우 안내판에 정확히 설명해 두지 않으면 오해의 소지가 있고 누더기 옷을 입은 것처럼 보이거나 추상적인 모자이크 석축처럼 보이기 때문에 그리 권장할 만한 방법은 아니다. 그렇기 때문에 보존처리자 개인의 선택보다는 발굴 담당자와 협의 하에 판단을 하는 것이 바람직하다.

복원장소나 보관장소로 이동하는 석재 부재들은 유구의 이동시 충격을 완화하고 파손을 방지하기 위해 토이론이나 발포성 우레탄폼으로 충진한다. 포장 위에 석재 부재와 동일한 넘버링을 해두면 복원할 때 포장한 것을 일일이 열어보지 않을 수 있어서 간편하다. 또한, 동, 서, 남, 북

〈그림 21〉 해체 전

〈그림 22〉 넘버링 작업

〈그림 23〉 포장

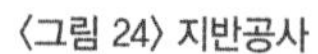

〈그림 24〉 지반공사

〈그림 25〉 고분 유구 복원 중

〈그림 26〉 복원된 고분

이라든지 연도부, 묘실부, 상부 등을 도면별로 조닝하여 보관하면 복원할 때 해체 담당자와 복원 담당자가 다르더라도 효과적으로 시행할 수 있다.〈그림 23〉

2) 복원

이전할 부지의 지반 공사를 위해 먼저, 이전하는 유구보다 넓게 구덩이를 파고 하중을 고려해 아래에서부터 잔자갈, 모래, 흙과 강회 혼합을 판축하여 바닥을 견고하게 하고 배수시설을 마련한다.〈그림 24〉 미리 확보해 두었던 이전 대상지의 흙을 고르게 다지고 해체하면서 사전조사를 통해 밝혀진 축조과정의 역순으로 복원한다.〈그림 25〉 석재의 뒷면에는 각 부재가 서로 고정되어 움직이지 않도록 석회와 흙, 쐐기석을 채우면서 보강한다. 보강 후 안정화시킨 후 재차 축조 작업을 실시한다. 전체적으로 복원이 마무리되면 주위와 높이를 맞추어 빈 공간에 흙을 채워 넣는다. 마무리에서는 잔디를 식재하여 빗물에 유구가 손상되지 않도록 하거나, 보호각을 만들어 보호하면 이상적이다.〈그림 26〉

〈그림 27〉 국립공주박물관 전시 문화재안내판

아울러 이전된 유구의 이력을 정확히 기록하는 문화재 설명판을 제작하여 관람객들에게 이해를 도울 수 있도록 해야한다.〈그림 27〉 설명판의 형태는 주변의 지형과 환경에 어울리도록 꾸미고, 보기가 편안한 형태를 만들도록 한다.〈그림 28〉

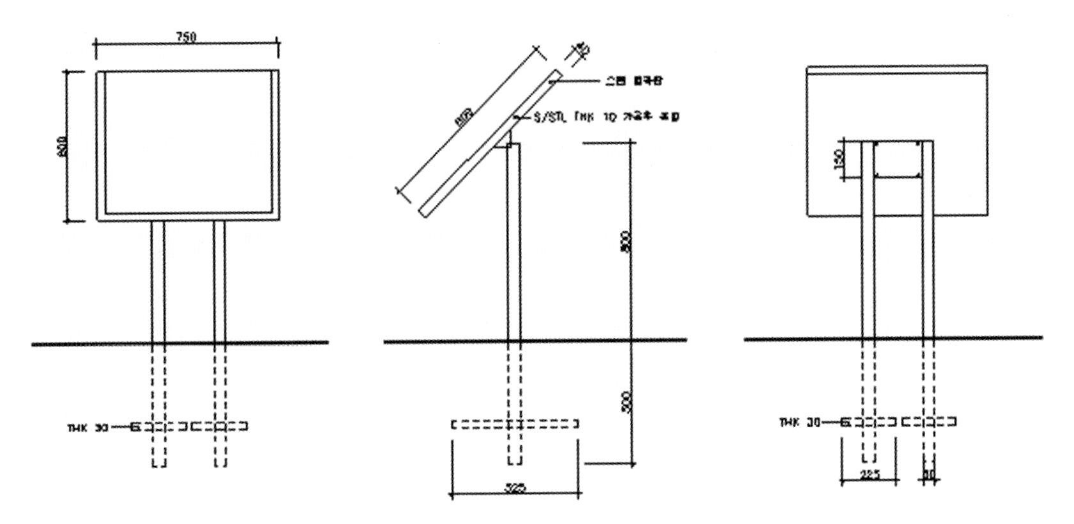

〈그림 28〉 유구별 문화재 안내판의 예

3. 토층전사 방법

유적의 층위를 정확하게 파악하고 그것을 정확하게 기록하는 것은 발굴조사에 있어서 기본의 하나이다. 층위의 기록은 대부분의 경우 실측이나 사진촬영에 의지하고 있는 것이 현실이다. 이들 층위나 유적단면을 얇게 떠낸 천과 판넬 등에 전사하여 실내로 가져오는 것이 가능하다면 발굴 후라도 실물을 여러 각도에서 자세히 조사할 수 있는 효과적인 기록 보존법이 된다. 게다가 층위나 유적 단면의 검출상태를 정확히 전사할 수 있기 때문에 발굴에 종사하지 않은 제 3자를 대상으로 유적을 설명하는 경우에 현장성이 넘치는 좋은 자료가 될 수 있다.〈그림 29〉

토층전사는 선사시대 문화층이나 패총 등의 토층단면을 보존하기 위해서 변성 에폭시 수지를 이용하여 거즈와 유리섬유 등을 배접한 후 토층 표면의 흙을 2~3cm로 떠내는 전사방법이다. 이때 배접포가 유적 단면의 미묘한 요철에 밀착하도록 가볍게 두들기면서 배접해야 하고 배접된 토층을 마는 것처럼 일정 깊이로 떠낸 후 반대편을 복원하여 보존한다. 이 전사 방법은 선사시대의 문화층 단면을 전사 이전·복원하는데 가장 적합하다.〈그림 30〉

전사를 위한 접착제로 에폭시계 접착제가 쓰이며, 표면처리 재료로는 이소시아네이트계 합성

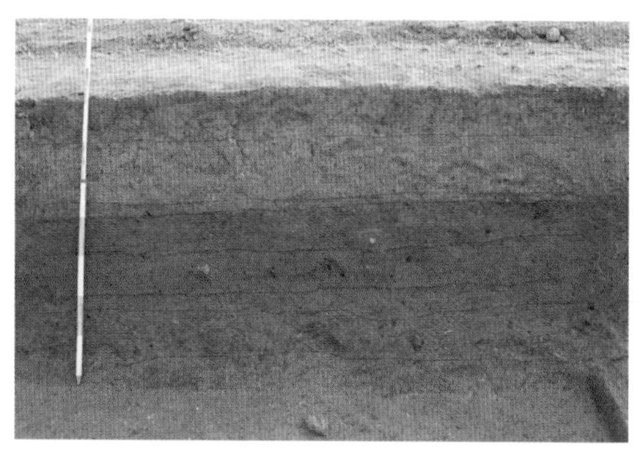

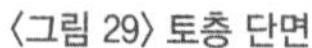
〈그림 29〉 토층 단면

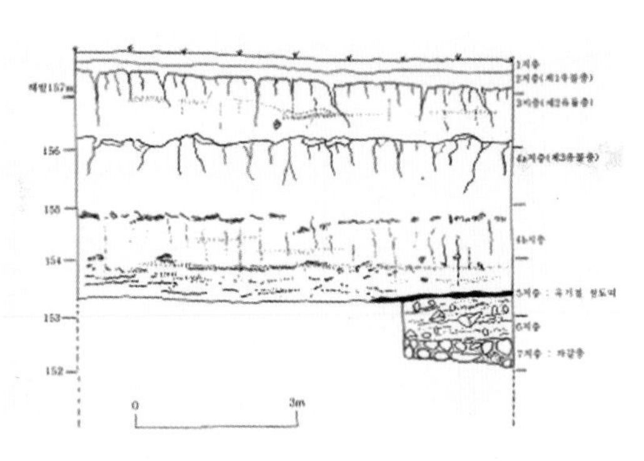

〈그림 30〉 전사될 기준 층위 단면

수지와 아크릴계 합성수지와 아크릴계 합성수지 등이 쓰인다. 전사방법은 먼저, 전사하려는 면을 평평하고 매끄럽게 깎아낸다. 합성수지를 도막한 뒤, 강도를 높이기 위해 이면에 포(布)를 붙인다. 이때 포 전체가 유적 단면의 미묘한 요철에 밀착하도록 가볍게 두드려서 꽉 누른다. 배접용의 포로는 한냉사, 거즈, 유리섬유, 직물 등을 이용한다. 배접이 끝나면 합성수지를 포의 위부터 재차 발라준다. 수지가 완전히 경화한 뒤에는 떼어내기만 하면 된다. 전사한 토층면에는 필요 이상으로 토양 등이 부착되는 일이 많다. 이것은 방수(放水)로 세척 · 제거한다. 전사면은 이미 얇은 층상이 경화되어 있기 때문에 수돗물 등을 꽤 강하게 뿌려도 고착되어 있는 토양이 떨어지는 일은 없다. 세척한 뒤에는 그대로 건조시키기만 하면 되지만, 층서(層序)와 토질(土質)의 요철을 표현하려면 흙이 젖어 있는 쪽이 알기 쉽다. 따라서 이소시아네이트계 합성수지 등으로 얇게 도포하여 토층을 물에 젖은 것 같은 색으로 마무리 한다. 이것은 토양을 확실하게 표면에 고착하는 효과도 있다.

〈그림 31〉 토주 전사 중 표면 보호

토층전사에 사용되는 합성수지로는 접착력이 강력하고 경화한 후에도 적절한 유연성을 유지하는 것과 경화속도가 빠른 것이 좋다. 또한 현장에서 사용하기 때문에 특별한 장치를 사용하지 않고 간단하게 작업 할 수 있는 것, 대상이 되는 토층이 조금 젖어 있어도 접착력을 발휘할 수 있는 것, 자갈이 섞인 판축 등에도 사용할 수 있는 것이 좋다. 토층의 전사면적 $1m^2$를 떼어내기 위해서는 약 3~4kg의 합성수지를 필요로 하는데, 주제와 경화제의 2액상 타입이 단단한 토층의 전사에 유효하다.

젖은 토양을 떼어내는 데는 변성우레탄 수지가 적당하다. 변성우레탄 수지는 1액성 타입의 접착제로 경화시간이 빨라 현장에서 작업시간이 한정되어 있는 경우에 편리한 재료이다. 단, 이러한 종류의 수지는 경화한 후에 도막(塗膜)이 약간 수축한다. 그러므로 신속하게 에폭시계 등의 안정된 합성수지로 배접하여 보관해 두는 것이 바람직하다. 이 접착제는 아세톤으로 희석하여 토층면에 스프레이로 뿌려 줄 수도 있다.

전사된 토층에 부착된 토기류, 패(貝), 흙 등이 전사면에 완전히 고착되어 있지 않은 경우에는 에폭시계 접착제 등을 이용하여 다시 한번 고정할 필요가 있다. 투명도(透明度)가 높고 내후성(耐候性)이 우수한 아크릴계 합성수지는 토층면에 부수(付隨)한 패각(貝殼)이나 어골(魚骨) 등의 강화에 효과적이다. 목재와 종자 등 부서지기 쉬운 유물이 부착되어 있을 경우에는 떼어내어 그에 적합한 화학처리를 실시한 후 본래의 자리에 되돌리는 일도 있다.

최근에는 전시관으로 이동시켜 연구 자료로 이용하든지 전시할 목적으로 토층을 기둥 모양, 즉 토주(土柱)를 떼어내어 토층 단면을 확인하거나 필요에 따라서는 퇴적층의 표면이 아닌 일정 두께의 토양을 전체적으로 떼어내어 연구하는 방법도 사용된다.〈그림 31, 32〉 이 방법은 얇게 떼어내어지는 토층전사와는 달리 사방에서 볼 수 있어 연구나 전시에 효과적이며, 두꺼워서 약품에 잘 오염되지 않으므로 각 토층별 토양을 채취하여 사용할 수 있다는 이점이 있다. 단, 토주의 하중을 고려하

시대별 토층 모형

①표토층			
②자갈혼입회색접토	현대	⑧표토층	원삼국
③암적갈색사질점토	일제	⑨자갈혼입회색접토	원삼국
④자갈혼입토	조선	⑩암적갈색사질점토	청동기
⑤회갈색사질점토	고려	⑪자갈혼입토	신석기
⑥갈색사질점토	통일신라	⑫회갈색사질점토	구석기
⑦명갈색사질토	삼국기	⑬갈색사질점토	

〈그림 32〉 토층 전시사례(공주대학교백제문화원형센터)

지 않으면 운반 중에 손상을 입거나 작업을 진행할 수 없는 경우가 생기므로 유의하여야 한다. 그리고 토주의 부피가 비대하므로 전시하거나 보관하고자 하는 기관이나 전시관계자의 의견에 따라 효과적인 유적이전 복원 계획을 수립해야 한다.

3-1. 토층전사 작업과정

3-1-1. 준비과정

토층전사는 대부분 여름에 이루어지고, 유구의 특성상 퇴적층의 형태를 보관하려는 의도에서 이루어지게 된다. 따라서 유적의 하단부, 지상에서 수직으로 깊게 파인 공간에서 작업하게 되므로 여러 가지 주변 안전 시설이 필요하게 된다. 먼저, 작업에 필요한 도구들과 수지 및 여러 공구들을 작업하기 편리한 곳으로 이동시킨다. 그리고 비닐하우스나 차광막을 비롯하여 유구 안의 물을 퍼내기 위한 양수시설을 설치하는 등 작업 전의 필요한 일들을 수행하는 준비과정이 필요하다. 특히, 토양의 성질을 파악하기 위해 사전에 과학적으로 분석하는 것도 중요하다.

3-1-2. 전사면 고르기 작업

〈그림 33〉 전사면 구획

전사하고자 하는 면을 선정하고 크기에 따라 작업량을 결정한다. 이때 토층의 단면이 요철이 많으면 에폭시 수지 경화제를 바르는 동안에 포의 부착이 잘 이루어지지 않아 토층이 원하는 전사판에 제대로 부착되지 않는다. 따라서 면을 매끄럽게 하고, 풀이나 나무뿌리 등을 절지 가위로 제거하는 전사면 고르기 작업을 해야 한다. 도요지 가마터와 같은 경우는 퇴적층이 단순 토양이 아니기 때문에 도편이나 소성토 등 요철이 심한 면의 표현이 중요하므로 퇴적층에 붙어 있는 도자기편이나 소성토, 소성도구 등 학술적으로 중요한 편들이 떨어지지 않도록 경화제로 잘 경화시키고 섬유를 전사할 토층면에 붙이는 작업이 용이하도록 한다.

3-1-3. 전사 작업

〈그림 34〉 포와 약품 바르기

수지만으로 토층을 전사하기에는 강도가 약하므로 여기에 포(布)를 붙이는 작업을 하게 된다. 토층은 자중이 많이 나가므로 전사면의 크기나 전사 토층의 형태에 따라 거즈, 한지, 유리섬유를 이용하여 인장재 역할을 하도록 하고 경화제를 토층에 붙인다.〈그림 34〉 수지로는 일반 유구 이전에 형틀 제작에 사용하는 에폭시계 수지가 아닌 고점도 에폭시를 이용하여 주제와 경화제를 1 : 1 비율로 혼합한 2액성 타입을 사용해야 한다. 섬유와 경화제는 전체가 토층 단면의 미묘한 요철에 밀착하도록 단단한 솔로 가볍게 두드리고 눌러 붙인다. 이 단계가 작업이 가장 어렵고 숙달이 요구된다.

3-1-4. 배접된 전사면을 떼어내는 작업

수지가 완전히 경화되면 수지에 붙은 토층면을 떼어내는 작업을 한다. 우선 배접된 토층의 상하 좌우를 삽이나 호미 등을 이용하여 고랑을 만들 듯이 파내려간다. 어느 정도 파내려간 뒤에 만들어진 판넬을 토층의 뒤에 대고 수평을 맞추어 고정시킨다. 계속적으로 같은 작업을 반복하여 최하층에 도달할 때쯤 판넬을 뒤로 밀어서 토층과 전사된 토층면을 분리시킨다. 이때 빠른 시간에 작업을 마치려고 전사면에 무리한 힘을 가하게 되면 전사면이 찢어지거나 토층이 잘 부

〈그림 35〉 분리 작업

〈그림 36〉 현장에서 마무리 작업

착되지 않으므로 주의해야 한다. 더욱이 하단부에 물기가 많거나 토층에 습기가 많이 포함되었을 경우, 점토층에 토양을 부착하는 것이 어려우므로 토양을 수습해 실내 작업에서 하는 것도 하나의 방법이다.〈그림 36〉

3-1-5. 마무리 작업

전사된 토층을 유구 밖으로 이동시키고 전사되지 않은 부분은 실내작업을 통하여 보강해야 하기 때문에 그 부분의 흙을 충분히 채취하는 작업이 필요하다. 또한 경화제를 분무하여 일부 토층을 고정시켜주어야 한다. 실내작업을 해야 하기 때문에 세척까지 할 필요는 없고 유구 주변에서 수습된 전사한 토층을 마무리하면 된다.

3-1-6. 전사된 토층의 정리

〈그림 37〉 전사현토층 정리 작업

최대한 정성을 들여 작업을 실시하더라도 토층이 제대로 붙지 않는 곳이 발생한다. 이러한 부분을 보강하는 작업을 할 수 있도록 층위별로 채취한 흙을 다지고, 토층에 불필요하게 붙어있는 이물질들과 흙 알갱이들을 붓질과 진공청소기를 이용해 제거하여 수지를 바르는데 불편함이 없도록 한다. 보강하기 위해서는 수지를 필요한 부분에 발라주고, 층위별로 흙을 붙인다.〈그림 37〉

보강한 토층의 마무리 경화작업을 하고, 전시용 판넬에 접착제를 사용하여 완성된 토층을 붙인다. 마무리 작업이 끝나면 이소시아네이트계 경화제를 물에 희석하여 표면이 반짝거리지 않을 때까지 여러 번 반복하여 스프레이해주면 된다. 경화제를 분사하는 작업은 1차로 뿌린 후 완전히 흡수되어 건조된 후에 2, 3차 동일하게 연속 작업을 반복하면 된다.〈표 10〉

〈표 3〉 토층에 사용되는 약품의 특징

구 분			복 원 방 법
토층 전사에 사용되는 합성수지	특징		• 강력한 접착력을 지니면서 적절한 유연성을 유지하는 것 • 경화속도가 빠른 것 • 특별한 장치를 사용하지 않고, 간단한 작업이 가능한 것 - 현장에서 사용하기 때문 • 전사할 토층 부분이 조금 젖어있어도 접착력을 발휘할 수 있는 것
	종류		• 에폭시계 수지 아랄다이트 DFR108(주제), DFH108(경화제), DR429(주제), DH429(경화제) - 전사 위한 변성의 에폭시계 접착제 개발 - 효과 : 경화 뒤에도 유연성을 지녀 토층을 마는 듯하게 떼어낼 수 있음. - 큰 접착 강도 : 자갈이 섞인 판축 등 비교적 단단한 토층에 적당 - 토층에 부착된 토기류, 패각류, 돌 등이 전사 면에 완전 부착되지 않은 경우 ⇒ 에폭시계 접착제 같은 것을 사용해서 고정시키는 것이 필요
			• 주제와 경화제의 2액성 타입의 합성수지 - 토층의 전사면적 1㎡를 떼어내기 위해서는 약 3~4kg의 합성수지 필요 - 단점 : 건조한 토층전사에 적당하고 습기찬 토층에는 부적합
			• 변성우레탄 수지 - 젖은 토층의 전사에 적합 - 아세톤으로 접착제를 희석하여 토층면에 스프레이처럼 분사 가능 - 1액성 타입의 접착제, 빠른 경화시간 - 현장에서의 작업시간이 한정된 상황에서 편리한 재료 : 시간 단축 - 단점 : 경화 후 도포막이 약간 수축 - 보완방법 : 신속하게 에폭시계 등의 안정된 합성수지로 뒷면 보강 필요 - 아세톤으로 희석해서 토층면에 스프레이 해주는 것이 적당
			• 포리에스텔(Polyester) 수지
			• 초산비닐(P.V.Ac)
			• 폴리우레탄 폼(Polyurethan Foam) PPG(주제), M.D.I(경화제)
		표면 처리 재료	• 아크릴계 합성수지 - 높은 선명도와 투명도, 우수한 내후성 - 토층면에 붙은 패각, 어골 등의 강화에 효과적 - 목재나 종자 같은 유물이 부착된 경우 ⇒ 보존처리 후 다시 부착하는 것이 적당
			• 이소시아네이트계 PSNY-6 합성수지
토층 전사시 주의점 및 참고사항	합성수지의 건조 시산	봄	- 30분 정도 경과하면 굳기 시작(2~3시간)
		가을	- 저온으로 2~3 시간 후 굳기 시작(8~12시간 소요)
			• 전사 면을 떼어내기 전 배접 부분에 특징을 기록 - 토기, 패각, 목탄 포함층 등 • 전시효과를 위해 전사 면과 동일층위에 있는 유물별로 수거
			• 전사 면을 떼어 낼 때 - 전사 면에 붙은 흙을 5cm 정도 같이 포함해서 떼어내는 것이 적당(실내 보강 작업 대비)
			• 30×30cm 부분 합성수지 1회 도포할 경우 - 300g~400g (경화제 60~80g) 소요
			• 전사한 토층을 떼어낸 후 둥글게 말아 이동할 경우 - 열을 받은 후(직사광선, 자동차 트렁크 안) 굳으면 다시 펴지지 않고 무리한 힘을 가해 펴면 부러지는 경우 발생 ⇒ 드라이기 등으로 열을 가해 서서히 펴면 원상태로 펴진다.

4. 유적 공원 조성

4-1. 목적 및 배경

현재 발굴된 개발지역의 문화재를 보호, 보존하기 위하여 많은 비용을 투입하여 문화재 조사를 실시하고 있다. 그런데 문화재 조사에서 파악한 각종 자료들은 그 지역의 역사, 전통 등을 알 수 있는 중요한 것임에도 불구하고 적절하게 활용되지 못하고 있다. 따라서 효과적이고 과학적인 보존 방법을 제시하고 시행하여 역사문화에 대한 국민적인 욕구가 급증하고 있는 추세에 부응할 필요가 있다. 또한 개발지역에 정체성을 제공하기 위하여 문화재조사 결과를 활용한 역사문화·유적공원 조성 방안을 수립·시행할 필요성이 있다. 이에 문화재청에서는 계속적으로 발굴 기관에 문화재조사 결과 출토된 유구들의 처리(이전복원)와 관련하여 많은 제안을 해오고 있는 것이 현실이다. 출토 이전복원 대상 문화재를 활용한 유적공원화 방안이 수립·시행되면 우리 후손에게 유물만이 아닌 유물을 만들어 냈던 당시의 생활 방식을 이해 할 수 있으며, 건축 생활공간의 모습도 보여 줄 수 있다.

4-2. 추진방법

기본설계서 공모 → 기관설정 → 세부자료조사 → 기본설계서공무
자문회의 개최 → 실시설계서 작성 → 보존공사 → 완공

- 기본설계서 공모는 문화유적 조사와 관련된 기관이나 일관성·내용숙지 등을 위해 관련 용역에 직접 참가하고 시행한 학교 기관이나 연구소 및 업체 등의 자문을 거쳐 타당성 있는 기관을 대상으로 하는 것이 문화재 보존을 위해서 바람직하다.
- 업체 선정은 예산 범위 내에서 제안된 기본 설계서를 심사하되 지나친 저가 입찰은 부실공사를 나을 수 있으므로 최적의 가격으로 최대의 효과 창출이 가능한 업체 선정하는 것이 바람직하다.
- 세부자료 조사를 위해 기본 설계서 안에 국내·외에 조성된 유적공원 관련 자료를 수집·분석하고, 하고자 하는 시행 유적 공원에 알맞은 대안을 제시하도록 유도하는 것이 바람직하다.

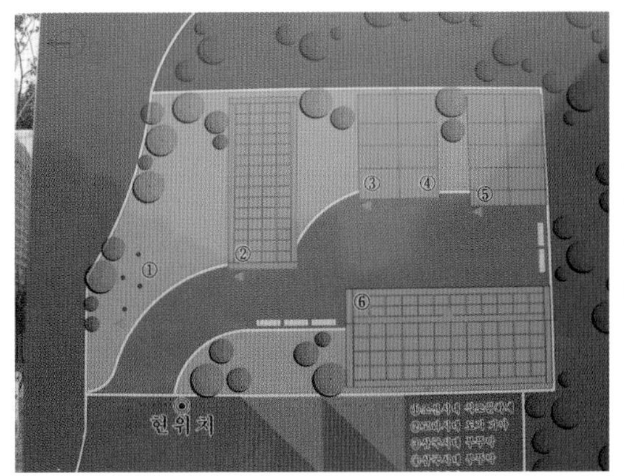

〈그림 38〉 **유적공원 설계도** 배치 안내도

〈그림 39〉 **유적공원 조성사례** 한국토지공사 용인 죽전 사업지구 내

- 보완된 설계안에 대하여 각 분야의 전문가로 구성된 자문위원으로부터 자문을 받아 철저한 고증이 이루어지도록 한 후 최종안을 선정하는데, 이때는 발굴 조사단과 사업시행자, 그리고 문화재보존처리 기관을 총괄하는 지도위원 등이 참여는 것을 원칙으로 한다. 이렇게 하는 것이 문화재 발굴 당시의 모습에서부터 복원에 이르기까지 고고학적 고증을 거칠 수 있다.〈그림 38〉
- 기본설계, 수집자료, 자문결과를 종합하여 실시설계서를 작성함을 원칙으로 한다. 이를 기본으로 복원과 공원 시공을 실시하면 된다. 끝으로 문화재를 야외에 전시하는 유적공원에서는 일반 관람자에게 이를 설명할 수 있는 정확한 안내문을 만들고, 안내판의 재료도 오래 유지되는 재료를 사용하는 것이 이상적이다.〈그림 39〉

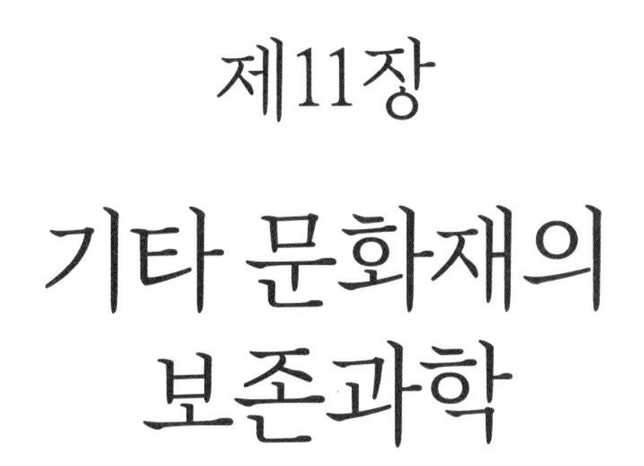

제11장

기타 문화재의 보존과학

1. 골각기와 인골의 보존과학

1-1. 보존을 위한 기본 개념

골각기(骨角器)는 짐승의 팔다리뼈·갈비뼈·뿔·상아·송곳니 등 길고 단단한 부분을 재료로 사용하여 만든 도구이다.〈그림 1〉 구석기시대부터 만들어 쓰기 시작했는데, 구석기시대에는 뼈나 뿔을 깨서 만들었다. 큰 짐승의 허벅지뼈, 위팔뼈, 큰 뿔 등 크고 무거운 것들은 곤봉처럼 쓰여 짐승을 잡는 데 사용하거나 망치와 같이 석기를 만드는 도구로 쓰였다.

신석기시대 이후 생업경제의 변화에 따라 물고기잡이가 늘어나면서 낚시바늘, 작살, 그물 뜨개바늘 등 뼈를 이용해 만든 것들이 바닷가 유적에서 많이 나오고 있다. 농경도구로는 긴 송곳니를 이용한 뼈 낫, 뿔을 이용한 땅 파는 뒤지개 등이 있다. 또한 질그릇을 빚는 데 쓰이는 긍개, 무늬새기개도 뼈로 만든 것이 있고 바늘·숟가락 등 생활연모를 만드는 재료에도 뼈를 많이 이용하고 있다. 청동기시대에 이어 철기시대에도 뼈와 뿔은 생활연모로 많이 이용되었고, 철제 칼의 손잡이를 비롯해 화살촉·찌르개 등은 무기의 재료로 쓰였다. 뼈와 뿔은 치레걸이나 조각품으로도 많이 쓰였으나 우리나라의 유적에서는 드물게 나온다. 구석기시대에서부터 뼈와 뿔을 이용한 도구들이 쓰여 왔으나 우리나라의 토양은 산성토양이어서 부식성이 높아 부식에 강한 석기에 비해 골각기의 출토는 많지 않다.

오랜 기간 동안 땅속에 보존되는 것이 어렵기 때문에 석기에 비해 유적에서 발굴되는 예가 드물다. 그러나 알칼리성인 조개무지와 같이 유기물이 잘 보존되는 곳에서는 그 당시의 골각기가 출토되고 있다.

〈그림 1〉 인골로 만든 물바가지(중국)

간혹, 성곽이나 고분발굴에서는 인골도 발견이 된다. 인골은 일차적으로 성별, 신장, 체격, 사망원인, 매장방법 등을 보여주고, 치아분석 및 형태분석, DNA분석, 연대측정 등을 통해 혈액형, 식생활 내용, 생존연대, 개체 간 혈연

관계 등이 확인 가능하다. 이들 자료가 쌓이면 당시 시대 사람들의 평균 사망률 곡선을 그려 사회상을 이해할 수 있고, 더 나아가 현생 인류의 기원과 이동 경로를 파악하는 데 도움이 된다.

〈그림 2〉 인골출토 조선시대

골각기의 경우와 같이 우리나라는 대부분이 산성토양이기 때문에 출토되는 인골은 매장문화재와 마찬가지로 저습지, 모래지대, 알칼리성 지대에서 발견된다.〈그림 2〉 다습한 곳에서는 다른 부식인자가 부식을 시키지 못하게 하고, 살이 부식되어 생긴 산성물질이 뼈를 부식시키지만 모래의 배수작용으로 배출되어 부식이 더디게 이루어진다. 또한 석회암 지대와 같은 알칼리성 토양의 경우 유골 부식과정에서 생성되는 산이 토양과 중화되어 발견되는 경우도 있다.

미라는 특히 인공적으로 환경을 조성한 경우인데, 우리나라에서 최근 출토된 파평윤씨의 미라와 같은 경우는 우연히 자연적인 환경이 생성되어 만들어진 경우이다. 회곽묘라는 밀폐된 공간에서 진공상태가 되어 열화가 더디어지고, 사망시의 추운 날씨도 미라가 되는 원인에 영향을 주었다.

고분에서 출토되는 대부분의 골각기나 인골은 과다한 수분으로 인해 말랑말랑하고 약해진 상태이다. 수침목재와 같이 발굴 당시에는 색과 형태를 확실히 알 수 있지만 노출된 상태로 오래 놓아두면 곧 가루로 되어 파손된다. 인골이 출토되면 직사광선을 차단하고 한지나 탈지면 등을 이용하여 수분이 날아가지 않게 하는 것이 중요하다. 그 후에 사진 등을 이용하여 출토상태를 기록한다. 또한 현장에서 처리가 어려우므로, 인골 주위를 넓게 파고 토양과 같이 수습하여 보존처리실로 옮겨 처리한다. 상태가 매우 약한 경우에는 강화한 후 이동하도록 한다. 이때, 방사성탄소연대측정을 할 때 오차가 날 수 있으므로 최대한 탄소가 있는 유기물이나 기타 물질들에 오염되지 않도록 한다.

보존처리실로 옮긴 후 보존처리 전 예비조사를 실시한다. 육안으로 인골형태분석을 하고,

DNA분석, 치아분석, 탄소연대측정법 그리고 아미노산 라세미법과 같은 과학적인 분석을 행한다.

DNA분석법은 출토 인골의 성별, 혈연관계, 매장습성 등을 확인할 수 있는 유전자 분석을 말한다. 유전자 분석에서는 사람이 가진 많은 유전자형 중 약 5~10종을 선별 분석한다. DNA분석을 하기 위해서는 출토된 인골에서 시료를 채취하게 되는데, 인골이 경화처리되면 잔존하는 유전자가 파손·변형되어 분석이 불가능해지므로 유의한다.[1]

최근 유전자 분석을 고고학계에서 이용하기 시작하면서, 각 나라의 고고학계에서 기존에 주장해왔던 그 민족이나 문화의 기원에 대한 기존 학설과는 다르게 나타나는 경우가 발생하고 있다. 이에 세계적으로 고고학과 분자생물학의 접목을 시도하고 있는데, 이를 DNA고고학이라고 한다.

인골의 연령 측정은 뼈의 구조와 치아의 상태를 기준으로 분석한다. 뼈의 조각을 비교함으로써 인골이 사망했을 당시의 연령을 측정할 수 있다. 또한 탄소연대측정법과 아미노산 라세미법을 이용하면 인골의 주인이 생존하였던 시대를 알아낼 수 있다.

인골의 보존처리는 통풍이 잘 되는 그늘에서 약 3개월 이상 천천히 건조시키고 경화처리 및 방제처리를 실시한다. 경화처리시에는 Binder-17이나 Caparol-Binder를 증류수에 20% 희석하여 사용한다. 수거한 인골은 통풍이 잘 되는 그늘에서 최소한 3개월 이상 천천히 건조시킨 후, 부패방지와 경화를 위해 약품처리를 한다. 경화처리 후에는 건조시킨 후, 보존처리 후의 사진을 찍고 보존처리 과정과 상용된 약품을 기록한다.[2]

최근 인골을 이용해 생존의 얼굴을 복원하는 방법을 이용하여 전시 및 연구에 사용하고 있다. 이 방법은 두개골이 양호하게 남아 있는 경우에 가능한데, 두개골로 얼굴을 복원하는 방법에는 두개골 표면에 점토를 붙여 재현하는 복안법(Reconstruction of Facial Featurea)과 인골사진과 생전의 사진을 겹쳐 재현하는 슈퍼임포즈법(Superimposing Method)이 있다. 출토인골에 대해서는 복안법을 이용하여 얼굴을 복원해내게 되는데, 최근에는 인골 계측치의 비율에 기초한 입체 그림(Lenticular)이 사용되고 있다. 복원된 얼굴에서는 모발이나 피부색, 눈썹의 형태, 눈과 눈동자의 형태, 귀모양 등을 확실히 알 수 없지만 대략적인 형태는 확인할 수 있다.

---

1 徐民錫 외 4명, 「아산 명암리 출토 인골의 유전자 분석」, 『보존과학연구』 23.

2 김재현, 「인골! 고고학에서의 응용」, 제13회 (재)동아문화연구원 학술세미나 발표자료, 2005.

1-2. 골기질의 종류 및 특징[3]

1-2-1. 뼈(Bone)

뼈는 척추동물의 살 속에서 몸을 지탱하는 단단한 조직을 일컫는다. 연골의 경우 발생학적으로는 경골과 같은 중배엽을 기원으로 하여 내부 골격을 만들기 때문에, 보통 뼈라고 하면 연골도 포함시킨다. 즉, 골격에는 절지동물의 외골격과 산호충류의 내골격, 오징어 머리의 두연골, 극피(棘皮) 동물의 석회질 골판(骨板) 등 여러 가지 형태가 있으며, 이것들을 모두 총칭하여 보통 뼈라고 한다.

좁은 의미에서 보는 경골조직의 뼈는 풍부한 골기질로 구성되어 있다. 골기질은 대체적으로 흰색 혹은 크림색을 띠며 골화(骨化) 과정에서 매우 급격히 단단하고 불투명한 칼슘의 인산염 및 탄산염을 형성하게 된다. 인골의 경우 성인 뼈는 콜라겐과 수산화인회석이 1 : 2의 비율로 함유되어 있으며 무게의 5%를 차지한다. 이 비율로 인해 뼈의 조직은 두 가지 특징적인 구조를 가지게 된다. 밀도가 적은 망상조직은 뼈의 내부에서 발견되고, 고밀도의 조밀한 조직은 날카로운 장골[4]의 외부에서 발견된다. 저밀도의 조직을 해면골이라 하며 고밀도의 조직을 치밀골이라 한다. 해면골은 혈관들이 뼈에 들어오도록 여러 개의 구멍과 작은 도관이 있는 망상조직이며, 뼈지주와 뼈층판으로 구성되어 있다. 그러니 이 내부에는 혈관이 없으며 해면뼈의 뼈세포는 골내막에 분포하는 혈관으로부터 뼈세관을 통해 확산된 영양분을 공급받는다. 치밀골에서 관찰되는 혈관은 그 주향방향과 뼈층판과의 관계를 기준으로 분류한다. 골원의 중앙에 위치한 하버스 관(haversian canal) 내에 있는 1~2개의 혈관과 모세혈관이라 부른 골막에 분포하는 혈관이 있다.

뼈로 이루어진 유물이 물에 완전히 젖을 경우 유물의 모양이 일시적으로 연화되기도 한다. 산성 용액(식초 등)에 젖을 경우 연화 정도가 심하여 뼈가 가진 기계적 특징을 손상시킨다.

1-2-2. 뿔

포유류 중에서도 반추아목의 종류가 가지고 있는 두개골 골질의 부산물을 뿔이라 정의한다. 뿔은 실제로 뼈와 비슷한 형식으로 매우 빠르게 성장한다. 뼈보다 불규칙한 조직을 가지며 조밀

3 J. M. Cronyn, The Elements of Archaeological Conservation, Routledge, New York, 2001, pp.275~276 요약.
4 척추동물의 내장 골격을 이루는 연골을 포함한 일련의 골격을 말한다.

한 표면을 가지고 있다. 뿔은 뼈보다 단단하지만 연화되는 반응은 유사하다. 각질 또는 골질로 되어 있고 단단하고 뾰족하여 공격이나 방어의 수단으로 이용된다. 코뿔소는 중앙에 있으나, 그 밖의 동물들은 보통 좌우 한 쌍을 가지고 있고 종류에 따라서는 성숙한 수컷에게만 있는 것도 있다. 예외로 순록이나 고란이 등은 암컷도 뿔을 가지고 있으나 크기가 작은 편이다. 또 사향사슴과 같이 암수 모두 뿔이 없는 종류도 있다.

도구로 사용되는 대부분의 뿔은 소·양·산양 등의 뿔로서 이들 동물에는 암수 모두 뿔이 있어 사슴뿔과는 달리 가지로 나누어지거나 매년 탈락하지도 않는다. 앞판의 돌기, 즉 각심 표면에서 피부 표피가 각질화된 것으로 동각(洞角)으로 되어 있고 그 표피를 각초라고 한다. 케라틴화 된 세포로 이루어져 있으며 건조될 경우 얇은 판을 갈라진다.

1-2-3. 상아(Ivory)

상아는 코끼리와 매머드 종류의 송곳니가 엄니 모양으로 길게 자란 앞니의 하나이다. 이 송곳니는 다른 어금니와 달리 뿌리가 없고 끝 부분은 에나멜질로 덮여 있으며 나머지는 상아질로 되어있다. 코끼리의 나이·종에 따라 길이에 차이가 있으나 보통은 성장시기와 비례한다. 주 구성

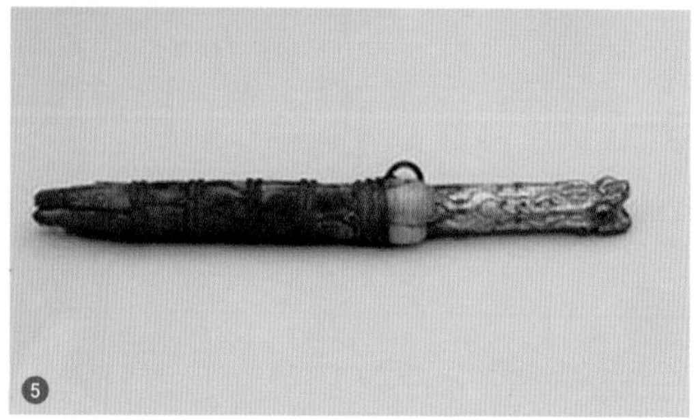

〈그림 3〉 ❶, ❷, ❸ **상아를 가진 포유류** 매머드, 매머드 화석, 코끼리. ❹ **상아로 만든 호패** 중요민속자료 제13-14호.
❺ **칼자루에 상아를 장식한 패도** 보물 제881-2호.

물은 상아질이며 콜라겐과 수산화인회석의 비율은 1 : 3이며 이는 질량의 10%를 차지한다. 뼈와는 달리 성장 연륜에 기인한 판상 구조가 특징이며 도관 조직이 없다. 상아는 뜨거운 물과 식초에 의해 연화시킬 수 있다. 가공되지않은 다양한 상아의 색상은 크림색이나, 바래거나 오래 취급된 상아의 경우 지방질과 다른 삼출물 용액으로부터 기인한 미세한 노랑색 혹은 갈색 파티나가 생성된다. 상아로 만든 제품으로 조선시대는 2품 이상 벼슬 관리가 착용하던 호패가 있고 갓끈이나 칼집이나 자루를 상아로 사용한 문화재가 있다.〈그림 3〉 상아의 성분은 무기질이 약 75%정도, 유기질이 20%정도, 수분이 나머지를 차지한다. 무기질은 대부분 칼슘으로 구성되어 있다.

1-2-4. 치아(Teeth)

척추동물의 입에서 소화를 돕는 기관이며 그 발달 정도는 동물의 종류에 따라 다르다. 어류는 잘 발달된 편이나 양서류의 두꺼비, 파충류의 거북, 조류 등은 치아가 거의 없는 정도로 퇴화되어 있다. 이의 수나 형태에도 차이가 있어 동물의 종류나 연령의 판정에 도움이 되고 있다. 또, 포유류 외의 동물은 구강 내의 이가 거의 동형(同形)인데 이를 동치성(同齒性)이라 하며, 어류·양서류·파충류 외에 고래 등이 이에 속한다. 사람 및 포유류는 각각의 이의 형태가 다른데, 이것을 이치성(異齒性)이라고 한다.

치아는 상아질 중심으로 구성되어 있으며, 두꺼운 치관에 법랑질[5]로 덮여진 물질인 수산화인회석의 질량이 97%를 차지한다. 때때로 포유류의 치아는 백악질[6]의 흰색부분의 주성분은 뼈와 유사한 물질로서 보인다. 상아와 마찬가지로 중앙부분에 공간이 있는 얇은 판으로 만들어진 구조(적층구조물)를 가진다.

1-2-5. 조개껍질 및 귀갑(Tortoiseshell and Shell)

파충류의 비늘을 구성하는 케라틴 세포의 층을 말한다. 뿔과 비슷하게 얇게 쪼개지며 납작하게 가공할 수 있다. 자외선에 의해 황색 또는 갈색으로 변한다. 문화재에 사용하는 조개껍질로는 자개를 사용한 가구나 장신구류에 많이 사용되고 귀갑 역시 장신구류에 많이 사용되고 있다.

---

5 잇몸의 머리의 표면을 덮고, 상아질을 보호하는 유백색의 반투명하고 단단한 물질이다.

6 시멘트질이라고도 한다. 경골어류 이상 동물 치아의 치근부 표면을 싸고 있는 반투명 또는 백색의 비교적 얇은 층으로 치아뿌리를 덮고 있다.

1-3. 골각기의 수습 및 부식 양상[7]

골각기의 부식 양상을 살펴보면 뼈, 뿔, 상아 등의 골기질 물질은 발굴된 곳에 따라 그 훼손 양상이 매우 다르다. 골기질 유물들은 다른 재질의 유물과는 달리 콜라겐과 수산화인회석 이 두 개의 구성요소로 이루어졌기 때문에 훼손의 정도는 매장 환경의 pH에 따라 결정된다. 산성이 강한 환경에서는 무기질인 수산화인회석이 분해되어 건조된 콜라겐의 구조가 뒤틀리게 만든다. 산성이 매우 심한 곳에서 출토되는 경우는 콜라겐이 매우 적기 때문에 발견된 유물은 표면이 상당히 연화되어 있다. 또한, 해저에서 발견되거나 매우 건조한 환경, 혹은 탄산염칼슘이 많은 지역에서 발견된 경우에 pH가 잘 유지되었다면 유물의 상태는 매우 온전하게 출토 된다.

① 잔존상태가 양호한 환경

보통 무기질 비산성 환경이며, 도시의 퇴적물 또는 해저에서 발굴한 경우이다. 그러나 토탄층과 같은 약산의 무기질 환경에서는 유물의 상태는 좋아 보이나 건조로 인해 갈라짐 혹은 뒤틀림 현상이 발생한다.

② 양호한 상태이나 표면이 다소 거칠게 된 경우

산소가 공급되는 퇴적층에서 발견된 경우가 이에 속한다. 모래가 부착된 듯한 거친 표면은 수분이 없어지게 되면 균열과 박편 현상이 발생한다. 산소가 많이 공급될수록 유물의 표면이 거칠게 된다. 이 때 무게는 감소한다.

③ 토탄에서 발견되는 섬유질의 부드러운 뼈

강산성을 포함하는 퇴적층에서 발견된 유물은 무기 섬유의 상태이며 발굴 직후에는 연하지만 건조되면서 단단해진다. 여기에 포함된 무기질 수산화인회석은 산성 토양에 의해 어두워지는데 콜라겐 섬유가 타닌산에 의해 검게 변하기 때문이다.

---

7 J. M. Cronyn, The Elements of Archaeological Conservation, Routledge, New York, 2001, pp.277~278 요약.

④ **변색, 퇴색**

골기질 유물은 다공성 조직이기 때문에 잠깐이라도 매장되었다면 착색된 것처럼 보인다. 토탄퇴적물 혹은 무기 토양에서 발견된 경우 흑색이나 갈색으로 착색되는 경우가 흔하다. 철 성분으로 인해 오렌지색 혹은 갈색으로 산화되는 경우도 있으며 가끔 푸른색의 인산염(비비안나이트)이 형성된 채로 발견되기도 한다.

1-4. 골기질의 출토 상태

최초 가공 시 이미 한 번 이상의 건조를 경험한 골각기들은 대부분 토양에서 연화된 상태로 발견되는데, 콜라겐을 포함한 정도에 따라 수축이 일어나거나 변형이 발생한다. 다음은 옹관묘에서 출토되는 인골로 발굴 현장에서 수습하기 전의 사진 〈그림 4〉[8]이다.

이렇게 출토된 인골이나 미라 등은 옛날 사람들의 당시 식생활에 대한 연구와 유전적 특징 뿐만 아니라 병리학적 연구 등 당시의 생활문화를 연구하는 중요한 학술자료이다. 따라서, 매장문화재법에 명시돈 문화재가 아니기 때문에 보존처리에 소극적일 수 있으나 앞으로는 보존처리와 함께 필요한 사항을 체계적으로 관리 연구하는 관련 DB 구축이 필요하다.

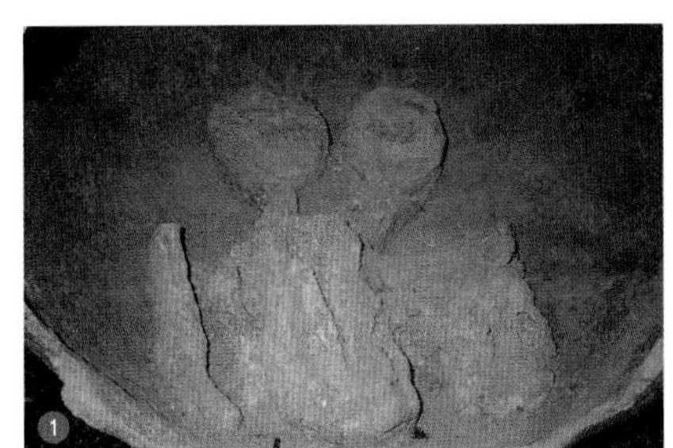
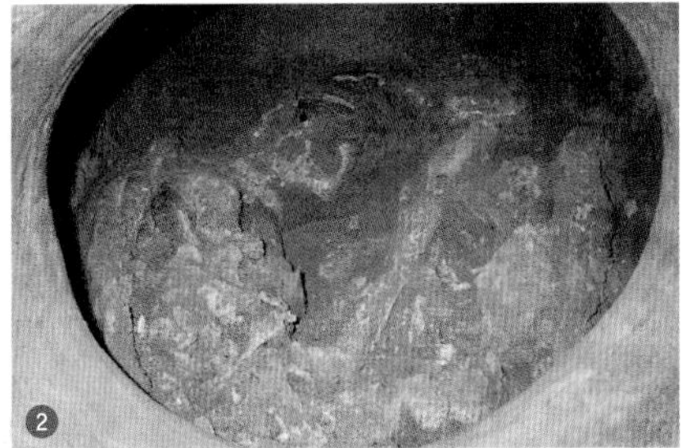

〈그림 4〉 나주 복암리 고분군에서 출토된 인골 ❶1호 옹관, ❷2호, 3호 옹관

8 발굴조사보고,『나주 복암리 고분군 발굴조사』, 국립문화재연구소, 2007 ; 발굴조사보고,『창원 가음정동 유적』, 국립창원문화재연구소, 1994, p.199, 도판 5 참고.

1-5. 골각기의 현장 수습 방법[9]

소형 유물일 경우 표면에 부착된 흙을 부드러운 솔로 제거한 후 합성수지로 강화를 실시한 후 부분적으로 수습한다. 대형의 유물일 경우에는 수분증발로 인한 균열 및 파우더링 현상을 방지하기 위해 표면을 한지로 밀착시킨 후 주변의 흙과 같이 석고붕대를 이용하거나 석고로 보강하여 수습한다. 만약 유물이 상아인 경우 상아질 층 사이의 접착력이 매장된 동안에 급격히 감소하기 때문에 깨어질 수 있으며 건조로 인한 손상이 생기게 되면 돌이킬 수 없으므로 항상 습하게 유지해야만 한다.

뼈 또는 사슴뿔, 상아로 만들어져 표면이 벗겨져 갈라진 유물들의 경우 콜라겐 수축으로 인해 휘어질 수도 있으므로 완전 건조는 피해야 한다. 뿔은 매우 약하여 깨지고 쉽고 큰 조각들도 경화시켜 수습하거나 토층과 함께 하는 것이 좋다. 다음은 현장 수습의 주의사항을 나열한 것이다.

- 깨끗한 물과 연하고 약한 칫솔을 사용하는 것이 좋다.
- 플라스틱 접시 위에서 천천히 건조시키고 직접적인 태양광선과 열은 피한다.
- 반드시 라벨을 부착하고, 상대습도를 약 55%로 일정하게 유지하도록 포장한다.
- 발굴현장에서 세척할 수 없는 유물들은 우선적으로 냉장고나 습한 환경에 보관하고 라벨을 부착하여 물리적인 충격에서 보호한다.
- 토층을 함께 경화시키거나 또는 뼈를 직접 경화시키는 등의 경화 방법을 이용하여 유물을 수습할 수도 있으나 이는 매우 약하고 깨지기 쉬운 경우에 해당되므로 최후 수단으로써 적용하는 것이 좋다. 이는 형태가 온전한 인골의 경우 토층과 함께 수습해야 하므로 숙련된 전문가의 지도를 받아야 한다.
- 뿔의 경우는 세척하지 않아야 한다. 라벨을 부착하고 습한 상태를 유지시켜 물리적 충격으로부터 보호한다.
- 생물학적 침식을 최소로 줄이기 위해 냉장고 안이나 서늘하고 어두운 곳에 포장된 유물을 보관하도록 한다.

---

9 서정호, 조남철, 『문화재의 현장실습』, 백제문화원형 특화산업 인력양성사업단, 2007, pp.189~191 요약.

1-6. 골각기의 보존처리[10]

1-6-1. 예비조사

아교 혹은 도료가 착색되어 있는지 확인하고 착색된 경우 이는 보호해야 한다. 가공 재료와 부식물을 구분하기 어려우므로 현미경을 이용하여 부식물과 보존해야 할 물질을 확인한다. X-ray 촬영은 유물의 부식 정도와 손상된 정도를 판단하는 데 도움을 준다. 자외선에서 나타나는 형광 물질과 이를 이용한 조사는 매장된 상태에서도 유물의 손상정도를 파악하는 데 도움이 된다.

1-6-2. 세척

대부분의 골기질 유물은 습하거나 젖은 상태로 발굴되는 경우가 대부분이다. 게다가 이는 최초의 가공단계에서 이미 건조된 적이 있어 팽창으로 인한 판상의 균열과 박락이 발생할 위험이 있으므로 수분을 제거하는 것은 삼가는 것이 좋다.

콜라겐은 예민한 물질이므로 화학적 방법보다는 기계적인 방법(부드러운 솔 등)을 이용하는 것이 바람직하다. 이 때 유물의 표면에 남은 착색(도료 및 얼룩)은 제거하지 말아야 한다.

상아와 같은 유물은 증류수와 아세톤을 반씩 희석하여 이물질을 제거하는 것이 효과적이다.

1-6-3. 안정화 처리

1) 수동적인 방법

기본적인 안정화 방법은 유물 주위의 상대습도를 꾸준히 조절하는 것이다. 균열과 박락을 방지하는 가장 기본적인 방법은 상대습도를 조절하여 처음 발견된 상태에서의 수분량을 유지시키는 것이다. 상아의 경우 연화를 방지하기 위해 조도를 조절하고 자외선을 차단해야 하며 가능한 한 서늘한 온도를 유지해야 한다.

10 J. M. Cronyn, The Elements of Archaeological Conservation, Routledge, New York, 2001, pp.278~279 요약.

2) 적극적인 방법

골기질 유물의 완전한 안정화 처리는 매우 어렵다. 콜라겐은 반응이 매우 빠른 물질이며 상아와 같은 조밀한 재질은 안정화 약품을 완전히 침투시키기 어렵다. PVAC[11]와 polyethylene glycol을 이용하기도 한다. 그러나 수지로 인해 발생하는 파우더를 줄이기 위해서는 가급적 사용하지 않는 것이 좋다. 이 외에도 polyvinyledene chloride emulsion을 이용하는 방법도 있다. 약품을 이용하여 안정화 처리를 할 때에도 상대습도는 반드시 일정하게 유지시켜야만 한다.

보통 흙을 제거하고 알콜로 탈수처리한 후 서서히 건조시킴과 동시에 합성수지인 Paraloid B-72 5% 용액을 살포하고 건조시킨 후 상대습도 50% 이하로 유지 보관하는 것이 바람직하다. 알콜로 탈수 처리할 때 유지(기름)성분이 남아 있으면 손상 원인으로 작용하며 보관 시 상대습도가 높게 되면 단백질이 남아있을 때 곰팡이가 발생되는 위험이 있다.

1-6-4. 보관 및 전시[12]

생물체로 만들어진 유물들은 적정한 온·습도를 일정하게 유지시켜 주는 것이 좋다. 적정 온도는 섭씨 19~23℃인데, 만약 그 온도가 조금만 높은 환경이라면 반드시 25℃ 이하로 낮추어서 유지하는 것이 바람직하다. 습도는 55 ± 5%의 범위가 무난하나, 민감한 유물에 대해서는 40~50% 정도로 낮게 유지한다.

골각이나 상아로 만든 유물도 온·습도의 변화에 민감하게 반응한다. 그래서 굽어지거나 휘어지거나 금이 가는 경우가 많으므로 45~60%의 범위에서 일정하게 습도를 유지하도록 한다. 골각이나 상아유물은 쉽게 얼룩이나 오점이 생기므로 주위 환경을 청결히 하고, 탈색되는 유물을 멀리하도록 한다. 고무에서 내뿜는 오염된 기체도 상아를 누렇게 긁히거나 금이 가게 할 수도 있다. 또 빛에도 민감하므로 어두운 장소에 보관해 손상을 줄인다.

---

11 Polyvinylaestate : 폴리초산비닐.

12 이내옥, 『문화재 다루기』, 열화당, 2007, p.157.

2. 천연기념물의 보존과학

천연기념물(天然記念物)은 자연의 역사와 가치라는 유산적 개념이 내포된 자연유산이다. 여기에는 야생이나 양축의 희귀동물, 희귀조류의 도래지·서식지, 희귀어류의 서식지, 노거수나 희귀식물 자생지, 희귀한 동·식물류, 광물·화석, 저명한 동굴이나 특이한 지형 지질 및 천연보호구역 등 포함되어 있다. 천연기념물은 역사성, 진귀성, 희귀성, 고유성과 특수성, 분포성 등을 지니고 있기 때문에 민족의 삶과 풍속, 관습, 사상, 신앙 및 문화활동이 얽혀져 있는 인류의 문화환경의 일부로서 학술적 가치가 크다고 할 수 있다.[13] 〈그림 5, 6, 7, 8, 9, 10〉

1962년 12월 천연기념물 1호가 지정된 이후, 2007년 10월까지 404건의 천연기념물이 지정되어 있다. 이러한 중요한 천연기념물을 지정하여 관리하는 기관 및 부처는 문화관광부 문화재청 문화유산국 기념물과이며, 현재 아래와 같은 지정기준을 갖추고 있다.〈표 1〉

천연기념물은 보존과학자의 영역은 아니지만 문화재의 일환으로 보존에 대해 관심을 가질 필요가 있다. 최근에 문화재청에서 천연기념물 및 명승에 관해 연구·전시·홍보하기 위해 대전에 천연기념물센터를 설립했다. 여기에는 문경 존도리나무 같이 죽어서 지정에서 해제된 천연기념물들이 전시되어 있다. 동물인 경우 대부분 박제를 하여 전시했고, 식물은 냉동건조로 보존처리되어 전시되고 있다. 수중 천연기념물, 곤충 그리고 지질학 관련 천연기념물도 전시하여 천연기념물에 대한 관심과 이해를 키우고 있다.

13 유창민, "조경적 측면에서의 천연기념물 보존 방안에 관한 연구 : 설문조사를 통한 공무원·시민들의 의식기준을 중심으로", 상명대, 2004.

〈그림 5〉 **독도** 천연기념물336호

〈그림 6〉 **문주란 자생지** 천연기념물19호

〈그림 7〉 **물범** 천연기념물331호

〈그림 8〉 **정이품송** 천연기념물103호

〈그림 9〉 **괭이갈매기 서식지** 천연기념물334호

〈그림 10〉 **당처물동굴** 천연기념물384호

〈표 1〉 천연기념물의 지정기준

동물	• 한국 특유의 동물로서 그 보존이 필요한 것, 그리고 그 동물의 서식지 • 석회암지대, 사구, 동굴, 건조지, 습지, 하천, 호소, 폭포의 소, 온천, 하구 등 특수지역이나 특수환경에서 서식하는 특수한 동물, 동물군 및 서식지 또는 도래지 • 진귀한 동물로서 그 보존이 필요한 것 및 그 동물의 서식지 • 한국 특유의 양축 동물 • 저명한 동물의 분포의 경계가 되는 곳 • 유용 동물의 원산지 • 귀중한 동물의 유물 발견지 또는 학술상 특히 중요한 표본과 화석
식물 광물	• 학술상 가치 있는 사총(寺叢), 뛰어난 줄나무, 명목(名木), 거수(巨樹), 노수(老樹) • 대표적 원시림, 희유의 임상 • 대표적 고산 식물대 • 진기한 식물의 자생지 • 뚜렷한 식물 분포의 경계를 보이는 곳 • 수입 식물로서 학술상 가치가 있다고 인정되는 것 • 배양 식물의 희유한 원산지 • 절멸 위기에 처해 있는 식물 • 지천, 호소, 하해 등에 나는 수조류, 조류, 선류, 태류, 지의류 등으로서 진귀한 것 • 대표적 석회암 식물, 암상 식물 및 건생 식물 군락 • 동혈 내 또는 농호로서 고유의 식물이 발생해 있는 곳 • 해안 또는 하호 안변의 모래언덕으로서 고유의 사방식물이 나 있는 곳. • 온천의 천원 및 이로부터 흘러내리는 열수 또는 온수 중에 고유의 하등 동물이 많이 발생하고 있는 곳 • 고유의 특성을 지니고 있는 원야 또는 대표적 습원식물 군락 • 난초류, 덩굴식물 또는 은하식물이 무성하게 나 있는 곳이나 이들 식물이 많이 나 있는 임수 • 도서로서 그곳에 나는 식물상이 특이한 것 • 현재 희소하거나 장차 희소해질 우려가 있는 야생의 유용식물 • 저명한 화석식물 및 화석삼림의 소재지 • 학술상 특히 귀중하다고 인정되는 표본 및 화석

3. 수목의 보존과학

수목은 문화재 수리 분야 중 식물보호 쪽의 분야이다. 천연기념물에 속한 식물 문화재인 경우, 나이가 많아 노쇠하여 말라죽거나, 기타의 이유로 상처가 나 원형을 잃어버리는 경우가 많다. 그 예로 보은군의 천연기념물 제104호인 백송(白松)과 천연기념물 제103호 정이품송 그리고 보은군보호수 제76호로 지정된 희귀소나무인 황금소나무 등이 있다. 이 소나무들은 현재 모두 말라죽거나 노쇠한 상태이다. 백송은 지난 2002년부터 푸른 솔잎이 갈색을 띠고 나무껍질도 흰 얼룩무늬가 퇴색하면서 고사위기에 처하였고, 뿌리가 썩는 병에 걸려 고사되자 문화재청이 2005년 8월 천연기념물 지정을 해제했다. 정이품송은 강풍으로 인해 남아있던 지름 30cm인 아

〈그림 11〉 대전 천연기념물센터

래가지마저 부러지면서 부러진 가지 속이 푸석푸석하여 부패된 것으로 생각하고 있다. 그리고 수령 60년의 희귀종 황금소나무는 2004년 3월 폭설로 초두부 3가지 중 1가지가 부러져 접합수술을 하는 등, 본래의 모습으로 되살리려고 안간힘을 쏟았으나 현재 나무의 3분의 2가 말라 들어가 결국 회생하지 못할 것으로 보고 있다. 이처럼 관리를 소홀히 하면 돌이킬 수 없는 것이 수목이지만, 꾸준히 관리를 하여 적절한 때에 보존처리를 할 수 있다면 그 형태를 유지시키고 수명을 연장시킬 수 있다. 이러한 목적을 갖고, 사라져가는 자연의 생태계 식물들과 동물 등 자연의 모습 그대로 보존하기 위해 학술이나 관상학적으로 가치가 높은 천연기념물을 보호하기 위해 전시, 연구하는 천연기념물 센터가 만들어 졌다.〈그림 11〉

3-1. 수목의 보존처리

〈그림 12〉 경복궁 향원정 근처의 보존처리된 나무

수목의 보존처리를 위해서는 그 상태에 따라 여러 가지 방법을 이용한다. 일반적으로 영양부족과 충해를 입는 경우가 많은데, 이때에는 영양제를 공급하고, 해충을 구제한다. 그것보다 더 직접적인 참여 방법으로는 토양에 부족한 영양소를 보충·계량하여 뿌리수술을 실시하는 것이다. 만약 방치되었을 경우에는 직접 수목을 치료해야 하는데, 고사된 부분을 제거하여 식물의 생장에 무리가 없도록 하고, 제거된 부분을 합성수지 등을 이용하여 그 역할을 대체할 수 있도록 하고, 수목의 질감에 어울리도록 복원한다.〈그림 12〉

3-2. 예비조사

보존처리가 필요한 수목이 식생하는 주변 환경 즉, 나무 주변의 교통의 피해, 인위적인 피해, 해충의 오염의 피해 등 원인을 파악한다. 품종과 수목의 특징, 현재 상태 및 피해 정도 등 수목에 대해서도 조사한다. 아울러 토양분석, 토양의 pH 등을 파악하여 수목을 보존처리 할 때 어떻게 보존처리를 할 것인지를 결정한다.

3-3. 보존처리

3-3-1. 보존처리의 방법

우리나라에는 마을마다 마을 어귀에 당산나무라는 거목을 한 그루 이상 갖고 있으며, 역사성을 갖고 있는 사찰이나 전통 건축물에는 그 건물의 역사를 말해주는 오래된 나무들이 있다. 현재는 대부분 보호수로 지정되어 있지만 안내판 이외는 체계적인 관리가 어려운 실정이다. 이렇게 관심부족, 치료방법 미비 등으로 치료시기가 늦어 수목 고유의 형상을 잃어버리는 경우에 외과수술을 하여 치료한다. 외과 수술을 하게 되면 부패부위를 제거하고, 살균처리, 살충처리, 방부처리, 방수처리, 공동충전, 매트처리, 인공수피, 산화방지처리를 시행하여 부패확산을 방지하고 유합 조직의 형성을 돕는다. 보존처리 방법은 상태에 따라 약간의 차이가 있으나 일반적인 치료 방법은 아래와 같이 진행된다.

부패부 제거 → 살균처리 → 살충처리 → 방부처리 → 공동충전 → 방수처리 →
매트처리 → 인공수피 → 산화방지처리 → 표면성형처리

1) 부패부 제거

나무는 생장을 하는 식물로 시간이 흐르면서 각종 생장 환경의 원인에 의해 고사된 수피와 노출된 목질부가 생기게 된다. 이러한 나무들을 방치할 경우 부후균 등에 의해 부패가 급속히 진전되므로, 고사된 수피 및 부패한 목질부를 제거하여 건전한 목질부가 노출되도록 한다. 부패부 제거는 끌, 긁기 등과 같은 목공용 장비를 이용하며, 부패부 제거가 된 목질층은 노출시키고 바세린 등으로 발라서 건조를 방지한다.

2) 살균처리

부패부를 제거해도 해당 부위에는 부후균의 균사나 포자가 잔존하고 있으므로 부패재발을 방지하기 위하여 살균처리를 시행한다. 살균제 처리를 할 때는 가급적 목질부의 표면과 조직 속까지 분무기 등을 이용하여 반복적으로 시행하며, 시행약제로는 살균력 및 증발력이 뛰어난 에틸 알콜을 사용한다.

3) 살충처리

일반적으로 고사된 수피와 목질부에는 하늘소류, 나무좀류, 바구미류 등이 가해하여 부후를 진전시키고 구멍 등을 생성하므로 이들 해충을 제거해야한다.

살충제는 분무기 등을 이용하여 고르게 살포하는데, 시행약제로는 목재로의 침투가 용이하고 비교적 안전한 상태로 조직 속에 남아 있는 중크롬산가리, 황산동, 크롬, 비산 등을 혼합하여 사용한다.

4) 방부처리

수피 고사 부분 및 목질부는 습기의 존재로 부후균이 번식할 수 있는 조건이므로 재차 부패가 진전될 가능성이 매우 높다. 따라서 목질부 등에 방부제를 처리하여 부후균의 침입 및 진전을 예방해야 한다.〈그림 13〉

방부제는 분무기 등을 이용하여 고르게 살포하고, 시행약제로 목재의 침투가 용이하고 비교적 안전한 상태로 조직 속에 남아있는 중크롬산가리, 황산동, 크롬, 비산 등을 혼합하여 사용한다.

〈그림 13〉 살충 방부처리-천연기념물 제30호 용문사의 은행나무 보존처리 중

5) 공동충전

공동부분에 빗물이 고이거나 습기가 발생되면 부후균 및 해충의 번식처가 되므로 이를 충전하여 피해를 예방해야 한다. 폴리우레탄 주제와 경화제를

〈그림 14〉 공동충전-청송관동 왕버들 보존처리 중

1:1로 혼합하여 잘 섞은 후 공동 속으로 투입하여 공동 내를 충전시킨다.〈그림 14〉

6) 방수처리

목질부 및 공동은 빗물, 습기 등으로 부패가 촉진될 위험이 있으므로 반드시 방수제를 처리하여 빗물 및 습기의 침투를 막는다. 붓 등을 이용해 도포하는데, 시용약제로 에폭시수지의 주제와 경화제를 1 : 1로 혼합하여 사용한다.

7) 매트처리

매트처리하고 수지로 피복하면 인위적 피해와 빗물 등의 습기 및 병충해 침입 등을 방지할 수가 있으며, 불규칙한 목질부 부패 부위의 성형도 가능하다.

8) 인공수피

외과수술 공정에서 사용된 에폭시 수지 등은 직사광선에 산화·변질될 가능성이 있고, 요철된 부분을 정리해야 하므로 인공수피 공정이 요구된다. 콜크분말과 수지를 반죽하여 피해 부위에 성형한 후 접착성이 강한 수지를 칠하고, 그 위에 콜크분말을 부착한 후 경화되면 다시 반복하여 부착하는 손적층법을 이용하여 사용한다.〈그림 15〉

〈그림 15〉 인공수피-청송관동 왕버들 보존처리 중

9) 산화방지처리

인공수피의 수지가 외부로 노출되어 태양광선 등에 의해 산화될 위험이 있으므로 태양광선을 차단시키는 산화방지공정을 시행한다. 인공수피 위에 접착력이 강한 수지를 피복하고 그 위에 콜크분말을 수종에 따라 염색한 후 피복한다.

10) 표면성형처리

인공수피는 기존표피와 이질감이 뚜렷하여 외형적으로 이질감을 주기 때문에 기존 수피와 비슷하게 인공적으로 표피를 만들어 외과수술 자리에 처리함으로써 외형적으로 기존수피와 비

숫하게 된다. 이렇게 하는 것이 표면성형처리이다.

3-3-2. 토양계량 및 뿌리수술

수목이 정상적으로 생장하기 위해서는 토양 환경 조건이 대단히 중요하다. 그런데 뿌리 기능의 쇠약 원인(배수불량, 심식, 무기양료 결핍, 토양산성화, 수목 주변환경 변화, 복토, 콘크리트 포장, 병해충에 의한 뿌리 부패 등)으로 뿌리 기능이 상실되어 죽는 나무가 많이 있다. 이러한 경우 뿌리수술을 실시하면 기존 뿌리 기능을 회복하고 새로운 뿌리 발근을 촉진시켜 건전한 생장이 되도록 할 수 있다.

피해 상태에 따라 차이가 있으나 일반적인 치료 방법은 다음과 같다. 토양분석 및 뿌리분포조사 → 뿌리생존 확인 후 세근유도를 위한 박피 및 단근처리 → 유합조직 연고처리 → 뿌리소독 및 근부 주위 토양소독 → 토양개량 → 생리증진 및 발근제 처리 → 유공관 설치 → 자갈부설

3-3-3. 영양제 공급

수목을 건강하게 보호하기 위해서는 무기양료를 정기적으로 공급하는 것이 중요하다. 공급방법에는 토양처리, 영양제수간주사, 엽면시비 등이 있으나 이들 방법을 정확한 진단 없이 나무에 시행하면 역효과로 인한 피해가 발생할 수 있으므로 수세쇠약 원인을 규명한 후 시행하여야 한다.

특히, 영양제수간주사 약액 희석은 정밀을 요하는 공정으로 나무병원들 간의 희석 비율이 상당부분 상이하다. 한강나무병원에서는 수종별 시험 후 그 결과를 기준으로 사용하고 있다.

3-3-4. 병충해 구제

수목에 발생하는 병해충은 수종에 따라 다르므로 방제방법을 달리하여 시행하여야한다. 특히, 병해충의 발생시기, 피해부위, 방제시기, 방제농약, 방제방법 등을 달리하여 시행하여야만 효과를 극대화할 수가 있다. 예를 들어, 농약의 경우 해충에 뿌려야 할 농약을 병해에 살균제로 살포하거나, 3월에 발생하는 병해충을 5월에 방제하는 경우에는 효과가 전혀 없다.

참고문헌

1. 국내 단행본

강경숙, 『한국도자사』, 일지사, 1989
고수익, 『表具의 理解』, 강남출판사, 1995
권상오 외, 『공예 재료와 기법』, 내학원, 1999
김원룡, 『한국 고미술의 이해』, 서울대학교출판부, 1982
도이시 겐조 외 지음/전경미 옮김, 『문화재 보존과학의 원리』, 한언, 2004
민길자, 『전통옷감』, 대원사, 1998.
박병기, 『섬유공학의 이해』, 시그마프레스, 2000
사와다 마사아키 지음/김성범, 정광용 옮김, 『문화재 보존과학 개설』, 서경문화사, 2000
윤용이, 『아름다운 우리 도자기』, 학고재, 1996
이내옥, 『문화재다루기』, 열화당, 2000
최광남, 『문화재의 과학적 보존』, 대원사, 2001
히라오 요시미츠 지음/최영희 옮김, 『문화재를 연구하는 과학의 눈』, 학연문화사, 2001

2. 국내외 논문

강대일, 「문화재와 보존환경」, 『2004 보존과학기초연수교육』, 국립문화재연구소, 2004
강애경, 「Sucrose에 의한 수침출토목재의 보존처리」, 경북대학교, 1997
김봉건, 「전통건조물의 보존」, 2004 보존과학기초연수교육, 국립문화재연구소, 2004
김사덕, 「석재문화재의 보존관리」, 2004 보존과학기초연수교육, 국립문화재연구소, 2004
김사덕, 「석조문화재의 보존」, 문화재 보존과학 연수교육교재, 1993
김사덕 외, 「운주사 석조문화재의 보존상태와 보존방안에 대한 연구」, 문화재, 제37호, 국립문화재연구소, 2004
김수철, 박영만, 「광주 신창동 저습지 유적 목제 및 칠기의 보존」, 『박물관 보존과학』 7집, 국립중앙박물관, 2006
김순관, 「무위사 극락전 벽화의 보존처리 연구」, 명지대학교 문화예술대학원, 2006
김유선, 「매장문화재의 과학적 보존 개요」, 『보존과학연구』 6집 2호, 1997
김익주, 「木材文化財의 保存」, 『2004년 보존과학기초연수교육』, 2004
김재현, 「인골! 고고학에서의 응용」, 『제13회 (재)동아문화연구원 학술세미나 발표자료』, 2005
김종은, 「규장각 훈증소독의 효과와 과제」, 『규장각통신』 제3호, 서울대학교 규장각한국학연구원, 2007
김흥섭, 「조선시대 사고(史庫) 건축의 도서보존 방법에 관한 연구」, 『한국박물관건축학회』, 2001
稻葉政滿 저/황채금 역, 「미술작품에 사용되는 종이의 劣化와 保存」, 『현대미술관연구』 제3집, 국립현대미술관, 1992

도진영, 「석조문화재 표면흑화 부위에 존재하는 철화합물의 동정」, 『한국광물학회지』 제17권 제1호, 2004
도춘호, 「화학적 방법에 의한 고고학적 및 문화적 가치가 있는 목조물의 보존」, 『보존과학연구』 6집 2호, 국립문화재연구소, 1997
문환석, 「출토금속 문화재의 보존과 현황」, 『보존과학회지』 제6권 제2호, 1997
박성우, 「토기가마의 이전 방법에 대한 연구」, 공주대 대학원, 2007
박성희 외, 「감압훈증에 의한 채색지류의 물리적 변화」, 『문화재보존연구』 2, 서울역사박물관, 2005
박성희 외, 「운현궁 책갑의 보존처리」, 『문화재보존연구』 1, 서울역사박물관, 2004
박세연, 이규식, 한성희, 안희균, 「지류에 발생하는 얼룩반점의 성분분석에 관하여」, 『보존과학연구』 13집, 국립문화재연구소, 1992
박지선, 「섬유문화재의 보존과 관리」, 『2005 보존과학기초연수교육』, 국립문화재연구소, 2005
박지선, 「화엄사 서오층석탑 출토 지류유물 보존처리」, 『보존과학연구』 18집, 국립문화재연구소, 1997
배병선, 「문화재 보호각의 현황과 개선방향」, 국립문화재연구소
서민석 외 4명, 「아산 명암리 출토 인골의 유전자 분석」, 『보존과학연구』 23, 2002
서정호, 「個人所藏 銀製葡萄獸禽文小瓶에 관한 연구」, 『문화재보존과학』 Vol.3 No.1, 문화재보존과학연구소, 2004
서정호, 「고구려 暖房 施設의 科學的인 특징에 관한 연구」, 『고구려연구』 11집, 고구려연구회, 2001
서정호, 「高句麗時代 城郭의 門樓에 대한 硏究」, 『고구려연구』 9집, 2000, pp.19~44
서정호, 「高句麗時代 溫突施設의 구조적인 특징과 熱的 효율성에 관한 연구」, 『고구려연구』, 고구려연구회, 2000
서정호, 「高句麗와 百濟 建築文化」, 『고구려연구』 제19집, 고구려연구회, 2005
서정호, 「고대 銘文 陶板의 연대측정 및 재질의 성분분석에 관한 연구」, 『백산학보』 제68집, 백산학회, 2004, pp.197~227
서정호, 「高麗時代 기와의 科學的 分析 – 중부지역 寺址를 중심으로–」, 『문화재보존과학』 제3권 제1호, 공주대학교 문화재보존과학연구소, 2004
서정호, 「高麗時代 靑銅銀入絲大香宛의 新例」, 『문화사학』 제29호, 한국문화사학회, 2006
서정호, 「궁남지 출토 수침목재 보존에 대한 연구」, 『문화재보존과학』 Vol.2 No.1, 문화재보존과학연구소, 2004
서정호, 「남양주역사사료관 소장 고려시대 석곽묘 및 조선시대 목곽의 보존과학적 연구」, 남양주 역사사료관, 2004
서정호, 「문화정보의 방향 및 향후 발전계획, 한국문화정보센터」, 기획 대담, 2005
서정호, 「백제토기 보존처리 재료 및 방법연구」, 『문화재보존과학』, 공주대문화재보존과학연구소, 2006
서정호, 「벽화를 통해 본 고구려의 집문화(주거문화)」, 『고구려연구』 제17집, 고구려연구회, 2004, pp.211~233
서정호, 「碑岩寺 출토 관련 石佛碑像의 意味와 보존대책」, 제20회 백제대제, 비암사 연기향토사 연구회, 2002
서정호, 「신륵사극락전 벽화 및 단청의 과학적 분석」, 제천시·충청대학 박물관, 2006
서정호, 「이천 대월면 토층 층위 전사 복원」, 『문화재보존과학』 Vol.4 No.1, 공주대 문화재보존과학연구소, 2005
서정호, 「이태리 문화유산의 생물손상」, 『문화재보존과학』 Vol.3 No.1, 공주대 문화재보존과학연구소, , 2004
서정호, 「日本 九州지역의 평균 천공방사휘도 및 분포에 관한 측정과 수식화 –문화재보존을 위한 자연채광의 연구–」, 『대한건축학회논문집』 17권(9), 대한건축학회, 2001
서정호, 「전주시 효자동 출토 다뉴세문경의 과학적 조사」, 『문화재보존과학』 Vol.5 No.1, 공주대문화재보존과학연구소, 2006

서정호, 「제천 신륵사 단청에 관한 연구–고대 안료의 색도측정을 중심으로」, 『문화재보존과학』, 공주대 문화재보존과학연구소, 2005

서정호, 「集安 民主遺蹟 建物址의 성격」, 『고구려연구』, 고구려연구회 국내학술대회, 2004.9

서정호, 「충남지역 백제요지의 보존 관리방안」, 『문화재보존과학』, 공주대문화재보존과학연구소, 2006

서정호, 「통일신라시대의 은제공예에 관한 연구와 보존방안」, 『문화사학』 21호, 한국문화사학회, 2004, pp.441~466

서정호, 「高麗時代 銀製龍頭蓮唐草文자물쇠의 新例와 保存方案」, 『문화사학』 22호, 한국문화사학회, 2004, pp.1531~170

서정호, 「粉靑沙器 陶窯址 保存의 必要性에 대한 考察– 忠南 燕岐郡 達田里 窯址를 중심으로 –」, 『문화사학』 28호, 한국문화사학회, 2007

서정호, 「全南 靈光 出土 「內贍」銘 粉靑沙器의 硏究」, 『문화사학』 29호, 한국문화사학회, 2007

신은정, 김사덕, 「서산보원사법인국사보승탑 해체복원을 통해 살펴 본 석조문화재의 보존」, 『보존과학연구』 25집, 2004

안희균, 「문화재 보존과학의 개설」, 『문화재 과학적 보존(문화재 보존과학 연수교육교재)』, 문화재연구소, 1993

양필승, 「도·토기의 보존처리」, 『2004년 보존과학연수교재』, 2004

양필승, 문선영, 「도자기 복원재료 연구」, 『문화재보존연구』 2집, 서울역사박물관, 2005

위광철, 「출토유구·유물의 현장수습과 응급처치」, 『한국 매장문화재 조사연구 방법론』 1, 국립문화재연구소, 2005

유창민, 「조경적 측면에서의 천연기념물 보존 방안에 관한 연구 :설문조사를 통한 공무원·시민들의 의식기준을 중심으로」, 상명대, 2004

윤현주, 「자료관의 종이기록물 보존을 위한 생물학적 대책」, 명지대학교, 2004

이규식 외 2인, 「목조건조물의 흰개미 모니터링 및 방제방법」, 『보존과학연구』 22집, 국립문화재연구소, 2001

이규식, 정소영, 정용재, 「목조문화재의 원형보존을 위한 충해 방제방안」, 『보존과학연구』 21집, 국립문화재연구소, 2000

이규식 외 5인, 「출토 인골의 유전자분석 – 나주 복암리 3호분 옹관 인골을 중심으로」, 『보존과학연구』 20집, 국립문화재연구소, 1999

이미식, 박명자, 배순화, 「김흠조 분묘 출토 직물의 물리·화학·생물학적 분석」, 『한국의류학회지』 23권 제6호, 한국의류학회, 1999

이상수, 「토기의 과학적 보존 처리」, 『문화재보존과학 연수교재』, 문화재연구소, 1994

이오희, 「금속유물의 과학적 수리 복원」, 『문화재 과학적 보존(문화재 보존과학 연수교육교재)』, 문화재연구소, 1993

이용희, 「수침목재유물의 보존」, 『 문화재 보존과학 연수교육교재』, 1993

이용희, 「문화재 보존처리 재료」, 『2005년 보존과학기초연수교육』, 2005

이용희, 「수침칠기의 보존」, 『보존과학연구』 14집, 국립문화재연구소, 1993

이용희, 「문화재 보존처리 재료」, 『2005 보존과학기초연수교육』, 국립문화재연구소, 2005

이용희, 김경수, 김윤미, 「현화사지 석등 복원처리」, 『박물관보존과학』 3집, 2001

이용희, 김수철, 「다호리출토 목재의 분해상태와 보존처리」, 『박물관보존과학』 2, 국립중앙박물관, 2000

이전제, 김광모, 배문성, 「비파괴 검사법을 이용한 구조부재의 열화 평가」, 『한국목재공학회 2002 추계 학술발표논문집』, 2000

이혜윤, 정용재, 이규식, 한성희, 「온습도 변화에 따른 양지의 손상원인 및 보존방안 연구」, 『보존과학연구』 21집, 국립문화재연구소, 2000
이혜은, 정용재, 이규식, 한성희, 「한지의 산성도 측정을 위한 비파괴적 방법의 적용」, 『보존과학연구』 20집, 국립문화재연구소, 1999
임주희 외 2인, 「유순정 영정 보존처리」, 『문화재 보존연구』 3, 서울역사박물관, 2006
임효제, 「고고학적 발굴과 출토과정에서의 제문제점」, 『보존과학연구』 6집 2호, 1997
장은혜, 문선영, 정병호, 「칠기 혼수함 보존처리」, 『문화재보존연구』, 서울역사박물관, 2005
정광용, 「금속문화재의 보존관리」, 『보존과학 기초 연수 교육』, 국립문화재연구소, 2005.
정광용, 강대일, 「금속유물의 부식원인 및 대책 연구」, 『한국전통과학기술학회』
정소영 외 4인, 「조선왕조실록 밀납본의 보존상태 조사」, 『보존과학연구』 25집, 국립문화재연구소, 2004
정용재, 「지류문화재의 보존관리」, 『2004 보존과학기초연수교육』, 국립문화재연구소, 2004
정용재, 서민석, 이규식, 황진주, 「석조문화재 생물학 제거 및 처리방안 연구」, 『보존과학연구』 26집, 2005
조정임, 「수침목재 보존처리 효과에 대한 연구」, 공주대학교석사학위논문, 2004
조효숙, 「한국 견직물 연구」, 세종대학교, 1993
차병갑, 「미술품의 보존요령– 한국화 손상원인과 보존방법」, 『미술관 소식』 제39호, 국립현대미술관, 1999
천주현, 김성희, 「지류문화재의 보존처리」, 『박물관보존과학』 3집, 국립중앙박물관, 2001

3. 보존처리 보고서

국립부여문화재연구소, 「2003 연보」, 2003
국립민속박물관, 「남오성묘 출토복식」, 2005
경기도박물관, 「동래정씨 묘 출토복식」, 2003
국립문화재연구소, 「동산문화재의 보존과 관리」, 2004
청송군청, 「문화재수리보고서 – 관리 왕버들 보호사업」, 2004
용인대학교, 「文化財의 또 다른 保存 : 복제와 모사」, 2003
경기도박물관, 「심수륜묘 출토복식」, 2004
경기도박물관, 「연안김씨 묘 출토복식」, 2005
국립청주박물관, 「淸州龍潭洞古墳群, 國立淸州博物館 學術調査報告書」 第8册, 2002
국립창원연구소, 「출토유물과 보존과학의 만남」, 2006
안동대학교 박물관, 「포항 내단리 장기 정씨 묘 출토복식 조사보고서」, 2000
김순관, 「출토 목재·금속유물의 보존처리 방법 및 재질분석 연구」, 문화재청 국외출장연수보고서, 2000
서정호, 「공주시 웅진동 아파트 사업부지내 출토문화유적 이전복원사업」, (주)명진산업건설, 2005
서정호, 「서천 봉선리 출토 금속보존처리」, 충남발전연구원, 2003
서정호, 「관양동 청동기 유적지 전사」, 한국수자원공사, 2001
서정호, 「남양주 평내 호평지구 가마터 이전복원 및 보호각 신축공사」, (주)선암산업개발, 2004
서정호, 「남양주 호평지구 석관묘 이전복원」, 한국토지공사, 2004

서정호, 「남원 광한루 石柱 보존처리~보존처리보고서」, 서원기공주식회사, 2003
서정호, 「덕풍-갑북간 도로 확,포장 공사 문화재 이전복원사업」, (주)효자건설, 2005
서정호, 「독립기념관 윤전기 보존처리~보존처리보고서」, 독립기념관, 2003
서정호, 「박물관 유물 수리 및 보존처리~보존처리보고서」, 하남시, 2005
서정호, 「상주 가장리 고분군 5호 석실분 이전 복원 용역」, 한국도로공사, 2002
서정호, 「용인 죽전지구 문화재(도기요지) 이전 보고서」, 한국토지공사, 2003
서정호, 「용인죽전지구 출토문화재 복원(죽전 문화재공원 조성)」, 한국토지공사, 2004
서정호, 「원당지구 토지구획정리사업 지구내 4구역 주거지 전사·이전 및 1구역 석관묘이전」, 인천광역시도시개발본부, 2003
서정호, 「이천 대월면 쇄기층 토층전사」, 주식회사 딤플, 2004
서정호, 「하남시역사박물관 소장 도·토기 복원 및 보존처리」, 하남시, 2006
서정호, 「이천 도리리 토양 쐐기층 전사복원」, (주)딤플, 2004
서정호, 「제천신륵사 단청 및 벽화 적외선 촬영, 안료 및 채도분석」, 충청대학박물관, 2004
서정호, 「천안 불당지구 문화유적 발굴조사 부지내 주거유구 이전 및 복원」, 현대산업개발, 2003
서정호, 「충남 금산군 의성정씨(추정:정현) 출토유물의 보존처리에 관한 소고」, 백제문화, 백제문화연구소, 30집, 2001
서정호, 「하남 천왕사지 시굴현장 출토 기와류 분석」, 한국문화재보호재단, 2002
서정호, 「홍천 연봉2지구 문화재전사용역」, 한국토지공사, 2005
서정호, 「화성동탄 조선시대 주거유적 전사,복원 이전(한국민속촌에 복원)」, 한국토지공사, 2004
서정호, 「훈증제 Oxyfume 2002가 문화재에 미치는 영향 - 색차 변화 및 미세구조변화」, (주)전우훈증, 2002
서정호, 「합덕 신리성지 聖木보존처리」, 신리성당, 2006
서정호, 「박물관 청동유물 보존처리」, 하남시, 2006
서정호, 「高麗石棺 수리 및 보존처리」, 하남시, 2006
서정호, 「淸州 서당 상량문 적외선 판독 및 해석」, (주)우진건설, 2006
서정호, 「조선시대 청화주전자 수리 복원」, 하남시, 2007
서정호, 「영국사출토 철재유물 보존처리」, 충청대학박물관, 2007
서정호, 「제천 장락사지 출토 철재유물 보존처리」, 충청대학박물관, 2007
서정호, 「석관묘 해체 복원」, 시공테크, 2008
서정호, 「설봉산성출토 목재유물 보존처리」, 단국대매장문화연구원, 2006
서정호, 「이천 설성산성출토 목재유물 보존처리」, 단국대매장문화연구원, 2006
서정호, 「죽주산성출토 목재유물 보존처리」, 한백문화재재단, 2007
서정호, 「파주 혜음원지 금속보존처리」, 한백문화재재단, 2007
서정호, 「파주 혜음원지 청자 구연부 금속 분석」, 한백문화재재단, 2008
서정호, 「오산 세람교지 출토 석재 보존처리 공원 조성」, (주)경기고속도로, 2007
서정호 외, 「창경궁, 종묘, 수원성 보존 모니터링 조사」, 문화재청, 2006
엔가드문화재연구소, 「제천신륵사 극락전 외부벽화 보존처리」, 제천시, 충청대학 박물관, 2006

서정호徐廷昊

일본 규우슈우대학 공학부 건축학전공(공학박사)

현재 국립공주대학교 문화재보존과학과 교수

전통건축학, 문화재수복기술, 문화유적복원, 목조문화재보존

국립공주대학교 교수회장, 전국국공립대학 교수노동조합 부회장

충청남도 박물관협회장

충청남도 미술관·박물관 진흥위원장

아산정린박물관장

서울시 문화재위원

충청남도 문화재 전문위원

충청남도의회 자문위원

전) 경기도 문화재 위원

전) 천안시 정책위원회 부위원장, 천안시보조금 심의위원장

저서

- 문화재를 위한 보존방법론(경인출판사)
- 한옥의 美 ①, ②(경인출판사)
- 아름다운 한옥기행(정자, 향교, 서원)(신아사)
- 학술적·예술적 가치로 본 조선왕릉(신아사)
- 쉽게 배우는 단청 (공주대학출판부)
- 서정호교수의 한옥 읽기"한옥"(정우COM)

논문

- '07: Synthesis, properties, and crystal structures of mononuclear nickel and copper (II) complexes with 2-oximino-3 -thiosemicarbazone-2, 3-butanedione
- '11: 百濟 泗沘期 打捺文土器 製作技法 研究
- '11: 도자기 수리 복원 방법의 변천과정에 관한 고찰
- '11: 유구 보존방법론 중 토층전사에 관한 고찰 외 논문 50여편, 발표지 80여편

문화재를 위한 보존 방법론

2008년 2월 20일 초 판 1쇄 발행
2021년 10월 15일 개정판 1쇄 발행
2023년 12월 07일 개정판 2쇄 발행

지 은 이 서정호
발 행 인 한정희
발 행 처 경인문화사
편 집 부 김지선 유지혜 한주연 이다빈 김윤진
관리·영업부 전병관 하재일 유인순
출판신고 제406-1973-000003호
주 소 파주시 회동길 445-1 경인빌딩 B동 4층
대표전화 031-955-9300 팩스 031-955-9310
홈페이지 http://www.kyunginp.co.kr
이 메 일 kyungin@kyunginp.co.kr

ISBN 978-89-499-4989-5 93400
값 32,000원